国家科学技术学术著作出版基金资助出版

柔爆索线式爆炸分离
过程机理分析

卢芳云　陈　荣　田建东
林玉亮　申志彬　李志斌　著

科学出版社

北　京

内 容 简 介

本书从基本原理出发，系统介绍柔爆索线式爆炸分离装置分离过程中的关键力学问题，集成了作者所在团队在爆炸分离领域的相关研究成果。本书在体系上分为两大部分，即基础篇和应用篇。其中，第1～6章为基础篇，作为后续应用篇的铺垫，以基础理论、方法、典型数据、现象和初步结论为主要内容；第7～13章为应用篇，立足于爆炸分离过程所涉及的科学问题进行研究成果梳理，涵盖结构完整性分析、分离过程能量分配规律和分离结构的变形、破坏与碎裂力学等内容。

本书可为从事爆炸分离研究和设计的工程技术人员提供理论和技术参考，也可作为相关领域研究生的教学参考书。

图书在版编目（CIP）数据

柔爆索线式爆炸分离过程机理分析 / 卢芳云等著. —北京：科学出版社，2021.3

ISBN 978-7-03-066125-8

Ⅰ. ①柔… Ⅱ. ①卢… Ⅲ. ①导爆索–爆炸–分离 Ⅳ. ①TJ45

中国版本图书馆 CIP 数据核字（2020）第 176227 号

责任编辑：张艳芬　乔丽维 / 责任校对：郭瑞芝
责任印制：师艳茹 / 封面设计：蓝　正

科 学 出 版 社 出版

北京东黄城根北街 16 号
邮政编码：100717
http://www.sciencep.com

河北鹏润印刷有限公司 印刷

科学出版社发行　各地新华书店经销

＊

2021 年 3 月第 一 版　开本：720×1000　1/16
2021 年 3 月第一次印刷　印张：23 1/2　插页：8
字数：455 000

定价：198.00 元
（如有印装质量问题，我社负责调换）

自　序

2003 年，我第一次近距离接触爆炸分离，才知道在航天运载领域还有爆炸力学专业可以作为的事情。尽管爆炸分离装置在整个系统中比较小众，但却是航天活动不可或缺的关键环节。当时我回国不到三年，科研方向还处于寻摸状态，在动载试验技术的需求牵引下启动了以创新霍普金森杆实验技术为方向的基础研究定位，并获得两项国家自然科学基金面上项目。

当时任中国航天科技集团公司一院一部三室副主任的阳志光研究员带着爆炸分离过程的一些疑问来到实验室，也把我们带进了爆炸分离的工程领域。自此，爆炸力学专业开辟了一个新的应用方向。在此之前，爆炸分离装置的设计还主要以固体力学为专业背景，对高动载下结构和材料的响应问题重视程度不高，研制中经常发现固体力学不能解释的现象；之后，爆炸力学的参与逐步揭示了其中的深层次机理，为爆炸分离过程的设计提供了一定的科学指导。例如，保护罩破坏机理的分析，使得保护罩的材料选型原则从关注材料强度向材料韧度优先转变，而对材料动态力学性能的关注更是替代材料静态强度，开始成为贯穿始终的基本观念。让我感到欣慰的是，我们带给这个领域的不仅仅是技术，还有人才队伍。在我们的带动下，更多从事爆炸力学的单位加入爆炸分离过程的研究中；也由于观念的改变，更多爆炸力学专业毕业的年轻人加入爆炸分离装置的设计团队中。这使得爆炸分离的可靠性得到了进一步的提升。

在与航天人通力合作的这十几年，我们收获了对我国航天事业做出贡献的自豪感，更收获了与航天人并肩作战的深厚友谊，还直接感悟到航天人严谨求实、追求卓越的工作作风和勇于奉献、为国分忧的事业担当，这也成为自己团队从事科研工作的行为标杆。老一辈航天人吕钢老师，从事爆炸分离工作三十多年，始终如一地默默奉献于事业；年青一代航天人田建东副总师，忧国忧民的责任心时刻溢于言表；大国工匠的代表李世宏师傅带领的工人团队，在工作现场无论是人员分工还是工具摆放，一如外科手术室的严谨、细致。这样的例子还有很多，新老航天人阳志光、张晓晖、宋保永、卢红立、陈岱松、吴晗玲、孙璟、张志峰、曾雅琴、王帅等，都是这些年和我们一路走过来的朋友，共同见证着爆炸分离事业的荣辱与发展。也正是这些人和事，秉承着"严慎细实、有条不紊、精益求精、万无一失"的航天作风，支撑起了我国航天大国的世界地位。

第一次与航天的项目合作是在 2003 年的春天。合同签的是 9 月份验收，项目内容有对保护罩材料的动态力学性能研究和分离过程动力学数值模拟分析，试验的材料要由航天工业部门提供。初夏时"非典"已较为严重，北京严格管控出京人员，也导致了我们的试验材料不能如期获得。出京解禁已到了五月底，从拿到材料，到试样加工，再到多轮试验完成，后续工作按原计划时间完成简直是不可能的。那年的夏天，长沙特别炎热，40℃以上高温天气持续十多天，我们实验室也利用假期进行翻修扩建。几件事交织在一起，忙得不可开交。团队王志兵老师带着研究生硬是推迟暑期休假，守着实验室加班加点，在8月上旬完成了试验工作。接下来的技术报告我只能见缝插针抽时间来完成了。8月20日开始，我到北京参加全国妇女代表大会，住在京西宾馆，但报告尚未完成。为此，我白天参加会议，还要练习作为解放军代表向首长汇报的演讲稿，晚上守着计算机整理技术报告。在会议结束前的一个傍晚，与吕钢老师相约京西宾馆的门口(他不能进入宾馆)，通过笔记本电脑的信息交互，如期提交了研究报告。这个经历刻骨铭心。正是第一次的精诚合作，开启了我们双方以后十多年的信任之旅。

2010年，在林林总总完成了多个航天急需的工程项目以后，我发现，虽然项目做了不少，也解决了一些现实问题，但基本是针对当时的具体工程所需。当深究爆炸分离装置的设计可靠性时，总能发现一些绕不开的问题。于是，我开始系统梳理爆炸分离领域的科学问题。爆炸分离装置的设计最终将落在如何进行材料选型和结构设计，而这与爆炸分离的机理密不可分。爆炸分离机理的核心应该体现在非对称结构内部爆炸过程的能量分配规律，这既是爆炸分离能量来源——柔性导爆索的选型依据，也关系到分离板是否分得干脆和保护罩是否保持完整；分离板如何碎得利索和保护罩至少损而不碎，是分离装置材料选型的边界，这里面的科学问题至少有滑移爆轰载荷作用下含缺陷结构的动态断裂和韧性材料的弹塑性损伤发展。这些问题都具有相当的学术深度，又是揭示爆炸分离过程机理不可回避的。由于在工程项目中的时效性限制，这些问题很难深入，我希望能静下心来对此开展系统的工作。我的思考得到了航天部门的积极响应，也得到爆炸力学同行的热情指导。2011年，我们组成了包括爆炸力学、固体力学和航天工程应用研究人员在内的课题组，就这些问题共同申请了国家自然科学基金委员会重点项目并获得批准。尽管当时一些技术路线还不是很清晰，后来也证明确实需要做一些技术上的调整才可能到达真理的彼岸，但是我们坚持以实际需求为研究出发点和落脚点，树立较高的研究目标作为鞭策我们前进的动力。

接下来的五年，我们课题组付出了艰辛的努力。我的合作者唐国金教授的团队首次对分离装置的结构完整性进行了全面分析；我的研究生文学军、曹雷在分离过程能量分配规律及其分析方法和分离结构的变形、破坏与碎裂力学机理方面取得了重大突破；研究生张弘佳则首次开展了分离可靠性的概率分析；与此同时，航天事业的蓬勃发展为课题研究提供了更丰富的数据支撑；等等。这些努力成就了本书的内容。尽管还不够完善，但是已经有了一些值得肯定的成果。我相信，课题研究所建立的方法、获得的结论及形成的思想，经过更多的实践检验，可望有效支撑航空航天工程中相关的设计。

有人说，爆炸分离毕竟是一个小的领域，要做大做强、做得更有影响，还是应该做系统级的大项目。我虽然追求高远，但不为所动，深深地沉浸其中，乐此不疲，颇为享受。都说，人生能有几个十年，而我在爆炸分离领域工作了十五年，弥足珍贵，我倍感珍惜。

谨以此书献给在爆炸分离领域工作的人们，无论过去、现在还是将来！

卢芳云

前　言

　　分离装置是一种兼有连接、解锁和分离功能的结构部件，是实现航天运载器级间、整流罩、卫星等部件正常连接和可靠分离的关键元件。分离装置是航天运载工程不可缺少的关键产品，其分离可靠性是核心要求，关系到整个火箭发射的成败。火工分离被认为是效率最高的分离方式，在工程实际中广为应用。按结构形式分类，火工分离装置主要分为点式爆炸分离装置和线式爆炸分离装置，其中，线式爆炸分离装置由于承载能力强、分离可靠性高，在实现航天运载器级间分离、整流罩分离、有效载荷与运载工具分离等环节得到了广泛应用。

　　在线式爆炸分离装置的传统设计过程中，相关研究仅限于工程分析，满足单次设计的需要，对线式爆炸分离机理及其背后的科学问题缺乏系统的研究。更多的是，在航天运载器的研制周期内凭工程设计经验和材料静强度理论来获得一个结构方案，再通过多次地面试验来验证和修正方案。如果遇到不成功的情况，往往是采用比较直接的解决途径。例如，根据传统结构设计的理念，解决保护罩动态破坏问题的常用方法是增大保护罩的结构尺寸和提高保护罩材料的强度。一般情况下，这些措施可以使问题在一定程度上得到解决，但可能又带来一些新的问题，如体积重量增加、气动性能改变等。有时甚至会出现事与愿违的情况，如盲目提高材料的静态断裂强度不仅不能改善保护罩的爆炸断裂现象，还有可能使保护罩破坏得更严重。这样的做法显然难以科学地保证分离过程的可靠性，因此设计方法亟待完善。

　　由于线式爆炸分离装置属于航空航天领域的核心问题之一，也是一个高度工程化的技术课题，因此国外对该类装置的结构设计、破坏机理、材料选型原则等研究都比较保密。国内一些单位，包括作者所在团队，从应用出发对线式爆炸分离装置的结构设计、破坏机理等问题开展了系列研究，取得了一些先期研究成果。本书聚焦于柔爆索线式爆炸分离装置，根据爆炸分离过程的特点，研究非对称结构内部爆炸的能量分配、强动载下弹塑性材料的损伤机制，以及裂纹起裂、传播和止裂等问题，并通过对保护罩和分离板材料的动态力学性能研究，获得结构破坏机制与关键材料参数的联系，为分离装置的结构设计和材料选型提供科学依据。研究成果希望对分离装置的工程设计具有指导意义，同时对相关学科如爆炸力学和断裂动力学的交叉与应用起到推进作用。

　　全书由卢芳云、陈荣统稿，卢芳云定稿，田建东对全书进行了审核。其中，卢芳云撰写了第 1、8、9、11、12 章，陈荣撰写了第 13 章和第 2、3、10、12 章的部分内容，田建东撰写了第 4 章和第 1、13 章的部分内容，林玉亮撰写了第 3、4、10 章的部分内容，申志彬撰写了第 6、7 章和第 5 章的部分内容，李志斌撰写了第 2、5 章的部分内容。

本书内容集成了作者所在团队在爆炸分离领域的相关研究成果。与国防科技大学唐国金、雷勇军教授的经常性学术研讨，为解决遇到的理论和方法问题提供了真知灼见；与吕钢、阳志光、张晓晖、宋保永、卢红立等航天专家的长期合作，为研究工作的方向保驾护航；研究生文学军、曹雷、张弘佳、王瑞峰、张维星、段静波、王马法、李翔城、李康等对本书的研究工作做出了直接贡献工作，文学军对全书进行了文字梳理。本书的研究工作得到了知名力学专家西安交通大学王铁军教授、宁波大学周风华教授的悉心指导；北京宇航系统工程研究所多年来的支持和在原型试验方面提供的有利条件，给予了作者攻坚克难的最大信心。在此一并表示衷心的感谢！

本书的主要内容来自国家自然科学基金重点项目(11132012)的成果梳理，也集成了多年基础研究的成果，谨对国家自然科学基金委员会一直以来的支持表示由衷的感谢！还要特别感谢国家科学技术学术著作出版基金的资助。

希望本书为分离装置的结构优化和材料选型提供科学指导和理论依据，也希望所形成的思想、方法和结论能进一步服务于航空航天工程中的相关设计。本书内容虽然源自对柔爆索线式爆炸分离装置的研究成果，但对其他线式分离装置的科学设计仍具有很好的借鉴作用。

囿于研究的深度十分有限，本书的成果尚存在不足。例如，方法层面上，还需通过积累更多的原型试验信息，在应用中不断修正、完善和验证；模型层面上，则需提高解析模型中参数的可靠性；与此同时，仿真设计软件尚需完善，以形成对相关设计的直接支撑。

限于作者的知识水平，书中难免存在不足之处，敬请读者批评指正。

最后，祝愿我国的航天事业不断创造新的辉煌！

作　者

目　　录

彩图

基础篇

第1章 绪 论

1.1 背 景

随着科技水平的进步，人类的科学探索活动逐渐向外层空间延伸。当前，加入太空技术竞争的国家越来越多，同时一些传统的航天强国也在加强彼此间的合作。美国和俄罗斯是传统航天领域的"两极"，其载人航天的能力和水平均处于世界领先地位。欧洲航天局、中国和日本正成为航天领域迅速崛起的"第三极"。印度、伊朗等国家也不甘人后，推出了各自的发展计划。

2000 年，国务院新闻办公室发布了《中国的航天》白皮书，全面阐述了我国面向 21 世纪的航天发展战略和规划，公布了中国载人航天工程发展的近期和远期目标[1]。近期即此后十年及稍后的一个时期，发展目标是实现载人飞行，建立初步配套的载人航天工程研制试验体系。随着神舟系列飞船的逐步成功发射，目前这一目标已经实现。远期即此后二十年或稍后的一个时期，发展目标是建立中国的载人航天体系，开展一定规模的载人空间科学研究和技术试验。

运载火箭系统在整个载人航天工程中处于基础性地位，也是目前人类进入太空的唯一手段[2, 3]。《中国的航天》白皮书明确指出我国运载火箭技术的发展目标是开发新一代无毒、无污染、高性能和低成本的运载火箭，建成新一代运载火箭型谱化系列，增强参与国际商业服务的能力。这就要求运载火箭的设计必须遵循"通用化、组合化、系列化"的思想，以适应今后多样化的发射任务[4, 5]。

分离装置是运载系统的重要组成部分[6]，是高性能多级运载火箭实现正常飞行的关键产品。它在分离之前承担结构连接功能，在接到分离信号之后要可靠实现解锁和分离功能，用以完成航天器级间、头罩、助推器等部件与主体之间的分离，其功能实现与否直接关系到发射任务的成败。2003 年日本 H2A 六号火箭发射失败[7]、2009 年韩国"罗老"号火箭发射失败[8]都是由分离装置未能可靠分离造成的。2009 年 2 月 24 日，美国金牛座 XL 运载火箭搭载着价值 2.7 亿美元的"嗅碳"卫星从范登堡空军基地发射，由于整流罩没分离，卫星无法到达预定轨道。2011 年 3 月 4 日，美国国家航空航天局(National Aeronautics and Space Administration, NASA)的"荣誉号"卫星由金牛座-XL 运载火箭从范登堡空军基地发射升空，火箭升空约 3min 之后，直径为 1.6m 的整流罩没有按照预定指令及时分离，拖累了火箭速度，导致无法抵达预定轨道，最后金牛座-XL 运载火箭坠毁于南太平洋塔希提岛附近[9]。

　　火工分离装置由于可靠性高、同步性好，是使用最广泛的一类分离装置[10]。根据结构形式，火工分离装置主要分为点式爆炸分离装置和线式爆炸分离装置两类[11]。点式分离装置是在连接结构的接触面上采用多点连接方式，实现点解锁功能的分离装置，主要包括爆炸螺栓、解锁螺栓、分离螺母、拔销器等。以爆炸螺栓为例，其典型结构如图 1.1 所示。其作用过程是：当分离信号到达之后，药室里主装药点火爆燃，药室内的压力急剧升高，当压力增加达到开槽部位的断裂强度时，螺栓在开槽部位断裂，两个连接的物体被分离开。点式分离装置由于分离板密封难、连接面刚度稍差，更多用于单点分离或分离体较小的情况。

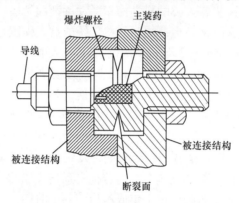

图 1.1　爆炸螺栓示意图

　　线式分离装置是在被连接结构的接触面上连续连接，可以实现线式解锁功能的分离装置，主要包括柔性导爆索(简称柔爆索，mild detonating fuse，MDF)分离装置、聚能切割索(fuse of linear shaped charge，FLSC)分离装置[12]、膨胀管(super zip)分离装置[13]、气囊(airbag)分离装置等，典型结构如图 1.2 所示。在大型运载火箭或导弹系统上，级间分离、星箭分离、卫星整流罩分离等具有大直径或长分离板的场合下，普遍采用线式分离装置[14, 15]。

　　图 1.2(a)是柔爆索分离装置横截面示意图。柔爆索沿箭体环向安装于保护罩截面的凹形空腔内，通过分离板与保护罩的夹持实现位置固定，柔爆索、分离板和保护罩共同构成分离装置的完整结构。其中，柔爆索的中心为炸药芯子，芯子外包覆一层铅层，有的柔爆索在铅层外面还包覆一层纤维编织层和塑料管，对炸药芯子起保护作用。柔爆索分离装置的工作原理是：柔爆索起爆后产生爆轰产物和冲击波作用于分离板，使其沿预制削弱槽断开，从而实现解锁分离。保护罩起到阻挡爆炸产物进入箭体内部、保护内部有效载荷不受损伤的作用。柔爆索分离装置的优点是柔爆索加工相对容易、结构简单、成本低、可靠性高；其缺点是产生的冲击较大、对环境有污染。另外，柔爆索分离装置的炸药能量作用分散，主要适用于分离板较薄的结构。

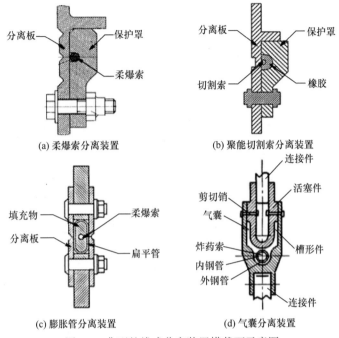

(a) 柔爆索分离装置   (b) 聚能切割索分离装置

(c) 膨胀管分离装置   (d) 气囊分离装置

图 1.2 典型的线式分离装置横截面示意图

图 1.2(b)是聚能切割索分离装置横截面示意图。其结构特点与柔爆索分离装置类似，但分离原理有所不同。聚能切割索是带有 V 形药型罩的线性聚能装药，起爆后形成高速射流对分离板削弱槽处实施定向切割，其能量聚集于一条线上，并沿此线切断分离板。在聚能切割索分离装置中，保护罩药腔内一般还内衬一层橡胶，以便于切割索的安装和定位，同时可以减弱对保护罩的损伤。聚能切割索分离装置的优点是切割索的炸药能量利用率较高，适用于分离板较厚的结构；其缺点是切割索的加工和安装相对比较困难，安装时切割索聚能槽的中心必须对准分离板削弱槽。

图 1.2(c)是膨胀管分离装置横截面示意图。膨胀管分离装置由柔爆索、填充物、分离板、扁平管等结构组成，柔爆索被包裹在扁平管中。其基本工作原理是：柔爆索起爆后产生高压气体引起周围填充物变形，扁平管内部压力急剧增大，使得扁平管发生横向膨胀；继而驱动带削弱槽的分离板，使之完全破裂而断开，达到结构分离的目的。鉴于这个分离过程的特点，扁平管也称为膨胀管。分离板材料通常采用偏脆性的铝合金，膨胀管材料则选用韧性好的金属材料。在分离过程中，炸药索爆炸产生的气体和碎片等被封闭在膨胀管内，不会对环境造成污染；而且爆炸载荷并不直接作用于分离板，而是通过膨胀管的变形来驱动分离板，对结构产生的冲击相对较小。膨胀管分离装置具有结构重量轻、分离冲击低及分离过程无污染等特点，因此是目前重点发展的线式分离装置。

三叉戟导弹三级发动机分离装置、H-2 运载火箭卫星整流罩分离装置均采用了膨胀管分离装置。

图 1.2(d)是气囊分离装置横截面示意图。气囊分离装置主要由柔爆索、衰减管、气囊、铆钉等结构组成。其基本工作原理是：柔爆索起爆后产生的高温、高压气体经衰减管降温降压后进入并快速充满整个气囊，气囊内的气体压力作用到 U 形接头和槽形接头上，剪断连接铆钉，实现解锁。之后，气囊继续膨胀，推动 U 形接头和槽形接头以一定速度分离。气囊分离装置兼具解锁和推离功能，已应用于美国大力神火箭、欧洲阿里安系列火箭上。

四种线式爆炸分离装置具有不同的解锁和分离机理，在结构复杂程度、承载能力、分离冲击、环境保护等方面各有优缺点，实际设计中可根据任务的具体需求选用。

为应对多样化的发射任务，提升航天运载能力，我国相应地推出了新一代运载火箭工程，"长征"系列运载火箭型谱得到进一步完善。新一代运载火箭目前包含芯级直径 5m 的长征五号系列大型运载火箭、长征六号小型运载火箭、芯级直径 3.35m 的长征七号系列中型运载火箭及旨在大幅缩短发射准备时间的长征十一号固体运载火箭[16]。2015 年 9 月 20 日，新一代运载火箭第一箭——长征六号在太原卫星发射中心"一箭 20 星"发射成功；2016 年 9 月 25 日，新一代运载火箭第二箭——长征十一号在酒泉卫星发射中心"一箭 4 星"发射成功；2016 年 11 月 3 日，长征五号在海南文昌卫星发射中心发射成功。2019 年 12 月 27 日，长征五号遥三运载火箭发射成功。

运载火箭的多样化发展对分离装置提出了更高的要求，重量轻、可靠性高、分离冲击低及污染小成为线式爆炸分离装置的发展方向。为了适应新的需求，需要深入理解爆炸分离动力学过程，为爆炸分离装置的可靠设计提供科学依据。为此，本书选择柔爆索分离装置为研究对象，通过分析爆炸分离动力学过程，考察影响分离性能的材料和结构控制参数，获得爆炸分离过程的机理认识，同时研究保护罩构件的动态损伤现象和分离板材料的弹塑性动态断裂过程，以期为线式爆炸分离装置的设计提供理论指导和技术支撑。

1.2　问题的提出

1.2.1　国内外研究现状

载人航天属于敏感领域，分离装置的相关研究成果都是保密的，国内外公开发表的文献很少。我国航天分离装置的研制是从 20 世纪 50 年代仿制国外导弹开始的，经历了引进、仿制和独立研制的过程。早期的导弹多为单级火箭发动机，使用的分离装置比较少且相对简单，一般仅使用简单的点式爆炸螺栓即可解决问题。随着航天事业的不断发展，为了满足不同轨道高度、不同发射质量、不同射程的任务要求，已发展了多级串联及捆绑并联的大型火箭；同时，卫星、载人飞船、空间站等有效载荷越来越大，整流罩也越来越大，这些不断出现的新的客观需求使得航天器上使用的分离装置数量越来越多、型号越来越丰富。我国在 20 世纪 70 年代初研制了一种橡胶聚能炸药索，并成功地应用于战略导弹分离系统中，为导弹线式爆炸分离技术的发展打下了良好的基础。80 年代末，我国开始研制小型化、小装药量的铅管切割索分离装置，已应用于多个型号的导弹级间分离、抛焰窗口分离和箍带分离等。

国内方面，能查阅到的文献大多是对分离装置的介绍，其内容涉及分离装置的分类、设计方法、作用机理、用途和可靠性分析，而对在冲击作用下分离装置的结构设计很少提及[17-19]。2003 年以来，作者所在团队结合具体工程需求对多类爆炸分离装置的分离动力学过程进行了大量的数值仿真分析[20, 21]，并完成了多种相关材料的动力学性能参数测试和分离机理分析，有力地支撑了多型分离装置的研制工作，甚至对分离装置设计理念的修正提供了科学的指导。阳志光[14]和王瑞峰等[22]运用冲击动力学和弹性波理论对保护罩断裂现象进行了分析，结果表明，要提高保护罩抗冲击性能宜采用动态强度极限高、失效应变大的材料。陈敏等利用LS-DYNA中任意拉格朗日-欧拉法对线式火工分离装置在条形炸药接触爆炸作用下的非线性动态响应过程进行了数值模拟，描述了爆轰产物的流动及金属圆柱壳的破口形状、塑性区域随时间增加的变化情况，得出了冲击加速度与爆炸中心距离之间的近似线性关系[23]。

国外方面，NASA 和美国国防部于 1988 年发起了一个调查，仔细分析了之前 23 年累计 84 次火工装置失效的案例，形成的报告特别强调了对火工装置和系统作用机制的理解的重要性[24]。Bement 等在 1995 年的报告中系统说明了火工装置的设计研发守则，该报告要求将火工装置研发工作当成一门工程科学而不是一个工艺[25]。国外文献主要来自 NASA 和美国航空航天学会(American Institute of Aeronautics and Astronautics, AIAA)的研究报告，一般只给出线式爆炸分离装置的基础性问题讨论，或者对某些导弹、火箭分离装置中的具体应用进行介绍，而对分离装置中的结构设计、破坏机理、材料选型等普适性科学问题基本不涉及。

1.2.2 国内现有设计方法

关于爆炸分离装置的相关设计方法和研究结果，公开渠道可以查阅到的资料很少。国内学者从长期的工作中总结出柔爆索线式爆炸分离装置的设计流程如图 1.3 所示。

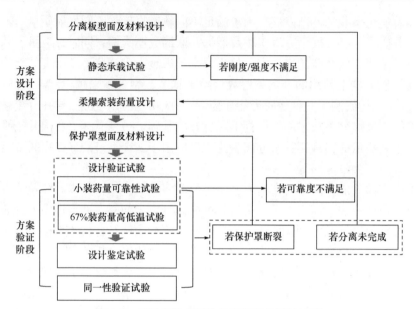

图1.3　柔爆索线式爆炸分离装置的设计流程

由图 1.3 可知，一套柔爆索线式爆炸分离装置的设计包含方案设计和方案验证两个阶段。

研制任务下达之后即进入方案设计阶段。首先根据火箭承载要求，进行分离板型面及材料设计，包含分离板型面尺寸、分离板材料、热处理工艺及加工方法四个主要方面，其中最核心的参数是分离板削弱槽处的厚度。其次进行静态承载试验，若强度或刚度不满足总体要求，则需要重新设计。静态试验通过之后，再根据分离板型面进行柔爆索的设计，其核心参数是装药量。最后基于柔爆索进行保护罩设计，其核心参数是保护罩厚度。分离板、柔爆索、保护罩都确定好之后，则进入方案验证阶段。

在方案验证阶段，第一步是进行设计验证试验，设计验证试验包含小装药量可靠性试验和高低温试验。小装药量可靠性试验是在实现分离的最小装药量附近进行升降法试验，以检验设计药量是否达到任务提出的要求，若不满足，则需要进行药量重新设计。升降法试验的具体方法及实施步骤按照《感度试验用数理统计方法》(GJB/Z 377A—1994)进行，总试验次数在 30 次左右[26]。高低温试验是在 67%装药量情况下，分离装置在高温(70℃以上)或低温(–45℃以下)环境中保存 2h 以上之后进行，以检验其在实际使用中可能遇到的环境温度下是否能正常分离。每种工况各需进行 3～5 次试验。每次试验均需获得成功，否则要返回方案设计阶段，根据失败现象进行相应构件的重新设计。需要指出的是，由于试验次数较多，而且装置加工及火工品成本较高，为了在达到试验目的的前提下节约成本，设计验证试验一般并不采用 1:1 的完整原型结构进行试验，而是用一小段平板状试验件进行试验。

方案验证阶段的第二步是进行设计鉴定试验。设计鉴定试验是在设计装药量和常温工况下进行一系列平板试验，试验方法及具体实施步骤按照《航天火工装置通用规范》(GJB/Z 1307A—2004)进行，试验次数在 30 次左右[27]。平板试验之后还需要进行 1∶1 试验，对方案做进一步的验证。每次试验均需获得成功，否则要返回方案设计阶段，根据失败现象进行相应构件的重新设计。

至此，一套柔爆索线式爆炸分离装置研制完成，可以投入实际使用。如果下次需要使用同样的分离装置，但分离板原材料不是同一批次加工的，还需要进行同一性验证试验。

1.2.3 对现有设计方法的思考

从以上介绍可以看出，一套分离装置在最终投入实际使用之前，必须要经历大量、系统的试验检验。通过全部试验检验的分离装置是能够保证在实际发射任务中正常发挥解锁分离功能的，但是其中还是存在一些问题。

在研究目的方面，目前对于线式爆炸分离装置的结构设计，相关研究仅限于针对具体工程需求，满足单次设计的需要。每次新的设计参数初值选取往往由以往的工程经验主导，很少对线式爆炸分离机理及深层次的科学问题开展深入、系统的研究。而这些分离装置背后的科学问题其实是共通的，深入研究这些问题的规律、作用机理和现象本质，对于分离装置的科学设计及进一步优化具有深层次的指导意义。

在研究方法方面，可以看出，目前还一直沿用"设计—试验—改进—再试验……"的传统做法。在整个研制过程中，方案设计所占的时间历程很短，而方案验证阶段则占据绝大部分时间。方案的最初设计主要依据之前的经验及相关资料完成。万一之前的经验不适用于当前的具体任务，就可能导致设计方案的盲目性，造成方案验证试验的失败，进而对方案进行修改甚至重新设计。这种情况的后果是既延长了研制周期，又加大了试验量，从而提高了研制成本。

同时也可以看到，先进的数值仿真技术已越来越多地应用于分离装置的研发中。由于数值仿真技术具有相对低的成本、低的耗时等优点，并可以直观地显示装置的分离过程，有助于系统地分析各参数对分离性能的影响，为装置的设计提供很好的指导。但是，如果对分离过程的机理认识不到位，以致采用的结构破坏准则不正确，材料模型不能很好地描述具体材料及结构在爆炸载荷下的响应，则数值仿真的结果并不能复现试验中出现的一些现象，可能对设计造成误导。这一缺陷限制了数值仿真技术的深入应用，所以目前仿真结果还只是作为规律性的参考。

试验方面，目前的工程应用试验只关注是否实现分离，分离视为"成功"，不分离则认为"失败"。成败与否通过回收试验件做出判断，而对试验过程中影响"成功"与"失败"的参数很少进行量化测试。这带来两个方面的隐患，一是成功与否的机理不能给出解释，因此后续的改进存在一定的盲目性；二是可能还存在"失败"的潜在危险，但又不能从地面试验结果中得出判断。

而且，这种"成功"与"失败"只是针对分离结果而言，只从回收试验件的表观判断成功与否，对保护罩内部损伤和分离板后续碎片的安全隐患并不能给出预判。保护罩内部发生的损伤可能在箭体后续飞行中引起结构破裂，失去保护功能；分离"成功"之后，分离板会形成大量分离碎片，而此时火箭主体部分还在加速，两者之间可能发生碰撞，对发射任务带来安全隐患。可见，分离碎片的速度、飞散角和碎片尺寸是决定分离碎片飞散安全性的重要方面，分离碎片速度过低、飞散角过大、碎片过长等都可能导致碎片与有效载荷发生撞击，造成有效载荷的破坏。在这些情况下，分离过程"成功"了，但爆炸分离碎片损坏了有效载荷，整体上看，发射任务还是失败了。如果不进行过程参量的量化测试，对这些后果都难以做出正确预判。

另外，影响分离性能的因素较多，从装置所涉及的材料、结构参数取值均具有一定分布的角度看，在某些参数组合下，成败不一定是非此即彼，"成功"与"失败"之间可能服从概率分布。具体什么因素主导了某次试验的"成功"与"失败"，如果没有过程信息的支撑，显然难以获得指向性的分析。因此，实际中常常通过盲目加大裕度、以牺牲重量为代价的做法来进行方案修正，保证分离的可靠性。这显然是不科学的。

为了从根本上解决这些问题，需要对线式爆炸分离机理及深层次的科学问题进行深入、系统的研究。柔爆索爆炸分离过程示意图如图 1.4 所示。从科学研究角度看，线式爆炸分离是装置横截面内非对称结构受内部爆炸载荷作用、环向受滑移爆轰作用的情况下，保护罩发生冲击损伤和分离板发生动态碎裂的过程。因此，本书将问题归结为非对称结构在爆炸载荷作用下的动态响应问题。涉及的关键科学问题有非对称结构内部爆炸过程的能量分配规律、保护罩内裂纹形成机制和发展规律、强动载下韧性材料的弹塑性损伤机理、分离板在动态载荷下的裂纹扩展和滑移爆轰载荷作用下的结构动态断裂等。

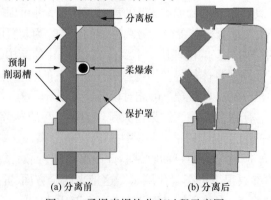

(a) 分离前   (b) 分离后

图 1.4　柔爆索爆炸分离过程示意图

1.3　本书的主要内容

1.3.1　内容整体框架

本书围绕关键科学问题，以柔爆索线式爆炸分离装置为研究对象，结合爆炸分离过程的特点，从以下几个方面开展研究。首先，通过分析爆炸分离动力学过程，研究非对称结构内爆过程的能量分配规律；考察影响爆炸分离过程的材料和结构控制参数，从而获得爆炸分离过程的机理认识；然后，通过发展模拟爆炸分离过程力学环境的动态试验技术，获得分离板材料的动态断裂和保护罩材料的冲击损伤力学参数；接着，通过发展理论分析模型和仿真计算方法，分析滑移爆轰下含缺陷分离板结构的动态碎裂和强动载下保护罩韧性材料的弹塑性损伤现象，揭示在滑移爆轰作用下分离装置动态响应的力学机制；进而，通过爆炸分离碎片的安全性分析来评估分离性能；最后，集成理论和试验结果，形成对柔爆索爆炸分离过程可靠性和安全性分析的工程应用判据。

本书的内容集成了作者所在团队在爆炸分离领域的相关研究成果，一方面希望为分离装置的结构设计和材料选型提供科学指导和理论依据；另一方面希望所形成的思想、方法和结论能进一步服务于航天工程中的相关设计。同时，还希望研究成果能为爆炸力学及动态断裂力学的相关应用与发展做出一定的贡献。

1.3.2　基础篇主要内容

基础篇包含第 1～6 章。

第 1 章，绪论。介绍本书的背景和整体情况。

第 2 章，爆炸与冲击动力学基础理论。介绍与爆炸分离过程相关的冲击波和爆轰波基本理论、材料力学性能描述、应力波传播规律、量纲分析方法等知识。爆炸力学基础知识是研究爆炸分离机理的理论抓手。

第 3 章，分离装置材料的动态力学性能。介绍系列材料动态力学性能实验和测试技术，建立分离装置典型材料的力学性能基础数据。在测得分离装置相关材料动态力学性能参数的基础上，设计 I 型和 I / II 复合型动态断裂实验，系统获得分离板材料的动态断裂相关参数。基于常规霍普金森拉杆实验测得分离板材料的动态拉伸屈服应力、破坏强度和断裂应变；利用单边切口片状拉伸试样获得分离板材料的 I 型动态断裂性能；通过设计新型试样，从强度和能量两个方面得到分离板材料的 I / II 复合型动态断裂性能。

第 4 章，爆炸分离装置的地面试验与测试技术。介绍分离装置设计和验证过程中的地面试验：原型试验和平板试验。设计高速摄影测试技术，从细节上观测柔爆索线式爆炸分离过程，获得分离板的裂纹起裂、发展和结构破裂、碎片飞散的全过程物理图像，并首次量化了测试分离板裂开的传播速度、结构变形、破裂和碎片飞散等特性参数。

第5章，爆炸分离过程数值仿真技术。介绍爆炸力学领域常用的数值仿真计算方法，重点介绍有限元方法和用于爆炸分离动力学过程仿真的主流有限元软件。本书中，数值模拟是展示爆炸分离过程现象、获取大量细节数据的主要途径。

第6章，含缺陷航天结构动态断裂分析方法。介绍进行结构断裂仿真分析的典型方法。考虑到分离装置是一种含缺陷的结构，为了分析极端环境带来的影响，通过运用等效裂纹模拟结构局部缺陷，提出基于惯性释放和等效裂纹技术的结构完整性分析方法。惯性释放技术利用惯性力对外载荷向量进行修正，克服了传统分析方法的缺陷，能很好地模拟线式爆炸分离装置的自由边界条件，其强度分析结果更真实合理地反映了分离装置的受力状况，也为同类问题提供了一种有效的工程解决方案。另外，为了研究爆炸分离装置的动态起裂，提出动态"加料"裂纹元法，并在 MSC.Marc 平台上实现了动态"加料"裂纹单元的二次开发。

1.3.3　应用篇主要内容

应用篇包含第 7~13 章。

第7章，线式爆炸分离装置的结构完整性分析。线式爆炸分离装置作为飞行器的一个部段，传统的强度分析方法采用一端固支、一端加载的方式，其边界条件明显与飞行器在空中飞行时的自由状态不符，直接影响到分析结果的合理性和真实性。本章综合运用惯性释放和等效裂纹技术进行结构完整性分析，获得箭体飞行过程中线式爆炸分离装置更真实的受载情况。基于动态"加料"分析得到分离装置材料和结构参数以及柔爆索爆轰压力对线式爆炸分离装置起裂性能的影响规律。

第8章和第9章，柔爆索能量输出规律和爆炸分离过程能量分配规律。提出研究非对称结构内部爆炸能量分配的分析方法：基于相同装药、相同结构做功效率相同的思想，创造性地提出运用对称结构内部爆炸过程能量分配规律，导出非对称结构能量分配规律的方法。通过设计相应的对称结构获得爆炸能量做功效率，并运用于非对称组合结构的内部爆炸过程分析，得到非对称结构内部爆炸的能量分配规律。研究结果得到了相关试验的验证，也解决了对非对称结构爆炸能量分配规律进行分析的难题。

(1) 根据分离结构非对称的特性，将柔爆索爆轰能量输出分为两个部分，分离板和保护罩分别以能量 E_f 和 E_b 消耗爆炸能量 E_0，对应的做功效率分别为 α 和 β，得出爆炸分离能量分配规律满足 $(E_f/E_0)/\alpha+(E_b/E_0)/\beta=1$。无论是对称结构还是非对称结构，只要局部结构特征及参数保持一致，该公式都能满足。

(2) 设计预制碎片纯分离板模式和厚壁圆筒纯保护罩模式的爆炸试验,分别模拟轴对称情况下纯分离板和纯保护罩的内部爆炸过程,试验得到柔爆索对纯分离板和纯保护罩的做功效率分别为 $\alpha=38.7\%$ 和 $\beta=62.3\%$。进一步,对真实结构分离装置进行典型的爆炸试验和大量的数值计算,得到相应的 E_f 和 E_b;同时将对称结构获得的做功效率 α、β 代入能量分配规律公式 $(E_f / E_0)/\alpha + (E_b / E_0)/\beta = 1$ 中进行验证。结果表明,公式左边的计算值对 1 的平均偏差为 4.58%,理论预测公式得到较好的满足。

第 10 章,爆炸分离过程保护罩的冲击损伤与破坏分析。将材料损伤概念引入保护罩的冲击损伤响应过程,结合结构中应力波传播的分析,揭示保护罩的损伤破坏机理,形成保护罩材料的选型原则。

(1) 本书认为保护罩产生裂纹存在两种机制:一是柔爆索爆炸驱动引起的保护罩膨胀运动使其内壁产生初始径向裂纹;二是冲击波在保护罩内部相互作用引起局部应力叠加超过材料强度而产生内部裂纹。为此,针对第一种损伤机理建立解析模型,分析柔爆索作用下保护罩的膨胀运动规律和内壁裂纹产生的位置,获得基于材料和结构参数无量纲组合的保护罩破坏判据。由此得到“强度极限高、失效应变较大的材料有利于提高保护罩安全性”的结论。

(2) 针对第二种损伤机理,基于对保护罩因内部裂纹而破坏的机理认识,将考虑 GTN(Gurson-Tvergaard-Needleman)屈服准则的弹塑性损伤本构模型用于保护罩动态损伤分析,形成 GTN 损伤本构模型程序模块,并嵌入 LS_DYNA,对保护罩的损伤过程进行数值模拟。结果表明,由于 GTN 损伤本构模型以微孔洞作为基本损伤基元,考虑了微孔洞的成核、增长,能更真实地反映材料的应力软化过程,从而能有效分析材料损伤而导致的结构破坏。

(3) 在数值模拟保护罩内部冲击波传播规律的基础上,建立了冲击波峰值压力衰减的工程计算公式;针对提高保护罩安全裕度的实际需要,提出复合层保护罩的改进方案,以衰减传入结构中的冲击波峰值应力。从波相互作用的角度分析,认为截面为圆弧且内外圆弧同心的保护罩抗爆炸性能可能优于截面梯形结构保护罩。

第 11 章,滑移爆轰作用下分离板破片带的碎裂机理。提出自由梁剪切冲击分析模型,据此揭示滑移爆轰作用下分离板破片带碎裂的剪切破碎机理,建立碎片尺寸与结构和材料性能参数之间的量化关系。

(1) 分离板存在两种断裂现象,一种是削弱槽处预制缺陷的控制断裂,另一种是削弱槽断开后所形成破片带的自然碎裂,后者造就了最终的分离碎片。整个过程发生在柔爆索滑移爆轰的作用下。为此,本章首先梳理原型试验和平板试验测到的分离碎片参数,发现碎片长度和速度遵循两者乘积为常数的规律;进一步设计系列模型试验,由此获得更丰富的试验结果,并支撑这个认识。

(2) 在理论上，将问题简化为移动扰动(即滑移爆轰)作用下自由梁(即破片带)的失效问题，提出自由梁受横向冲击产生剪切滑移并传播积累的理论模型。基于剪切滑移传播积累的思想，以剪切变形失效为判据，揭示破片带的自然碎裂机理，导出了分离碎片平均尺寸的理论公式。结果表明，碎片尺寸与材料冲击剪切破坏应变、破片带厚度及柔爆索爆轰速度成正比，与碎片飞散速度成反比。理论结果得到两种材料分离板试验结果的验证。对于 ZL114A 铝合金分离板，由分离试验的数据结合理论公式，反推出材料冲击剪切破坏应变的平均值，与第 3 章材料性能实验得到的对应参数取值基本一致，进一步确认了剪切破碎机理分析的正确性。在此基础上，本章最后还提出削弱槽间距的设计原则，给出了间距上限的计算公式。

第 12 章，爆炸分离碎片安全性分析。开展爆炸分离过程影响因素敏感性分析，建立分离碎片飞散速度、飞散角等参数与影响因素之间的显式函数关系，并得到碎片速度的概率分布，形成对爆炸分离过程可靠性设计的有效支撑。

(1) 基于材料失效的能量密度准则推导出碎片飞散角的理论计算公式，公式表明飞散角与分离板材料屈服强度和分离板削弱槽处的厚度成反比；与分离板材料塑性区等效宽度系数、分离板材料弯曲破坏能量密度阈值及碎片厚度成正比。根据分离板受力及变形特征，将分离板变形能分成弯曲、拉伸和剪切三个部分并分别推导，在能量守恒的基础上建立碎片速度的解析公式，由此明确了分离性能与关键材料、结构及柔爆索参数等影响因子之间的依赖关系。

(2) 通过概率论和蒙特卡罗模拟获得碎片速度的正态分布规律，给出设计工况下分离碎片撞击箭体的概率；基于因子波动对分离性能的影响规律分析，得出影响分离性能的因素排序依次为柔爆索装药线密度、分离厚度(分离板削弱槽处的厚度)、分离板材料断裂应变、板厚和材料屈服应力。

(3) 综合运用试验设计方法和量纲分析理论，基于大量数值计算结果回归获得碎片速度与各影响因子的函数关系，建立了描述分离可靠性和安全性的无量纲判据。

第 13 章，线式爆炸分离结构的拓展应用。本书最后将材料动态力学参数纳入爆炸分离装置的设计中，同时结合传统的材料静力学强度设计原则，形成更科学的设计思想；初步构建基于材料动、静态力学性能和分离装置结构参数，考虑爆炸分离过程物理机制的线式爆炸分离装置仿真分析设计软件。本章还简要介绍线式分离装置的一些新发展，给出目前开始活跃于爆炸分离领域的几种新的线式分离装置结构。毕竟，爆炸分离装置还在不断地发展中。

可以看出，从科学上，本书探索并建立了系列分析方法，包括非对称结构内爆过程能量分配理论分析和试验验证方法，结构内冲击波传播规律和损伤积累描述方法，含缺陷结构动态断裂分析和试验模拟方法等；揭示了非对称结构内爆过程能量分配规律和结构破坏机理，以及滑移爆轰下分离板等效自由梁碎裂的力学机制。从应用上,本书建立了无量纲参数对保护罩损伤和分离过程的安全可靠性进行评估,获得的能量分配规律、材料动态性能参数和结构损伤机制可以指导分离安全性设计;基于动态力学的理论、方法和结论,本质上提高了现有分离装置设计的可靠性。本书还初步研制了服务于爆炸分离装置结构设计的分析软件,研究成果可望直接支撑航天运载系统爆炸分离装置的工程设计。虽然本书主要是针对柔爆索线式爆炸分离装置的研究成果,但其思想、方法等对于其他线式分离装置的科学设计仍具有很好的借鉴作用。

参 考 文 献

[1] 李东. 长征火箭的现状及展望[J]. 科技导报, 2006, 24(3): 57-63.

[2] 李东. 中国新一代运载火箭发展展望[J]. 中国工程科学, 2006, 8(11): 33-38.

[3] 龙乐豪, 王小军, 容易. 我国一次性运载火箭的发展展望[J]. 中国科学 E 辑: 技术科学, 2009, 39(3): 460-463.

[4] 航天火工装置 "三化" 方案研究工作组. 航天火工装置 "三化" 方案的研究[J]. 航天标准化, 1999, (4): 5-10.

[5] 刘财芝. 新一代运载火箭研制与标准化[J]. 航天标准化, 2009, (2): 10-12.

[6] 郭凤美, 余梦伦. 导弹分离设计技术研究[J]. 导弹与航天运载技术, 2014, (1): 1-6.

[7] 中国新闻网. 日查明 H2A 火箭发射失败原因 年内重新发射有望[OL]. http://www.chinanews. com. cn/n/2004-03-09/26/411443. html.

[8] 郭文辉. "罗老" 号: 韩国的痛[J]. 兵器知识, 2010, (8): 52-54.

[9] 刘豪. 2011 年国外航天故障综述[J]. 国际太空, 2012, (2): 48-55.

[10] 何春全, 严楠, 叶耀坤. 导弹级间火工分离装置综述[J]. 航天返回与遥感, 2009, 30(3): 70-77.

[11] 刘竹生, 王小军, 朱学昌, 等. 航天火工装置[M]. 北京: 中国宇航出版社, 2012.

[12] Smith F Z. Pyrotechnic shaped charge separation systems for aerospace vehicles[R]. NASA Lewis Research Center, Cleveland, 1968.

[13] Chang K Y, Kern D L. Super zip(linear separation)shock characteristics[R]. NASA, 1988.

[14] 阳志光. 航天运载器线式火工分离装置结构优化设计[D]. 北京: 北京工业大学, 2007.

[15] Whalley Ⅰ. Development of the STARS Ⅱ shroud separation system[C]//The 37th AIAA/ASME/SAE/ASEE Joint Propulsion Conference, Salt Lake City, 2001.

[16] 汪轶俊. 运载火箭固体捆绑技术研究[D]. 长沙: 国防科学技术大学, 2007.

[17] 杨谋祥, 郝芳. 航天火工装置[J]. 航天返回与遥感, 1999, 20(4): 37-40.

[18] 李志强. 火工装置在航天飞行器上应用[J]. 航天返回与遥感, 1997, 18(2): 63-67.

[19] 高滨. 航天火工技术的现状和发展[J]. 航天返回与遥感, 1999, 20(3): 63-67.

[20] 曹雷. 爆炸分离过程中保护罩结构能量分配及损伤特性研究[D]. 长沙: 国防科学技术大学, 2016.

[21] 文学军. 线式爆炸分离碎片飞散安全性研究[D]. 长沙: 国防科学技术大学, 2016.

[22] 王瑞峰, 卢芳云, 阳志光, 等. 保护罩内冲击波衰减规律研究[J]. 弹箭与制导学报, 2008, 28(5): 265-270.

[23] 陈敏, 隋允康, 阳志光. 宇航火工分离装置爆炸分离数值模拟[J]. 火工品, 2007, (5): 5-8.

[24] Bement L J. Pyrotechnic system failures: causes and prevention[R]. NASA Langley Research Center, 1988.

[25] Bement L J,Schimmel M L. A Manual for pyrotechnic design, development and qualification[R]. NASA Langley Research Center, 1995.

[26] 中华人民共和国国家军用标准. 感度试验用数理统计方法(GJB/Z 377A—1994)[S]. 北京: 国防科学技术工业委员会, 1994.

[27] 中华人民共和国国家军用标准. 航天火工装置通用规范(GJB/Z 1307A—2004)[S]. 北京: 国防科学技术工业委员会, 2004.

第 2 章 爆炸与冲击动力学基础理论

爆炸分离过程涉及爆炸与冲击动力学领域的多个学科知识。柔爆索的起爆和传爆涉及爆轰波的知识；爆轰产物作用下的分离板和保护罩响应均需要考虑其动态力学本构和状态方程；在爆轰产物作用下分离板的断开是一个典型的动态断裂过程；断裂后的应力释放及材料动态力学性能测试的相关实验都需要用到固体中应力波的知识；量纲分析是科学研究常用的一种重要和通用的分析方法，对爆炸分离这种复杂问题也具有独特的作用，在此一并做简单介绍。

2.1 冲击波与爆轰波

冲击波是在介质中发生爆炸引发的重要现象之一。从物理上讲，冲击波阵面是宏观状态参量发生急剧变化的一个相当薄的区域，在宏观上可视作一个强间断面。冲击波正是这个强间断面在介质中的传播现象。爆炸是巨大能量的瞬时释放，也是炸药发生急剧化学反应瞬时释放能量的表现形式。爆轰可以理解为稳定传播的爆炸现象。力学上，爆轰传播即爆轰波，是伴有急剧化学反应并具有稳定传播速度的冲击波。本节基于经典流体动力学理论建立冲击波基本关系式，讨论冲击波在介质中的传播规律和性质。进一步基于冲击波理论建立爆轰波基本关系式，讨论炸药的爆轰过程及爆轰波传播规律。

2.1.1 冲击波

在一定条件下，介质(气体、液体、固体)都是以一定热力学状态(如一定的压力、温度、密度等)存在的。如果外部的作用使介质的某一局部发生变化，如压力、温度、密度等的改变，则称为扰动，而波就是扰动的传播。在波传播过程中，总是存在已扰动区域和未扰动区域的分界面，此分界面称为波阵面。波阵面在一定方向上移动的速度称为波的传播速度，简称波速。扰动引起的质点运动速度称为质点速度。波速是扰动的传播速度，并不是质点的运动速度，波的传播是状态量的传播而不是质点的传播。

在爆炸分离过程中，能量释放由柔爆索爆炸产生，形成局部强扰动，以冲击波传播。冲击波阵面前后介质的各物理量发生突跃变化，并且波速很快，可以认为波的传播是绝热过程。这样，在一维正冲击波传播的情况下，利用质量守恒、动量守恒和能量守恒三个守恒定律，便可以把波阵面前介质的初态参量与波阵面后介质的终态参量联系起来：

$$\rho_0\left(D-v_0\right)=\rho_1\left(D-v_1\right) \tag{2.1}$$

$$P_1-P_0=\rho_0\left(D-v_0\right)\left(v_1-v_0\right) \tag{2.2}$$

$$e_1-e_0=\frac{1}{2}\left(P_1+P_0\right)\left(V_0-V_1\right) \tag{2.3}$$

式(2.1)～(2.3)称作冲击波关系式。式中，D 为冲击波速度；v 为质点速度；P 为压力；e 为比内能；V 为比容；ρ 为密度；下标 0 代表波前状态，下标 1 代表波后状态。

　　质量守恒方程(2.1)表示每个断面的质量流密度 $\rho(D-v)$ 相等；动量守恒方程(2.2)表示冲击波突跃引起的动量流的变化率等于作用于流体的合力；能量守恒方程(2.3)称为冲击绝热方程，又称冲击波 Hugonoit 方程，表明外力做功引起了流体内能的变化。冲击波关系式的详细推导过程可参考《冲击波物理》[1]。冲击波关系式是联系波阵面两边介质状态参数和运动参数之间关系的表达式，有了冲击波关系式就可以从已知的未扰动状态计算扰动后的介质状态参数，研究冲击波作用的效应。

2.1.2　爆轰波

　　爆轰是爆轰波在炸药中传播的过程，是一种稳定传播的爆炸现象。爆轰波结构示意图如图 2.1 所示。图中爆轰波以速度 D 传播，爆轰波达到后，炸药发生爆轰，前沿冲击波阵面上的压力从初始环境压力 P_0 突跃到压力峰值 P_1，使炸药介质受到剧烈压缩，引起温度升高，引发化学反应，P_1 称为 von Neumann 峰；之后化学反应持续进行，反应期间压力下降，至反应结束时压力下降到 P_2，称为爆轰压力。从化学反应开始到反应结束的这个区域称为化学反应区，对于一般凝聚炸药，化学反应区的宽度(图中 x_0)为 0.1～1mm。在反应结束后，爆轰产物发生等熵膨胀，压力平稳下降。这个阶段称为 Taylor 波区。化学反应区内的放热反应提供了冲击波传播的能量，支持了爆轰波的稳定传播。

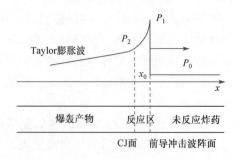

图 2.1　爆轰波结构示意图

　　与描述冲击波的守恒方程不同,爆轰过程中炸药爆热转化为爆轰产物的内能。因此,其能量守恒方程中需要考虑化学反应释放的能量,即爆热,爆轰波的冲击波 Hugonoit 方程变为

$$e_1 - e_0 = \frac{1}{2}(P_1 + P_0)(V_0 - V_1) + Q \tag{2.4}$$

式中, Q 表示爆轰化学反应所释放的热量,或炸药的爆热。

　　在给定的初始条件下,爆轰波都以某一特定的速度稳定传播,而三个守恒方程无法描述该稳定传播现象。为此,Chapman 和 Jouguet 提出了爆轰波稳定传播的条件,即著名的 CJ 条件:

$$D = v_{CJ} + c_{CJ} \tag{2.5}$$

式中, c_{CJ} 为爆轰压力 P_2 处对应的爆轰产物声速; v_{CJ} 为该处的爆轰产物质点速度。对应的 P_2 又称为 P_{CJ},即 CJ 爆轰压力。

　　由上述爆轰波基本关系式(2.1)、式(2.2)、式(2.4)、式(2.5)及爆轰产物的多方气体状态方程 $PV^\gamma = \mathrm{const}$ 组成了封闭方程组,可以求解出五个未知数。这里 γ 为爆轰产物多方指数。当炸药的初始参数 P_0、ρ_0、v_0、T_0 给定时,同时考虑 $P_{CJ} \gg P_0$,得到炸药爆轰的 CJ 参数如下。

　　CJ 比容:

$$V_{CJ} = \frac{\gamma}{\gamma + 1} V_0 \tag{2.6}$$

　　CJ 压力(或称为爆轰压力):

$$P_{CJ} = \frac{1}{\gamma + 1} \rho_0 D^2 \tag{2.7}$$

　　CJ 质点速度:

$$v_{CJ} = \frac{1}{\gamma + 1} D \tag{2.8}$$

　　CJ 声速:

$$c_{CJ} = \frac{\gamma}{\gamma + 1} D \tag{2.9}$$

　　另外,炸药爆速与爆热之间存在如下关系式:

$$D = \sqrt{2(\gamma^2 - 1)Q} \tag{2.10}$$

　　上述计算中采用了多方气体状态方程描述爆轰产物。在爆轰近场区域,爆轰产物的密度较大,多方指数值较大;随着爆轰产物的扩散,其多方指数将与空气一致。可以采用两段线性的形式描述爆轰产物的状态方程:

$$\begin{cases} PV^{\gamma_1} = P_0 V_0^{\gamma_1}, & P \geqslant P_\gamma \\ PV^{\gamma_2} = P_\gamma V_\gamma^{\gamma_2}, & P < P_\gamma \end{cases} \tag{2.11}$$

式中，多方指数 $\gamma_1 = 3$ ， $\gamma_2 = 1.4$ ； V_γ 为爆轰产物压力为 P_γ 时对应的产物比容。

式(2.11)对产物状态方程的描述较为粗糙，适用于理论估算。在进行细致的有限元分析时，炸药一般采用 JWL 状态方程进行描述：

$$P = A\left(1 - \frac{\omega}{R_1 V}\right)e^{-R_1 V} + B\left(1 - \frac{\omega}{R_2 V}\right)e^{-R_2 V} + \frac{\omega}{V}E_0 \tag{2.12}$$

式中， E_0 为炸药的内能密度，即单位体积内炸药释放的能量； A 、 B 、 R_1 、 R_2 、 ω 为状态方程参数。

2.2　柔爆索性能

柔爆索是一种在航天和兵器工业中广泛使用的火工品。柔爆索结构为黑索金 (Hexogen，通用符号为 RDX)炸药芯外包覆一层铅锑合金层(下面简称铅层)，其构造如图 2.2 所示。柔爆索通过拉拔工艺加工而成，铅锑合金由于具有强度低、延展性好的优点而成为理想的包覆材料。作为包覆材料的铅层具有两个基本作用：一是加工时作为包覆材料保证药芯均匀变形而不断裂；二是在使用中对药芯起保护作用。

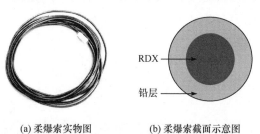

(a) 柔爆索实物图　　　　(b) 柔爆索截面示意图

图 2.2　柔爆索

2.2.1　柔爆索爆速

炸药的爆速是衡量炸药性能的重要标志，也是实验爆轰物理中可以准确测量的一个爆轰参数，在炸药应用研究上具有重要的实际意义。这里所说的柔爆索的爆速与其装药的传爆速度是一致的。柔爆索爆速的测量方法主要包括以下两类[2]。

一类是测时法。利用计时仪器记录爆轰波从一点传到另一点的时间间隔 Δt ，将其与两点间的距离 Δx 相除，得到爆轰波在两点间的平均速度，即

$$D = \frac{\Delta x}{\Delta t} \tag{2.13}$$

选取多个试样进行测试并取速度的平均值，即可得到这种装药的平均传爆速度。

另一类是高速摄影法。利用高速摄影机将爆轰波阵面沿装药传播的轨迹连续地拍摄下来，基于图片求得爆轰波传播过程中任一时刻的瞬时速度。为了满足一定的时间分辨率、达到足够的测量精度，对高速摄影机的拍摄帧数和拍摄速度都有较高要求。

本书基于测时法，使用电探针测试技术获得时间间隔，通过数字示波器记录数据，对柔爆索的爆速进行测试。试验用的柔爆索由中国兵器工业集团有限公司北方特种能源集团有限公司西安庆华公司提供。其中，RDX 装药密度为 $1.42g/cm^3$，RDX 装药直径和整体柔爆索外径分别为 1.67mm 和 2.94mm。截取长 450mm 的柔爆索，间隔约 50mm 设置 8 个测点，最多可以获得 7 个时间间隔，试验装置如图 2.3 所示，各测点初始间距如表 2.1 所示。

图 2.3　柔爆索爆速测试试验装置

表 2.1　各测点初始间距

测点	Δx_{78}	Δx_{67}	Δx_{56}	Δx_{45}	Δx_{34}	Δx_{23}	Δx_{12}
间距/mm	50.17	49.63	49.54	49.84	50.06	49.47	49.81

采用初始断路的漆皮细铜丝作为电探针，将其缠绕在测点处柔爆索的外围。测点局部切除了铅外壳，以保证测点位置的可靠定位。当爆轰波阵面到达各测点时，爆轰产物的强电离效应使初始断路的漆皮细铜丝瞬时接通，数字示波器实时记录电压变化。汇总 8 个通道的信号，如图 2.4 所示。经判读，测点 7 信号无效，故剔除。重新整理汇总各测点的间距与时间间隔，得到对应测点处的速度，如表 2.2 所示。经过数据处理，计算得到柔爆索的平均爆速为(7417±29)m/s。

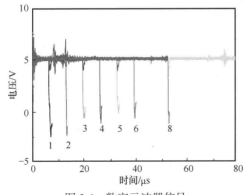

图 2.4　数字示波器信号

表 2.2　各测点间距与时间间隔

测点	1-2	2-3	3-4	4-5	5-6	6-8	平均值	标准差
$\Delta t/\mu s$	6.738	6.64	6.773	6.693	6.666	13.51	—	—
$\Delta x/mm$	49.81	49.47	50.06	49.84	49.54	99.8	—	—
$D/(m/s)$	7392	7450	7391	7447	7432	7387	7417	29

2.2.2　柔爆索爆热与爆压

理想情况下，如果已知炸药密度和爆轰速度，可以采用式(2.6)~式(2.10)计算炸药爆轰的 CJ 参数，如爆热和爆压等。对于具体炸药，也可以通过分析炸药爆轰的化学反应来确定爆轰性能[3]。

常规炸药的化学分子式一般为 $C_aH_bO_cN_d$ 的形式，在确定爆轰反应方程式时，通常用表示炸药中可燃元素和氧化元素相对含量的氧平衡来分类炸药。炸药的氧平衡是指，炸药爆炸时单位质量炸药中所含的氧元素将碳、氢元素完全氧化为 CO_2 和 H_2O 之后多余或不足的氧量。氧平衡公式可写为

$$\bar{K} = \frac{16\left[c - \left(2a + \dfrac{b}{2}\right)\right]}{M} \tag{2.14}$$

式中，$\bar{K}$ 为炸药的氧平衡参数，反映炸药中氧化元素与可燃元素之间的平衡关系；M 为炸药的相对分子质量，$M=12a+b+16c+14d$。不同氧平衡的炸药，其化学反应过程也有所不同，主要有以下两种情形。

(1) 情形 1：当 $\bar{K} \geqslant 0$ 时，即 $c \geqslant 2a + \dfrac{b}{2}$，炸药含氧较多，这类炸药称为富氧炸药，也称为第Ⅰ类炸药。按照最大释热量法则给出化学反应方程式，在这类炸药爆轰时只形成了完全氧化的产物 CO_2、H_2O 和 N_2，而不考虑它们部分分解和形成 NO 的可能性。在这种情况下，爆轰的化学反应方程式为

$$C_aH_bO_cN_d \longrightarrow \frac{d}{2}N_2 + \frac{b}{2}H_2O + aCO_2 + \frac{1}{2}\left(c - \frac{b}{2} - 2a\right)O_2 \tag{2.15}$$

由式(2.15)可以计算得到每克炸药爆炸产生的气体爆轰产物的物质的量 $N(mol/g)$ 为

$$N = \frac{\dfrac{d}{2} + \dfrac{b}{2} + a + \dfrac{1}{2}\left(c - \dfrac{b}{2} - 2a\right)}{M} = \frac{1}{4M}(b + 2c + 2d) \tag{2.16}$$

气体爆轰产物的平均摩尔质量 $\overline{M}$ (g/mol)为

$$\overline{M} = \frac{M}{\dfrac{d}{2} + \dfrac{b}{2} + a + \dfrac{1}{2}\left(c - \dfrac{b}{2} - 2a\right)} = \frac{1}{N} \tag{2.17}$$

根据盖斯定律，可得到每克炸药的爆热 Q(kJ/g)为

$$Q = \frac{\dfrac{b}{2}\Delta H_{\mathrm{fH_2O}}^0 + a\Delta H_{\mathrm{fCO_2}}^0 - \Delta H_{\mathrm{f}}^0}{M} = \frac{120.9b + 395.4a - \Delta H_{\mathrm{f}}^0}{M} \tag{2.18}$$

式中，H_2O(气)的标准生成热 $\Delta H_{\mathrm{fH_2O}}^0$ 取 241.75kJ/mol(291K，等压条件下)；CO_2 的标准生成热 $\Delta H_{\mathrm{fCO_2}}^0$ 为 395.4kJ/mol(291K,等压条件下)；ΔH_{f}^0 为炸药的标准生成焓。

(2) 情形 2：当 $\overline{K} < 0$ 时，炸药类型又可分为两种，当 $2a + \dfrac{b}{2} > c \geqslant a + \dfrac{b}{2}$ 时，称为第Ⅱ类炸药；当 $c < a + \dfrac{b}{2}$ 时，称为第Ⅲ类炸药。反应时炸药中氧的剩余量不多，甚至为负，称为负氧炸药。这类炸药的爆轰反应将产生游离碳，其化学反应方程式为

$$\mathrm{C}_a\mathrm{H}_b\mathrm{O}_c\mathrm{N}_d \longrightarrow \frac{d}{2}\mathrm{N}_2 + \frac{b}{2}\mathrm{H}_2\mathrm{O} + \left(\frac{c}{2} - \frac{b}{4}\right)\mathrm{CO}_2 + \left(a + \frac{b}{4} - \frac{c}{2}\right)\mathrm{C} \tag{2.19}$$

由式(2.19)可以计算得到每克炸药爆炸产生的气体爆轰产物的物质的量 N(mol/g)为

$$N = \frac{\dfrac{d}{2} + \dfrac{b}{2} + \left(\dfrac{c}{2} - \dfrac{b}{4}\right)}{M} = \frac{1}{4M}(b + 2c + 2d) \tag{2.20}$$

气体爆轰产物的平均摩尔质量 $\overline{M}$ (g/mol)为

$$\overline{M} = \frac{\dfrac{d}{2} \times 28 + \dfrac{b}{2} \times 18 + \left(\dfrac{c}{2} - \dfrac{b}{4}\right) \times 44}{\dfrac{d}{2} + \dfrac{b}{2} + \left(\dfrac{c}{2} - \dfrac{b}{4}\right)} = \frac{56d + 88c - 8b}{b + 2c + 2d} \tag{2.21}$$

注意，这里炸药质量并未全部转变为爆轰产物的气体物质的量，因为式(2.19)中的碳并不贡献气体物质的量，所以式(2.21)的计算中剔除了碳对产物质量的贡献。

根据盖斯定律，可得到每克炸药的爆热 Q(kJ/g)为

$$Q = \frac{\dfrac{b}{2}\Delta H_{\mathrm{fH_2O}}^0 + \left(\dfrac{c}{2} - \dfrac{b}{4}\right)\Delta H_{\mathrm{fCO_2}}^0 - \Delta H_{\mathrm{f}}^0}{M} = \frac{241.75\dfrac{b}{2} + 395.4\left(\dfrac{c}{2} - \dfrac{b}{4}\right) - \Delta H_{\mathrm{f}}^0}{M} \tag{2.22}$$

基于上述参数的分析计算，假定炸药密度为 ρ_0(g/cm³)，Kamlet 提出了计算炸药爆压和爆速的公式[3]如下：

$$P_{CJ} = 1.558\rho_0^2\varphi \tag{2.23}$$

$$D = 1.01\varphi^{\frac{1}{2}}(1+1.30\rho_0) \tag{2.24}$$

$$\varphi = 0.489N\overline{M}^{\frac{1}{2}}Q^{\frac{1}{2}} \tag{2.25}$$

式中，P_{CJ} 为 CJ 爆轰压力(GPa)；D 为爆速(km/s)；φ 为炸药特性值。

由此，可以针对不同类型的炸药得到相应的爆轰参数，如爆热、爆速、爆压等。本书所用的柔爆索装药为 RDX，化学分子式为 $C_3H_6O_6N_6$，满足 $2a+\dfrac{b}{2}>c\geqslant a+\dfrac{b}{2}$，属于第 II 类炸药。其爆炸化学反应方程式可写为

$$C_3H_6O_6N_6 \longrightarrow 3N_2+3H_2O+1.5CO_2+1.5C \tag{2.26}$$

当密度 ρ_0=1.42g/cm³、炸药标准生成焓 $\Delta H_f^0 = -76.6\,kJ/mol$ 时[3]，将对应的化学分子式、标准生成焓代入式(2.19)～式(2.22)进行计算，得到

$$M = 12a+b+16c+14d = 12\times3+1\times6+16\times6+14\times6 = 222(g/mol)$$

$$N = \frac{1}{4M}(b+2c+2d) = \frac{6+2\times6+2\times6}{4\times222} = 0.03378(mol/g)$$

$$\overline{M} = \frac{56d+88c-8b}{b+2c+2d} = \frac{56\times6+88\times6-8\times6}{6+2\times6+2\times6} = 27.2(g/mol)$$

$$Q = \frac{241.75\dfrac{b}{2}+395.4\left(\dfrac{c}{2}-\dfrac{b}{4}\right)-\Delta H_f^0}{M}$$

$$= \frac{241.75\times\dfrac{6}{2}+395.4\times\left(\dfrac{6}{2}-\dfrac{6}{4}\right)-(-76.6)}{222} = 6.28(kJ/g)$$

整理参数结果如下：

$$M=222g/mol, \quad N=0.03378mol/g, \quad \overline{M}=27.2g/mol, \quad Q=6.28kJ/g \tag{2.27}$$

由式(2.23)～式(2.25)计算求得炸药的特性值、爆速和爆压分别为 $\varphi=6.819$、D=7.506km/s、$P_{CJ}=21.42$GPa。前面已从爆速的测试实验得到了爆速为 7.417km/s(对应密度为 1.42g/cm³ 时)，与理论计算爆速的误差为 1.2%。

由此计算单位体积爆热(或能量密度)为 $E_0=\rho_0 Q$=8.9GPa。表 2.3 列出了本书所用柔爆索的相关性能参数。表中爆轰产物初始压力 P_0 的取值考虑的是，假设炸药芯发生瞬态爆轰，产物压力取 CJ 爆轰压力的一半。

表 2.3　柔爆索性能参数

	参数	符号	取值	单位
柔爆索 结构参数	RDX 药芯直径	d_0	1.67	mm
	柔爆索直径	ϕ	2.94	mm
RDX 性能参数	RDX 密度	ρ_0	1.42	g/cm^3
	铅层密度	ρ_{Pb}	11.06	g/cm^3
	爆速	D	7417	m/s
	爆热	Q	6.28×10^6	J/kg
	CJ 爆轰压力	P_{CJ}	21.42	GPa
	爆轰产物初始压力	P_0	10.71	GPa
	爆轰产物特征压力	$P\gamma$	351	MPa
	爆轰产物多方指数	$\gamma_n\,(n=1,2)$	当 $P \geqslant P\gamma$ 时 $\gamma_1 = 1.3$ 当 $P < P\gamma$ 时 $\gamma_2 = 1.4$	——

2.3　固体中的应力波

　　柔爆索爆炸分离的物理过程是结构及材料在爆轰波作用下的一个复杂的、高度非线性的瞬态动力学响应过程，它涉及应力波的传播和相互作用及应变率相关的材料动态本构行为和动态破坏等。爆炸/冲击载荷以历时短、幅值高及变化剧烈为特征，研究材料和结构在这类强动载荷作用下的动态响应时，问题的复杂性通常可归根于最基本的两类动态效应：结构响应的惯性效应和材料响应的应变率效应。其中，结构体的惯性效应引发了对各种形式的、精确或简化的应力波传播的研究，由此大大促进了结构动力学的发展；材料的应变率效应引发了人们对材料力学性能的应变率相关性及其相耦合的各种力学响应的研究，由此大大促进了材料动力学的发展。

　　应力波传播理论是分析材料和结构在爆炸/冲击载荷作用下的响应及破坏特性的基础。爆炸分离过程中，分离后结构内的冲击能量以波的形式传递出来，涉及应力波传播的相关理论。本节简要介绍有关波传播的基本知识，关于固体中应力波传播的详细知识，请参考相关文献[4,5]。

2.3.1　波的概念

　　波的本质是扰动的传播，扰动从其激励源传播到其他位置需要时间，因此在离开激励源一定距离的位置上，扰动并不能被即时感知，这就是波产生和传播的现象。例如，地震或者地下核爆炸在发生之后一段时间才能在地震台站记录到，这个延迟是由地震波在地层中的传播速度决定的。在可变形固体介质中，对力学平衡状态的扰动表现为质点速度的变化和相应的应力、应变状态的变化。可变形介质的特性使得当固体中的某些部分受到扰动而处于力学不平衡状态时，固体中的其他部分需要一定的滞后时间才能感知到这种不平衡。这种应力和应变的变化引起的扰动以波的形式在固体中传播称为应力波，是一种机械波。地震波、固体中的声波(弹性波)和超声波，以及固体中的冲击波等都是机械波的常见例子。

波是以可识别的传播速度从介质的一部分传到另一部分的任何可识别的信号。不同的波在不同介质中传播的速度不同。电磁波以光速传播，远大于声音在空气中的传播速度。因此，雷雨天气时，我们总是先看到闪电，后听到雷声。倾听铁轨中的声响可以更早地判断火车的到来，因为金属中应力波的传播速度大于空气中声音的传播速度。空气中声音的传播速度一般比炮弹的运动速度小，因而远程炮的发射爆声在炮弹到达之后才能听到。广为熟知的扰动传播现象还有绳索的抖动和水面上的涟漪等。后面的例子说明了机械波的运动与传播。

机械波产生于可变形介质的强迫运动或扰动。当介质单元变形时，扰动从一点传到下一点，使得扰动在介质中层层推进，形成波的传播。机械波的特点在于通过质点在平衡位置附近的运动来传递能量，能量传输的实现是由一个质点到下一个质点的传递运动，而不是通过整个介质持久的总体运动。当扰动在介质内传播时，它携带着一定的动能和势能，通过波动将能量传过很远的距离。因此，介质中的波动过程具有时间和空间的分布性。

在波动过程中，介质的可变形性和惯性是介质得以传递机械波运动的最根本性质。一方面，波的传播必须克服介质的致密性造成的对变形的阻抗及介质惯性对运动的阻抗。起初，介质的惯性阻止运动，一旦介质进入运动，介质的惯性和弹性将一起促进运动的继续。另一方面，这些阻抗使得运动以波的形式传播。如果介质不能变形，那么局部扰动将立即传播到介质的任何部分，不存在波的传播现象，如刚体。同样，如果介质没有惯性，那么就没有不同质点运动的滞后，也没有运动的传递，亦不存在波的传播现象。因此，机械波的传播速度总是表示成描述变形抗力的参数与描述介质惯性的参数之比的平方根形式。例如，介质中一维弹性应力波传播速度 c_0 的表达式为

$$c_0 = \sqrt{\frac{E}{\rho}} \tag{2.28}$$

式中，E 为介质材料的弹性模量，它反映了介质的变形刚度；ρ 为介质材料的密

度，是介质惯性的反应。

气体中的声速 c_0 反映了气体在等熵状态下的可压缩性，其表达式为

$$c_0^2 = \left(\frac{\mathrm{d}P}{\mathrm{d}\rho}\right)_S \tag{2.29}$$

式中，P 为压力，下标 S 表示等熵。

对于不可压缩气体，声速将是无穷大，即介质中不存在波传播效应。一般来说，一切实际材料都是可变形的，并且具有质量，因而一切实际材料都能传递机械波。表 2.4 列出了一些典型介质在常态下的声速值。

表 2.4　典型介质中的声速值

介质	空气	氩气	氟利昂	水	液态 TNT	TNT	Fe	Al	Cu	硅橡胶	聚四氟乙烯
声速 c_0 /(m/s)	335	1280	91.5	1700	1370	2300	3570	5330	3940	220	1680

2.3.2　动力学效应

动力学效应是由波的传播引起的，其重要与否取决于两个特征时间：外部扰动作用的特征时间和扰动在结构体中传播的特征时间的相对大小。

如图 2.5 所示，考虑一结构体在点 P 处受到外部扰动 $F(t)$ 的作用，分析其受力和变形的空间分布和时间分布。若外部扰动始于 $t = 0$ 时刻，扰动传播的最大速度为 c_0，则在 $t = t_1$ 时刻，扰动影响到的区域为以 P 点为圆心、$c_0 t_1$ 为半径的球面。整个结构将在 $t = r/c_0$ 时被全部扰动，其中 r 是结构内离开 P 点最远的位置。假定 $F(t)$ 的显著变化发生在扰动作用的特征时间 t_a 内。若 $t_a \gg r/c_0$，则说明激励源的变化比扰动传遍整个介质的时间长得多，这时介质中的运动已先达到平衡状态，从本质上说，这样的问题是准静态的。如果 t_a 与 r/c_0 在同一数量级，或 t_a 小于 r/c_0，那么介质中的运动来不及达到平衡状态，就又产生了新的扰动，因此介质中的状态始终处于动态变化过程，这时动力学效应凸现出来，应进行波传播分析。典型的动力学效应的例子是外部扰动作用后又被瞬间撤去的情况。

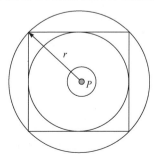

图 2.5　动力学效应图示

　　爆炸/冲击载荷以载荷作用的短历时为特征，例如，核爆炸中心压力在几微秒内突然升高到 $10^3 \sim 10^4 GPa$ 量级；炸药在固体表面接触爆炸时，压力在几微秒内突然升高到 $10GPa$ 量级；子弹以 $10^2 \sim 10^3 m/s$ 的速度撞击玻璃挡板时，载荷作用时间为几十微秒，压力高达 $1 \sim 10GPa$ 量级。因此，对于爆炸/冲击载荷过程，在应力波传过结构特征长度的时间尺度上，载荷已经发生了显著变化甚至已经作用完毕，必须考虑应力波的传播效应。

　　因此可得出以下结论：当外部扰动作用的特征时间和扰动在结构中传播的特征时间在同一数量级或更小时，需要考虑应力波的传播效应。若外部扰动作用的特征时间比扰动在结构中传播的特征时间至少多出一个数量级，则波在结构内经过多次反射，已造成结构的整体运动，可以不考虑应力波的传播，只考虑整体性的惯性运动。

　　波动效应的后果，也就是动力学效应的后果便是局部变形。如果载荷强度高于介质的破坏强度，将造成局部破坏现象。局部化响应是动态过程的一个重要特征。例如，子弹高速穿过窗户玻璃时留下一个小孔，而拳击玻璃会造成整块玻璃的破碎，这是由两种加载的作用时长不同造成扰动影响区的大小不同引起的。同样的原理可以解释锤击木桌可能造成木桌的局部破坏，而整体位移较小；而手推木桌可使木桌整体移动，但木桌完好无损。前一种情况下，扰动作用的特征时间 t_a 非常短，远小于波传遍整个介质的时间；后一种情况属于准静态过程。由此可见，动态过程的另一个特征是加载速率。不难理解，加载速率或变形速率的大小直接决定了扰动作用的特征时间 t_a。动态过程中 t_a 小，对应高速率的加载条件和变形过程，因此高应变率成为动态过程的又一标识。

　　从下面的例子中可以看出对应动态过程 t_a 的量级。金属中的声波(弹性波)速度约为 $5000m/s$，当 t_a 为 $1s$ 时，t_a 内扰动范围为 $5000m$；当 t_a 为 $1ms$ 时，t_a 内扰动范围为 $5m$；当 t_a 为 $1\mu s$ 时，t_a 内扰动范围只有 $5mm$。子弹穿过玻璃的作用时间以微秒计，因此只能造成毫米级别的破坏区域，这就是动态过程的特征。正因为对应小的 t_a 值，在许多处理方法中称动态过程为瞬态响应过程。对于持续的外部扰动，如果扰动随时间迅速变化，那么需考虑波动效应，如地震波的传播、弹性介质中的谐波分析等。由于波的传播，动力学效应的特征表现为状态量的空间分布和时间分布特性。

2.3.3　波的传播

　　根据扰动通过时介质中质点的运动模式，可以把波分为脉冲波(或瞬态波)和周期性波(如简谐波)。简谐波使每一个质点的位移随时间呈正弦变化，一般的周期性波甚至单一的脉冲波都可以用简谐波的叠加来表示。因此，在一般的波动理论中，简谐波是研究的重点。在爆炸分离过程中关注的重点是瞬态波，包括简单波和冲击波。

一切固体材料都具有惯性和可变形性，当受到随时间变化的外载荷作用时，它的运动过程总是一个应力波传播、反射和相互作用的过程。在分析波的空间传播时，将某一时刻发生相同扰动的所有点连成一个曲面，定义这个曲面为波阵面。即波阵面是介质中已扰动区域与未扰动区域之间的分界面，其随时间的变化取决于波的空间传播规律。波的传播方向总是与波阵面垂直。根据波阵面几何形状的不同，有平面波、柱面波、球面波等。

波阵面的传播速度称为波速。必须注意区分波速和质点速度。波速是扰动信号在介质中传播的速度，而质点速度是介质质点本身的运动速度。如果两者方向一致，那么称为纵波；如果两者方向垂直，那么称为横波。生活中所见到的波动，如水面上的涟漪、绳索中的波动都是典型的横波；声音在空气中的传播、平面正撞击在各向同性材料中引起的平面应力波和冲击波都是纵波。纵波可以引起介质的拉伸变形，也可以引起介质的压缩变形，分别称为拉伸波和压缩波。由于边界条件不同，介质中的纵向扰动波可以是一维应变波，如在半无限空间介质中造成的撞击效应；也可以是一维应力波，如在细长杆中传播的应力波。由于介质的各向异性或斜撞击，撞击加载还会同时引起介质中纵波和横波的传播，如对各向异性 y-切石英晶体进行正撞击时和在平行斜碰撞加载条件下，都可以造成横波和纵波的联合传播，即压缩剪切复合加载。

波传播问题的一个重要方面是波的反射和透射。当波遇到具有不同性质的两种介质界面时，部分扰动被反射，另一部分扰动则透过界面传入第二种介质中。如果第二种介质是真空(称为自由面)，不能传输机械扰动，那么入射波被完全反射。这时反射波脉冲与入射波脉冲有相同的形状，但符号相反，即拉伸波在自由面上被反射成压缩波，压缩波在自由面上被反射成拉伸波，以保证自由面压力 $P = 0$ 的边界状态。当波长足够短的强压缩脉冲在自由面反射时，产生的拉应力可以引起介质断裂。例如，飞石击打在车窗玻璃上时往往首先在玻璃的背面造成层裂崩落，即在车内出现玻璃碎片。这类动态压力加载下引起的拉伸破坏缘于典型的波传播效应，称为层裂。Hopkinson 用一块炸药对一块金属板进行直接爆炸加载的试验阐明了这个效应：爆炸加载造成了大块圆帽形金属片从原金属板的自由面(即背面)破裂飞出。碎甲弹对坦克装甲的破坏正是利用这种原理。

关于界面上波的反射与透射最基本的结论是：透射波与入射波总是属于同一类型，它们与界面相邻的两种材料的波阻抗(或声阻抗)之比决定了反射波的类型。波阻抗定义为介质密度与波速的乘积即 ρc_0，它是表征材料在动态载荷下力学特性的一个基本参数。对于一维问题，当波从第Ⅰ种介质传入第Ⅱ种介质时，有以下情况。

(1) $\rho^{\mathrm{II}} c_0^{\mathrm{II}} / (\rho^{\mathrm{I}} c_0^{\mathrm{I}}) < 1$(不包括 0)，此时反射波与入射波类型相反，即压缩波产生的反射波为拉伸波，而拉伸波产生的反射波为压缩波。

(2) $\rho^{\mathrm{II}}c_0^{\mathrm{II}}/(\rho^{\mathrm{I}}c_0^{\mathrm{I}})>1$ 时，反射波与入射波类型相同，即压缩波产生的反射波仍为压缩波，而拉伸波产生的反射波仍为拉伸波。

(3) $\rho^{\mathrm{II}}c_0^{\mathrm{II}}/(\rho^{\mathrm{I}}c_0^{\mathrm{I}})=1$ 时，入射波完全透射，无反射波。这种情况称为阻抗匹配。

(4) $\rho^{\mathrm{II}}c_0^{\mathrm{II}}/(\rho^{\mathrm{I}}c_0^{\mathrm{I}})=0$ 时，对应于自由面情况，入射波完全反射为异类型波。当入射波到达自由面时，自由面的应力水平始终保持为零，自由面的质点速度加倍。

(5) $\rho^{\mathrm{II}}c_0^{\mathrm{II}}/(\rho^{\mathrm{I}}c_0^{\mathrm{I}})=\infty$ 时，对应于固定端(即固壁)情况，入射波完全反射成同类型波。当入射波到达固壁时，固壁的质点速度始终保持为零，固壁的应力水平陡增。

由此可见，一组不同波阻抗的材料巧妙地组合起来可能会造成意想不到的波传播效果。这种思想在材料和结构的设计和应用中已有采用，如梯度阻抗材料，这种材料可以用于高科技科学研究，也可以用于结构材料的应用设计。

当波在弹性介质中传播遇到如孔隙或杂质之类不规则的掺杂时将被散射。当波遇到裂缝时，在裂缝前缘产生应力奇异性，可以引起裂缝的延伸，导致结构断裂。由于裂口可以看成介质中的一个裂缝型缺口，裂口附近的散射问题尤为重要。这类问题在断裂力学和地球物理中有直接应用。

2.4　材料动态力学性能

材料动态力学性能主要研究材料在爆炸/冲击载荷作用下的高速流变和动态破坏的基本规律，其中心任务之一就是建立能描述材料在各种载荷条件下动力学响应的本构关系。在爆炸/冲击等强动载荷作用下，材料内部常常处于高温、高压、高应变率的状态，所表现出的许多力学性能明显不同于准静态，其中最重要的一个方面就是动态屈服应力与静态屈服应力有很大的不同，动态本构关系与应变率具有相关性，即材料对变形速率的敏感性。因此，强动载荷下材料的变形行为表现为变形与应力、应变率(应变随时间的变化率)、温度、内能等变量之间的复杂关系，即屈服应力和流动应力的应变率效应、温度效应及应变率的历史效应等，可采用各种本构方程和状态方程描述这种关系。

应力张量与应变张量之间存在的对应关系称为本构关系，描述本构关系的数学表达称为本构方程。材料本构关系通常可分解为球量部分和偏量部分，其中，球量部分描述容积变化规律(容变律)，偏量部分描述形状变化规律(畸变律)。在高压状态下，即当载荷应力远大于材料的剪切强度时，材料的剪切强度可以忽略不计，从而畸变律可以相应地忽略，本构关系可简化为静水压与体积应变的关系(单一的容变律)。在高压状态下，静水压与体积应变之间的关系并不像弹性本构一样满足线弹性关系，呈现明显的非线性关系。通常假定在球应力(等轴应力)作用下不发生塑性容积变形，也不存在容积变形的应变率效应(无体积黏性)，相当于把高压下的固体材料看成理想可压缩流体。此时，容变律就可简化为可逆的非线性弹性容变关系，相当于无黏可压缩流体的状态方程。从热力学角度来说，此时各力学量间的关系与路径无关而只是状态的函数。因此，固体在载荷应力远大于其剪切强度情况下忽略塑性和黏性的容变律通常称为固体高压状态方程。

本节从材料动态本构关系、固体高压状态方程和材料的动态破坏三个方面简要介绍材料在爆炸/冲击载荷下的动态力学性能。关于材料动态力学性能的进一步知识，请参考文献[6]、[7]等。

2.4.1　材料动态本构关系

材料本构关系[6]是材料力学行为的数学表述，是指材料的流变应力对温度、应变和应变率等热力学参数的响应规律。这种规律因材料而异，反映了不同材料的力学本质特征。材料在塑性变形过程中，流变应力受变形温度、变形速度、变形程度及材料的化学成分等因素的影响显著，这些因素的变化会引起材料流变应力的相应变动。

应变率相关的材料动态本构关系通常表示为应力 σ、应变 ε、应变率 $\dot{\varepsilon}$ 及温度 T 之间的泛函关系。因此，可将应力简单表示为

$$\sigma = f(\varepsilon, \dot{\varepsilon}, T) \tag{2.30}$$

塑性变形是一个不可逆的过程，且与路径有关，所以材料在某一确定点 (σ, ε) 的响应与材料的变形亚结构有关。由于每一种变形亚结构都对应各自的应变率、温度及应力状态，因此式 (2.30) 中必须加入一个变形历史项，即

$$\sigma = f(\varepsilon, \dot{\varepsilon}, T, \text{变形历史}) \tag{2.31}$$

接下来的问题归结为如何确定材料动态本构关系的具体函数形式。

理想的金属塑性本构方程应该能够描述温度、应变、应变率、应变率历史和应变硬化(包括等温和绝热硬化)等相关材料性能。然而，实际上要完全描述这些因素相当困难，为此必须引入一些假设以简化模型。由于冲击加载条件下还将引起绝热温升，因此材料的动态本构关系比准静态下的本构关系要复杂得多。目前对材料动态本构关系的热点研究大多集中在与应变率和温度相关的大变形问题方面。

目前常用的材料动态本构关系(模型)有两类。一类是从材料的宏观动态力学行为出发，通过总结它们的动态力学行为变化规律提出经验公式。对于某种特定的材料，通过试验方法测试该材料在不同应变率下的动态性能数据，然后基于某种数学表现形式(模型)对试验数据进行拟合，获得适用于该材料的本构关系参数，这类模型的典型代表有 Johnson-Cook 模型、Cowper-Symonds 模型、随动塑性材料模型、双线性模型等。经验本构关系的优点是模型方程简单、参数数量较少、有一定的物理意义、模型参数比较容易通过试验方式拟合得到，而且模型在形式上具有一定的通用性，可用于描述多种材料的动态力学行为。但是，由于经验本构模

型是通过总结各种不同现象得到的经验公式，模型本身缺少严格的数学证明。而且，模型参数都是通过试验数据拟合得到的，难以从原理上对现象进行深入解释。

另一类是从材料的物理意义出发，通过研究材料的微细观物理结构在动态冲击过程中的变化，提出适用于该(类)材料的动态本构关系。对于某种特定的材料，同样可以通过各种不同的材料性能试验获得模型参数，如 Zerilli- Armstrong 模型、Bodner-Parton 模型、Steinberg-Cochran-Guinan 模型等。这种从物理意义出发的本构模型的优点是模型方程经过严密的数学证明，能够对各种复杂的物理现象从原理上进行深刻的解释。该类模型的缺点是模型方程复杂、参数较多且含义抽象，有的参数很难通过试验获得，往往需要进行各种不同类型的试验，而且模型的适用范围可能比较小，只适用于少数几种材料。

下面简单介绍目前应用比较广泛和比较典型的本构模型。

1) 弹塑性力学中的常用简化模型

在弹塑性力学分析尤其是工程应用中，要求力学模型必须符合材料的实际情况，同时其数学表达式足够简单。常用的简化模型有理想线弹性模型、理想刚塑性模型、刚塑性线性强化模型、理想弹塑性模型、弹塑性线性强化模型(双线性强化模型)和幂强化模型等。金属材料一般都有显著的强化率，因而常采用弹塑性线性强化模型。其单轴应力状态下的应力-应变曲线如图 2.6 所示，本构关系表达式为

$$\sigma = \begin{cases} E\varepsilon, & \varepsilon \leqslant \varepsilon_y \\ \sigma_y + E_t(\varepsilon - \varepsilon_y), & \varepsilon > \varepsilon_y \end{cases} \tag{2.32}$$

式中，E 和 E_t 分别为弹性模量和切线模量；σ_y 和 ε_y 分别为屈服应力和屈服应变。

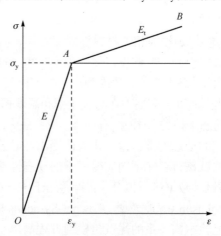

图 2.6　弹塑性线性强化模型应力-应变曲线

2) Johnson-Cook 模型

1983 年，Johnson 和 Cook 为了描述高温、高应变率下金属的大塑性变形，在位错动力学的基础上提出了 Johnson-Cook 模型。该模型描述了材料的应变硬化效应、应变率硬化效应和温度软化效应，认为流变应力是温度、应变率、应变三个因素的乘法效应。其表达式为

$$\sigma = \left(A + B\varepsilon^n \right) \left(1 + C\ln\frac{\dot{\varepsilon}}{\dot{\varepsilon}_0} \right) \left[1 - \left(\frac{T - T_r}{T_m - T_r} \right)^m \right] \tag{2.33}$$

式中，σ 为 von Mises 流动应力(MPa)；ε 为等效塑性应变；$\dot{\varepsilon}$ 为应变率(s^{-1})；$\dot{\varepsilon}_0$ 为参考应变率(s^{-1})；T 为材料温度(K)；T_r 为参考温度(K)；T_m 为材料熔点温度(K)；A、B、C、m 和 n 都是与材料相关的参数，可通过试验确定。其中，A 为材料在参考温度和参考应变率下测得的准静态屈服强度；B 和 n 表征应变硬化的影响；C 为应变率敏感指数；m 为温度软化系数。Johnson 和 Cook 根据一系列试验结果，给出了 12 种金属材料的相关模型参数，如表 2.5 所示。

表 2.5 不同材料的 Johnson-Cook 模型参数($\dot{\varepsilon}_0 = 1s^{-1}$)

材料	硬度	密度 / (kg/m³)	比热容/ [J/(kg·K)]	熔点 /K	A /MPa	B /MPa	n	C	m
无氧高导电性铜	F-30	8960	383	1356	90	292	0.31	0.025	1.09
弹壳体黄铜	F-67	8520	385	1189	112	505	0.42	0.009	1.68
200 镍	F-79	8900	446	1726	163	648	0.33	0.006	1.44
Armco 铁	F-72	7890	452	1811	175	380	0.32	0.060	0.55
CarTech 电铁	F-83	7890	452	1811	290	339	0.40	0.055	0.55
1006 钢	F-94	7890	452	1811	350	275	0.36	0.022	1.00
2024-T351 铝	B-75	2770	875	775	265	426	0.34	0.015	1.00
7039 铝	B-76	2770	875	877	337	343	0.41	0.010	1.00
4340 钢	C-30	7830	477	1793	792	510	0.26	0.014	1.03
S-7 工具钢	C-50	7750	477	1763	1539	477	0.18	0.012	1.00
钨合金(90W7Ni3Fe)	C-47	17000	134	1723	1506	177	0.12	0.016	1.00
贫化铀-0.75% Ti	C-45	18600	117	1473	1079	1120	0.25	0.007	1.00

在 Johnson-Cook 模型[式(2.33)]中，等号右边第一项是 $\dot{\varepsilon} = \dot{\varepsilon}_0$ 和 $T = T_r$ 时应力与应变的函数关系，表示应变强化效应，第二项和第三项分别表示应变率强化效应和温度软化效应。该模型由于形式简单、物理含义解释清楚、参数容易得到，且在趋势上可基本反映金属材料的动态特性，已得到广泛应用。但是，该模型没有体

现温度或应变率历史的影响，也没有考虑温度和应变率的耦合效应，因此并不能完全反映材料的某些特性。而且，该模型对材料的加工硬化行为描述不足，只适合描述应变硬化率随应变增加而增加的金属材料，不适用于应变硬化率随应变增加而减小或保持常数的材料，对许多韧性材料，其屈服强度随应变率的增加而迅速增加的现象也描述不足，因此一直有人对该模型进行改进。值得一提的是，该模型的后续发展产生了用于陶瓷、岩石和混凝土等脆性材料的 Holmquist-Johnson-Cook 模型。

3) Cowper-Symonds 模型

1957 年，Cowper 和 Symonds 根据金属材料在不同应变率下屈服应力的大量试验数据，提出了如下形式的率相关本构方程：

$$\frac{\sigma}{\sigma_0} = 1 + \left(\frac{\dot{\varepsilon}}{W}\right)^{1/q} \tag{2.34}$$

式中，σ_0 为准静态流动应力；σ 为应变率是 $\dot{\varepsilon}$ 时的流动应力；W 和 q 为材料常数。

实际上，通过分析金属材料一维应力下的大量试验数据，研究人员将流动应力对应变率的依赖性主要归结为两种规律：幂函数律和对数律。

幂函数律：

$$\frac{\sigma}{\sigma_0} = 1 + \left(\frac{\dot{\varepsilon}}{\dot{\varepsilon}_0}\right)^{n} \tag{2.35}$$

对数律：

$$\frac{\sigma}{\sigma_0} = 1 + \lambda \ln \frac{\dot{\varepsilon}}{\dot{\varepsilon}_0} \tag{2.36}$$

式中，σ_0 为参考应变率($\dot{\varepsilon} = \dot{\varepsilon}_0$)时的流动应力；$n$ 和 λ 分别为幂函数律和对数律下的应变率敏感性系数。

比较式(2.34)和式(2.35)可知，W 和 q 分别对应式(2.35)中的 $\dot{\varepsilon}_0$ 和 $1/n$。

表 2.6 列出了几种金属材料的 Cowper-Symonds 模型参数试验测定值。

表 2.6　几种金属材料的 Cowper-Symonds 模型参数值

材料	W/s^{-1}	q
软钢	40.4	5
铝合金	6500	4
α-钛	120	9
304 不锈钢	100	10

Cowper-Symonds 模型由于物理概念清晰且形式简单，在金属结构的冲击动力学，包括汽车碰撞、船舶碰撞等实际工程中得到了广泛应用。但是，考虑到高应

变率下绝热温升和物理机制转变的影响，Cowper-Symonds 模型预测高速碰撞、侵彻等高应变率、大塑性变形的能力有一定局限性。

Cowper-Symonds 模型和 Johnson-Cook 模型是从宏观力学角度得到的，即经验型模型，还有一些如基于初始屈服面和超应力概念的 Sokolovsky-Malvern-Perzyna 模型及基于无屈服面概念的 Bodner-Parton 模型等，统称为唯象的黏塑性本构模型。其中，Johnson-Cook 模型和 Cowper-Symonds 模型形式简单，在工程设计和数值模拟中得到了广泛应用，大型商业软件如 LS-DYNA、MSC.Dytran 和 ABAQUS 中的本构关系均嵌入了这两种模型。此外，还有一些基于材料微结构、从位错动力学的角度导出的本构模型，如 Zerilli-Armstrong 模型等。

4) Zerilli-Armstrong 模型

1987 年，Zerilli 和 Armstrong 为了计算高应变率下材料的动态性能，基于位错机制，对 Johnson-Cook 黏塑性本构模型进行了改进，提出了 Zerilli-Armstrong 模型。此模型假设加工硬化与温度及应变率无关，认为不同晶体结构材料的本构关系应该不同。针对面心立方(face-centered cube, FCC)和体心立方(body-centered cube, BCC)晶体点阵的差别，Zerilli-Armstrong 模型分别给出了不同的本构关系。

面心立方金属：

$$\sigma = \Delta\sigma'_G + c_2\varepsilon^{1/2}\exp(-c_3T + c_4T\ln\dot{\varepsilon}) + kd^{-1/2} \tag{2.37}$$

体心立方金属：

$$\sigma = \Delta\sigma'_G + c_1\exp(-c_3T + c_4T\ln\dot{\varepsilon}) + c_5\varepsilon^n + kd^{-1/2} \tag{2.38}$$

式中，σ 为 von Mises 等效应力(MPa)；ε 为等效应变；$\dot{\varepsilon}$ 为应变率(s^{-1})；T 为热力学温度(K)；$\Delta\sigma'_G$、$c_1\sim c_5$、n、k 为给定材料的相应常数。$\Delta\sigma'_G$ 取决于溶质原子和初始位错密度对材料屈服强度的影响。体心立方和面心立方多晶金属的流动应力在相当低的温度下与多晶晶粒间塑性流动的传递有关，另外一个附加应力是由微观结构应力强度 k 和晶粒的平均直径 d 决定的，即 $kd^{-1/2}$ 项。在实际应用中，可将 $\Delta\sigma'_G$ 和 $kd^{-1/2}$ 项合并成 C_0 项。

Zerilli-Armstrong 模型，特别是面心立方的 Zerilli-Armstrong 模型(如典型材料 OFHC 铜)，是将基于热激活分析的应变硬化、应变率硬化和热软化考虑进去合并成相当精确的本构关系，因此 Zerilli-Armstrong 模型比 Johnson-Cook 模型物理意义更明确。但是，Zerilli-Armstrong 模型表达方式较为复杂，在工程实际中远不如 Johnson-Cook 模型应用广泛。

2.4.2　固体高压状态方程

忽略体积塑性和体积黏性的固体高压状态方程，从连续介质力学本构理论的角度看，相当于非线性弹性容变关系。根据线弹性的广义胡克定律，在变形量很大的高压条件下，体积模量 K 不再是常数，而是等轴压力(静水压力)P 或体积应变Δ的函数，这时的材料非线性弹性容变律以微分形式表示为

$$-\mathrm{d}P = K(P)\mathrm{d}\Delta \tag{2.39}$$

关键在于确定非线性体积压缩模量依赖于等轴压力的具体形式。

　　对固体高压状态方程的研究，首先是从静高压条件下对材料体积模量随静水压力变化规律的试验研究开始的[7]。1945～1949 年，Bridgman 根据 1～10GPa 等温静高压的试验测量结果提出了 Bridgman 方程(也称固体等温状态方程)。Murnagham 进一步得到了固体等熵状态方程，材料参数由等熵条件下的波传播试验测试确定。然而，在材料动力学中讨论的冲击压缩过程必定伴随温升或熵增，这是一个热力耦合的变形过程，Murnagham 方程并没有反映出冲击波引起的熵增，实际上这部分熵增已被忽略。正如前面所指出的，在允许忽略畸变的高压下，固体可近似按流体处理，这时的材料非线性弹性容变律就等价于热力学意义上的固体高压状态方程。

　　静水压力 P、比容 V、密度 $\rho(=1/V)$、温度 T 及另两个状态函数内能 e 与熵 S 都可以用来描述物质所处的热力学状态，但它们不是互相独立的，当其中两个已知时，其他参数都可由这两个参数决定。例如，以 P 和 ρ 为独立变量，已知物质的静水压力 P 和密度 ρ，其他参数 V、T、e、S 都可以由 P 和 ρ 表示，这样，参数 V、T、e、S 与 P、ρ 的函数关系也就给定了。这些函数关系就是状态方程。

　　这些函数关系或状态方程与独立变量的选取有关。由于各状态量是相互关联的，不同函数关系的状态方程也不是完全独立的，它们之间有一定的联系。例如，选取 V 和 S 为独立变量，若已知状态方程的形式是内能 e 与 V 和 S 的函数关系 $e = g(V, S)$，则由热力学第一定律可知 $\mathrm{d}e = T\mathrm{d}S - P\mathrm{d}V$，因此有

$$\left(\frac{\partial e}{\partial S}\right)_V = T, \quad \left(\frac{\partial e}{\partial V}\right)_S = -P \tag{2.40}$$

这样就得到 T 和 P 与 V、S 的函数关系。从 $T(V, S)$、$P(V, S)$ 中消掉 S，即得到常见的物质状态方程形式 $f(P, V, T) = 0$，所有状态量均可依此求出。可见，已知 $e(V, S)$ 时，所有其他参量的函数关系都可推知，称这类状态方程为完全状态方程。把具有这种性质(能表示成完全状态方程)的热力学状态量(或状态函数)称为热力学特性函数或势函数。

　　如果最初只是已知 $T(V, S)$，那么利用式(2.40)可导出

$$e(V, S) = \int_{S_0}^{S} T(V, S)\mathrm{d}S + e_0(V) \tag{2.41}$$

$$P(V, S) = -\int_{S_0}^{S} \frac{\partial T(V, S)}{\partial V}\mathrm{d}S - P_0(V) \tag{2.42}$$

　　这时在 $e(V,S)$ 和 $P(V,S)$ 的表达式中，都含有一个未知函数 $e_0(V) = e(V,S_0)$，$P_0(V) = P(V,S_0)$。因此，已知 $T(V,S)$，还不能确定热力学平衡态中所有其他热力学状态量，这类状态方程称为不完全状态方程。

　　在热力学中，以力学量 P、V 之一和热学量 T、S 之一相搭配作为独立状态变量，可构成基于内能 $e(V,S)$、Helmholtz 自由能 $A(V,T)$、焓 $H(P,S)$ 和 Gibbs 自由能 $G(P,T)$ 四个热力学特性函数的完全状态方程。如果能找到四个热力学特性函数中的任一个，即可求得可逆热力学平衡态中所有的热力学量。但是，这样的完全状态方程是难以求解的，因为这些特性函数的具体形式很难通过试验确定。因此，当前不少固体高压状态方程还是一些不完全状态方程。例如，可以从静态等温试验得出温度型状态方程 $f_T(P,V,T) = 0$(如 Bridgman 方程)或从动态等熵试验(如波动试验)得出熵型状态方程 $f_S(P,V,S) = 0$(如 Murnagham 方程)。

　　然而，对于材料动态力学性能中研究的冲击压缩过程既非等温也非等熵，而是绝热熵增过程，温度型状态方程和熵型状态方程两种形式都不适用。在忽略材料畸变的情况下，由冲击波波阵面上质量守恒、动量守恒和能量守恒所涉及的状态参量只包含静水压力 P、比容 V 和内能 e，并未涉及温度 T 或熵 S。因此，比较方便的是采用将 P、V、e 联系起来的内能型状态方程：

$$f_E(P,V,e) = 0 \tag{2.43}$$

　　根据对固体可压缩性的微观分析，将固体材料的静水压力和内能分为两个部分，则其状态方程一般形式为

$$P(V,T) = P_x(V) + P_T(V,T) \tag{2.44}$$

$$e(V,T) = e_x(V) + e_T(V,T) \tag{2.45}$$

式中，$P_x(V)$ 和 $e_x(V)$ 分别为冷压和冷能，它们只是比容 V 的函数；$P_T(V,T)$ 和 $e_T(V,T)$ 分别为热压和热能，同时依赖比容 V 和温度 T。在物理意义上，与温度无关的冷能 $e_x(V)$ 为 0K 时的内能又称晶格势能，它包括分子(原子、离子等)间相互作用能(晶格结合能)、零点振动能和价电子气压缩能等与温度无关的部分内能；而与温度有关的热能 $e_T(V,T)$ 又称晶格动能，它包括晶格热振动和电子热激活能等与温度有关的部分内能。

　　令 $e = C_V T$，且定容比热容 C_V 是一个常数或者是一个不依赖于 V 的函数，将式(2.44)、式(2.45)代入热力学恒等式 $(\partial e/\partial V)_T = T(\partial P/\partial T)_V - P$ 中，得到 $P_T(V,T) = T(\partial P_T/\partial T)_V$，再积分可得到

$$P_T(V,T) = \Gamma(V)\frac{e_T(V,T)}{V} \tag{2.46}$$

式中，$\Gamma(V)$ 称为 Grüneisen 系数。利用热力学关系式，可求得常态下的 Grüneisen 系数 Γ_0 为

$$\Gamma_0 = \Gamma(V_0) = \frac{\alpha c_0^2}{C_V} \tag{2.47}$$

式中，α 为物质的体热膨胀系数；c_0 为常态时的声速。当物质的密度偏离常态密度不远时，可认为 $\Gamma(V) \approx \Gamma_0$。在实际应用时，可近似取 $\Gamma/V = \Gamma_0/V_0 =$ 常数。

这样，两项式状态方程(2.44)及(2.45)的一种具体表达形式为

$$P - P_x = \frac{\Gamma(V)}{V}(e - e_x) \tag{2.48}$$

该式即为著名的 Mie-Grüneisen 状态方程。在研究高压下固体中冲击波传播时，绝热熵增型 Mie-Grüneisen 方程是最常用的状态方程。首先，因为它是内能型的状态方程，所以可以与波阵面上的冲击波突跃条件发生直接的联系；其次，方程中的有关参数均可通过试验确定，而且它并不是一个纯粹的经验公式。其方程形式是凭借热力学或物理力学等确定的，因此是一个半经验的状态方程。

下面简单介绍常用的状态方程。

1. 多方气体状态方程

没有黏性的气体称为理想气体或无黏气体，状态方程为 $PV = RT$ 的气体称为完全气体，状态方程为 $P = A\rho^\gamma$ 的气体称为多方气体。这里 R 是气体常数，对于等熵过程，系数 A 取常数。

多方气体包含内能 e 与温度 T 成比例的完全气体，即适合条件 $e = C_V T$ 的完全气体。这时比热容 C_V、C_P 和比热容比 $\gamma = C_P / C_V$ 都是常数，因此又称为常比热容气体，且有关系式 $R = C_P - C_V$。当具有常比热容性质时，完全气体等熵变化应满足微分方程 $\mathrm{d}Q = \mathrm{d}e + P\mathrm{d}V = 0$，由此导出

$$\mathrm{d}e + P\mathrm{d}V = \frac{C_V}{R}\mathrm{d}(PV) + P\mathrm{d}V = \frac{1}{\gamma - 1}V\mathrm{d}P + \frac{\gamma}{\gamma - 1}P\mathrm{d}V = 0 \tag{2.49}$$

对该式积分得等熵方程 $PV^\gamma = \mathrm{const}$。

1) 完全气体

对于无黏完全气体，状态方程可写成

$$PV = RT \quad \text{或} \quad P = \rho RT \tag{2.50}$$

内能 e 只是温度的函数，因为

$$T\mathrm{d}S = \mathrm{d}e + P\mathrm{d}V = \mathrm{d}e + \frac{RT}{V}\mathrm{d}V$$

所以

$$\frac{\mathrm{d}e}{T} = \mathrm{d}S - R\frac{\mathrm{d}V}{V}$$

上式右边是全微分,所以左边也应该是全微分,因此 e 是温度 T 的函数,或写成 $e(T)$。

C_P 和 C_V 也是温度 T 的函数,因为

$$C_V = \frac{\mathrm{d}e}{\mathrm{d}T} = e'(T) = C_V(T), \quad C_P = R + C_V = C_P(T)$$

比热容比 γ 与焓 H 都只是温度的函数,因此有

$$\gamma = C_P(T) / C_V(T) = \gamma(T), \quad H = e(T) + RT = H(T)$$

声速计算公式为

$$c^2 = \left(\frac{\partial P}{\partial \rho}\right)_S = \left(\frac{\partial P}{\partial \rho}\right)_T + \frac{T}{\rho^2 C_V}\left(\frac{\partial P}{\partial T}\right)_\rho^2 = RT + \frac{T}{\rho^2 C_V(T)}(R\rho)^2 = RT\left(1 + \frac{R}{C_V(T)}\right)$$

可见,声速也只是温度的函数。

2) 多方气体

对于多方气体,因为有关系式 $e = C_V T$,所以有 $C_V \dfrac{\mathrm{d}T}{T} + R\dfrac{\mathrm{d}V}{V} = \mathrm{d}S$,其可写成

$$C_V \, \mathrm{d}\ln\frac{PV^\gamma}{R} = \mathrm{d}S$$

积分后可得如下状态方程:

$$P = A(S)\rho^\gamma \tag{2.51}$$

式中,$A(S) = B\exp\left(\dfrac{S - S_0}{C_V}\right)$;$\gamma$ 又称为多方指数,且值总大于 1,典型的值有 $\gamma_{空气} = 1.4$、$\gamma_{氦气} = 1.67$ 和 $\gamma_{二氧化碳} = 1.3$。

对于多方气体,还有以下重要关系式:

$$e = \frac{PV}{\gamma - 1}, \quad c^2 = \frac{\gamma P}{\rho} = \gamma PV = \gamma RT, \quad H = \frac{c^2}{\gamma - 1} = \frac{\gamma PV}{\gamma - 1}$$

这些关系式在爆炸与冲击问题中应用极广,是典型模型问题的常用关系式。

2. 凝聚介质状态方程

金属、水、固体炸药等都可归属为凝聚介质。对于这类介质,热力学函数的计算非常困难,且许多问题尚未解决。目前对这类介质的热力学性质研究仍然以试验方法为主。

凝聚介质从微观结构到宏观行为均有不同于气体的特别之处。气体中的压力是分子热运动动量传输的宏观表现,因此它正比于温度,例如,理想气体的状态方程具有 $PV = RT$ 的形式。压缩气体不需要很大的压力,例如,冲击波后压力为几十到几百个大气压时,空气密度便达到了极限压缩比。凝聚介质的情况则不同。

固体和流体中的原子或分子相互靠得很紧并强烈地相互作用着。一方面距离较远的粒子相互吸引，另一方面靠得近的粒子又相互排斥，为了压缩介质，必须克服排斥力，此排斥力随原子之间的接近而迅速增大。一般为了将金属体积压缩10%，需对金属施加 10^5 大气压量级的压力，而压缩到50%体积所需的压力的数量级为几百万个大气压或更高。另外，凝聚介质中小扰动的传播速度即声速，也与气体中的有所不同，它由介质的弹性压缩率决定。

1) Grüneisen 状态方程

Grüneisen 状态方程是对凝聚介质普遍适用的一种状态方程，常写成

$$P = P_H + \frac{\Gamma(V)}{V}(e - e_H) \tag{2.52}$$

式中，P_H、e_H 分别为材料冲击 Hugoniot 线上的值，即

$$P_H = \frac{C(V_0 - V)}{\left[V_0 - S_1(V_0 - V)\right]^2}, \quad e_H = \frac{1}{2}P_H(V - V_0) \tag{2.53}$$

式中，S_1 和 C 为常数，由冲击波 D-v 曲线给出。冲击波 D-v 曲线的表达式为 $D = C + S_1 v$，表现了冲击波速度 D 与波后质点速度 v 的关系，又称冲击绝热线，系数来自冲击波加载实验的测试数据。

Grüneisen 状态方程很好地描述了大多数金属的性质，在现有动力学计算商业软件中，Grüneisen 状态方程是一个基本配置。

2) "稠密气体" 状态方程

当偏离正常密度不多时，可对 Grüneisen 状态方程进行线性化近似，得到的简化状态方程为

$$P = c_0^2(\rho - \rho_0) + (\gamma - 1)\rho e \tag{2.54}$$

式中，ρ_0 和 c_0 分别为常态下的密度和声速；γ 为参数。这种状态方程也称为"稠密气体"状态方程，它形式简单，使用方便，并保持着凝聚介质物质的许多基本特性。特别是，它对应的等熵方程、声速等可以写成与多方气体相应关系式在形式上相似的解析表达式，这对理论分析工作是非常有意义的。

式(2.54)中系数 γ 是密度 ρ 的函数，根据冲击波 Hugoniot 的关系可导出

$$\gamma = 4S_1 - 2\left(1 - \frac{\rho_0}{\rho}\right)S_1^2 - 1 \tag{2.55}$$

在 $\rho \to \rho_0$ 的极限情况下，$\gamma = 4S_1 - 1$；在强冲击波情况下，$\rho_{max} = \rho_0(\gamma + 1)/(\gamma - 1)$，$\gamma = 2S_1 - 1$。在弱冲击波情况下，通常可近似取 $S_1 = (\gamma + 1)^2/(4\gamma)$ 或 $\gamma = 2S_1 - 1 + \sqrt{(2S_1 - 1)^2 - 1}$。实践表明，对一些常用的金属，此 γ 值给出的结果是令人满意的。与此状态方程对应的等熵方程为

$$P = A(S)\rho^{\gamma} - \frac{\rho_0 c_0^2}{\gamma}$$

声速表达式为

$$c^2 = \frac{\gamma P}{\rho} + \frac{\rho_0 c_0^2}{\rho} = \gamma A(S)\rho^{\gamma-1}$$

需要注意的是，这里的系数 γ 不同于多方气体的多方指数或比热容比，不具有相应的物理意义。

3) 其他状态方程

根据介质的不同特点，状态方程还可以取不同的形式。状态方程的构造一方面来自理论的指导，另一方面还要基于试验的验证。例如，对于凝聚炸药及其爆轰产物常采用的状态方程有 JWL 状态方程、BKW 状态方程等。JWL 状态方程的形式为

$$P = A\left(1 - \frac{\omega}{R_1 V}\right)\exp(-R_1 V) + B\left(1 - \frac{\omega}{R_2 V}\right)\exp(-R_2 V) + \frac{\omega E}{V} \tag{2.56}$$

BKW 状态方程的形式为

$$P = (1 - x\rho^{\beta x})\frac{RT}{V} \tag{2.57}$$

式中，$x = k/(VT^{\alpha})$。

还有其他形式的状态方程，如 $P = AV^a - BV^b + DT/V$。这些方程中的参数一般由试验数据拟合得到，因此都是经验公式。

在实际工作中，视具体情况可采用不同形式的状态方程。例如，在进行数值计算时，多项式形式的状态方程也是常用的，其系数由试验数据拟合得到。目前许多商业软件中都建立了状态方程材料模型库，提供了多种状态方程的可选形式，但状态方程的研究仍存在很大的发展空间。

2.4.3 材料的动态破坏

通常意义上，爆炸/冲击等强动载荷下的材料动态响应涵盖了应变率-温度相关的整个动态流变过程直至最后的动态破坏。前者主要由动态本构关系描述，后者则由动态破坏准则控制。与材料动态本构关系研究相比，材料的动态破坏更加复杂。首先，在研究材料动态破坏时，材料动态响应和结构动态响应常常是难以分割的。其次，大量试验观察表明，在材料动态破坏过程中，应力球量(静水压力)对在畸变基础上发展的材料破坏也起着不可忽略的重要作用。最后，材料的动态破坏都有一个发生、发展的时间过程，本质上是时间/速率相关的过程。从细观上看，材料的动态破坏是一个不同形式的微损伤(微裂纹、微孔洞、微剪切带)以有

限速率演化的时间过程。本节分别通过层裂和动态断裂/碎裂两种典型破坏现象对材料的动态破坏进行简单介绍。

1. 层裂

层裂[4]是一种典型的由冲击载荷引起的动态破坏现象，是 1914 年由 Hopkinson 在研究钢板承受炸药接触爆炸的破坏效应时观察到的，因此其也称为 Hopkinson 断裂。Hopkinson 建立的试验模型为硝化棉炸药爆炸冲击软钢板。当靶板厚度较薄时，有高速裂片从靶板背面飞出，逐渐增加靶板厚度，靶板背面出现不完全剥离的层裂现象。Hopkinson 对此试验现象进行了分析，指出层裂的主要特征是：①层裂不是发生在炸药-钢板的接触爆炸面(正面)，而是发生在钢板自由面(背面)附近；②钢板承受的是短历时爆炸压力载荷，而层裂则是短历时拉伸载荷作用造成的，这是由于波的相互作用和反射，当拉伸应力足够强时，靶板材料发生层裂现象；③层裂片或痂片高速飞离，表明它先前承受过爆炸压力波而储存了相当大的能量；④原本韧性的钢板在层裂时却表现为脆性，显示结晶状脆性断口。这些现象均体现了层裂与准静态载荷破坏之间的区别，是动态卸载破坏的特点。

层裂的作用机理为：压缩波在自由面反射成拉伸波，使得材料构件中邻近自由面的局部区域受到相当大的拉伸应力，一旦拉伸应力达到一定值、作用时间足够长，材料便会在该处发生拉伸断裂，造成部分材料构件剥落，即层裂现象。这时，在断裂面处形成与原自由面具有相同边界条件的新的自由表面。冲击加载下铝合金平板中产生的层裂现象如图 2.7 所示。如果初始冲击波的强度足够大，那么上述层裂过程会重复发生，从而可能造成第二次层裂，甚至在一定条件下形成多次层裂。

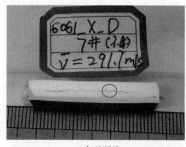 

(a) 宏观照片　　　　　　　　　　(b) 显微照片(放大100倍)

图 2.7　6061 铝合金平板中的层裂现象

与半无限大平板的层裂现象类似，当结构中传播的压缩波从有限尺寸的构件自由表面反射回到结构中，形成拉伸应力波的相互作用时，会产生角裂和心裂现象。这种现象在保护罩结构的损伤破坏中有所反映，如图 2.8 所示。

(a) 截面梯形结构保护罩　　　　　　　　　　(b) 截面圆弧形结构保护罩

图 2.8　两种保护罩内部层裂现象

层裂产生的原因在于，入射加载波与反射卸载波相互作用之后形成拉应力，当拉应力达到某个阈值时发生层裂，这便是层裂准则问题。下面简单介绍 3 个代表性的工程层裂准则。

1) 最大拉应力瞬时断裂准则

Rinehart 于 1951 年最早提出了动态层裂准则的定量描述，建立了最大拉应力瞬时断裂准则，认为一旦拉应力 σ 达到或超过材料的抗拉阈值 σ_c，即当

$$\sigma \geqslant \sigma_c$$

时，立即发生层裂。σ_c 是表征材料抵抗动态拉伸断裂性能的材料常数，称为动态断裂强度。

该准则在形式上是静态强度理论中的最大正应力准则在动态情况下的推广，认为断裂发生在满足此准则的瞬间，属于速率(时间)无关断裂理论。不过，这里的 σ_c 是由动态层裂实验确定的，通常比静态极限强度高。从这个意义上看，该准则已经计及了断裂的速率(时间)相关性。

2) 拉伸应力率准则和拉伸应力梯度准则

1962 年，Whiteman 把 Rinehart 的最大拉应力瞬时断裂准则扩展到计及断裂的速率效应，提出了拉伸应力率准则，认为层裂应力与应力加载率的平方根成正比，即

$$\sigma = \sigma_0 + A\left(\frac{\partial \sigma}{\partial t}\right)^{1/2} \tag{2.58}$$

式中，σ_0 为拉应力阈值，通常取材料准静态拉伸极限强度；A 为材料常数。

1967 年，Breed 等在应力率准则的基础上提出了拉伸应力梯度准则，即

$$\sigma = \sigma_0 + B\left(\frac{\partial \sigma}{\partial x}\right)^{1/2} \tag{2.59}$$

式中，B 为材料常数。

由于 $\Delta x = U\Delta t$ (U 为卸载波波速)，因此式(2.58)和式(2.59)是等价的。

1968 年，Thurstan 等整理了大量层裂试验数据后指出，应力梯度的指数关系不一定限于 1/2，从而提出了更一般的应力梯度准则：

$$\sigma = \sigma_0 + B\left(\frac{\partial \sigma}{\partial x}\right)^n \tag{2.60}$$

式中，n 为模型常数。

3) 损伤累积准则

1968 年，Tuler 和 Butcher 提出了积分型损伤累积准则，给出了材料动态损伤累积的连续度量及发生层裂的条件，即当参数 $\bar{K}$ 满足

$$\bar{K} = \int_0^t \left(\sigma(t) - \sigma_0\right)^\alpha \, \mathrm{d}t \tag{2.61}$$

时，发生断裂。式中，α、$\bar{K}$、σ_0 均为材料常数。σ_0 是材料发生断裂所需的应力阈值，当应力小于 σ_0 时，即使作用持续时间足够长也不会发生断裂。当 $\alpha = 1$ 时，式(2.61)相当于冲量准则，即当应力冲量达到一定临界值时发生断裂。当 $\alpha = 2$ 时，式(2.61)等价于能量准则。

层裂过程的物理本质是材料内部损伤累积和发展的过程，损伤累积概念的引入标志着人们对层裂的认识上升到了一个新的高度，研究人员也开始尝试从微观角度来解释层裂现象。目前，层裂破坏一直受到持续的关注，人们对其展开了持续的研究。

2. 动态断裂和碎裂

断裂主要研究在一定外载条件下的裂纹起裂、失稳扩展及止裂特性。碎裂则是指多个裂纹同时出现并扩展而破碎成多个碎片的现象。动态断裂区别于准静态断裂的特点就是存在应力波传播。这些应力波的产生源于应力从断裂的裂纹尖端处卸载或过度加载，当从试件边界反射回来的应力波再回到裂纹尖端时，将改变裂纹尖端处的应力状态，并导致破裂速度发生改变，如果应力波的强度足够高，还能引起裂纹分叉。爆炸分离过程中分离板的断裂就是一个典型的动态断裂过程。在爆炸/冲击载荷下，动态断裂问题的复杂性表现在以下两个方面：在结构动态响应方面，要计及应力波效应(惯性效应)，包括应力波对稳定裂纹尖端附近动态力学场的影响，以及运动裂纹的动能和惯性对裂纹尖端附近动态力学场的影响；在材料动态响应方面，要计及加载速率对材料断裂韧性的影响。

断裂力学中将裂纹扩展分为张开型(Ⅰ型)、剪切型(Ⅱ型)和撕开型(Ⅲ型)三种基本类型，如图 2.9 所示。其中，Ⅰ型是所有加载形式中最为危险的基本断裂模式。对断裂力学的研究通常采用两种不同的方法：能量法和力场法。其中，Griffith 能量法是从裂纹体的系统能量平衡出发来讨论裂纹的失稳扩展，

得到的是基于能量释放率 G 概念下的裂纹失稳扩展准则，称为能量释放率准则(G 准则)：

$$G_{\mathrm{I}} = \frac{\pi\sigma^2 c_{\mathrm{I}}}{E'} = G_{\mathrm{Ic}} \tag{2.62}$$

式中，下标 I 表示 I 型裂纹；σ 为应力；c 为裂纹长度的一半；E' 在平面应力时为弹性模量 E，在平面应变时为 $E' = E/(1-v^2)$ (v 为泊松比)。

能量释放率 G(N/m)起驱动裂纹扩展的作用，所以又称裂纹扩展力，是一种广义能量力。能量释放率准则只适用于无塑性变形的裂纹脆性失稳扩展。Irving 力场法则是通过裂纹邻域的力场分析，得到基于应力强度因子 K 的裂纹失稳扩展准则，称为应力强度因子准则(K 准则)：

$$K_{\mathrm{I}} = \sigma\sqrt{\pi c_{\mathrm{I}}} = K_{\mathrm{Ic}} \tag{2.63}$$

式中，K_{Ic} 表征材料抵抗裂纹失稳扩展的能力，称为断裂韧性(kg/mm$^{3/2}$)。

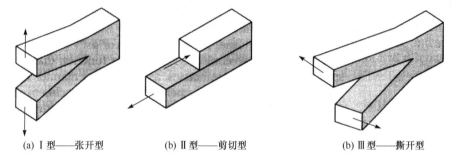

(a) I 型——张开型　　　　　(b) II 型——剪切型　　　　　(b) III 型——撕开型

图 2.9　断裂的三种基本类型

在爆炸/冲击等强动载荷作用下，动态断裂与准静态断裂的区别主要表现在以下两个方面：一方面，G_{I} 和 K_{I} 应以动态应力强度因子 $K_{\mathrm{I}}^{\mathrm{d}}(t)$ 来表征裂纹体在动载荷作用下裂纹尖端附近的结构动态响应，$K_{\mathrm{I}}^{\mathrm{d}}(t)$ 是时间的函数，体现了惯性效应；另一方面，G_{Ic} 和 K_{Ic} 应采用动态断裂韧性 K_{Id} 来描述动载荷作用下抵抗裂纹扩展的材料动态响应，K_{Id} 是载荷率(应力率、应变率或应力强度因子率等)的函数，体现了速率(时间)效应。因此，对动态断裂的研究主要分为两类：关于裂纹体的结构动态响应和关于裂纹体的材料动态响应。关于裂纹体的结构动态响应通常研究应力波作用下裂纹尖端附近的动态应力强度因子，以及裂纹本身传播时由动能变化和惯性效应带来的动态应力强度因子的变化。关于裂纹体材料动态响应主要研究表征材料在爆炸/冲击等动载荷下抵抗裂纹动态起始扩展能力的材料韧性的材料动态断裂韧性 K_{Id}。

与准静态载荷下的情况相比，在爆炸/冲击的短历时、高应变率载荷下断裂的另一个现象是，结构以破碎成多块为特征，即形成以多个裂纹同时扩展而破碎成多个碎片的动态碎裂。动态碎裂的典型例子有金属环膨胀拉伸断裂(图 2.10)[8]、金属柱壳爆炸膨胀破碎(图 2.11)及球形弹丸斜碰撞形成的碎片云(图 2.12)等。

关于固体碎裂化现象的研究最早由 Mott 在第二次世界大战期间开展，目前形成的动态碎裂理论主要有：①Mott 模型，该模型假定断裂是瞬时发生的，且发生的位置随机，断裂时刻的能量耗散忽略不计；②Grady-Kipp 内聚断裂模型，该模型认为裂纹面的形成和分离是内聚断裂过程，而不是瞬时发生的，并引入了材料单位裂纹面积断裂能来表征断裂过程中的耗散能量；③Glenn-Chudnovsky 模型，该模型计及了断裂时刻的弹性应变能，将脆性材料设为线性弹性体；④郑宇轩等提出的计及碎裂机制的最快速卸载理论和缺陷控制碎裂理论[8]。

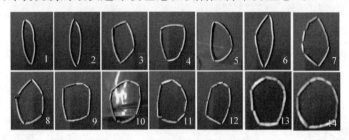

图 2.10　金属环膨胀拉伸断裂[8]

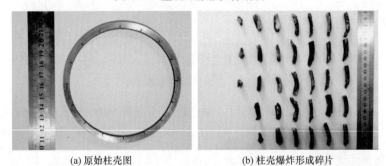

(a) 原始柱壳图　　　　　　　(b) 柱壳爆炸形成碎片

图 2.11　金属柱壳爆炸膨胀破碎

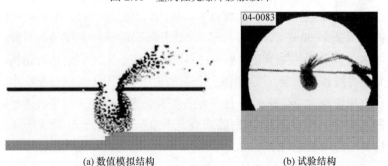

(a) 数值模拟结构　　　　　　　(b) 试验结构

图 2.12　球形弹丸斜碰撞形成的碎片云

材料的动态断(碎)裂是一个涉及裂纹成核、扩展及多源裂纹相互作用等动态机制的复杂过程，断裂位置也是随机的，因此碎片尺寸应是一个呈统计分布规律的平均特征尺寸。关于碎片统计分布规律的研究，早期采用几何统计分布模型，具有代表性的分布模型有对数正态分布、Lienau 分布、Mott-Linfoot 分布和 Weibull 分布，后来发展的有基于能量模型的概率分布，还有少数学者从熵能量角度出发研究的碎片分布。

2.5　量纲分析方法

2.5.1　引言

钱学森曾经指出，由于爆炸力学要处理的问题远比经典的固体力学或流体力学复杂，似乎不宜立刻从力学基本原理出发，构筑爆炸力学理论。近期还是靠小尺寸模型试验，但要用比较严格的无量纲分析，从试验结果总结出经验规律，这也是过去半个世纪行之有效的研究方法。

量纲分析是自然科学中一种重要的研究方法，它根据一切量所必须具有的形式来分析判断事物间数量关系所遵循的一般规律。通过量纲分析可以检查物理规律的描述方程在计量方面是否正确，甚至可以提供物理现象某些规律的线索。根据量纲理论的相似性原理设计模型试验对实际过程进行模拟，是量纲分析方法的一个典型应用。另外，量纲分析方法还可用于复杂问题的理论分析。

当遇到十分复杂的问题，涉及因素众多、无从下手时，常常可以从各因素的量纲分析入手，找出主要规律，分析问题的根本所在，建立众多因素之间的联系。这便是量纲分析的主要意义所在。例如，在复杂的运动现象中，许多因素影响着运动规律，把所有起作用的量称为主定参量。用量纲分析的方法，从繁多的主定参量中挑选出主要者，并弄清它们如何组合起来发挥作用，选取这个组合作为影响运动规律的自变量，可以减少自变量的数目，降低方程的阶，使问题得以简化。有时通过量纲分析，甚至不需要求解方程组，便可得到问题的实质性结果。

量纲分析方法具有物理上直观、数学上简单的优势，因此很有实用价值。但也必须看到，在进行量纲分析时，对所研究对象的物理实质应比较了解，又清楚其特性，才能找到合理的主定参量，并从中找出主要因素，形成这些主要因素的无量纲组合，来反映事物的本质。实际上，量纲分析的能力还是有限的。因为不直接考虑力学过程的守恒原理，所以有时结果可能并无实际意义，但能从中找到一些规律，对建立理论模型有独到之处。

2.5.2 量纲相关概念

量纲是物理量属性的一种表现。各种物理量之间存在着联系，说明它们的属性必然由若干统一的基本成分组成，并按各成分的组成不同而形成参量之间的差异，正如世间万物仅由百余种化学元素构成一样。物理量的这种基本构成成分称为量纲。

物理现象涉及的所有量可分为两类：有量纲量和无量纲量。

(1) 有量纲量：其数值依赖于所选取的度量单位制的量，如长度、时间、质量等。例如，同一长度因所用单位制不同具有不同的数值，典型的如 0.1m=10cm。

(2) 无量纲量：其数值不依赖于度量单位制的量，如角度、功/能之比等。

可以把量纲理解为反映事物属性的单位。反映物理现象的量有距离、速度、时间、质量、密度、能量、压力，以及角度、比值、常数等。其中，距离有长度量纲，时间有时间量纲，速度量纲是长度量纲与时间量纲之比。可见，量纲反映了这些物理量的属性。这些量的数值依赖于对属性描述所选取的单位制，如长度单位有 km、m、dm、cm、mm 等，时间单位有 h、min、s、ms、μs 等。同一长度因所用单位制不同而具有不同的数值，说明距离这个量的值与度量它的单位制有关。角度和比值无量纲可言，故不随单位制的不同而变化。

由于物理量之间的相互关系，量纲之间也存在着联系。或者说当某些量(如前述的长度 l 和时间 t)的量纲明确之后，其他量(如速度 v)的量纲可以由这些量导出。因为 v 与 l、t 之间存在 $v \sim l/t$ 的关系，所以速度量纲就是长度量纲与时间量纲的比值。这些相互联系取决于把哪些物理量定义为基本量，其余量的量纲则由它们之间的关系导出。例如，上述 v 和 l、t 三个量如果以 v 和 l 为基本量，那么时间量纲为长度量纲与速度量纲的比值。因此，如果基本量的量纲已定，余下量的量纲则由它们的关系导出。

在上面的例子中，定义距离和时间为基本量，速度量纲=长度量纲/时间量纲，这种表达式称为导出量纲。度量这些基本量的度量单位称为基本度量单位，如 m、s；其余量的单位称为导出度量单位，如 m/s。基本度量单位可根据研究的需要确定，但它们必须是相互独立的。若上述已选长度和时间作为基本量，则速度只能是导出量。对于热、力、电等物理现象，常用五个量作为基本量：长度、时间、温度、质量、电流，其量纲用符号表示分别为 L、T、θ、M、I。力学中常用的基本量有三个：长度、时间、质量，对应的量纲符号为 L、T、M。

这样，度量单位成为定义量纲的前提。定义量纲为导出度量单位经由基本度量单位表示出的表达式。量纲的表示符号以方括号为特征，例如，$[l]=L$，$[m]=M$，$[t]=T$，或 $[距离]=L$，$[质量]=M$，$[时间]=T$。

导出量的度量单位对基本量的度量单位的依赖关系写成公式形式，即量纲公式。显然，量纲与所选取的基本量有关，其表达形式也与基本单位制有关。在 CGS 单位制中，一般形式是 $L^{\alpha}M^{\beta}T^{\gamma}$。而无量纲量的量纲为 1。

有量纲量的单位可由一些物理量之间的关系联系起来，如 $u=l/t$，u 的单位由 l、t 的单位之比组成，其量纲公式表示为[速度]=[距离/时间]=[距离]/[时间]=L/T，或写成$[v]=[l]/[t]=L/T$。说明 v 与 l、t 是量纲相关的。如果一个量的量纲公式不能由其他一些量的量纲公式组合成幂次单项式表示出来，那么称该量与这些量的量纲无关，或该量具有独立量纲。例如，可以证明 l、u、E(能量)三个量是量纲无关的。若 l、v、E 量纲相关，则总有无量纲量 π 存在，使得

$$\pi=\left[\frac{E^{\alpha}}{l^{\beta}v^{\gamma}}\right]=\frac{[E^{\alpha}]}{[l^{\beta}][v^{\gamma}]}=1 \tag{2.64}$$

即

$$\frac{(ML^2T^{-2})^{\alpha}}{L^{\beta}(L/T)^{\gamma}}=1 \tag{2.65}$$

为使式(2.65)成立，要求：量纲 M 的幂指数 $\alpha=0$；量纲 L 的幂指数 $2\alpha-\beta-\gamma=0$；量纲 T 的幂指数 $-2\alpha+\gamma=0$。只有当 $\alpha=\beta=\gamma=0$ 时上述三个方程才成立。因此，E、l、v 三个量的量纲无法发生联系，它们是量纲无关的。

独立量纲量的数目不可能超过基本单位的个数，如力学量中具有独立量纲的量不超过三个，这是 π 定理的内容之一。

2.5.3　量纲法则

量纲服从的规律称为量纲法则，常用的有两条：①只有量纲相同的物理量才能彼此相加、相减和相等；②指数函数、对数函数和三角函数的量纲应当是 1。量纲法则是量纲分析的基础。若推导出的关系式不符合量纲法则，则该式必然是错误的。

实际现象总是同时有许多物理量参与。它们之间通过理论和试验建立起一定的依存关系，构成某一客观规律的数学表达。只有物理上的同类量或同类量的组合才能进行加减；同时，所建立的反映客观规律的关系式必须保证在单位制的任意变换下不被破坏。这一性质称为关系式的完整性。

表现数量关系的最一般形式是多项式。保证多项式的完整性有两种方法：一是要求出现在算式中的一切参量都是无量纲量；二是要求式中所有项具有完全相同的量纲。也就是说，每一项的每一基本量纲都有相同的幂次，即量纲的齐次性。量纲齐次是构成完整性的充分和必要条件。因此，任何正确反映物理规律的方程，其两端各项都必须具有相同的量纲。

2.5.4　π 定理

π 定理是由白金汉(Buckingham)于 1915 年提出的，故又称为白金汉定理，是运用量纲分析求解实际问题的理论依据。其内容为：设有一物理规律，它表现为 $n+1$ 个有量纲量 $a, a_1, a_2, \cdots, a_n$ 之间的某一函数关系：$a=f(a_1, a_2, \cdots, a_k, a_{k+1}, \cdots, a_n)$，其中 $a_1, a_2, \cdots, a_n$ 称为主定量。这个规律可以理解为某物理量 a 的变化取决于 n 个因素 $a_1, a_2, \cdots, a_n$ 的影响。如果其中有 k 个量 $a_1, a_2, \cdots, a_k\ (k \leqslant n)$ 具有独立量纲，那么其余量的量纲可由这 k 个量的量纲相应组合来表示，即

$$
\begin{aligned}
a &= \pi a_1^{\alpha_1} a_2^{\alpha_2} \cdots a_k^{\alpha_k} \\
a_{k+1} &= \pi_1 a_1^{\beta_1} a_2^{\beta_2} \cdots a_k^{\beta_k} \\
&\vdots \\
a_n &= \pi_{n-k} a_1^{\gamma_1} \cdots a_k^{\gamma_k}
\end{aligned}
\tag{2.66}
$$

式中，π 为无量纲量。

于是，原物理规律 $a=f(a_1, a_2, \cdots, a_k, a_{k+1}, \cdots, a_n)$ 可写成

$$
a = \pi a_1^{\alpha_1} \cdots a_k^{\alpha_k} = f(a_1,\cdots,a_k,a_1^{\beta_1} \cdots a_k^{\beta_k}\pi_1,\cdots,a_1^{\gamma_1} \cdots a_k^{\gamma_k}\pi_{n-k})
\tag{2.67}
$$

或

$$
\pi = \Phi(a_1,\cdots,a_k,\pi_1,\cdots,\pi_{n-k})
$$

式中，$\pi,\pi_1,\cdots,\pi_{n-k}$ 为无量纲量，故与单位制的选取无关。如果在函数 Φ 中，有量纲量 a_1 发生任意变化(例如，单位制变化造成 a_1 数值的改变，而其他量保持不变时，Φ 会发生变化)那么 π 也会变化，这是不合理的。因为无量纲量 π 不随单位制的不同而改变，所以只能是 π 与 a_1 无关。同理可证：π 与 $a_2, \cdots, a_k$ 都无关。于是新的关系式为

$$
\pi = \Phi(\pi_1,\cdots,\pi_{n-k})
\tag{2.68}
$$

以上结果表明，任何一个由 $n+1$ 个有量纲量表述的与单位制选取无关的关系式，都可以转化成由这 $n+1$ 个量组合而成的无量纲量之间的关系。并且，如果这 $n+1$ 个量中有 $k(k \leqslant n)$ 个量具有独立量纲，那么该关系式就化成了 $n+1-k$ 个无量纲量即 $\pi,\pi_1, \cdots, \pi_{n-k}$ 之间的关系式，其中 π_i 为主定量的无量纲组合。

由此可知，研究任何一个具有很多主定量的问题，都可以通过量纲分析将主定量进行组合，构成问题的新自变量，并使自变量数目减少。当主定量较少时，例如，若 $n=k$，则 $\pi = \text{const}$，原物理规律可写成 $a = c_k \cdot a_1^{\alpha_1} a_2^{\alpha_2} \cdots a_k^{\alpha_k}$ 的单项式形式，问题简化成只需确定一个常数 c_k。例如自由落体运动：质量为 m 的物体从 h 高度自由落下，求下落高度与时间 t 的关系。

自由落体运动的参量有高度 h、重力加速度 g、时间 t 和物体质量 m，h 与其他几个主定量之间的关系可以表示成 $h=f(g, t, m)$，而 g、t、m 三者量纲无关，所

以 $n=k=3$，于是有

$$\pi = \left[\frac{h}{g^\alpha t^\beta m^\gamma} \right] = c_k \qquad (2.69)$$

解得 $\alpha = 1$ 和 $\beta = 2$，可得 $h = c_k g t^2$，其中 c_k 表示常数。

人们熟知的物理结论是 $h = \frac{1}{2} g t^2$，因此这里 $c_k = 1/2$。

由此可见，在研究一个问题时，可以首先应用量纲分析的方法初步判定其性质，然后根据其特点找出最合适、最方便的方法进一步求解。

2.6 本 章 小 结

柔爆索的爆炸分离过程涉及爆炸与冲击动力学领域的诸多基本概念，对这些基本概念的掌握，有助于对爆炸分离的理解。本章首先对冲击波和爆轰波进行了简要介绍，给出了冲击波和爆轰波的基本关系式；对爆炸分离的能量来源——柔爆索的爆轰特性进行了介绍，给出了柔爆索基本参数的测试方法及典型结果。然后对爆炸分离涉及的波动基础理论进行了简要介绍，包括波的概念、动力学效应及波的传播和相互作用等内容，将有助于理解爆炸分离时结构中应力波的传播规律。接着，从材料动态本构关系、固体高压状态方程及材料的动态破坏三个方面简要介绍了材料在爆炸/冲击载荷下的动态力学性能，给出了本构模型和状态方程的几种典型形式，对于后续爆炸分离过程数值模拟和分离碎片机理认识提供了理论基础。最后对爆炸力学常用的量纲分析方法进行了介绍，量纲分析方法也是本书研究爆炸分离问题的方法之一。限于篇幅，本章仅简要给出了一些基本内容，详情请参考爆炸力学、冲击波物理、弹塑性力学、断裂力学等方面的相关书籍。

参 考 文 献

[1] 汤文辉. 冲击波物理[M]. 北京: 科学出版社, 2011.

[2] 北京工业学院八系《爆炸及其作用》编写组. 爆炸及其作用[M]. 北京: 国防工业出版社, 1979.

[3] 金韶华, 松全才. 炸药理论[M]. 西安: 西北工业大学出版社, 2010.

[4] 王礼立. 应力波基础[M]. 2 版. 北京: 国防工业出版社, 2005.

[5] 卢芳云. 一维不定常流体动力学教程[M]. 北京: 科学出版社, 2007.

[6] Meyers M A, Chawla K. Mechanical Behavior of Materials[M]. Cambridge: Cambridge University Press, 1994.

[7] 王礼立, 胡时胜, 杨黎明, 等. 材料动力学[M]. 合肥: 中国科学技术大学出版社, 2017.

[8] 郑宇轩, 周风华, 胡时胜. 一种基于 SHPB 的冲击膨胀环试验技术[J]. 爆炸与冲击, 2014, 34(4): 483-488.

第3章 分离装置材料的动态力学性能

线式爆炸分离装置的材料性能尤其是动态力学性能显著影响着分离过程。本章采用霍普金森杆和气体炮实验技术，测试获得分离装置中铝合金材料的动态压缩、拉伸力学性能和冲击绝热状态方程，得到用于有限元仿真的材料参数；并针对分离板的动态断裂问题，通过发展动态复合断裂实验技术，测试获得分离板材料的Ⅰ型断裂和Ⅰ/Ⅱ复合型动态断裂的性能参数。

3.1 材料动态力学性能实验技术

3.1.1 分离式霍普金森压杆实验技术

经过半个多世纪的发展，分离式霍普金森压杆(split Hopkinson pressure bars, SHPB)实验已经成为测试材料动态压缩力学性能的常用手段，其装置示意图如图 3.1 所示。SHPB 的实验原理是：利用发射管中的高压气体推动撞击杆获得一定速度撞击入射杆，在入射杆中引起压缩应力波的传播；试样置于入射杆和透射杆之间，应力波通过入射杆传入试样，使之受到高应变率压缩加载；采用应变片测量入射杆中的入射波、反射波和透射杆中的透射脉冲信号，由数字示波器记录，再进行后续数据处理。基于一维弹性应力波在杆中传播和试样受力变形均匀的假设，运用应力波理论，由所测得的杆上应力波信号导出试样的应力-应变曲线。

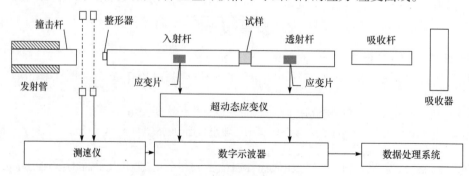

图 3.1 SHPB 装置示意图

图 3.2 给出了试样受应力波加载的示意图，图中 ε_i、ε_r 和 ε_t 分别表示在试样与杆的界面处发生的入射波应变、反射波应变和透射波应变，它们都是时间的函数。

在一维弹性应力波传播的假设下，试样中的平均应变率可表示为

$$\dot{\varepsilon} = \frac{c_0}{l_0}(\varepsilon_i - \varepsilon_r - \varepsilon_t) \tag{3.1}$$

式中，c_0 为压杆中的弹性波速；ε_i、ε_r、ε_t 分别为入射波、反射波、透射波在独立传播时(即没有相互叠加)所对应的杆中应变；l_0 为试样的原始长度。

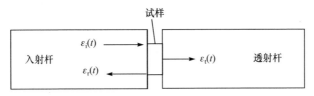

图 3.2　入射波在试样中反射与透射的示意图

试样中的平均应力为

$$\sigma = \frac{AE}{2A_0}(\varepsilon_i + \varepsilon_r + \varepsilon_t) \tag{3.2}$$

式中，A、E 分别为杆的横截面面积和弹性模量；A_0 为试样的横截面面积。

当试样中发生均匀的受力和变形时，有如下关系式：

$$\varepsilon_i + \varepsilon_r = \varepsilon_t \tag{3.3}$$

于是，试样的应力 σ、应变 ε 和应变率 $\dot{\varepsilon}$ 的历史分别用下列公式表示：

$$\sigma = \frac{AE}{A_0}\varepsilon_t \tag{3.4}$$

$$\varepsilon = -\frac{2c_0}{l_0}\int_0^t \varepsilon_r \mathrm{d}\tau \tag{3.5}$$

$$\dot{\varepsilon} = -\frac{2c_0}{l_0}\varepsilon_r \tag{3.6}$$

联立式(3.4)和式(3.5)即得到试样材料在应变率为 $\dot{\varepsilon}$ 时的动态应力-应变曲线。

当材料不可压时，真实应力 σ_T 和真实应变 ε_T 与工程应力 σ 和工程应变 ε 之间的换算关系为

$$\sigma_T = (1-\varepsilon)\sigma \tag{3.7}$$

$$\varepsilon_T = -\ln(1-\varepsilon) \tag{3.8}$$

有关 SHPB 实验技术的详细内容可参见相关专著[1]。

3.1.2　分离式霍普金森拉杆实验技术

分离式霍普金森拉杆(split Hopkinson tensile bars, SHTB)实验技术仍然基于霍

普金森杆平台，目前发展较成熟和应用较多的实验装置结构形式有直接拉伸式、反射拉伸式等，其原理是相同的。本章简单介绍套筒子弹直接拉伸式霍普金森拉杆实验技术。

套筒子弹直接拉伸式 SHTB 装置示意图如图 3.3 所示。图中利用发射系统控制高压气体推动套筒子弹向右运动，撞击入射杆端头的法兰，在入射杆中形成向左传播的拉伸加载波。贴于入射杆表面的应变片记录入射波信号 ε_i 和反射波信号 ε_r，贴于透射杆上的应变片记录透射波信号 ε_t，应变信号经超动态应变仪放大，由数字示波器存储和记录，最后传入计算机进行后续数据处理。套筒子弹与发射管之间通过聚乙烯塑料环支撑，与入射杆之间接触装配，子弹与入射杆、塑料环与发射管之间涂抹润滑油以减小摩擦。透射杆后端安装控制单脉冲加载的法兰盘。

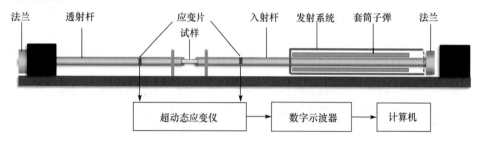

图 3.3　套筒子弹直接拉伸式 SHTB 装置示意图

SHTB 实验的原理与 SHPB 实验的原理相同，都是基于杆中一维弹性应力波和试样中应力、应变沿轴向均匀的假设，根据一维应力波理论导出试样中的应力-应变关系，见式(3.4)~式(3.6)，在此不再赘述。

需要指出的是，在拉伸加载中，由于试样与实验杆界面要承受拉应力，因此需要使用有一定抗拉强度的连接方式。目前常见的连接方式有胶黏连接和螺纹连接，试样形状及其连接方式的不同会对实验结果产生一定的影响。

胶黏连接方式中典型试样为片状，呈哑铃形，试样形状及尺寸如图 3.4(a)所示。与片状试样连接的入射杆和透射杆端经线切割加工成槽，使用环氧胶将试样与加载杆黏结。采用这种连接方式的优点是：①连接界面少，减小了界面对实验信号，特别是反射信号的影响；②连接紧密，测试信号干净稳定。缺点是：①黏胶固化时间长；②实验后不好拆卸、清洗，因此实验周期长。

螺纹连接方式中试样为圆柱状，两端攻有外螺纹，圆柱状试样尺寸如图 3.4(b)所示。与圆柱状试样连接的入射杆和透射杆端攻相应的内螺纹，实验时将试样拧到杆上实现连接。采用这种连接方式的优点是：①装卸方便；②试样截面为圆形，对称性好。缺点是：①安装时不可避免地存在空程差，影响反射波前端部分，造成应变测量误差；②螺纹配合容易出现间隙，造成信号抖动。

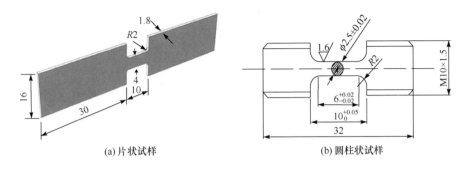

(a) 片状试样　　　　　　　　　　(b) 圆柱状试样

图 3.4　常用的分离式霍普金森杆拉伸试样(单位：mm)

在实际实验过程中，可以依据初始实验材料的形状选择试样的形式，例如，棒材可以采用螺纹试样，板材通常采用片状试样。综合起来看，虽然采用胶黏连接方式的实验周期长，工作量大，但实验过程稳定，效果较好。

3.1.3　冲击压缩线测量技术

冲击波压缩会使材料的热力学状态由初始状态跃变为冲击波后的高压-高温状态。从某一初始状态出发，经过不同强度的冲击波压缩过程达到的终态热力学状态的集合称为冲击压缩线。每种材料的冲击压缩线反映了该材料经过冲击波压缩后热力学状态量之间的内在联系，可以认为是材料的固有性质，因此冲击压缩线的测量是确定材料高压状态方程(equation of states, EOS)及其他动高压性质的基础。冲击压缩线的一种表现形式是冲击波速度 D 与波后质点速度 v 之间的关系，即 D-v 曲线，也称冲击绝热线。D-v 曲线可以采用高速撞击实验得到，通过直接测量待测材料中的冲击波速度和质点速度，或者通过测量冲击波压力和冲击波速度导出冲击波速度与质点速度的关系。比较常见的实验测量方法有飞片撞击法、阻抗匹配法和自由面速度法。本节简单介绍飞片撞击法实验。

飞片撞击实验通常利用气体炮进行，典型实验装置如图 3.5 所示。实验时将飞片粘贴于弹托上，当高速运动的飞片撞击靶板时在靶板中产生冲击波传播，图 3.6 给出了实验中的波系结构示意图。靶板一般采用多层组合结构，每层靶板之间埋设压力量计，图 3.6 中采用的压力量计是锰铜传感器。当冲击波在靶中传播时，埋设在组合靶板中的压力量计将记录到一组压力脉冲信号。不同撞击速度产生不同强度的冲击波加载，引起不同的压力峰值。

本章相关实验在一级轻气炮(口径 100mm)和压剪炮(口径 57mm)上完成[2]。图 3.7 是轻气炮实验靶板和靶板安装的实物图。对于不同的加载条件，分别采用两种气体炮实现冲击加载：弹丸撞击速度 550m/s 以下时采用压剪炮，弹丸撞击速度 550m/s 以上时采用一级轻气炮。

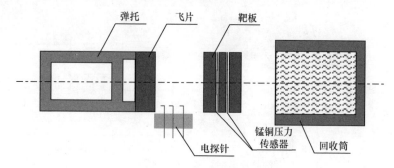

图 3.5　轻气炮实验装置示意图

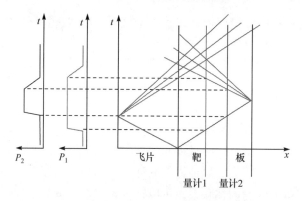

图 3.6　轻气炮实验波系结构示意图

(a) 靶板实物图

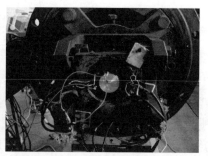

(b) 靶板安装图

图 3.7　轻气炮实验靶板和靶板安装的实物图

　　实验采用的测试系统如图 3.8 所示。飞片撞击靶板后,靶板中的锰铜压力传感器受压,由于锰铜元件的压阻效应,其电阻发生改变;通过恒流源给锰铜压力传感器施加恒定电流,则传感器受压产生的阻值变化转变为电压信号输出;通过高采样率数字示波器记录和输出信号。本章实验使用的锰铜传感器的感知压力与电阻变化的标定关系为[2]

$$P = 40.4 \frac{\Delta R}{R} + 0.075 \quad (\text{GPa}) \tag{3.9}$$

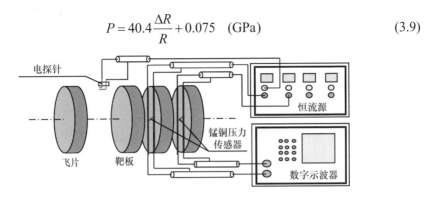

图 3.8　轻气炮测试系统图

同时，实验中采用电探针法测试弹丸撞击速度。测速原理是：装在炮口处的一组刷子电探针(图 3.5)接收弹丸飞过的信号，与电探针相连接的测速仪检测电路中的脉冲变化，由数字示波器记录。撞击速度 v_1 由下式计算得到：

$$v_1 = \frac{\Delta s}{\Delta t} \tag{3.10}$$

式中，Δs 和 Δt 分别为探针的初始间距和测速仪测得的时间间隔。

通常飞片和靶板均由待测材料制成，因此为对称碰撞。由于对称碰撞，靶板试样材料中的质点速度为撞击速度的一半，即

$$v = \frac{v_1}{2} \tag{3.11}$$

由冲击波动量守恒关系式可知，$P = \rho_0 Dv$，其中 ρ_0 是试样材料的初始密度，于是得到冲击波速度为

$$D = \frac{P}{\rho_0 v} \tag{3.12}$$

冲击波速度也可由预设压力传感器的响应时差算出。

图 3.9 是轻气炮实验典型原始记录曲线，两次实验对应撞击速度分别为530.2m/s 和 1007.2m/s，实验完整记录了波传播的过程。在不同加载速度下进行多次实验，获得系列压力信号；结合冲击波关系式(3.12)，得到多组冲击压缩数据 D 和 v；按照 D-v 的线性关系($D=C+S_1 v$)拟合参数 C 和 S_1，最终得到冲击压缩 D-v 曲线。

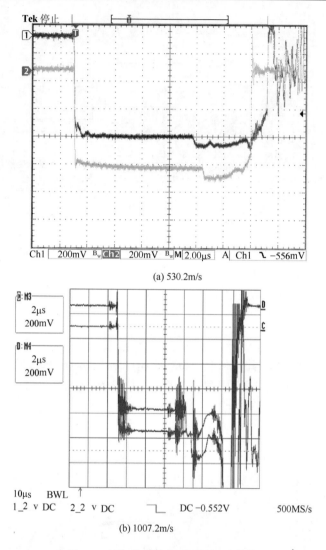

(a) 530.2m/s

(b) 1007.2m/s

图 3.9　轻气炮实验典型原始记录曲线

3.1.4　层裂实验技术

　　层裂是由拉伸波作用引起材料断裂的一种现象,是材料动态破坏的一种形式,可以由爆轰波、辐射沉积或飞片撞击等加载方式产生的压缩波在低阻抗介质界面或材料的自由面反射后形成的拉伸脉冲造成。当压力脉冲在杆或板的自由面反射时,形成相向而行的稀疏波,将在结构中的某处引起相当高的拉伸应力,一旦局部拉应力满足材料的动态断裂条件,便会引起结构的破坏。这种在高应变率动载作用下，受到平面稀疏波的拉伸作用而引起材料瞬间破坏的现象称为层裂。发生层裂时的拉伸应力称为材料的层裂强度 σ_{spall}。实验中通常采用飞片撞击法测量材料层裂强度，图 3.10 给出了飞片撞击实验中层裂产生过程的示意图。

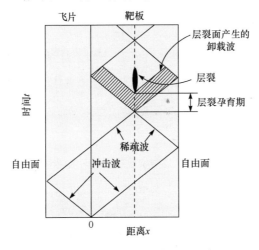

图 3.10　层裂产生过程示意图

飞片撞击实验中通过气体炮将平面飞片加速到一定速度后撞击试样靶板，通过记录试样靶板背面自由面的质点速度历史(可采用电容器法、激光速度干涉仪等)和测量试样与低阻抗材料背板界面处的应力剖面(可采用压力传感器)来求得被测试样材料的层裂强度。

本节以 6061 铝合金材料层裂实验为例,简要说明通过测量试样靶板背面自由面质点速度历史获得层裂强度的过程。实验采用直径 100mm 的一级轻气炮加载，飞片和试样材料均为 6061 铝合金，设计飞片直径为 47mm，厚度为 3mm，试样靶板直径为 35mm，厚度为 6mm。利用全光纤激光多普勒测速仪(displacement interferometer system for any reflector, DISAR)对试样背面的自由面速度剖面进行测量，运用冲击波关系式计算得到层裂强度。

飞片和靶板的固定方法、测速探针的布置示意图如图 3.11 所示。其中，触发电探针用于触发记录 DISAR 输出干涉条纹信号的示波器；对称安装于靶板两侧的两根光探针用于测量飞片速度；两根位于试样背面的光探针用于测量靶板的自由面速度。采用高带宽示波器记录 DISAR 测试信号，实时采样率设置为 5GS/s。示波器记录的典型干涉条纹如图 3.12 所示，图中 CH3、CH4 记录的信号为靶板自由面速度信号。

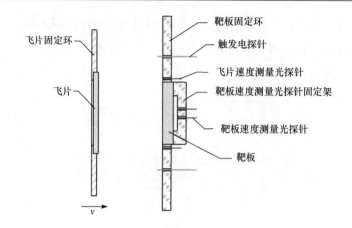

图 3.11　层裂实验装置剖面示意图

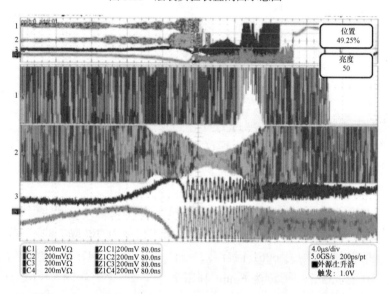

图 3.12　示波器记录的典型干涉条纹(见彩图)

　　典型实验中测得飞片着靶前撞击速度为 346m/s，处理得到的靶板自由面速度结果如图 3.13 所示，为标准的层裂信号。图 3.14 是 6061 铝合金层裂实验回收试样的横截面照片，从图中可以看出，实验产生了层裂现象。

　　根据冲击波传播理论，材料的层裂强度计算公式为

$$\sigma_{\text{spall}} = \frac{1}{2}\rho_0 c_0 \Delta v_{\text{fs}} \tag{3.13}$$

式中，ρ_0、c_0 分别为试样材料的初始密度和波传播速度；Δv_{fs} 为层裂导致的自由面速度差。

如图 3.13 所示，Δv_{fs} = 121m/s，由此计算得到 6061 铝合金的层裂强度为 0.82GPa。

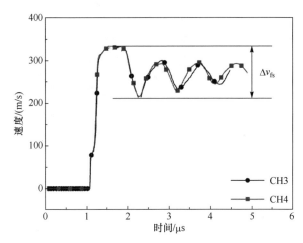

图 3.13　自由面速度处理结果

图 3.14　6061 铝合金层裂实验回收试样的横截面照片(放大 100 倍)

3.2　分离装置铝合金材料的动态力学性能

本节利用动载实验技术对分离装置中几种常用的铝合金材料进行动态力学性能测试，给出相应的动态压缩、拉伸本构曲线，建立材料动态本构关系；采用轻气炮平面飞片撞击法测得材料的冲击压缩参数，为后续数值模拟奠定材料数据基础。

3.2.1　三种铝合金材料的动态压缩性能

材料的动态压缩性能通过霍普金森压杆实验获得，图 3.15 为实验装置实物图。实验所用杆件为硬质合金钢杆，密度为 7.85g/cm³，弹性模量为 211GPa，杆径为 20mm，入射杆长 2000mm，透射杆长 1500mm，子弹长度依据铝合金试样的不同选择 200mm、300mm、400mm。设计试样为 ϕ10mm×4mm 和 ϕ8mm×3mm 两种尺寸，其中尺寸为 ϕ10mm×4mm 的试样主要用于较低应变率压缩实验，应变率为 1000s⁻¹ 左右；尺寸为 ϕ8mm×3mm 的试样主要用于较高应变率压缩实验，应变率为 3000s⁻¹、5000s⁻¹ 左右，最后实验获得三种铝合金材料的动态压缩性能数据。

图 3.15　分离式霍普金森杆拉压通用实验装置实物图

1. 6061-T652 材料的动态压缩性能

6061 铝合金是经热处理预拉伸工艺生产的高品质铝合金产品，具有加工性能佳、抗腐蚀性强、致密性好和韧性高等优点。表 3.1 给出了 6061-T652 材料各组分质量分数。在分离装置中，6061-T652 用于保护罩材料。

表 3.1　6061-T652 材料各组分质量分数　　　　　　　　　　（单位：%）

组分元素		Si	Cr	Cu	Fe	Mn	Mg	Zn	Ti	Al
标准值	下限	0.4	0.04	0.15	0	0	0.8	0	0	—
	上限	0.8	0.35	0.40	0.7	0.15	1.2	0.25	0.15	—

注："—"表示余量，下同。

对 6061-T652 材料分别进行应变率为 $500s^{-1}$、$1000s^{-1}$、$2100s^{-1}$、$3200s^{-1}$、$4300s^{-1}$、$5800s^{-1}$ 的动态压缩实验，真实应力-应变曲线如图 3.16 所示，其中曲线是实验数据点的光滑连线。由图 3.16 可见，应力-应变曲线基本呈两段线性，因此可以假定本构关系有如下形式：

$$\sigma_y = \sigma_{y0} + E_h \bar{\varepsilon}^p \tag{3.14}$$

式中，σ_{y0} 为初始屈服应力；$\bar{\varepsilon}^p$ 为等效塑性应变；E_h 为塑性硬化模量。

E_h 由弹性模量 E 和本构曲线硬化部分的切线模量 E_t 决定，即 $E_h = E_t E / (E - E_t)$。式(3.14)符合 LS-DYNA 动力分析有限元程序中流体弹塑性材料(*MAT_ELASTIC_PLASTIC_HYDRO)模型，但不计及其中的压力修正项。在数值模拟计算过程中，若采用该模型描述具有式(3.14)特征的材料，则需要合理运用实验得到的应力-应变曲线来确定 σ_{y0} 和 E_h 的值。比较理想的做法通常是分别对曲线的弹性段和塑性硬化段进行线性拟合，取两直线的交点作为材料的初始屈服应力 σ_{y0}，

图 3.17 给出了取值示意图。

　　同时，由图 3.16 可以看出，该铝合金材料的初始屈服应力基本不随应变率的变化而改变，硬化部分的切线模量则随应变率的升高有所降低。表 3.2 给出了按照图 3.17 所示方式取值得到的 6061-T652 材料动态压缩性能参数。在数值模拟过程中，将表 3.2 中的参数取平均值作为流体弹塑性材料模型的输入参数。需要指出的是，由于应变率为 $500s^{-1}$ 时屈服点明显偏低，因此取平均值计算时没有考虑应变率为 $500s^{-1}$ 时的数据。

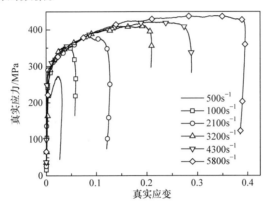

图 3.16　6061-T652 材料在不同应变率下的动态压缩应力-应变曲线

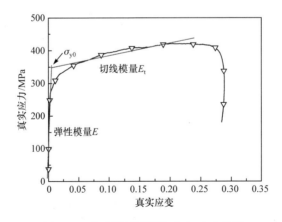

图 3.17　典型材料的压缩应力-应变曲线

表 3.2　6061-T652 材料动态压缩性能参数

应变率/s⁻¹	500	1000	2100	3200	4300	5800	平均值	标准差
σ_{y0}/MPa	—	283.5	306.9	339.5	349.3	362.0	328.2	32.3
E_t/MPa	2905.1	1638.2	767.0	456.3	322.6	248.5		

2. 2A14-T6 材料的动态压缩性能

2A14-T6 是 Al-Cu-Mg-Si 系铝合金，具有良好的锻造性能，强度高，在航空航天领域具有广泛应用。表 3.3 给出了 2A14-T6 材料各组分质量分数。2A14-T6主要作为保护罩的材料，有时也用作分离板材料。

表 3.3　2A14-T6 材料各组分质量分数　　　　　　（单位：%）

组分元素		Si	Cu	Mg	Zn	Mn	Ti	Ni	Fe	Al
标准值	下限	0.6	3.9	0.4	0	0.4	0	0	0	—
	上限	1.2	4.8	0.8	0.3	1.0	0.15	0.1	0.7	—

图 3.18 是 2A14-T6 材料在不同应变率下的动态压缩应力-应变曲线。对比图 3.16 可以看出，2A14-T6 材料应力-应变曲线与 6061-T652 材料有几乎完全相同的形式，而且应变率效应也不明显。但是，两者特征参数的数值存在一定差异，2A14-T6 材料的初始屈服应力明显高于 6061-T652 材料。表 3.4 给出了 2A14-T6材料的动态压缩性能参数。

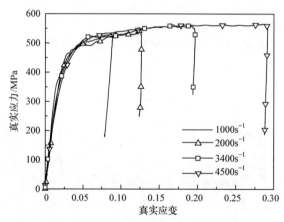

图 3.18　2A14-T6 材料在不同应变率下的动态压缩应力-应变曲线

表 3.4　2A14-T6 材料动态压缩性能参数

应变率/s^{-1}	1000	2000	3400	4500	平均值	标准差
σ_{y0}/MPa	486.9	494.4	496.8	511.2	497.3	10.2
E_t/MPa	1078.6	791.1	420.5	239.8		

3. ZL205A-T6 材料的动态压缩性能

ZL205A-T6 是一种高强度铸造铝合金。在分离装置中，ZL205A-T6 常用作

分离板材料。ZL205A 属于 Al-Cu-Mn 系铸造铝合金系列,其各组分质量分数如
表 3.5 所示。

图 3.19 是 ZL205A-T6 材料在不同应变率下的动态压缩应力-应变曲线。与
图 3.16 和图 3.18 对比可以看出,图 3.19 中的 ZL205A-T6 材料应力-应变曲线与其
他两种铝合金材料很类似,但特征参数的数值有一定差异。ZL205A-T6 材料的初始
屈服应力与 2A14-T6 材料相差不大,但切线模量要高于 2A14-T6 材料的相应值。
表 3.6 给出了 ZL205A-T6 材料的动态压缩性能参数,表中给出的平均值也同样只对
四条较高应变率曲线对应的参数进行平均。由表中参数可知,ZL205A-T6 材料的σ_{y0}
值与 2A14-T6 材料的相差不大,这说明两种铝合金的动态压缩强度没有太大区别。

表 3.5　ZL205A 材料各组分质量分数　　　　　　　　(单位:%)

组分元素		B	Cd	Cu	Fe	Mn	V	Zr	Ti	Al
标准值	下限	0.005	0.15	4.6	0	0.3	0.05	0.02	0.15	—
	上限	0.060	0.25	5.3	0.15	0.5	0.3	0.2	0.35	—

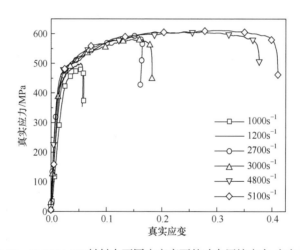

图 3.19　ZL205A-T6 材料在不同应变率下的动态压缩应力-应变曲线

表 3.6　ZL205A-T6 材料的动态压缩性能参数

应变率/s^{-1}	1000	1200	2700	3000	4800	5100	平均值	标准差
σ_{y0}/MPa	—	—	473.0	489.0	531.7	559.8	513.4	39.6
E_t/MPa	1564	1324.9	659.0	611.2	315.2	190.6		

3.2.2　三种铝合金材料的动态拉伸性能

材料动态拉伸性能通过分离式霍普金森杆拉压通用实验平台上的 SHTB 测得。

其中，发射管内径为 38mm，长为 1220mm；入射杆、透射杆和子弹的材料均为LY12 硬铝，密度为 2.7g/cm³，弹性模量为 71GPa，杆径为 20mm，杆中声速 c_0为 5053m/s。套筒子弹根据需要在 200mm、300mm、400mm、500mm 中选择。

实验中将试件加工为片状试样，试样厚度为 2mm，中间有效拉伸部分尺寸为6mm×4mm，试样尺寸如图 3.20 所示。

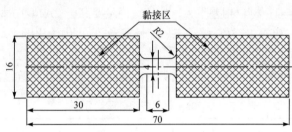

图 3.20　拉伸实验试样的尺寸(单位：mm)

1. 6061-T652 材料的动态拉伸性能

图 3.21 是 6061-T652 材料在不同应变率下的动态拉伸应力-应变曲线；表 3.7给出了相关的性能参数。

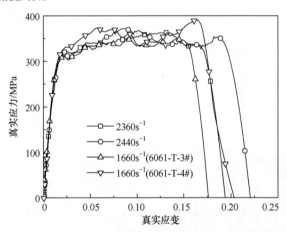

图 3.21　6061-T652 材料在不同应变率下的动态拉伸应力-应变曲线

表 3.7　6061-T652 材料的动态拉伸性能参数

实验编号	初始屈服应力/MPa	极限强度/MPa	最大应变	应变率/s⁻¹	曲线积分(应变能)/MPa
6061-T-1#	315.7	362.8	0.194	2360	60.3
6061-T-2#	295.3	372.2	0.220	2440	68.9
6061-T-3#	303.0	351.2	0.176	1660	53.5

续表

实验编号	初始屈服应力/MPa	极限强度/MPa	最大应变	应变率/s⁻¹	曲线积分(应变能)/MPa
6061-T-4#	313.8	391.0	0.203	1660	63.2
平均值	307.0	369.3	0.198	—	61.5
标准差	9.6	16.8	0.018	—	6.4

从应变能角度分析材料的抗破坏特性，图 3.22 给出了通过应力-应变曲线计算材料应变能的示意图。根据应变能的定义，图中阴影部分的面积是材料在受载至断裂过程中所消耗的变形能。据此，表 3.7 给出了相应的应变能数据，可以看出，不同加载条件下材料达到破坏时的应变能数值相近。这说明，对于 6061-T652 材料，应变能基本上反映了材料抗拉伸破坏的能力，可以作为判断材料破坏的一个依据。对表中给出的破坏应变能取平均，可得其值为 61.5MPa，因此认为该材料的破坏应变能约为 61.5MPa。

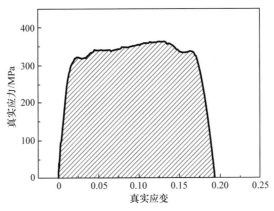

图 3.22　动态拉伸应力-应变曲线应变能取值示意图

2. ZL205A-T6 材料的动态拉伸性能

图 3.23 给出了 ZL205A-T6 材料在不同应变率下的动态拉伸应力-应变曲线。表 3.8 给出了 ZL205A-T6 材料动态拉伸性能参数。根据表 3.8 中的数据，ZL205A-T6 的平均延伸率不足 15%，说明这种铝合金材料的塑性变形能力较差，变形数据也比较分散。

进一步比较表 3.8 和表 3.7 的参数可知，6061-T652 材料的破坏应变能明显高于 ZL205A-T6 材料的破坏应变能。对 ZL205A-T6 材料达到破坏时的应变能取平均，可得其值为 38.97MPa，为 6061-T652 材料破坏时应变能的 2/3。因此，从应变能角度分析，6061-T652 材料抗冲击破坏的能力要远好于 ZL205A-T6 材料。

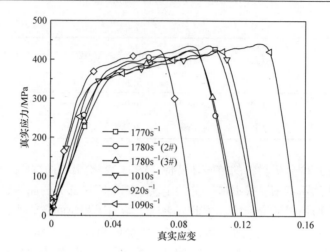

图 3.23　ZL205A-T6 材料在不同应变率下的动态拉伸应力-应变曲线

表 3.8　ZL205A-T6 材料的动态拉伸性能参数

实验编号	初始屈服应力 /MPa	极限强度 /MPa	最大应变	应变率 /s⁻¹	曲线积分(应变能) /MPa
ZL205A-T-1#	341.5	436.1	0.128	1770	39.91
ZL205A-T-2#	346.1	435.1	0.115	1780	35.76
ZL205A-T-3#	335.2	421.8	0.117	1780	35.07
ZL205A-T-4#	313.8	423.2	0.130	1010	42.07
ZL205A-T-5#	317.8	425.2	0.089	920	28.14
ZL205A-T-6#	338.1	441.7	0.154	1090	52.88
平均值	332.1	430.5	0.122	——	38.97
标准差	13.2	8.2	0.021	——	8.33

3. ZL114A 材料的动态拉伸性能

ZL114A 是一种铸造铝合金,其各组分质量分数如表 3.9 所示。由 ZL114A 材料的动态拉伸实验得到应力-应变曲线如图 3.24 所示。可以看出,ZL114A 材料的延展性远低于 ZL205A 材料,呈典型的脆性材料应力-应变响应特征。应力-应变曲线没有明显的屈服点,因此取最大应力为材料强度。

实验表明,ZL114A 材料偏脆,平行实验得到的拉断应变值离散性较大,但材料强度的一致性较好。从应力-应变曲线提取材料强度和最大应变等性能参数列于表 3.10。从表中可以看出,ZL114A 材料的平均极限强度为 248.0MPa,平均破坏应变可取 0.044。对应力-应变曲线积分得到平均破坏应变能为 7.25MPa,是 ZL205A 材料破坏时应变能的 1/5。从断得干脆的要求考虑,ZL114A 材料是分离板比较理想的选材。

表 3.9　ZL114A 材料各组分质量分数　　　　　　　（单位：%）

组分元素	Si	Cu	Mn	Ti	Zr	Cd	B	V	Be	Al
质量分数	6.5~7.5	—	0.45~0.75	—	0.08~0.25	—	—	—	0.04~0.07	余量

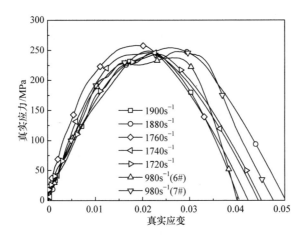

图 3.24　ZL114A 材料在不同应变率下的动态拉伸应力-应变曲线

表 3.10　ZL114A 材料的动态拉伸性能参数

实验编号	极限强度/MPa	最大应变	应变率/s⁻¹	曲线积分(应变能)/MPa
ZL114A-T-1#	250.9	0.040	1900	6.25
ZL114A-T-2#	251.9	0.050	1880	8.31
ZL114A-T-3#	258.0	0.042	1760	7.16
ZL114A-T-4#	246.1	0.045	1740	7.17
ZL114A-T-5#	243.6	0.045	1720	7.01
ZL114A-T-6#	237.6	0.040	980	8.05
ZL114A-T-7#	247.9	0.048	980	6.79
平均值	248.0	0.044	—	7.25
标准差	6.5	0.004	—	0.71

3.2.3　两种铝合金材料的状态方程

1. 6061-T652 材料的冲击压缩性能

实验试样取材于 6061-T652 锻环，如图 3.25 所示。为了考察不同加工方向对材料性能的影响，分别沿锻环的三个方向——轴向(以 Z 标识)、环向(以 S 标识)和径向(以 R 标识)取材，制成相应的试样或组合靶，如图 3.26 所示。实验采用对称碰撞，飞片尺寸为 ϕ50mm×6mm，组合靶中各靶板尺寸有 ϕ40mm×3mm、ϕ40mm×4mm 和 ϕ40mm×5mm 等。6061-T652 气炮实验结果列于表 3.11 中。

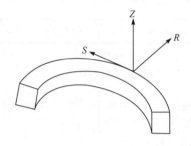

图 3.25　6061-T652 锻环试样取向

图 3.26　6061-T652 实验试样

表 3.11　6061-T652 气炮实验结果

实验编号	飞片速度 v_1/(m/s)	界面压力/GPa		冲击波速度/(m/s)	
		P_1	P_2	$\overline{D}$	D
A-ZA-1	473.0	3.60	3.54	5550	5582
A-ZA-2	461.6	3.59	3.52	5663	5567
A-ZA-3	382.2	2.99	2.75	5521	5465
A-ZA-4	570.5	4.35	4.31	5581	5708
A-ZA-6	983.9	8.33	8.23	6188	6241
A-SA-1	1007.2	8.87	8.73	6424	6271
A-SA-2	352.0	2.75	2.71	5703	5426
A-SA-4	474.4	3.59	3.56	5541	5584
A-RA-1	359.3	2.63	2.62	5372	5435
A-RA-2	479.1	3.66	3.52	5510	5590
A-RA-3	530.2	3.97	3.91	5464	5656

　　表 3.11 给出了各次实验的飞片速度、界面压力等的测量值，冲击波速度 $\overline{D}$ 由压力公式 $P=\rho_0 Dv$ 推算。按照 $D=C+S_1 v$ 拟合系数 C 和 S_1。

　　基于表 3.11 的数据，对于轴向试样，得到冲击绝热线如图 3.27(a) 所示，冲击绝热关系为

$$D=5060+2.23v \tag{3.15}$$

对于环向试样，冲击绝热线如图 3.27 (b) 所示，相应的冲击绝热关系为

$$D=5114+2.54v \tag{3.16}$$

对于径向试样，冲击绝热线如图 3.27 (c) 所示，相应的冲击绝热关系为

$$D=5153+1.30v \tag{3.17}$$

比较式(3.15)～式(3.17)，在 v 相同的情况下，计算得到的冲击波速度 D 值差异较小，约 5%以内。因此，认为 6061-T652 材料的冲击绝热关系不存在各向异性，可以用平均化的拟合曲线表征材料的冲击绝热线。由此形成关系式(3.18)，数据点的分布如图 3.27(d)所示。

$$D=4972+2.58v \qquad (3.18)$$

表 3.11 中最后一列给出了由式(3.18)计算得到的冲击波速度 D。从表中可以看出，式(3.18)得出的冲击波速度与实测冲击波速度差别小于 5%，这说明式(3.18)能较好地描述 6061-T652 材料的冲击绝热关系，可以作为一种合理的数据处理结果。

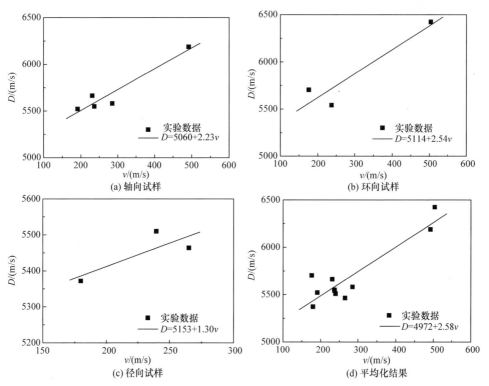

图 3.27　6061-T652 材料的气炮实验冲击绝热线

2. 2A14-T6 材料的冲击压缩性能

实验试样取自 2A14-T6 棒材，仍采用对称碰撞方式，设计飞片尺寸为 ϕ45mm×6mm，组合靶中靶板尺寸有 ϕ40mm×3mm、ϕ40mm×4mm 和 ϕ40mm×5mm 等。实验结果列于图 3.28 和表 3.12 中。表 3.12 给出了各次实验中飞片速度、界面压力测量值和冲击波速度。根据实验结果拟合得到 2A14-T6 材料的冲击绝热关系式为

$$D=4829+3.32v \qquad (3.19)$$

表 3.12 　2A14-T6 材料的气炮实验结果

实验编号	飞片速度 $v_1/(m/s)$	界面压力 P/GPa		冲击波速度 $D/(m/s)$	
		P_1	P_2	$\overline{D}$	D
B-1	381.2	3.10	3.02	5734	5462
B-2	486.2	3.66	3.46	5230	5636
B-3	491.3	3.80	3.78	5510	5645
B-4	386.2	3.00	2.86	5419	5470
B-7	631.4	5.71	5.07	6098	5877
B-8	898.9	8.17	8.15	6484	6321
B-9	1021.4	9.52	9.13	6521	6525
B-10	1276	12.26	12.15	6832	6947
B-11	813.9	7.18	7.01	6227	6180

　　图 3.28 给出了 2A14-T6 材料的冲击绝热线,同时给出了 6061-T652 材料的冲击绝热线作为对比。从图中可以看出, 6061-T652 材料和 2A14-T6 材料的冲击压缩实验数据点及冲击绝热线很接近,但数据存在一定的分散性。表 3.12 中还列出了利用冲击绝热关系式计算得到的冲击波速度 D。比较 $\overline{D}$ 和 D 发现,两者最大相差不到 8%。

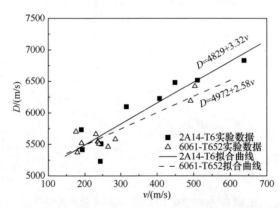

图 3.28 　2A14-T6 材料和 6061-T652 材料的实验数据及相应的冲击绝热线

3.3 　分离板材料 I 型动态断裂性能

　　在线式火工分离装置爆炸分离过程中,柔爆索爆炸驱动分离板,使得三处削弱槽断裂,分离碎片往外飞散,完成分离任务。在这一过程中,削弱槽处的材料发生断裂破坏。其中,主削弱槽处可以近似看成张开型断裂(I 型断裂),而两个辅削弱槽处(止裂槽)则属于张开-剪切复合型断裂(Ⅰ/Ⅱ复合型断裂)。本节基于霍普金森杆实验平台研究材料的Ⅰ型动态断裂性能,重点关注裂纹扩展速度、起裂韧度等特征参数。

3.3.1　试样设计

实验试样采用单边切口(single edge notched,SEN)片状试样,预制裂纹通过线切割机械加工获得。根据文献建议,设计试样裂纹深度为 50%的试样宽度。实际试样尺寸如图 3.29 所示。

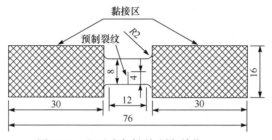

图 3.29　Ⅰ型动态断裂试样(单位:mm)

考虑到实际分离板削弱槽处缺陷尖端的曲率半径在 0.1mm 量级,通过 0.1mm 的钼丝线切割预制试样上的初始裂纹,以模拟实际削弱槽缺陷。

3.3.2　测试方法

动态应力强度因子是一个与试样受力状态和预制缺陷尺寸有关的量。当得到某一时刻的动态应力强度因子后,裂纹尖端附近区域内任一点的应力状态都可以通过应力强度因子和该点相对于裂纹尖端的距离及方位坐标来确定。对于单边切口的片状试样,动态应力强度因子的表达式为[3]

$$K_{\mathrm{d}}(t) = \frac{F(t)}{B\sqrt{w}} f\left(\frac{a}{w}\right) \tag{3.20}$$

式中,B、w、a 分别为试样厚度、试样宽度和裂纹深度;$F(t)$为试样中的拉伸应力,由杆上应变片测得的透射杆应变历史$\varepsilon_{\mathrm{t}}(t)$计算得到:

$$F(t) = E_{\mathrm{b}} A_{\mathrm{b}} \varepsilon_{\mathrm{t}}(t) \tag{3.21}$$

式中,E_{b}、A_{b} 分别表示杆材料的弹性模量和加载杆的横截面面积。

$f(a/w)$为试样的构型函数,表达式为

$$f\left(\frac{a}{w}\right) = \frac{\sqrt{2\tan\dfrac{\pi a}{2w}}}{\cos\dfrac{\pi a}{2w}} \left[0.752 + 2.02\frac{a}{w} + 0.37\left(1 - \sin\frac{\pi a}{2w}\right)^3 \right] \tag{3.22}$$

在试样中达到应力平衡的情况下，式(3.22)对动态过程同样适用。

断裂韧性即裂纹起裂时刻的应力强度因子为

$$K_{\mathrm{Id}} = K_{\mathrm{d}}(t_{\mathrm{f}}) \tag{3.23}$$

由式(3.23)可以看出，要得到动态断裂韧性，必须同时确定应力强度因子历史和起裂时间 t_{f}。应力强度因子历史可以通过式(3.20)获得。

起裂时间和裂纹传播速度采用断裂计进行测量。起裂时间 t_{f} 是指以加载波前沿到达试样端面开始加载为时间零点，到试样起裂的时刻。试样断裂参数对裂纹尖端应力状态很敏感，因此为保证实验精度，避免改变裂纹尖端的受力状态，断裂计粘贴在距离裂纹尖端的一定距离处。断裂计测量原理如图3.30所示，其本质是一组并联电阻，通过裂纹尖端扩展带动电阻丝断裂，从而改变接入的电阻值，达到监测裂纹尖端位置的目的。

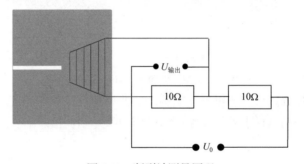

图 3.30　断裂计测量原理

加载率是表征加载速度的参量，类似于单轴压缩/拉伸实验中的材料变形速度或应变率。加载率是影响材料断裂韧性的最主要因素，通过断裂韧性除以起裂时间得到。裂纹扩展速度是影响材料传播韧度的最主要因素。一般而言，裂纹扩展速度是材料韧脆性质的函数，通常情况下，材料越偏于韧性，其裂纹扩展速度越小。对于理想线弹性脆性材料，其裂纹扩展速度的理论值可以达到剪切波速。裂纹扩展速度通常不是一个恒定值，存在着振荡现象。本节通过拟合裂纹尖端位置历史曲线得到裂纹扩展的平均速度。

同时，通过 Photron SA1.1 高速摄影监测裂纹尖端的扩展过程，监测区域分辨率为 256×160 像素，拍摄速度设置为 100000 帧/s(即两张连续图片之间的时间间隔为10μs)，曝光时间为 1/118000s。基于高速摄影的结果，利用数字图像相关(digital image correlation, DIC)技术对裂纹尖端附近的应变场进行测量。DIC 技术是目前常用的一种非接触式光学测试方法，可用于一定区域内物体位移和形变的定量测量。DIC 技术的原理是根据同一物体不同时刻图片之间的模板匹配来找出单个像素点的对应点，从而确定该点位移。该点某方向的应变可以近似取为以该点为中心的一个小区间内的平均应变，小区间通常包含 5~21 个像素。

3.3.3 ZL205A 材料断裂性能

实验采用长度为 1050mm 的超长子弹，示波器采样率设为 100MS/s。下面以 ZL205A-I-1#为例说明实验结果。

图 3.31 是高速摄影获得的试样在动态加载过程中几个特征时刻的形态，图中视场范围对应试样上 5mm×3mm 区域。其中，图 3.31(a)为加载波到达试样初始时刻的形态，右侧是加载波入射方向；直到 $t=30\mu s$，试样整体的变形都很均匀[图 3.31(b)]；在 $t=60\mu s$ 时刻，裂纹尖端区域的变形已经很明显，而且裂纹已开始扩展[图 3.31(c)]；在 $t=90\mu s$ 时刻，裂纹右侧部分出现了拖影现象，这是由裂纹左右两侧速度不一致、右侧部分速度过大造成的，说明试样已经完全断裂[图 3.31(d)]。

用 DIC 方法对试样在 50μs 时刻的图像进行处理，得到拍摄区域沿加载方向(x 方向)的位移场和应变场，如图 3.32 所示。图中横纵轴是以裂纹尖端为原点的局部坐标系。应变通过 13 个像素长度的平均应变得到，对应的实际长度为 0.256mm。由图 3.32(a)可以看出，沿着入射波传播方向，试样位移逐渐降低。试样相对于预制裂纹的位移以预制裂纹为轴线左右对称，大小相等，方向相反，这说明此时试样的变形是均匀的。x 方向应变呈 Y 形分布，且关于预制裂纹左右对称。

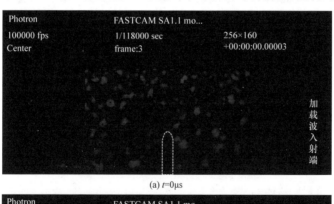

(a) $t=0\mu s$

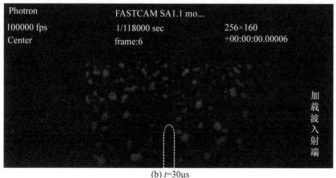

(b) $t=30\mu s$

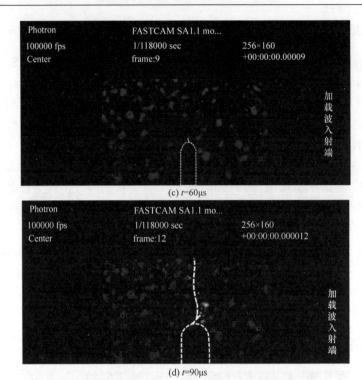

图 3.31　试样变形及断裂过程(ZL205A-I-1#)(见彩图)

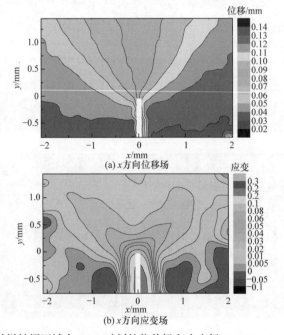

图 3.32　试样拍摄区域在 50μs 时刻的位移场和应变场(ZL205A-I-1#)(见彩图)

断裂计测得的原始波形如图 3.33 所示，按照测量原理，每断开一根电阻丝，相当于减少一个接入电阻，输出电压产生一个下降沿。实验前通过读数显微镜读取各金属丝相对于预制裂纹尖端的位置，结合示波器记录的信息，可得裂纹尖端位置历史，如图 3.34 所示。对数据点进行线性拟合，得到裂纹尖端位置历史曲线，其斜率即裂纹扩展速度，为 v_f =202m/s。曲线与横轴的交点就是裂纹尖端开始扩展的时刻，即起裂时间，为 t_f =54.62μs。

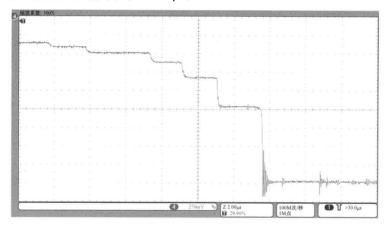

图 3.33 断裂计测得的原始波形(ZL205A-I-1#)

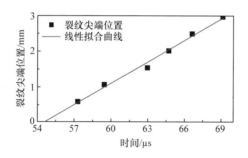

图 3.34 裂纹尖端位置历史(ZL205A-I-1#)

通过应变片信号得到的透射应力历史曲线如图 3.35 所示，通过应力信号结合试样构型计算得到的应力强度因子历史曲线如图 3.36 所示。起裂时刻 t_f =54.62μs 对应的动态应力强度因子 K_{Id} =13.83MPa·$m^{1/2}$，即试样材料的动态断裂韧性。用动态断裂韧性除以起裂时间，得到加载率为 $\dot{K}_{Id} = K_{Id}/t_f$ = 0.25×10^6MPa·$m^{1/2}$/s。

将实验结果列入表 3.13。可以看出，由于动态实验的特点和材料本身性能的不一致，实验数据存在一定的分散性。在 0.26×10^6MPa·$m^{1/2}$/s 的平均加载率下，试样平均动态断裂韧性为 16.63MPa·$m^{1/2}$，裂纹扩展平均速度为 203m/s。

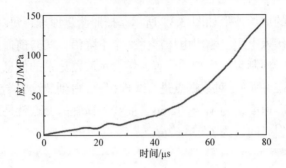

图 3.35　透射应力历史曲线(ZL205A-I-1#)

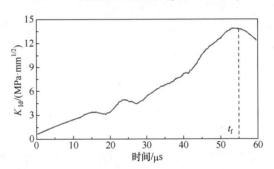

图 3.36　应力强度因子历史曲线(ZL205A-I-1#)

表 3.13　Ⅰ型动态断裂实验结果

实验编号	B /mm	W /mm	a /mm	t_f /μs	K_{Id} /(MPa·m$^{1/2}$)	$\dot{K}_{Id}$ /(10^{6}MPa·m$^{1/2}$/s)	v_f /(m/s)
ZL205A-I-1#	1.86	7.96	4	54.62	13.83	0.25	202
ZL205A-I-2#	1.88	7.96	4	68.42	21.26	0.31	188
ZL205A-I-3#	1.90	7.96	4	70.22	14.79	0.21	220
平均值				64.42	16.63	0.26	203

3.4　分离板材料Ⅰ/Ⅱ复合型动态断裂性能

为获得分离板止裂槽在Ⅰ/Ⅱ复合型动态加载下的响应,本节设计了Ⅰ/Ⅱ复合型断裂试样,对分离板材料的Ⅰ/Ⅱ复合型动态断裂性能进行实验研究,从强度和能量角度获得材料的起裂特性参数。

3.4.1　试样设计

在复合型动态断裂实验研究方面,常见的Ⅰ/Ⅱ复合型断裂试样可以分为基于压缩加载的试样和基于拉伸加载的试样两类。基于压缩加载的试样包括三点弯曲试样、四点弯曲试样、非对称支撑的边缘切口半圆盘试样、中心切口的巴西圆盘试样等；基于拉伸加载的试样包括 Arcan 试样及其改进型、紧凑拉伸-剪切试样、对角加载的方形中心切口试样等，具体试样构型如图 3.37 所示。通常情况下，压缩加载是非对称的，拉伸加载是对称的；试样本身都预制有左右对称的直裂纹或非对称的斜裂纹。但总体来看，要实现 I / II 复合型加载，试样受力必须非对称，这一非对称性或者来源于加载，或者来自试样本身。

分离式霍普金森杆是一种理想的动态加载手段，可以实现压缩和拉伸两种类型的加载。但在动态复合加载情况下，加载杆与试样的配合方面还存在一些问题。对于基于压缩加载的试样，加载过程中试样与支座之间可能失去接触，从而改变

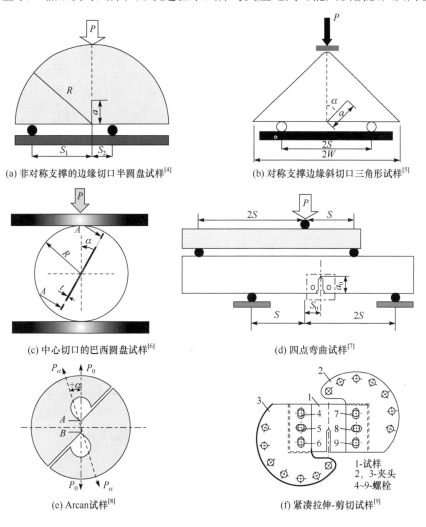

(a) 非对称支撑的边缘切口半圆盘试样[4]

(b) 对称支撑边缘斜切口三角形试样[5]

(c) 中心切口的巴西圆盘试样[6]

(d) 四点弯曲试样[7]

1-试样
2, 3-夹头
4~9-螺栓

(e) Arcan试样[8]

(f) 紧凑拉伸-剪切试样[9]

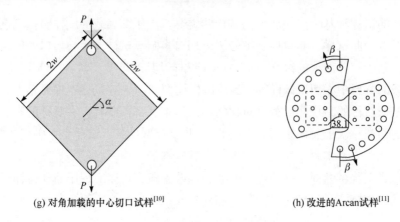

(g) 对角加载的中心切口试样[10]　　　　　　　(h) 改进的Arcan试样[11]

图 3.37　常见的 I/II 复合型断裂试样

三点弯曲的受力状态。对于基于拉伸加载的试样，加载杆与夹具之间通常通过销钉或螺柱实现单点连接，在加载过程中，受力点可能发生旋转，从而改变预定的加载角；两种情况都会严重影响实验结果。为此，本节设计了一种新的试样构型。

　　这种新的试样构型结合 Arcan 试样和 SHTB 实验片状试样的优点：Arcan 试样通过旋转预制切口的蝴蝶形试样可以方便地实现不同角度的加载，而片状试样通过三明治式黏接于加载杆中间可以实现牢固连接。本设计的核心是把片状试样的中间部分替换成不同转角的预制切口蝴蝶形试样，即相当于夹具和蝴蝶形试样作为一个整体黏接在加载杆中，这样就避免了传统 Arcan 试样与加载杆的单点连接问题。设计五种角度的试样，试样结构、尺寸及实物图如图 3.38 所示。不同加

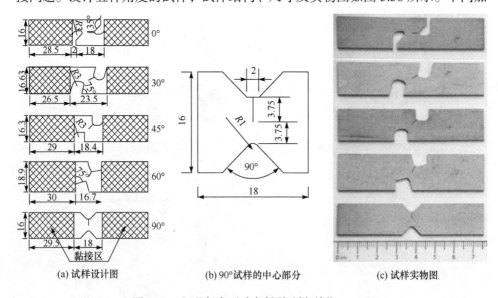

(a) 试样设计图　　　　　(b) 90°试样的中心部分　　　　　(c) 试样实物图

图 3.38　I/II 复合型动态断裂试样(单位：mm)

载角涵盖了纯拉(Ⅰ型)、复合(Ⅰ/Ⅱ)型、纯剪(Ⅱ型)的多个加载条件,不同加载角的各试样总体尺寸略有不同,但中间部分尺寸保持一致。预制切口由直径 0.1mm 的钼丝线切割加工,切口长度和沿切口方向的韧带宽度均为 3.75mm(即切口长度占试样最窄部分宽度的 50%),试样厚度为 2mm。

3.4.2　两种分离板材料的断裂性能

实验在霍普金森杆实验平台上进行,子弹长度为 450mm,撞击速度设定为 7.8m/s。试样断口附近的应变情况采用 DIC 技术获得,受力情况通过透射杆上应变片的测试结果计算。高速摄影分辨率设置为 384×224 像素,拍摄速度为 40000 帧/s,即两张连续图片之间的时间间隔为 25μs。同时,在实验过程中通过示波器信号触发高速相机实现测试系统的时间同步。

1. 裂纹扩展路径

所有角度的试样在动态实验过程中都实现了完全断裂,不同角度试样实验前后的对比如图 3.39 所示。从图中可以看出,断裂路径基本与预制切口方向保持一致。这表明断裂面在加载过程中确实受到了 Ⅰ/Ⅱ 复合型加载作用。裂纹扩展路径是从预制切口尖端到试样另一侧的最短路径,可见在动态加载下,裂纹是沿着应变能最速释放路径扩展的。

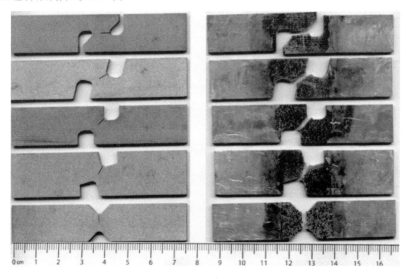

图 3.39　试样加载前后对比

2. 力-位移关系

在满足动态应力平衡条件的情况下,根据一维弹性波理论,试样受力和位移

(试样两端位移差)可以由应变片信号计算得到:

$$F(t) = E_b A_b \varepsilon_t(t) \tag{3.24}$$

$$e = u_i - u_o = c_b \int_0^t (\varepsilon_i(\tau) - \varepsilon_r(\tau) - \varepsilon_t(\tau)) d\tau \tag{3.25}$$

式中, u_i 和 u_o 分别表示试样两端的位移; E_b 和 A_b 分别为加载杆的弹性模量和横截面积; c_b 为杆中应力波速度。

根据式(3.24)和式(3.25)及应变片信号获得的全部力-位移曲线如图 3.40 和图 3.41 所示。从图中可以看出, Ⅰ/Ⅱ型复合程度对材料的动态断裂性能具有显著影响。随着加载角的增大, 试样中最大应力逐渐增大, 而最终位移逐渐减小, 实验重复性较好。

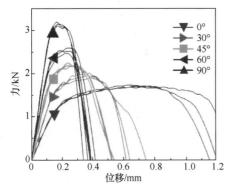

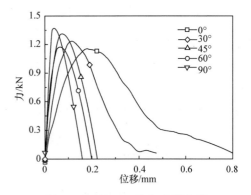

图 3.40　ZL205A 的力-位移曲线　　　　图 3.41　ZL114A 的力-位移曲线

对于 ZL205A 的 Ⅰ 型加载试样(加载角 $\eta=90°$), 用最大受力除以归一化韧带处横截面面积, 可得其动态拉伸强度为 425.3MPa, 与表 3.8 中标准 SHTB 拉伸实验获得的试样动态强度值 430.5MPa 非常接近, 说明预制切口对材料拉伸强度的影响很小。

ZL114A 的断裂应变较小, 用最大受力除以归一化横截面面积后, 得到加载角 90°的试样拉伸强度为 170.5MPa, 远小于标准 SHTB 片状试样的拉伸强度 248MPa, 说明偏脆性材料的微裂纹对拉伸强度的影响较大。

3. 起裂条件

本节对起裂时刻潜在裂纹面的应力状态进行研究, 建立裂纹起裂的裂纹面应力强度准则。基本思路是: 采用 DIC 技术结合高速摄影图像得到裂纹起裂时间, 然后结合应力-位移曲线得到起裂条件。

1) 起裂时间

以 ZL205A 加载角 $\eta=30°$的试样为例,多个特征时刻的高速摄影图像如图 3.42

所示。这些图像涵盖加载波首次加载初始时刻 $t=0\mu s$ 到结束时刻 $t=325\mu s$。可以看出，直到 $t=125\mu s$，试样中的变形都均匀且连续；在 $t=150\mu s$ 时，肉眼可见韧带部分出现一定的滑移，切口根部在两个方向上开始相互错开；在 $t=175\mu s$ 时，韧带错开很明显；在 $t=200\mu s$ 时，裂纹扩展肉眼可见；在 $t=325\mu s$ 时，可以清楚地看见断裂面。

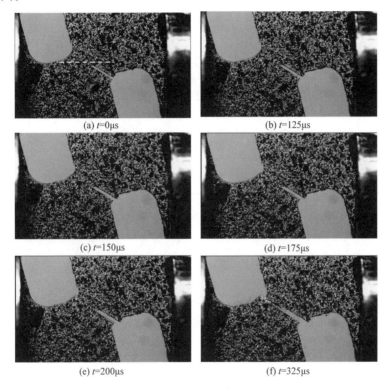

(a) $t=0\mu s$　　　　　　　　　　　(b) $t=125\mu s$

(c) $t=150\mu s$　　　　　　　　　　(d) $t=175\mu s$

(e) $t=200\mu s$　　　　　　　　　　(f) $t=325\mu s$

图 3.42　加载过程中几个特征时刻的试样形态(ZL205A-30°-3#)(见彩图)

为获得起裂时间，选择一条穿过潜在裂纹路径的直线段，即图 3.42(a)中的白色虚线，用 DIC 技术给出三个不同时刻 x 方向位移沿这条线段的分布，结果如图 3.43 所示。其中，横坐标 $x=0$ 和 $x=9mm$ 分别对应线段的左右端点，$x=4.5mm$ 对应线段与潜在裂纹路径的交点。从图中可以看出，在 $t=125\mu s$ 和 $t=150\mu s$ 时刻，线段上的位移沿着加载方向依次增大，在 $t=175\mu s$ 时刻曲线不再连续，而且中点附近的数值明显超出了合理范围。原因是此时断裂已经发生，DIC 技术在中点附近失效。说明 $t=175\mu s$ 时刻断裂已经发生，起裂时刻在 $t=150\mu s$ 和 $t=175\mu s$ 之间。

力-位移曲线与断裂状态的时间对照如图 3.44 所示。从图中可以看出，加载力最大值出现的时刻也在 $t=150\mu s$ 和 $t=175\mu s$ 之间，与起裂时间范围一致。基于这一结果，认为起裂刚好在试样受载达到峰值的时刻(t=156.2μs)发生，之后裂纹快速扩展，相应地，试样内的应力迅速降低。

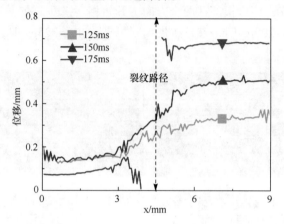

图 3.43　某线段 x 方向位移分布(ZL205A-30°-3#)

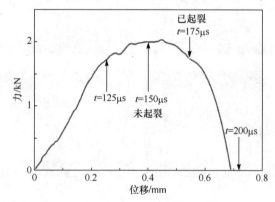

图 3.44　力-位移曲线与断裂状态的时间对照(ZL205A-30°-3#)

2) 起裂强度

试样的起裂条件就是受力达到其起裂强度。对裂纹面上的应力进行面内和面外两个方向的分解，如图 3.45 所示。平行于裂纹路径方向的切向分量为剪切应力，记为 σ_τ，垂直于裂纹面的法向分量为正应力，记为 σ_n。它们之间的关系为

$$\sigma_n = \sigma \sin\eta$$
$$\sigma_\tau = \sigma \cos\eta$$

(3.26)

在 Ⅰ/Ⅱ 复合型试样中，σ_n 可以看做 Ⅰ 型分量，σ_τ 可以看做 Ⅱ 型分量。分别对五种不同加载角的试样起裂时刻的平均应力进行分解，得到五组(σ_n，σ_τ)数据点，如图 3.46 所示。可以看出，这些数据点分布在一个椭圆曲线上，用椭圆曲线对其

进行拟合，得到曲线方程为

$$\left(\frac{\sigma_n}{\sigma_{\mathrm{I}}}\right)^2 + \left(\frac{\sigma_\tau}{\sigma_{\mathrm{II}}}\right)^2 = 1 \tag{3.27}$$

式中，σ_{I} 和 σ_{II} 分别表示纯 I 型和纯 II 型加载下的试样材料强度。

曲线通过最小二乘法拟合得到，曲线与坐标轴的两个交点见下式

ZL205A:

$$\sigma_{\mathrm{I}} = 425.3\mathrm{MPa}, \quad \sigma_{\mathrm{II}} = 236.7\mathrm{MPa}$$

ZL114A:

$$\sigma_{\mathrm{I}} = 170.5\mathrm{MPa}, \quad \sigma_{\mathrm{II}} = 156.2\mathrm{MPa} \tag{3.28}$$

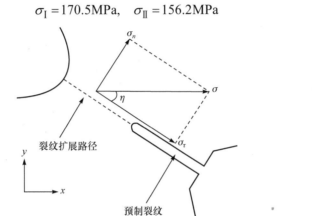

图 3.45　裂纹面上应力分解示意图

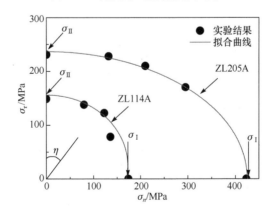

图 3.46　复合型裂纹起裂的强度准则

由图 3.46 可以看出，曲线与数据点非常接近，说明起裂时刻的试样强度分量满足式(3.27)所描述的规律。图中第一象限的任一点代表一个潜在裂纹面受力状态，

该状态点和原点之间的连线与纵轴的夹角代表加载角 η。如果该点处于曲线之下，那么断裂不会发生，一旦该点到达曲线，裂纹立即开始起裂。式(3.27)即划分了起裂的边界。运用式(3.26)，在极坐标系下，式(3.27)可写为

$$\sigma = \frac{1}{\sqrt{\left(\dfrac{\sin\eta}{\sigma_I}\right)^2 + \left(\dfrac{\cos\eta}{\sigma_{II}}\right)^2}} \tag{3.29}$$

式(3.29)给出了试样临界起裂强度 σ 随加载角 η 的变化规律。

4. 能量耗散分析

在加载过程中，试样的整个变形及断裂过程可以分为两个阶段。在潜在断裂面应力达到起裂应力之前，断裂尚未开始，外力功都转化成试样应变能，为第一阶段；潜在断裂面应力达到起裂应力之后，裂纹开始扩展，应变能随之释放，为第二阶段。在第二阶段，外力必须持续作用以保证裂纹尖端的应力强度因子达到或超过该材料的裂纹扩展韧度，才能保证裂纹持续扩展直至完全断裂。动载条件下，试样本身还获得了动能。相应地，试样消耗的全部能量转化成三个部分：用于在试样内部构成起裂应力状态的能量(应变能)、用于形成新的表面所需要的能量(表面能)和动能。其中，前两个部分导致试样完全断裂，且第一部分占主导作用。起裂之前，试样内部应变能持续增加，直到起裂的瞬间达到峰值。本节将该应变能峰值称为起裂能。起裂能的物理意义是试样内部达到特定的应力状态所对应的应变能，试样内部达到该状态后裂纹尖端开始起裂。本处起裂能与断裂力学中断裂能 G 的概念不同。对于偏脆性的材料，一旦裂纹开始起裂，只需要输入很少的能量就能维持其扩展。因此，起裂能可以作为材料断裂特性的一个表征参数。本节对试样单位面积消耗的总能量和起裂能进行讨论。

Song 等[12]对动态应力平衡条件下 SHPB 压缩试样变形过程中消耗的能量进行了理论研究。研究成果提供了一个从能量角度深入理解 SHPB 实验的视角，分析方法对 SHTB 拉伸实验同样适用。输入试样中的能量为

$$E_{tot} = E_i - E_r - E_t = A_b c_b E_b \int_0^t (\varepsilon_i^2 - \varepsilon_r^2 - \varepsilon_t^2)\mathrm{d}\tau \tag{3.30}$$

式中，E_i、E_r 和 E_t 分别表示入射波、反射波和透射波携带的能量。

在动态应力平衡($\varepsilon_i + \varepsilon_r = \varepsilon_t$)的前提下，式(3.30)可以化简为

$$E_{tot} = \int_0^t (A_b E_b \varepsilon_t)[c_b(\varepsilon_i - \varepsilon_r - \varepsilon_t)]\mathrm{d}\tau \tag{3.31}$$

式(3.31)表明，试样消耗的全部能量等于外力在整个过程中所做的功。因此，总能

量可以通过对力-位移曲线的积分得到。对于起裂能 E_f，积分区间为从 0 到起裂时刻 $t=t_f$，即

$$E_f = \int_0^{t_f} (A_b E_b \varepsilon_t)[c_b(\varepsilon_i - \varepsilon_r - \varepsilon_t)] d\tau \tag{3.32}$$

用总能量和起裂能除以标准断裂面积 A_0，可分别得到单位面积消耗的总能量和单位面积起裂能。用抛物线对五种不同角度试样的单位面积起裂能数据点进行拟合，得到的曲线如图 3.47 所示。图中数据点表示相同角度多次实验的平均结果。可以看出，该曲线拟合效果较好，下面给出抛物线方程。

ZL205A：
$$\overline{E}_f = 0.0134(\eta - 76.3)^2 + 42.0$$

ZL114A：
$$\overline{E}_f = 0.00182(\eta - 90)^2 + 4.1 \tag{3.33}$$

式(3.33)表述了单位面积起裂能与加载角之间的唯象关系。根据式(3.33)，ZL205A 起裂所需的最小能量为 42.0kJ/m²，此时加载角为 76.3°；ZL114A 起裂所需的最小能量为 4.1kJ/m²，此时加载角为 90°。

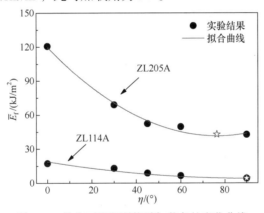

图 3.47　单位面积起裂能随加载角的变化曲线

全部实验结果如表 3.14 和表 3.15 所示。可以看出，各参数标准差与平均值之比很小，说明平行实验之间的一致性较好。

表 3.14　ZL205A 铝合金 Ⅰ/Ⅱ 复合型动态断裂实验结果

实验编号	f/kN	e/mm	σ/MPa	σ_n/MPa	σ_τ/MPa	$\overline{E}_{tot}$ /(kJ/m²)	$\overline{E}_f$/(kJ/m²)
ZL205A-0°-1#	1.75	1.09	233.9	0	233.9	195.7	112.4
ZL205A-0°-2#	1.73	1.20	231.2	0	231.2	225.2	126.0
ZL205A-0°-3#	1.71	1.13	227.8	0	227.8	203.7	124.0
平均值	1.73	1.14	231.0	0	231.0	208.2	120.8
标准差	0.02	0.05	2.5	0	2.5	12.5	6.0

实验编号	f/kN	e/mm	σ/MPa	σ_n/MPa	σ_τ/MPa	$\overline{E}_{tot}$/(kJ/m^2)	$\overline{E}_\tau$/(kJ/m^2)
ZL205A-30°-1#	1.92	0.71	255.9	127.9	221.6	127.6	70.1
ZL205A-30°-2#	1.97	0.61	262.7	131.4	227.5	116.2	66.7
ZL205A-30°-3#	2.03	0.58	271.2	135.6	234.9	114.7	70.2
平均值	1.97	0.63	263.3	131.6	228.0	119.5	69.0
标准差	0.05	0.05	6.3	3.1	5.5	5.8	1.6
ZL205A-45°-1#	2.27	0.49	302.4	213.8	213.8	103.5	45.7
ZL205A-45°-2#	2.20	0.50	293.2	207.3	207.3	101.9	51.4
ZL205A-45°-3#	2.22	0.51	295.6	209.0	209.0	100.7	60.3
平均值	2.23	0.50	297.0	210.0	210.0	102.0	52.5
标准差	0.03	0.01	3.9	2.8	2.8	1.2	6.0
ZL205A-60°-1#	2.62	0.39	349.1	302.4	174.6	96.0	58.1
ZL205A-60°-2#	2.49	0.37	332.6	288.1	166.3	82.9	50.9
ZL205A-60°-3#	2.56	0.37	340.7	295.0	170.3	89.3	40.2
平均值	2.56	0.38	340.8	295.2	170.4	89.4	49.7
标准差	0.05	0.01	6.7	5.8	3.4	5.3	7.4
ZL205A-90°-1#	3.22	0.32	429.5	429.5	0	92.3	41.8
ZL205A-90°-2#	3.13	0.36	417.2	417.2	0	99.2	42.3
ZL205A-90°-3#	3.17	0.35	423.3	423.3	0	99.5	44.2
平均值	3.17	0.34	423.3	423.3	0	97.0	42.8
标准差	0.04	0.02	5.0	5.0	0	3.4	1.0

表 3.15　ZL114A 铝合金 I/II 复合型动态断裂实验结果

实验编号	f/kN	e/mm	σ/MPa	σ_n/MPa	σ_τ/MPa	$\overline{E}_{tot}$/(kJ/m^2)	$\overline{E}_\tau$/(kJ/m^2)
ZL114-A0°-1#	1.15	0.85	151.3	0	151.3	58.2	17.9
ZL114-A0°-2#	1.18	0.81	155.3	0	155.3	49.7	16.6
平均值	1.17	0.83	153.3	0	153.3	54.0	17.3
标准差	0.02	0.02	2	0	2	4.3	0.7
ZL114A-30°-1#	1.19	0.53	156.6	78.3	135.6	52.8	13.7
ZL114A-30°-2#	1.23	0.50	161.8	80.9	140.2	36.9	12.2
平均值	1.21	0.52	159.2	79.6	137.9	44.9	13.0
标准差	0.02	0.02	2.6	1.3	2.3	8.0	0.8
ZL114A-45°-1#	1.31	0.22	172.4	121.9	121.9	24.8	8.5
ZL114A-45°-2#	1.32	0.23	173.7	122.8	122.8	26.4	9.1
平均值	1.32	0.23	173.1	122.35	122.35	25.6	8.8
标准差	0.01	0.01	0.7	0.5	0.5	0.8	0.3

续表

实验编号	f/kN	e/mm	σ/MPa	σ_n/MPa	σ_t/MPa	$\overline{E}_{tot}$/(kJ/m²)	$\overline{E}_f$/(kJ/m²)
ZL114A-60°-1#	1.17	0.20	153.9	133.3	77.0	20.2	7.0
ZL114A-60°-2#	1.21	0.19	159.2	137.9	79.6	19.4	6.0
平均值	1.19	0.20	156.6	135.6	78.3	19.8	6.5
标准差	0.02	0.01	2.65	2.3	1.3	0.4	0.5
ZL114A-90°-1#	1.37	0.16	180.3	180.3	0	17.4	4.4
ZL114A-90°-2#	1.27	0.15	167.1	167.1	0	14.7	3.7
平均值	1.32	0.16	173.7	173.7	0	16.1	4.1
标准差	0.05	0.01	6.6	6.6	0	1.4	0.4

3.5　本章小结

本章首先介绍了分离式霍普金森拉/压杆实验技术的工作原理，以及利用轻气炮进行材料冲击压缩线测量和层裂实验的方法；通过实验得到了分离装置的四种铝合金材料的动态压缩、拉伸应力-应变曲线，以及典型材料的冲击绝热线 D-v 关系和层裂强度；形成了用于数值计算的流体弹塑性材料模型参数表。

进一步，利用分离式霍普金森杆平台测试了两种分离板材料的动态断裂性能，采用单边切口型试样进行 I 型断裂实验，获得了 ZL205A 的断裂韧性和裂纹扩展速度等参数；综合 Arcan 实验和霍普金森拉杆实验的试样设计了一种新的试样构型，研究了 ZL205A 和 ZL114A 的 I／II 复合型动态断裂性能，得到了两种材料起裂条件的强度准则。

参 考 文 献

[1] 卢芳云, 陈荣, 林玉亮, 等. 霍普金森杆实验技术[M]. 北京: 科学出版社, 2013.

[2] 经福谦. 实验物态方程导引[M]. 北京: 科学出版社, 1999.

[3] Anderson T L. Fracture Mechanics[M]. 3rd ed. Boca Raton: CRC Press, 2005.

[4] Ayatollahi M R, Aliha M R M, Saghafi H. An improved semi-circular bend specimen for investigating mixed mode brittle fracture[J]. Engineering Fracture Mechanics, 2011, 78(1): 110-123.

[5] Aliha M R M, Hosseinpour G R, Ayatollahi M R. Application of cracked triangular specimen subjected to three-point bending for investigating fracture behavior of rock materials[J]. Rock Mechanics and Rock Engineering, 2013, 46(5): 1023-1034.

[6] Aliha M R M, Ayatollahi M R. Rock fracture toughness study using cracked chevron notched Brazilian disc specimen under pure modes I and II loading—A statistical approach[J]. Theoretical and Applied Fracture Mechanics, 2014, 69: 17-25.

[7] Yang W, Qian X. Fracture resistance curve over the complete mixed-mode Ⅰ and Ⅱ range for 5083 aluminum alloy[J]. Engineering Fracture Mechanics, 2012, 96: 209-225.

[8] Arcan M, Hashin Z, Voloshin A. A method to produce uniform plane-stress states with applications to fiber-reinforced materials[J]. Experimental Mechanics, 1978, 18(4): 141-146.

[9] Richard H A, Benitz K. A loading device for the creation of mixed mode in fracture mechanics[J]. International Journal of Fracture, 1983, 22(2): 55-58.

[10] Ayatollahi M R, Aliha M R M. Analysis of a new specimen for mixed mode fracture tests on brittle materials[J]. Engineering Fracture Mechanics, 2009, 76: 1563-1573.

[11] Fagerholt E, Dørum C, Børvik T, et al. Experimental and numerical investigation of fracture in a cast aluminium alloy[J]. International Journal of Solids and Structures, 2010, 47(24): 3352-3365.

[12] Song B, Chen W. Energy for specimen deformation in a split Hopkinson pressure bar experiment[J]. Experimental Mechanics, 2006, 46(3): 407-410.

第4章 爆炸分离装置的地面试验与测试技术

航天爆炸分离装置设计的关键是使用安全、功能可靠。装置的安全性与可靠性主要通过足够的设计裕度予以保证、通过严格控制生产质量得以实现[1]。其中，全面、系统、严格的试验验证和考核，是确保航天火工装置性能和质量的根本。线式爆炸分离装置属于内装含能材料(起爆药、炸药)的火工装置，产品一次性作用、功能不可检测，只能通过发火试验考核装置的性能，间接评价产品。航天火工装置的主要试验项目可以分为设计验证试验、设计鉴定试验、批验收试验、可靠性试验和寿命试验[2]。

航天运载器尺寸通常比较大，所使用的线式爆炸分离装置尺寸也比较大，如果均采用1:1原型试验考核产品性能，不仅会大幅增加研制成本，研制周期也会大大延长，同时也是对研究资源的浪费。特别是对于可靠性验证试验，通常需要的试验子样数较多，试验过程成本高、进度慢，更重要的是对装置的作用机理及性能裕度验证不透彻，可能造成分离装置应用上存在较大的风险。因此，在工程上采用大量1:1试验的方式并不现实，所需的经费和试验周期都是难以承受的。因此，在设计阶段，通过合理的等效试验进行设计验证试验、设计鉴定试验和可靠性试验是爆炸分离装置地面试验中经常采用的性能检测方法。

柔爆索线式分离装置多用于运载火箭的级间分离、整流罩分离等部位，通常为圆环形状，并且采用完全相同的截面形状及尺寸，这为等效验证提供了较好的基础。平板试验便是一种最常用的等效试验方法。在柔爆索分离装置的初始设计阶段，为了实现快速验证和设计参数的优选，一般将全尺寸产品简化为平板试验来进行较大范围的设计参数筛选，通过采用大量迭代、反复试验的方式来暴露潜在的设计缺陷，获得工程可用的设计参数。相对而言，采用平板试验的方式可以以一种更为经济的、可实现多参数快速迭代的方式进行设计寻优[3]。

本章首先对平板试验的等效原则、设计方法和实施过程做详细介绍，然后对原型试验情况进行简要介绍。

4.1 平 板 试 验

平板试验的目的是找到一组满足工程需要的参数组合。不同于科学研究，平板试验基于合理的相似等效原则，侧重于关注宏观的分离装置工作过程与结果，而不深究其中的微观损伤与效应。事实上,平板试验并不是进行全局寻优的过程,而是找到一种满足工程可用、具备适当可靠度和工程上可接受的设计参数组合。这样,工程设计过程可以大大简化,只需要对少量的设计参数进行验证。

由于工程上实际使用的柔爆索分离装置通常并非严格的直线形结构,在进行缩比平板试验设计时必须遵循一定的等效原则,以避免不同直径的分离装置完全按照截面形状等效为平板试验后,其主要设计参数如装药线密度与1∶1试验件的测试结果存在较大偏差。

分离装置的设计通常也不是孤立地针对分离功能的设计,还受到很多边界约束条件的限制。一般来说,分离装置首先要满足作为承载结构的承载功能要求,其次是在承载约束条件下进行分离功能及分离可靠性的设计,这在工程上称为"连接可靠,分离干脆"。

因此,合理设计和开展分离装置平板试验是进行爆炸分离装置地面试验的首要环节,本节主要介绍平板试验的设计及试验基本步骤、试验件等效原则、验证对象的设计、边界条件的影响和实施过程。

4.1.1　平板试验设计及试验基本步骤

分离装置设计的主要关注对象是确保分离可靠性,而分离板的厚度是根据承载指标确定的,因此进行平板试验的首要目的就是确定合适的导爆索装药量。然而,装药量的确定又与分离板的结构形式密切相关,因此往往首先通过威力比对试验来确定分离板削弱槽的结构形式、槽间距、槽数量等设计参数,然后进一步开展升降法试验以确定合适的药量参数。通常情况下,柔爆索分离装置及平板分离试验件的设计及验证流程可参见图 4.1。

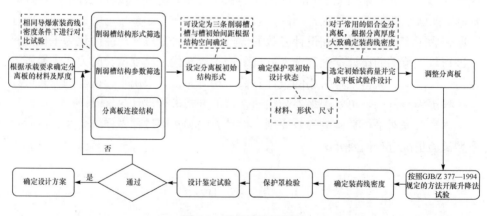

图 4.1　平板试验流程图

平板试验设计应考虑必要的设计参数拉偏试验，如导爆索的对中性、分离厚度的偏差、材料性能的偏差等，其中材料性能的偏差是最重要的影响因素，特别是材料延伸率的影响最为显著。

4.1.2　平板试验件等效原则

虽然在设计平板试验件时要求其与 1∶1 试验件的截面特征保持一致,但平板试验件并不能与 1∶1 产品的特性严格等价,其中最主要的差异体现在保护罩在爆轰能量作用下受载特征明显。如图 4.2(a)所示，对于平板试验件，保护罩受到的爆轰载荷会以正拉和弯矩组合的形式传递给下侧的连接螺钉，同时保护罩自身也会在较大的弯矩作用下发生弯曲变形。对于圆环形真实产品，由于保护罩是一个完整的圆环形结构，其结构对称性提供的横向刚度可以承受导爆索工作产生的部分横向载荷，连接螺钉并不承担很大的载荷。图 4.2(b)给出了相同截面下平板结构与圆环结构分离时关键点的 x 向位移曲线对比数值模拟结果，可以看出，圆环结构支撑刚度较大，其位移远小于平板结构。最重要的是，完整的圆环保护罩与平板保护罩相比，即使在同样的截面条件下，由于两者支撑刚度的显著差异，也会给爆炸能量在保护罩与分离板之间的分配带来很大影响。为了减小两者之间的差异，在进行平板试验时，可以考虑在保护罩的背侧增加压紧结构等措施，但涉及精确模拟刚度的计算精度，以及受到具体产品加工及装配精度的随机散布等问题的影响，实现起来并不容易。

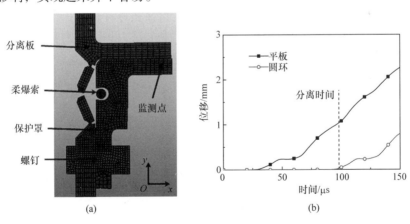

图 4.2　线式分离装置平板与圆环结构关键点位移对比

由于爆炸能量分配的耦合关系，保护罩与分离板的参数之间存在比较明显的相互影响，工程上为了简化处理，往往将其解耦处理。最为常用的处理方法是将保护罩的强度和刚度(结构刚度而非材料刚度)都设计得相对保守一些，简单地说，就是按照环向刚度的最大原则设计保护罩。虽然付出了一定的重量代价，但也间接增加了火箭的局部环向刚度，可以同时起到类似火箭框环的环向支撑作用，因此综合来看采用这种方法还是合理的。就目前的研究实践而言，工程上通常忽略两者之间的差异，转而采用在平板试验的基础上，通过增加有限的 1 : 1 试验子样，来进一步修正平板试验方法误差引起的设计参数偏差。

基于以上考虑，在进行平板试验件与全尺寸产品之间的等效时，大致可遵循以下原则。

(1) 平板试验件的截面特征要与全尺寸产品尽可能多地保持一致。

(2) 平板试验件应完全模拟起爆点处的结构特征及导爆索端头的处理方式。

(3) 平板试验件的长度应至少能保证导爆索建立稳定爆轰并传播一定的距离，该距离的设计应考虑覆盖分离板在滑移爆轰作用下纵向裂纹的形成及扩展特性。

(4) 平板试验件的起爆点需尽量避免从分离板的端部起爆，以减少初始自由边界的影响。

(5) 分离板与保护罩的材料热处理状态及纤维流线方向要与产品状态严格保持一致。

(6) 要谨慎处理平板试验件的上下边界状态，以保证其连接刚度和约束状态与全尺寸产品尽可能接近。

除以上原则外，还需特别注意，对于不同直径的柔爆索分离装置，当简化成平板试验件后，两者的上下限装药量之间仍然会存在一定的偏差。工程上大量的试验结果表明，造成这种偏差的影响因素众多，目前还没有获得有效的表征方法。

4.1.3　平板试验件验证对象的设计

平板试验件验证对象包括分离板、保护罩、导爆索。

1. 材料选择

柔爆索分离装置适用于铝合金类薄板的切割分离，且分离板的厚度一般不超过 3mm，这就决定了柔爆索分离装置的设计尽管参数较多，但变化范围是有限的。对于这类分离装置，可按照以下原则进行材料选型。

1）分离板

推荐选用强度较高、塑性较低的铝合金材料，在满足结构强度和变形约束的条件下优先选择高强度铸造铝合金材料。表 4.1 给出了几种不同材料和厚度条件下对应的柔爆索临界分离药量，其中"—"表示该材料屈服点不明显。可以看出，低延伸率的铸造铝合金更容易实现切割分离，因此是分离板材料的合适选择。

表 4.1　典型分离板材料及对应的柔爆索临界分离药量

材料及分离板形式	2A12-T4	2A14-T6	ZL205A-T6	ZL114A-T6
屈服强度/MPa	275	—	340	280
极限强度/MPa	420	410	450	320
断裂延伸率 δ_5/%	10	8	6	4.5
分离板厚度/mm	1.5	1.5	1.8	1.8
临界装药线密度/(g/m)	0.9	1.0	0.7	0.6

2）保护罩

与分离板的选型原则相反,对保护罩材料的选择更关注其断裂应变能的大小。从材料性能表征的角度, 通常选择延伸率和冲击断裂强度较大的材料。受结构制造工艺方法的限制, 圆环形铝合金保护罩的轴向最容易发生断裂, 其强度和延伸率往往也都是最低的,因此工程上大量采用纤维增强层/编织复合材料。在分离装置工作时, 允许保护罩内部出现损伤或非穿透性裂纹等现象, 但不允许出现连续的材料基体或纤维断裂。

表 4.2 对比了不同种类材料制成相同规格保护罩时, 保护罩出现断裂对应的柔爆索最大装药线密度,其中 "—" 表示该材料屈服点不明显。由表 4.2 可知, 即使是同种材料, 如 2A14, 工艺不同也会造成强度和延伸率等力学性能的差别,但是 2A14-O 的临界药量反而更高一些, 说明材料的抗冲击破坏能力并不是强度越高越好, 反而是低强度、高延伸率状态的综合性能更能提高保护罩的抗冲击断裂破坏能力。6061-T652 的情况也反映了这个现象。

表 4.2　不同种类材料保护罩断裂时对应的柔爆索最大装药线密度

材料	2A14-T6	2A14-O	6061-T652
屈服强度/MPa	—	—	265
极限强度/MPa	410	160	290
延伸率 δ_5/%	8	13	10
装药线密度/(g/m)	1.8	2.52	3.52

3）附属结构

分离装置除了分离板和保护罩两种主要结构外, 还包括起爆接头、保护罩和分离板的连接螺钉等附属结构。保守设计一般选择高强钢。

2. 分离板设计

结构的分离面一般设计成一条或多条 V 形削弱槽结构, 柔爆索中心与削弱槽中心对正。V 形削弱槽最低点的蒙皮厚度(也称为分离厚度)通常取总厚度的 2/3，设置多条削弱槽有利于降低可靠分离所需的导爆索装药量，同时也能降低承载结构非预期裂纹的发生和传播概率，从而降低爆炸冲击能量在上面级结构中的累积和传播。在结构空间允许的条件下，推荐采用三条削弱槽的结构形式，削弱槽之间的间距通常为 8~12mm。槽间距过小或过大都会影响分离效果，因此该参数往往是进行平板试验验证时首先要解决的问题。

3. 保护罩结构

保护罩的作用是约束柔爆索工作产物的飞散，保护火箭内部设备免受损伤。虽然保护罩在分离装置设计中并不是首要关注的对象，但由于保护罩可选的结构形式多样，且与分离板之间存在能量协调分配的强耦合效应，因此保护罩的设计仍然是分离装置设计的重要内容。

保护罩的结构形式取决于保护罩在火箭结构上的安装位置、安装空间、装配工艺性、对分离装置分离速度的要求等。如果需要保护罩同时起到承受和传递飞行载荷的作用，那么需单独进行保护罩的承载强度计算。典型保护罩的设计参数如图 4.3 所示。

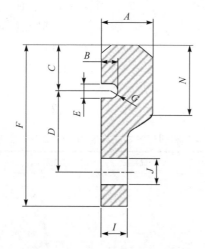

图 4.3　典型保护罩的设计参数

其各参数的含义及设计依据如下。

(1) A 和 I 为保护罩的厚度，主要由导爆索装药量决定。通常装药量越大，保护罩越厚，但由于爆轰波在结构内部传播及在自由界面反射后的相互作用效应，有时较厚的保护罩反而更容易出现内部裂纹。虽然内部裂纹可能不构成显性后果，但也应当给予适当的关注。

(2) B、E、G 为装药槽尺寸。装药槽尺寸应略大于柔爆索外径，且 B 值通常取导爆索外径的 1.2 倍左右，以保证爆轰产物有较好的方向性。

(3) C 和 D 的尺寸需与分离板的尺寸相协调，保护罩的上端面(无连接螺栓的一侧)可适当加强，以提供火箭结构的环向刚度。其中，D 值会显著影响连接螺栓的受载状态，也影响导爆索的做功效率，应当加以重视。

(4) J 为连接螺栓孔的尺寸。连接螺栓的尺寸和间距都是重要的设计参数，特别是在平板试验中，其设计结果直接影响保护罩的弯曲效应。如果连接螺栓过于稀疏或者局部连接刚度不足，那么会造成爆炸能量的卸载效应，影响分离效果。

(5) N 为保护罩有效宽度。较大的 N 并不会明显提高保护罩的抗冲击强度，因此该尺寸可尽量小一些。

(6) 其余的保护罩尺寸为非关键尺寸，只要和其他结构相协调。

4. 柔爆索

典型柔爆索是由猛炸药装入壳体中拉拔制成的。壳体一般为铅、铅锑合金、银、铝等金属材料，其中铅锑合金导爆索具有包覆层密度大、做功能力强、易成型等特点，因此应用最为广泛。导爆索的装药体密度影响爆速和做功能力，但是由于体密度不易调整和精确检验，在设计上一般不把体密度作为直接检测的设计参数，而是规定了铅管的直径和装药线密度。柔爆索铅管外侧通常还要包覆编织层和聚乙烯层，用来提高导爆索的强度和抗环境能力。

柔爆索虽然结构简单，但是由于是分离装置的核心部件，直接关系到分离功能的实现与否，因此需要对其进行细致的设计，并通过最严苛的考核。通常情况下，对于全新设计的柔爆索，需要通过下列测试项目的考核[4]：①极限拉伸试验；②90%极限拉伸后传爆及切割能力试验；③反复拉弯试验；④反复弯扭试验；⑤最小弯曲半径试验；⑥盐雾试验；⑦高温暴露试验。

5. 其他附属结构

其他附属结构如连接螺钉、起爆接头等均按照强度设计原则，进行适当的保守设计。

4.1.4 平板试验的边界条件

1. 应力边界条件

大量的应用表明，柔爆索分离装置的分离功能与结构受载历程无关。而且，火箭在各分离时刻总是处于发动机关机状态或者飞行载荷稳定状态，且此时段外界干扰较小，此时分离装置所受的载荷较小，分离面处于较低的应力状态，因此在进行分离功能验证时可以不考虑结构载荷的影响。根据现有的试验结果，柔爆索平板试验件在低应力状态下的分离效果与零应力状态下的分离效果不存在显著差异，因此平板试验时可以不考虑应力边界条件，在结构的主承力方向无须施加载荷。

2. 几何边界约束条件

自由状态下的平板分离试验过程难以观测，试验结果易受爆炸冲击引起的试验件飞散和碰撞的影响，因此工程上常用的平板试验都是在特定的约束条件下开展的。经验表明，不恰当的边界约束条件对分离结果的影响是显著的。分离装置在火箭上用于连接两个分离体，其本身可能就是连续结构的一部分，因此分离装置与被连接对象之间存在较强的边界约束条件，且边界约束由于不同的连接结构形式而不同。例如，有的分离装置与分离体之间是通过离散的螺栓连接的，而有的分离装置分离板属于一个大的壳体中的一小部分。不同的连接方式对于分离结果是有区别的，因此必须妥善处理好平板试验件的边界约束条件。

一般情况下，平板试验件的边界可处理为试验件两侧(试验件上距导爆索一定距离的两侧)压紧的状态。常用的压紧方式为用钢框加螺钉，如图4.4所示。特别需要注意的是，螺钉的规格、间距和压紧力要均匀一致，且约束刚度要与火箭实际结构尽可能接近。事实上，有很多故障的案例都是由螺钉的压紧力不恰当造成的，因此需要特别引起重视。

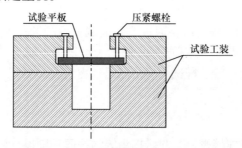

图 4.4　常见平板试验件的边界压紧方式

4.1.5　平板试验实施

平板试验的项目设置取决于分离装置具体的设计指标，以及在全寿命周期内所经历的环境包络条件。通常，平板试验主要包括：①升降法试验，用来确定火工品装药量的设计中值；②分离裕度试验，在结构设计参数确定后进行最大装药量和最小装药量试验，以验证装置的功能裕度；③环境适应性试验，通过包络装置储存和使用剖面的自然环境、力学环境、电磁环境等来验证分离装置对特定试验条件的适应性；④可靠性试验，获取定量的可靠性评估数据；⑤安全性试验，验证装置在各种可能经历的跌落、碰撞、静电等条件下不意外发火的安全性；⑥发火试验，验证在极限温度条件下的功能和性能。其中的升降法试验、分离裕度试验、环境适应性试验通常作为确定设计参数的基础性试验，也是在研制过程中需要最早开展的试验，其余试验项目更偏向于对确定设计参数后的产品进行进一步的验证和确认。

1. 升降法试验

升降法试验的目的是确定柔爆索的额定设计药量，一般采用平板试验来进行。对于直径较小的分离装置，其与平板试验存在较大差异时，也可以采用模拟产品实际状态的弧形试验件或者直接采用 1∶1 试验件来进行。升降法试验一般在常温下进行，具体方法可参照 GJB/Z 377—1994 的相关要求，一般要求有 40 发有效子样，特殊情况下允许的最低数量为 24 发。升降法试验是通过改变柔爆索的线密度，获得分离装置柔爆索在临界分离药量两侧的正态分布参数，从而推算出满足规定可靠性指标要求的柔爆索额定装药线密度。保守起见，一般取满足可靠性指标要求的最低药量作为导爆索的下限药量(一般称为小药量)，在此基础上依次推算出额定装药量和上限药量(一般称为大药量)。

2. 分离裕度试验

分离裕度试验包括小药量试验和大药量试验两种。目的是通过偏差药量的试验进一步检验分离装置的功能裕度，使实际产品具备应对生产制造过程中产生的各种偏差的能力。11.1.1 节将给出典型的分离裕度平板试验结果。

1) 小药量裕度试验

小药量裕度试验侧重考核分离装置可靠分离的裕度。试验一般在常温下进行，也可在分离装置最低使用温度的基础上再降低 10℃ 的条件下进行。一般取不大于 67% 额定设计装药线密度，试验数量不少于 6 发，且要求所有子样都必须正常分离，所有预设削弱槽对应的分离板全部完整断开。

2) 大药量裕度试验

大药量裕度试验除了要进一步检验分离板的分离可靠性，重点考核在加大的爆炸冲击载荷作用下，保护罩、连接螺钉、起爆接头等结构是否存在非预期的失效破坏。试验一般在常温下进行，也可以在分离装置最高使用温度基础上再升高 10℃ 的条件下进行。一般取不小于额定装药线密度的 120%，试验数量应不少于 6 发，要求所有子样都必须正常分离，且各结构部分不产生非预期的裂纹、变形等失效现象。

3. 环境适应性试验

试验目的是考核分离装置对运输、储存、发射、飞行等力学环境、自然环境和高低温环境的适应性，表征其在经历各种环境后的可靠工作能力。环境试验通常包括振动试验、跌落试验、温度-湿度-高度试验、温度循环试验、高温储存试验、高温暴露试验、随机振动试验、加速度试验、冲击试验等。试验项目的设置可根据具体的使用条件有所剪裁。环境试验的顺序设置要尽可能模拟分离装置全寿命周期所可能经历的环境条件的顺序，环境试验后要按照发火试验的要求完成发火考核，以检验分离装置在可能经历的最大环境条件后的工作性能。

4. 可靠性试验

利用相似产品法并结合可靠性框图对柔爆索分离装置的可靠性进行评估，其系统可靠性框图如图 4.5 所示，其中 R 为分离装置的工作可靠性，R_1 为分离装置的承载可靠性，R_2 为起爆装置的工作可靠性(一般采用两个起爆装置同时起爆的冗余设计)，R_3 为分离装置的功能可靠性。

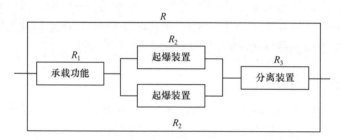

图 4.5　系统可靠性框图

根据可靠性框图，分离装置的可靠性计算公式如下：

$$R = R_1[1-(1-R_2)^2]R_3 \tag{4.1}$$

分离装置的可靠性试验方法可参照火工品的试验方法进行，通常工程上常用升降法或者正态容许限法设计可靠性评估试验。

5. 安全性试验

安全性是指产品不发生导致人员伤亡、健康恶化、设施和环境毁坏等事故的能力。分离装置内含火工品，如何保证其生产、操作和使用中的安全性问题尤为重要。因此，其安全性设计及验证工作是分离装置设计的重要内容，也是在进行平板试验时必须要开展的验证项目。对于柔爆索分离装置，主要验证其在安装、使用、操作过程中可能经历意外情况的安全性，通常采用 12m 高跌落试验方法来考核。

6. 发火试验

通过全部环境试验后，经检查未发生问题的产品可进入发火测试程序。发火试验通常分为高温发火、低温发火、常温发火。另外，也可以按照分离装置在具体工作时的预示温度作为发火温度的中值，并按照型号给定的高、低温范围进行发火温度的选择。在没有明确规定时，采用标准规定的最高温度和最低温度发火。

4.2 原 型 试 验

大量试验结果表明，平板试验并不能验证全部的 1∶1 结构设计参数。例如，由于平板与圆环结构的差异，分离装置与主结构的连接方式也影响分离装置的工作可靠性和分离效应，但这部分的验证在平板试验件上并未明显体现，因此在平板试验的基础上进一步开展 1∶1 的原型试验，是消除平板试验等效方法误差，最终确定设计状态的必要步骤。

原型试验采取与实际产品相同的 1∶1 圆环状态，除轴向边界条件外，其余参数均与最终产品的状态相同。进行原型试验的目的是在尽可能真实的条件下，验证分离装置设计的正确性，对分离功能裕度进行验证，对分离装置在飞行全程的热、力等环境条件下的响应进行全面评估和考核。有些设计指标必须在原型试验阶段才能得到有效检验，例如，对于分离装置工作时产生的冲击效应及其传递和衰减规律的精确测量，就必须通过 1∶1 试验才能获得相对真实的数据。

为了快速进行多个子样的验证试验，可以在一个长圆筒上设置多道间距合理的分离环，逐个进行分离测试，以此进行不同设计参数条件下的分离性能试验。这种方式在代价可接受的条件下可以进行快速的设计参数拉偏试验。在进行圆筒试验时，为了减少分离冲击带来的影响，通常一次试验只安装一套火工品。原型试验通常需要进行如下项目：①裕度试验；②飞行热环境试验；③力学环境试验；④冲击环境试验；⑤其他试验。这些试验均属于设计状态的确认性试验，一般来讲，可按照分离装置产品的使用剖面所经历的环境条件来设计试验顺序，工程上通常称为序贯试验。对于有些产品，各使用剖面之间的相互影响关系并不明显，也可以不指定试验顺序，而是结合其他研制试验来穿插安排。

1. 裕度试验

通过开展大药量(120%装药量)分离试验和小药量(67%装药量)分离试验，进一步确认分离装置在额定设计状态的上下限两侧可靠分离的能力。其中，小药量分离试验重点用于检验导爆索对分离板的有效切割能力，大药量分离试验用于检验保护罩及其他非分离结构在最大爆炸冲击载荷作用下的结构完整性。裕度试验是考察分离裕度和可靠性试验结果是否满足设计指标的最终检验，是确保分离装置具备有效应对各种生产制造偏差的检验手段。除非有特殊需求或分离装置可能经历极端环境，否则裕度试验通常只在常温条件下进行。

2. 飞行热环境试验

采用 1∶1 状态试验件，通过施加飞行过程中真实的热流条件，模拟火箭飞行过程中的升温和降温过程，并模拟在规定的飞行时序时刻进行切割分离的能力。在该项试验中，可同时监测分离板和柔爆索的温度。如果温度变化范围对分离板材料性能造成明显影响，或者导爆索的温度在 90℃ 以上，那么有必要对分离装置采取整体防热措施。特别值得关注的是，由于柔爆索通常外表面包覆有聚乙烯挤塑层，在经历高低温环境条件下，导爆索的长度可能会产生变化，严重情况下可能造成导爆索和起爆器之间的距离显著增加，存在不能可靠传爆的风险。

3. 力学环境试验

对原型试验件进行力学环境试验的主要目的是考核完整装置对运输、飞行环境的适应性，重点是对平板试验中难以模拟的结构部分进行考核，如柔爆索的端头固定结构、起爆接头结构等，同时也要考核柔爆索在力学环境下是否会出现位置窜动、沿长度方向伸长或缩短等潜在隐患。该力学环境试验可直接按鉴定条件进行，对于尺寸较大的产品有时还需要采用双振动台联合的方式进行试验。对于原型产品，力学环境试验的产品状态要重点关注边界的连接、导爆索的连接等，必要时可连带分离装置实际连接的两个部段同步参加试验。

4. 冲击环境试验

柔爆索工作时，产生的冲击环境可能对箭上设备造成严重的损害，因此必须进行真实条件下的分离冲击环境试验。该试验通过模拟足够长度的火箭真实结构，在分离时刻实际测量分离装置两侧的近场和远场冲击响应，当条件允许时，可同时对箭上设备进行加电测试，以验证相关设备在冲击条件下的功能性能。

5. 其他试验

分离装置在完成自身的研制性试验后，往往还需要参加高一层级的系统级试验，用来验证分离过程中的分离时序、分离速度、动态包络空间等。

4.3 地面试验测试技术

本节以某次原型试验为例，介绍分离过程性能参数的测试技术及典型结果。本书建立的试验测试技术已有效用于工程实践，在第 11 章的各类系列试验中发挥了关键作用。本节给出的是爆炸切割索的某次爆炸分离原型试验，目的是示例性地介绍爆炸分离过程的试验测试和分析手段。关于柔爆索爆炸分离的原型和模型试验结果将在 11.2 节给出。

4.3.1 试验布置

试验项目为某级间分离装置的 1∶1 设计鉴定试验，试验号为 Y1#，配重之后的试验装置如图 4.6 所示。装置所用火工品为聚能切割索，两个半圆弧各装一根，装药量分别为 3.2g/m 和 3.5g/m，分离板材料为 ZL205A。试验时装置处于悬挂状态，用雷管从一点起爆，往两边同时传播。目的是检验这两种装药量下装置的分离情况。

图 4.6 级间爆炸分离装置实物图(Y1#)

4.3.2 试验高速摄影观测

通过一台 FASTCAMSA-1 高速相机对爆炸分离过程进行拍摄。试验中示波器与高速相机通过分离信号同步触发。

本次试验高速相机拍摄速度为 20000 帧/s，即相邻图片间的时间间隔为 50μs。拍摄区域为装药量 3.2g/m 对应的半环。高速摄影图片清晰地记录了主削弱槽被环向传播的爆轰波头切开的过程，如图 4.7 所示，记录的时间是以分离信号发出时刻为时间零点。

从图片中可以判读出以像素为单位的分离板开裂前沿位置，构件实际尺寸用于长度单位转换系数的标定(即单个像素的实际尺寸，本次试验为 1.05mm/像素)，结合图片记录时间可以算出主削弱槽开裂速度为 7500m/s，该速度与装药爆轰速度基本一致。可以大胆预测，主削弱槽断开速度与爆轰传播速度相同，只是有一定的时间滞后。另外，从图片中发现，喷射出来的爆轰产物有局部颜色相对较暗的现象，如图 4.7(e)中标记的部分，这可能是由切割索装药的不均匀性引起的。切割索通过拉拔的方式加工而成，加工时可能存在一些局部装药量较小的情况，以致在爆炸分离初期，分离板局部未被射流穿透，从而爆轰产物火光没有泄漏出来。然而，这并不影响整块分离板的分离，因为环向裂纹的传播足以使之裂开。

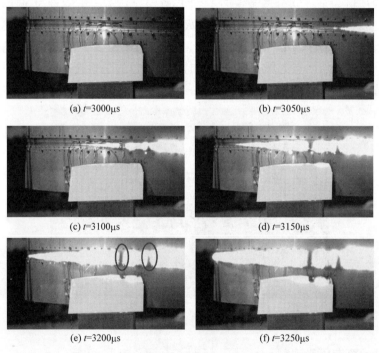

(a) $t=3000\mu s$

(b) $t=3050\mu s$

(c) $t=3100\mu s$

(d) $t=3150\mu s$

(e) $t=3200\mu s$

(f) $t=3250\mu s$

图 4.7　分离板被切割分离的过程(Y1#)(见彩图)

爆轰波到达约 500μs 后，往外飞散的分离碎片形成上下两个破片带，分别做向上和向下的斜抛运动，如图 4.8(a)所示。碎片长度大小不一，但总体上看都分布在 10cm 量级，而且从图片上可以看出碎片按空间顺序基本呈直线排列。可以推测，在同一次试验中，碎片的飞散速度与其长度无关，如图 4.8(b)所示。

(a) 两个破片带分别向上　　　　　(b) 下破片带空间分布(t=6500μs)
　　和向下斜抛(t=4650μs)

图 4.8　飞散碎片的空间分布(Y1#)(见彩图)

4.3.3　分离碎片尺寸和碎片飞散速度计算

试验后对分离碎片进行人工回收，典型分离碎片如图 4.9 所示。从图中可以看出，碎片长短不一，短碎片的宏观变形明显小于长碎片。共找到 11 枚碎片，所有碎片的平均长度为 112.2mm。

通过高速摄影图片对碎片速度进行估算。碎片在视场中存在的时间很短，约 200ms，在这段时间内碎片因重力加速度获得的纵向速度增量远小于其初速度(约 100m/s 量级)，因此可以忽略不计。同时在能看清碎片时，爆轰产物的压力已经很低，因此产物对碎片的作用可以忽略。这时碎片的运动可以看成匀速直线运动。试验中设计了一面反射镜置于视场中，通过调整拍摄光路，使得镜面与水平面的夹角为 45°，且镜面法线、分离装置轴线和镜头轴线共面。假设视场中沿镜面轴向像素点对应的实际长度不变。对于正对镜头飞散的碎片，其本身的图像不能用于确定其沿分离装置径向(x 方向)的运动，但可以确定其沿分离装置轴向(y 方向)的运动，从而可以确定碎片纵向速度 v_y；同理，通过碎片在镜子中的像可以确定碎片横向速度 v_x，测量原理如图 4.10 所示。从图中可以看到，伴随平动，碎片还在做复杂的转动，但在忽略重力和爆轰产物作用的前提下，碎片的转动都是围绕其质心进行的，而质心仍然在做匀速直线运动。

选择一条在 x-y 平面内飞散的碎片[碎片及其在镜中的像分别通过实线和虚线在图 4.8(b)中做了标记]，按照上述方法得到了在 5～6ms 的时间范围内其质心相对于 t=5ms 时刻所在位置的相对位移历史，对曲线进行线性拟合，所得的直线斜率就是相应方向的速度大小。所得结果如图 4.11 所示。

图 4.9　典型分离碎片(Y1#)

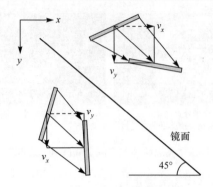

图 4.10　碎片速度测量原理图

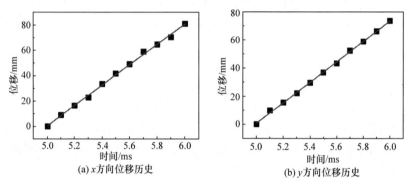

(a) x方向位移历史　　　(b) y方向位移历史

图 4.11　碎片位移历史(Y1#)

　　从图中可以看出，数据点的线性度较好，说明光路设置比较好，之前所做的匀速直线运动假设得到了很好的满足。从拟合直线的斜率可以读出碎片速度分量为 v_x=80m/s、v_y=73m/s，合速度大小为 v=108m/s，同时得出 Y1#试验的碎片飞散角为 42.1°。

4.4　本 章 小 结

　　本章对爆炸分离装置地面试验的典型试验方法进行了介绍，重点对等效平板试验的设计及试验基本步骤、试验件等效原则、验证对象的设计、边界条件和实施过程进行了阐述。同时，结合 Y1#原型试验实例，对原型试验中分离板的开裂速度、分离碎片的飞散速度测量方法进行了介绍，并给出了相关的试验分析结果(典型碎片的速度大小为 108m/s，飞散角为 42.1°)。试验表明，主削弱槽开裂速度与爆轰传播速度相同，只是有一定的时间滞后。切割索的局部装药不均匀性未影响分离板的整体断裂。

参 考 文 献

[1] 金旭东, 葛金玉, 段德高, 等. 导弹现代结构设计[M]. 北京: 国防工业出版社, 2007.

[2] 刘竹生, 王小军, 朱学昌, 等. 航天火工装置[M]. 北京: 中国宇航出版社, 2012.

[3] 王凯民, 温玉全. 军用火工品设计技术[M]. 北京: 国防工业出版社, 2006.

[4] 李国新, 程国元, 焦清介. 火工品实验与测试技术[M]. 北京: 北京理工大学出版社, 1998.

第5章　爆炸分离过程数值仿真技术

目前,解决爆炸冲击问题主要采用理论分析、试验研究和数值模拟三种方法。理论分析方法是在研究爆炸和冲击动力学规律的基础上,建立各种动力学模型,给出描述爆炸和冲击动力学问题的各类控制方程;在一定假设和条件下,经过适当简化、解析推导及运算,得到问题的解析解或简化解。其优点是可以给出带普适性的信息,因此可以用最小代价给出规律性的结果或变化趋势。但是,往往只有极少数情况可以得到解析解,一般仅限于二维平面问题。试验研究方法一直是研究爆炸和冲击动力学问题的主要手段。由于多数爆炸力学问题都涉及复杂的化学、物理和力学过程,且瞬时有相当大的破坏效应,因此对于爆炸冲击问题,试验研究是既耗时又昂贵的。长期以来,研究人员对爆炸分离过程进行了大量的理论分析和试验研究。柔爆索线式爆炸分离装置试验耗资大、周期长,虽然根据不同试验内容总结了大量经验公式,但都有各自不同的适用范围与条件。

数值模拟仿真技术为爆炸和冲击问题的研究提供了一种新的途径[1]。数值模拟就是在广泛吸收现代力学、数学理论的基础上,借助计算机,通过数值计算以数据和图形显示,再现研究对象及其内在规律,以获得满足工程需求的数值解,是支持工程技术人员进行创新研究和设计的重要手段。数值模拟本质上是一种虚拟试验,开展分离过程数值模拟分析、优化设计研究不仅可以极大地缩短研制周期、降低研制成本,还可以使研究人员获得完美的数字化虚拟试验结果,观测到在试验中无法直接观测到的现象,计算出相应参数,对提高分离装置可靠性和其他综合性能具有十分重要的现实意义。随着计算机技术的迅速发展及数值方法研究成果的不断涌现,数值模拟以其经济性和高效性日益成为科学和工程问题研究的重要手段,计算机辅助工程(computer aided engineering,CAE)作为一项跨学科的数值模拟分析技术也越来越受到科技界和工程界的重视。

CAE从20世纪60年代初开始在工程上应用,各国的爆炸力学工作者,尤以美国三大国家实验室(Los Alamos National Lab., Lawrence Livermore National Lab., Sandia National Lab.)为代表,进行了大量的爆炸和冲击动力学问题的数值仿真计算工作,对许多过去无法计算的复杂问题进行了成功解算,取得了丰硕的成果。70年代以后,CAE技术飞速发展,计算机已经成为高效、准确的设计工具和数值模拟试验平台,大量设计工作都可以通过高性能计算机来完成。时至今日,CAE经过50多年的发展,其理论和算法都经历了从蓬勃发展到日趋成熟的过程,现已成为工程和产品结构分析中(如航空、航天、机械、土木结构等领域)必不可少的数值仿真计算工具。随着计算机技术的普及和不断提高，CAE 系统的功能和计算精度都有很大提高，各种基于产品数字建模的 CAE 系统应运而生，并已成为结构分析和结构优化的重要工具，同时也是计算机辅助 4C(CAD/CAE/CAPP/ CAM)系统的重要环节。

CAE 系统的核心思想是结构的离散化，即将实际结构离散为有限数目的单元组合体，实际结构的物理和力学性能可以通过对离散体的分析，得出满足工程精度的近似结果，以此来替代对实际结构的分析，以解决许多实际工程需要解决而理论分析又无法求解的复杂问题。现有的离散方法种类繁多，对应形成了基于不同原理思想和理论基础的多种数值仿真计算方法。

5.1　数值仿真计算方法

数值仿真计算方法是数值模拟的核心，目前常用的数值仿真计算方法主要有有限元法、有限差分法、边界元法、离散元法、光滑粒子流体动力学(smoothed particle hydrodynamics, SPH)法和物质点法(material point method, MPM)等，其中应用最广泛的是有限元法，已经形成了多款大规模商业软件。根据是否基于网格划分进行计算，常用的数值方法可以分为两大类：一类是网格法，另一类是无网格法。网格法主要指有限差分法、有限元法和边界元法，无网格法主要有 SPH 法和物质点法等。离散元法介于网格法和无网格法之间。对物理控制方程的描述通常有两种基本方法：欧拉描述法和拉格朗日描述法。欧拉法是对空间的描述方法，其典型代表是有限差分法；拉格朗日法是对物质的描述方法，其典型代表是有限元法。欧拉描述和拉格朗日描述对应两种不同的区域离散化网格：欧拉网格和拉格朗日网格。针对不同类型的问题，这两种网格在数值方法中都得到了广泛应用。本节对主要的网格描述方法和数值计算方法进行简单介绍[2, 3]，5.2 节重点介绍在爆炸分离过程分析中常用的典型商业计算软件。

5.1.1　常用网格描述方法

1. 拉格朗日法

拉格朗日法着眼于流体质点，设法描述出每一个流体质点自始至终的运动过程，即质点的位置随时间变化的规律。如果已知每一个流体质点的运动状况，那么整个流体运动的情况也就知道了。因此，拉格朗日坐标也称为物质坐标，每一时刻均随同物质质点运动，多用于固体问题分析。在整个计算过程中，基于拉格朗日网格的数值方法的网格是固定附着于物质上的，并随固定的质量微元运动和变形，因此在物质质点上的所有场变量的整个时间历程都可以很容易地追踪。

基于拉格朗日法的优点是：由于在相关的偏微分方程中不存在迁移项，因此程序在方案设计上会变得相对简单且运行较快；由于只需在求解域内布置网格，求解域外不需要布置，因此计算效率很高；不规则或者复杂的几何形状可以用不规则的网格来处理，能够非常精确地描述物质结构边界的运动。以上这些优点使得拉格朗日方法得到了广泛应用，并且成功用于求解计算固体力学问题。

但是，基于拉格朗日网格的方法难以应用于具有极大网格变形的情况，因为其公式的形式是以网格为基础的，当网格变形太大时，公式的精度和求解都会受到很大影响。另外，时间步长是由最小单元尺寸控制的，若网格太小，则会影响计算的效率，甚至会导致计算失败。

2. 欧拉法

欧拉法着眼于空间点，坐标设在空间中的每一个点上以描述流体运动随时间的变化情况。如果每一点的流体运动都已知，那么整个流体的运动状况也就清楚了。因此，欧拉坐标也称为空间坐标，网格在物质运动过程中不随物质质点运动，多用于流体问题分析。拉格朗日法通过描述质点的位置坐标进而得到速度；欧拉法则是直接描述空间点上流体质点的速度向量。

相对于拉格朗日网格，欧拉网格刚好相反，它是固定在模拟对象所处的空间上，模拟对象在固定网格单元上的运动。因此，在物质流过网格时，所有网格节点和网格单元依然固定在空间上而且不会随时间的变化而改变。通过模拟质量、动量和能量经过网格单元边界的通量，可以计算质量、速度和能量等的分布。在整个计算过程中，网格单元的形状和体积都保持不变。由于欧拉网格在时间和空间上都是固定的，物体的大变形不会引起网格本身的任何变化，因此在以物质流动为主体的计算流体力学领域里，较为广泛地应用欧拉法。

但是，欧拉法也存在自身的缺陷。欧拉法不能用固定网格来追踪物质的运动，所以很难分析物质上固定点的场变量的变化情况，而只能得到空间上固定的欧拉网格的场变量的变化情况；由于欧拉法追踪的是流过网格单元边界的质量、动量和能量的通量，因此自由表面、变形边界和运动物质交界面的位置就很难精确确定；由于欧拉法需要在整个计算区域上都覆盖网格，因此有时为了提高计算效率而使用较粗糙的网格，这样会降低离散化区域的求解精度。

3. 任意拉格朗日-欧拉法

纯拉格朗日和纯欧拉描述都存在严重的缺陷，但也具有各自的优势。如果能将两者有机地结合，充分吸收各自的优势，克服各自的缺点，那么可解决一大批只用纯拉格朗日和纯欧拉描述解决不了的问题。任意拉格朗日-欧拉法就是基于此目的提出的，最初出现在数值模拟流体动力学问题的有限差分方法中。

任意拉格朗日-欧拉法兼具拉格朗日法和欧拉法的优势：①在结构边界运动的处理上引入拉格朗日法的特点，能够有效地跟踪物质结构边界的运动；②在内部网格的划分上吸收欧拉法的长处，使内部网格单元独立于物质实体而存在，但又不完全与欧拉网格相同，网格可以根据定义的参数在求解过程中适当调整位置，以避免出现严重的畸变。纯拉格朗日和纯欧拉描述实际上是任意拉格朗日-欧拉描述的两个特例，即当网格的运动速度等于物体的运动速度时退化为拉格朗日描述，而当网格固定于空间不动时就退化为欧拉描述。

任意拉格朗日-欧拉法最早是为了解决流体动力学问题而引入的，并且使用有限差分法。由于核反应堆结构安全分析的需要，Donea、Belytschko 等分别将任意拉格朗日-欧拉法引入有限元法中，用以求解流体与结构相互作用的问题。Hughes等建立了任意拉格朗日-欧拉描述的运动学理论，并使用有限元法解决了黏性不可压缩流体流动和自由表面流动问题。在任意拉格朗日-欧拉描述中，参考构形是已知的，而初始构形和现时构形都是待求解的。因此，任意拉格朗日-欧拉法尤其适合在初始构形和现时构形都未知的问题中使用，如流固耦合、接触问题等。

5.1.2　常用数值计算方法

基于网格划分的数值方法获得了巨大成功，已经成为工程和科学研究中求解问题的主要数值模拟方法，但仍存在一些缺陷，在解决大变形、裂纹扩展、流固耦合及爆炸冲击等许多复杂问题时受到了限制。问题的描述是基于网格划分的，网格法需要耗费大量的时间和过程来生成较高品质的网格，计算成本高。同时，网格的使用导致网格法难以处理具有自由边界、变形边界、运动交界面及大变形的问题。因此，无网格法被提出并应用于解决不同的问题。无网格法在数值计算中不需要生成网格，而是直接利用分布在求解域中的离散点来构造近似函数离散控制方程，目前应用较多的主要有 SPH 法和物质点法。无网格法不需要网格的初始划分和重构，不仅可以保证计算的精度，而且可以减小计算的难度。然而，无网格法也存在一些固有的缺陷。例如，无网格近似函数一般都很复杂，计算量较大；大多数的无网格近似函数不具有插值特性，因此无网格法本质边界条件的施加比较烦琐；另外，无网格近似函数的物理意义也不如有网格法的守恒定律明晰。下面对主要的数值计算方法进行简单介绍。

1. 有限元法

有限元法是一种用简单问题代替复杂问题后再求解的近似数值方法[4]。

有限元法的基础是变分原理和加权余量法，其基本求解思想是将结构离散化，用有限个容易分析的单元来表示复杂的对象,单元之间通过有限个节点相互连接;单元内,选择一些合适的节点作为求解函数的插值点,将微分方程中的变量改写成由各变量或其导数的节点值与所选用的插值函数组成的线性表达式,借助变分原理或加权余量法,将微分方程离散求解。采用不同的权函数和插值函数形式,便构成不同的有限元法。由于单元的数目是有限的,节点的数目也是有限的,因此称其为有限元法。由于有限元法从物理模型上就开始近似,不用连续介质理论描述流体动力学问题,因此有限元法可看成对近似问题的精确解。

有限元法分析求解问题分为三个阶段:前置处理、计算求解和后置处理。计算求解是核心步骤;前置处理是建立有限元模型,完成单元网格划分;后置处理是采集处理分析结果。其求解问题的基本步骤如下。

(1) 建立积分方程。根据变分原理或方程余量与权函数正交化原理,建立与微分方程初边值问题等价的积分表达式,这是有限元法的出发点。

(2) 求解域单元剖分。根据求解域的形状及实际问题的物理特点,将求解域剖分为有限个互不重叠且相互连接的单元,这是采用有限元法的前期准备工作。求解域单元划分除了对计算单元和节点进行编号和确定相互之间的关系之外,还要表示节点的位置坐标,同时列出自然边界和本质边界的节点序号及相应的边界值。单元越小(网格越细)则离散域的近似程度越好,计算结果也越精确,但计算量增大。因此,求解域的离散化是有限元法的核心技术之一。

(3) 确定单元基函数。根据单元中节点数目及对近似解精度的要求,选择满足一定插值条件的插值函数作为单元基函数。由于有限元法中的基函数是在单元中选取的,为保证问题求解的收敛性,进行单元剖分和选取基函数时需遵循一定的法则。对工程应用而言,应注意每一种单元的解题性能和约束。例如,单元应具有规则的几何形状,畸形时不但精度低,而且有缺秩的危险,将导致无法求解。

(4) 单元分析。将各个单元中的求解函数用单元基函数的线性组合表达式进行逼近;再将近似函数代入积分方程,并对单元区域进行积分,可获得含有待定系数(即单元中各节点的参数值)的代数方程组,称为单元有限元方程(单元矩阵)。

(5) 总装求解。将求解域中所有单元有限元方程按照一定法则进行总装,形成离散域的总体有限元方程(总矩阵)。总装是在相邻单元节点进行的,状态变量及其导数连续性建立在节点处。整个计算域上总体的基函数可看成由每个单元基函数组成,整个计算域内的解可看成由所有单元上的近似解构成。

(6) 边界条件的处理。通常边界条件有三种形式,分别为本质边界条件(Dirichlet边界条件)、自然边界条件(Riemann 边界条件)和混合边界条件(Cauchy 边界条件)。对于自然边界条件,一般在积分表达式中可自动得到满足。对于本质边界条件和混合边界条件,需要按一定法则对总体有限元方程进行修正而满足。

(7) 求解有限元方程组。根据边界条件修正的总体有限元方程组是含所有待定未知量的封闭方程组，采用适当的数值计算方法求解，可求得各单元节点处状态变量的近似值。对于计算结果的质量，将通过与设计准则提供的允许值进行比较来评价，并确定是否需要重复计算。

有限元思想最早可以追溯到几个世纪前，如用多边形(有限个直线单元)逼近圆来求圆的周长。现代有限元法的发展历程可以分为诞生、发展和完善三个阶段。现代有限元法思想的萌芽可追溯到 18 世纪末，Euler 在创立变分法时用与现代有限元类似的方法求解轴力杆的平衡问题，但那时缺乏强大的运算工具来解决计算量大的问题。1941 年，Hrennikoff 首次提出用构架方法求解弹性力学问题，当时称为离散元素法，其仅限于杆系结构来构造离散模型。1943 年，Courant 发表论文《平衡和振动问题的变分解法》，第一次尝试应用定义在三角形区域上的分片连续函数和最小位能原理相结合来求解 St.Venant 扭转问题，标志着有限元法的诞生。在国内，数学家冯康在特定的环境中独立提出了有限元法。1965 年，他发表论文《基于变分原理的差分格式》，标志着有限元法在我国的诞生。在有限元法早期发展阶段，人们得出了有限元法的原始代数表达形式，开始了对单元划分、单元类型选择的研究，并且在解的收敛性研究上取得了很大突破。1960 年，Clough 首次提出了有限元法的概念，标志着有限元法早期发展阶段的结束。有限元法完善阶段的发展表现为：建立了严格的数学和工程学基础；应用范围扩展到了结构力学以外的领域；收敛性得到了进一步研究，形成了系统的误差估计理论；发展起了相应的商业软件包等。

国际上早在 20 世纪 60 年代初就开始投入大量的人力和物力开发有限元分析程序，但真正的 CAE 软件诞生于 70 年代初期，近 20 多年则是 CAE 软件商品化的发展阶段。CAE 开发商为满足市场需求和适应计算机硬、软件技术的迅速发展，在大力推销其软件产品的同时，对软件的功能、性能，用户界面，前、后处理能力，都进行了大幅度的改进和扩充。这就使得目前市场上知名的 CAE 软件在功能、性能、易用性、可靠性及对运行环境的适应性方面基本满足了用户的当前需求，帮助用户解决了成千上万个工程实际问题，同时也为科学技术的发展和工程应用做出了不可磨灭的贡献。目前主流的 CAE 分析软件主要有 ANSYS、MSC. Nastran、ADINA、MSC. Marc、MAGSOFT、COMSOL 等。ANSYS 软件致力于多物理场耦合的分析，能够进行结构、流体、热和电磁场的计算，得到了广泛的应用；MSC.Nastran 软件因为与 NASA 的特殊关系，在航空航天领域具有很高的地位。Nastran 软件最早期主要用于航空航天的线性有限元分析系统，后来兼并了PDA 公司的 PATRAN，又在以冲击、接触为特长的 DYNA3D 的基础上组织开发了 DYTRAN；近来又兼并了非线性分析软件 Marc，成为目前世界上规模最大的有限元分析系统。ADINA 非线性有限元分析软件由著名的有限元专家、麻省理工学院的 Bathe 教授领导开发，其单一系统即可进行结构、流体、热力学的耦合计算，并同时具有隐式和显式两种时间积分算法。由于其在非线性求解、流固耦合分析等方面的强大功能，现已成为非线性分析计算的首选软件。

2. 有限差分法

有限差分法是计算机数值模拟最早采用的方法，是一种直接将微分问题转化为代数问题的近似数值解法[5]。

有限差分法的基本思想是：首先将求解域划分为差分网格，用有限个网格节点代替连续的求解域；然后把连续求解域上的连续变量函数用定义于网格上的离散变量函数来近似，把原方程和定解条件中的微商用差商来近似，积分用求和来近似，从而建立以网格节点上的值为未知数的代数方程组(有限差分方程组)来近似地代替原微分方程和定解条件；接着求解差分方程组，就可以得到原问题在离散点上的近似解；最后利用插值方法从离散解得到定解问题在整个区域上的近似解。有限差分法首先把基本的物理关系演算成微分方程形式，然后用相应的差分算子系统地代替导数，形成可采用标准方法进行数值求解的代数方程组。因此，有限差分法可看成精确算题的近似解法。在微分方程代数化过程中，差分代替微分是最关键的一步。有限差分法数学概念直观、表达简单，是发展较早且比较成熟的数值方法，较多用于求解双曲型问题和抛物型问题(发展型问题)。

有限差分法和有限元法的共同特点是把因变量的空间分量和时间分量局部分离开来，使得空间和时间网格能分别处理。在很多情况下，有限元法的运动方程离散形式与有限差分法的运动方程离散形式是相同的，即两种方法之间没有根本的数学差异，因此它们在数值计算中具有相同的精度。有限差分法和有限元法的主要差别不在于这两种方法本身，而在于实现这两种方法的计算机程序的数据处理过程。有限元程序在处理不规则几何形状和网格尺寸及类型的变化方面具有明显的优势。这是因为在有限元法中，运动方程是通过每一个单元的节点力列出的，而与相邻网格的形状无关。但在有限差分法中，运动方程是直接通过相邻网格的压力梯度表示的，对于不规则区域或边界，必须分别建立差分方程。另外，两种方法在网格的编号方面也有所不同。有限差分程序中，网格间的连通性信息隐含在网格的规律性中；在有限元程序中，网格的连通性显性地被存储，因此复杂网格系统能自动生成。

3. 边界元法

边界元法是把边值问题等价地转化为边界积分方程问题，再利用有限元离散技术构造出的一种较精确有效的工程数值分析方法。边界元法的工程应用起始于弹性力学，目前已经应用到流体力学、热力学、电磁学、土木工程等诸多领域，并已从线性、静态问题延拓到非线性、时变问题的研究范畴[6]。

边界元法的基本思想是根据 Green 定理，将求解区域内的控制方程转换为求解区域边界上的积分方程，通过将边界剖分成若干个小单元，把边界积分方程离散成一个代数方程组；求解连续体区域得到边界上的场量或源量，进而求得体区域内的场。与有限元法在连续体域内划分单元的思想不同，边界元法是在定义域的边界上划分单元，用满足控制方程的函数逼近边界条件，通过对边界单元插值离散化为代数方程组，将求解微分方程的问题转换成求解关于节点未知量的代数方程问题。

与有限元法相比，边界元法具有以下主要特点：①降低问题求解的维数。边界元法将求解域的边值问题通过包围求解域边界面上的边界积分方程来表示，从而降低了问题求解的空间维数。例如，三维问题可利用边界的表面积分降为二维问题，而二维问题可利用边界的线积分降为一维问题。因此，有限元离散仅针对二维曲面单元或一维曲线单元，使方法的构造大为简化。②方程组阶数降低，输入数据量减少。边界元法只需将边界离散而无须将求解区域离散化，所划分的单元数目远小于有限元法，且待求量仅限于边界节点，不但简化了问题的前处理过程，而且大幅降低了待求离散方程组的阶数。③易于处理无限域(开域)问题。边界元法直接建立在问题微分控制方程和边界条件上，只对有限场域或无限场域的有限边界进行离散化处理并求解，因此边界元法可以求解经典区域法无法求解的无限域类问题。④计算精度高。边界元法利用微分算子的解析基本解作为边界积分方程的核函数，具有解析与数值相结合的特点，因而具有较高的精度。边界元法的主要缺点是它的应用范围以存在相应微分算子的基本解为前提，对于非均匀介质等问题难以应用，故其适用范围远不如有限元法广泛，而且通常由它建立的求解代数方程组的系数阵是非对称满阵，对解题规模产生较大限制。

4. 离散元法

离散元法是一种建立在经典力学基本运动定律基础上，研究离散单元之间相互作用及其运动变化规律的数值模拟方法，最早为解决岩石等非连续介质的力学行为而发展，后来推广到连续介质力学领域[7]。

离散元法的基本思想是：把不连续体分离成刚性元素的集合，每个元素均满足运动方程，用时步迭代的方法求解各刚性元素的运动方程，继而求得不连续体的整体运动形态。离散元法的单元从几何形状上可分为块体元和颗粒元两大类，块体元常用的有四面体元和六面体元，颗粒元主要采用球体元。离散单元本身一般为刚体，单元间的相对位移等变形行为由连接于节点间的变形元件来实现。变形元件主要有弹簧、黏壶(阻尼)、摩擦元件等，连接形式具有不同的物理性质。

离散元法的基本假定为：①单元为理想刚体。单元的运动只是空间位置的平移和绕形心的转动，单元的几何形状不会因为单元间的挤压力作用而改变；②单元之间的连接是靠相互接触实现的，接触作用力由节理面的刚度、接触点的相对位移及相关阻尼力确定；③由于计算时间步长取得足够小，单元的速度和加速度在一个时间步内为常量，并且单元在一个时间步内只能以很小的位移与其相邻单元作用，其作用力也只能传递到其相邻的单元，而不能更远。离散元法中单元间的相对运动不一定要满足位移连续和变形协调关系，计算速度快，所需存储空间小，尤其适合求解大位移和非线性动力学问题。

5. 光滑粒子流体动力学法

SPH 法是一种纯拉格朗日的、具有无网格和自适应属性的流体动力学求解方法，最早用于天体物理现象的模拟，随后被广泛应用于连续固体力学和流体力学中[8]。

SPH 法是把连续的物理量用一系列粒子质点的集合来插值的数值解析方法，其理论基础来源于粒子方法，核心是核函数。SPH 法通过一系列粒子(或节点)的核函数估值将流体力学基本方程组转换成计算用的公式，由于所有力学量由这些粒子负载，因此积分方程通过一系列离散点的求和得以估值。核函数可以理解为一种在一定光滑长度范围内其他邻近粒子对所研究粒子影响程度的权函数。在SPH法中，任一宏观变量(如速度、压力等)及其梯度都能通过一组无序质点的核函数插值集合来表示，进而可将控制方程组表示成 SPH 形式。

6. 物质点法

物质点法是一种采用拉格朗日质点和欧拉背景网格双重描述的、非常适合于分析涉及大变形和接触问题的数值计算方法[9]。

物质点法的基本思想是：将一个连续体离散成具有集中质量的物质点集合，这些物质点被置于固定的背景网格单元中。在整个计算过程中，依赖质点来跟踪连续体变形、移动和破坏全部过程，所有的计算信息(如质量、位移、速度、应力、应变、内能和温度等)均通过这些离散的物质点来表达。物质点法中包含两种坐标系：一是定义物质点的拉格朗日坐标，二是定义背景网格的欧拉坐标，一般选择显式时间积分求解。作为定义计算区域的背景网格始终固定不变，背景网格与物质点通过形函数经过两次映射计算完成应力应变的更新。物质点法发挥了拉格朗日法和欧拉法的各自优点，克服了各自缺点，在冲击、接触等涉及大变形和破坏的问题中具有明显优势。

5.2　爆炸分离过程数值仿真常用软件及分析示例

数值仿真是爆炸冲击领域必不可少的研究手段。20 世纪 70 年代，研究人员敏锐地察觉到数值模拟的重要性和必要性，相继，进行软件研发。大型通用软件具有功能强、效率高、使用方便、计算结果可靠等特点，成为工程分析强有力的工具。目前，在爆炸冲击动力学领域应用较为广泛的典型商业有限元软件有 LS-DYNA、AUTODYN、ABAQUS、MSC.Nastran、MSC.Marc 等[10]。本节首先简要介绍 AUTODYN 软件和 ABAQUS 软件的情况，然后重点介绍在爆炸分离过程研究中应用较多的 LS-DYNA 软件、MSC.Nastran 软件和 MSC.Marc软件。

5.2.1　AUTODYN 软件和 ABAQUS 软件

1. AUTODYN 软件

AUTODYN 是美国 Century Dynamics 公司研制开发的一款高度非线性显式有限元分析程序，2005 年被 ANSYS 公司收购，现已融入 ANSYS 的协同仿真平台。AUTODYN 软件从开发至今一直致力于军工行业的产品设计与优化，已成为国际上爆炸力学、高速冲击碰撞领域著名的数值模拟软件之一，占据国际军工行业应用的主要市场。AUTODYN 软件是一种多用途型工程软件包，主要采用有限差分、有限体积和有限元技术来解决固体、流体、气体及其相互作用的高度非线性动力学问题。AUTODYN 软件包括几种不同的数值技术及广泛的材料模型，从而为解决非线性动态问题提供了一个功能强大的系统。为了保证最高的效率，AUTODYN软件采取了高度集成环境架构，集成了前处理、后处理和分析模块。AUTODYN软件可用于数值模拟各类冲击响应、高速/超高速碰撞、爆炸及其作用问题，广泛应用于工业、科研及教育部门，尤其在国防领域特色突出。

2. ABAQUS 软件

ABAQUS 是一套功能强大的工程计算有限元软件，不但可以完成单一零件的力学分析和多物理场分析，而且可以开展系统级的分析，ABAQUS 软件系统级分析的特点相对于其他分析软件来说是独一无二的。ABAQUS 软件包括一个丰富的、可模拟任意几何形状的单元库，并拥有各种类型的材料模型库，可以模拟典型工程材料的性能，其中包括金属、橡胶、高分子材料、复合材料、钢筋混凝土、可压缩超弹性泡沫材料及土壤和岩石等地质材料。作为通用的数值模拟工具，ABAQUS 软件除了能解决大量结构(应力/位移)问题，还可以模拟其他工程领域的许多问题,如热传导、质量扩散、热电耦合分析、声学分析、岩土力学分析(流体渗透/应力耦合分析)及压电介质分析等。ABAQUS 软件有两个主要分析模块——ABAQUS/Standard 和 ABAQUS/Explicit。ABAQUS/Standard 提供了通用的分析能力,如应力和变形、热交换、质量传递等;ABAQUS/Explicit 应用对时间的显式积分求解,为处理复杂接触问题提供了有力的工具,适用于分析短暂、瞬时的动态事件。ABAQUS 软件优秀的分析能力和模拟复杂系统的可靠性能使得其在科学研究和工程中被广泛采用。

5.2.2　LS-DYNA 软件

LS-DYNA 是一个显式非线性动力分析有限元程序,最初称为 DYNA 程序,由 Hallquist 于 1976 年在美国 Lawrence Livermore 国家实验室主持开发完成,当时的主要目的是为北约的武器结构设计提供分析工具。1988 年,Hallquist 创建 LSTC 公司,并更名为 LS-DYNA。由于 LS-DYNA 程序具有强大的数值模拟功能,自创立以来就受到美国能源部的大力资助。后来经过多次扩充和改进,LS-DYNA 的前后处理能力和通用性极大增强,计算功能也更为强大,目前在全世界范围内得到了广泛应用。

LS-DYNA 是一款功能齐全的几何非线性(大位移、大转动和大应变)、材料非线性(140 多种材料本构模型)和接触非线性(50 多种)软件。它以拉格朗日法为主,兼有任意拉格朗日-欧拉法和欧拉法;以显式求解为主,兼有隐式求解功能;以结构分析为主,兼有热分析、流体-结构耦合功能;以非线性动力分析为主,兼有静力分析功能;是通用的结构分析非线性有限元程序。

LS-DYNA 在模拟高速冲击、射流和爆炸等问题方面提供了高效、精确的解决方案。在航空航天领域中,飞机、航天器等飞行器的机身有大量的连接结构,如铆接、焊接、黏接等,这些结构的处理是总体分析中极为重要但又难以处理的问题,LS-DYNA 为机身在振动、冲击等作用下的动力分析提供了有效手段。一方面,软件本身提供了铆接、焊接、黏接等各种功能;另一方面,显式求解方法在振动等瞬态分析中容易处理连接、接触等问题。LS-DYNA 提供的任意拉格朗日-欧拉法和 SPH 法非常适合进行高速冲击的研究。大型的各类材料本构模型库及相应的失效模式等多个选项构成了许多航空航天领域有限元模拟必需的元素。这些特性可以用于火箭的分离过程模拟、结构优化设计、鸟撞计算和事故分析等。

下面介绍 LS-DYNA 软件中的一些基本概念和应用算例[11]。

1. 基本概念

1) 关键字

LS-DYNA 通过调用关键字文件实现计算输入,其中主要的关键字有以下几种。

　　*NODE：节点，给出节点的 x、y、z 坐标值。

　　*ELEMENT：单元，给出每个单元所属的体编号和所包含的节点坐标。

　　*PART：体，给出每一个体的属性，如单元类型、材料力学本构、状态方程、热本构、沙漏模式等。

　　*SECTION_OPTION：单元类型，选择体单元、壳单元、梁单元等不同的单元类型。

　　*MAT_OPTION：材料，描述材料的属性，选择不同的材料模型。

　　*EOS_OPTION：状态方程，描述材料压力与体积之间的关系。

　　*HOURGLASS：沙漏类型，为避免计算中单点中心高斯积分算法带来的单元畸变，引入与沙漏模态变形方向相反的沙漏黏性阻尼力来控制沙漏模态。

　　*CONTACT：定义体之间的接触方式及接触参数。

　　*INITIAL_DETONATION：定义起爆点及起爆时间。

　　*BOUNDARY_SPC_SET：定义边界条件。

　　*CONTROL_OPTION：计算过程控制，如计算总时间、步长、任意拉格朗日-欧拉耦合等。

　　LS-DYNA 软件的关键字文件中，单元、节点等均拥有唯一的编号(ID)，各个组分之间的联系也是通过 ID 编号来实现的。

　　拥有 ID 编号的包括：节点与节点组(*NODE、*SET_NODE)、单元类型(*SECTION_OPTION、OPTION=SOLID、SHELL、TSHELL、BEAM、SPH、DISCRETE、SEATBELT)、材料类型与参数(*MAT_OPTION)、PART 与 PART 组(*PART、*SET_PART)、SEGMENT(*SET_SEGMENT)、盒子(*DEFINE_BOX)、曲线(*DEFINE_CURVE)、状态方程(*EOS_OPTION)及沙漏类型(*HOURGLASS)等。

　　2) 坐标系统

　　在 ANSYS 中，存在多种坐标系统，如直角坐标、圆柱坐标、球面坐标等，但是 LS-DYNA 中仅有直角坐标系统。

　　3) 单位制

　　LS-DYNA 在计算过程中并没有特殊的单位制限制，但是在使用 LS-DYNA 软件进行计算时要求不同物理量的单位之间必须协调或者单位制要统一，即基本物理量的单位和由其导出的其他物理量的单位必须统一。

　　一般计算爆炸冲击动力学问题时采用 cm-g-μs 单位制，表 5.1 列出了 cm-g-μs 单位制下的一些常用物理量的单位。需要说明的是，LS-DYNA 在进行接触力的计算和显示时，Pressure 指的是压强(Pa)，Interface Force 指的是力(N)。

表 5.1　cm-g-μs 单位制

物理量	基本量			导出量				
	长度	质量	时间	力	应力	密度	加速度	速度
单位	cm	g	μs	10^7N	10^{11}Pa	g/cm^3	10^{10}m/s^2	10^4m/s

4) 用户定义后处理输出文件

在 LS-DYNA 求解过程中，系统将自动输出一系列后处理文件，如 Message、d3plot、d3dump、d3hsp 文件等。只要计算过程中不出现异常错误，这些文件将全部出现在工作目录中，计算过程中的信息都会储存在这些文件中。除此之外，用户还可以通过自定义方式输出各种计算结果信息。例如，使用关键字*DATABASE_RCFORC 输出节点力文件 RCFORC，该文件内容可以直接使用文本编辑器查看，也可以通过 LS-PREPOST 后处理软件绘制曲线图。表 5.2 列出了用户经常使用的自定义后处理输出文本文件输出。

表 5.2　常用的用户自定义后处理输出文本文件

关键字定义方式	文件名称	备注
*DATABASE_NODOUT	NODOUT	输出节点的变形、速度、加速度等计算结果信息
*DATABASE_ELOUT	ELOUT	输出单元计算结果，如应力、应变等
*DATABASE_NCFORC	NCFORC	输出节点界面力
*DATABASE_RCFORC	RCFORC	输出合成界面力，可获得冲击力合力
*DATABASE_NODFOR	NODFOR	通过定义节点组输出部分节点的节点力
*DATABASE_MATSUM	MATSUM	输出与材料相关的信息，如动能、内能等
*DATABASE_SPCFORC	SPCFORC	输出单点约束反作用力，可获得反作用力和力矩
*DATABASE_RWFORC	RWFORC	输出刚性墙力
*DATABASE_SWFORC	SWFORC	输出节点约束反作用力(点焊和铆钉，合成力)
*DATABASE_DEFORC	DEFORC	输出离散单元作用力信息
*DATABASE_BNDOUT	BNDOUT	输出边界力及能量
*DATABASE_GCEOUT	GCEOUT	输出几何接触实体作用力，可获得接触力和力矩
*DATABASE_SECFORC	SECFORC	输出 cross 类型(如点焊)的力
*DATABASE_GLSTAT	GLSTAT	输出模型整体信息，如动能、势能、沙漏能、阻尼能等计算结果
*DATABASE_ABSTAT	ABSTAT	输出与安全气囊相关的计算结果，如体积、压力、质量、密度等(仅在安全气囊分析时使用)

2. 基于 LS_DYNA 软件的爆炸分离过程分析

1) 前处理——建立有限元模型

爆炸分离过程涉及爆轰产物与分离板及保护罩的作用过程，是一个典型的流固耦合过程。采用 Hypermesh 或者 ANSYS 建立有限元模型，计算方法采用流固耦合算法。

有限元计算模型中，分离板、保护罩和连接螺栓采用拉格朗日网格，柔爆索(炸药、铅层、包覆层)及空气采用欧拉网格，拉格朗日网格与欧拉网格耦合部分的单元尺寸是匹配的。各材料网格之间采用共节点处理，如图 5.1(a)所示。为节约计算资源，非耦合部分的拉格朗日单元可以通过过渡逐步放大。由于结构具有对称性，为简化模型使其便于运算，只对两个螺钉的中间部分结构进行建模。沿柔爆索方向的长度取 55mm，建立的有限元模型拉格朗日网格部分如图 5.1 所示。一般采用六面体实体单元划分网格，其中拉格朗日网格部分包含 159696 个单元，欧拉网格部分包含 176048 个单元。

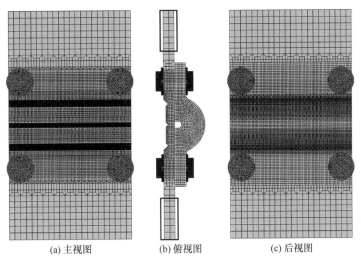

(a) 主视图　　　　　　(b) 俯视图　　　　　　(c) 后视图

图 5.1　典型分离结构数值仿真有限元模型拉格朗日网格部分

计算截止时间设置为 110μs，空气场体积为 20mm × 24mm × 55mm。在此计算时间和欧拉场区域设置下，能够保证分离碎片获得稳定速度。

2) 计算参数设置

数值模型中采用传统材料模型及失效判据进行计算，材料参数如表 5.3 和表 5.4 所示，表中未列出的参数取系统默认值，无默认值时取 0。

表 5.3   爆炸分离过程数值仿真材料模型及输入参数

部件	材料模型	输入参数
RDX	*MAT_HIGH_EXPLOSIVE_BURN	ρ_0=1.42g/cm³, D=7147m/s, $P_{\rm CJ}$=21.42GPa
铅层	*MAT_NULL	$\rho_{\rm Pb}$=11.06g/cm³
空气	*MAT_NULL	$\rho_{\rm Air}$=1.29×10⁻³g/cm³
分离板 (ZL205A)	*MAT_ELASTIC_PLASTIC_HYDRO_SPALL	$\rho_{\rm Al}$=2.785g/cm³, G=27.7GPa, $\sigma_{\rm y}$=332.1MPa $E_{\rm h}$=910MPa, $\varepsilon_{\rm f}$=0.125
保护罩 (6061-T6)	*MAT_ELASTIC_PLASTIC_HYDRO_SPALL	$\rho_{\rm Al}$=2.80g/cm³, G=26.5GPa, $\sigma_{\rm y}$=307MPa, $E_{\rm h}$=0
螺钉	*MAT_ELASTIC	$\rho_{\rm Fe}$=7.9g/cm³, E=215GPa, ν=0.3

表 5.4   爆炸分离过程数值仿真材料状态模型及输入参数

部件	状态方程模型	输入参数
RDX	*EOS_JWL $$P = A\left(1-\frac{\omega}{R_1 V}\right)e^{-R_1 V} + B\left(1-\frac{\omega}{R_2 V}\right)e^{-R_2 V} + \frac{\omega E}{V}$$	A=611.3GPa, B=10.65GPa R_1=4.4, R_2=1.2, ω=0.32 E_0=8.9GPa, V_0=1.0
铅层	*EOS_GRUNEISEN $$P = \frac{\rho_0 C^2 \mu\left[1+\left(1-\frac{\gamma_0}{2}\right)\mu - \frac{a}{2}\mu^2\right]}{\left[1-(S_1-1)\mu - S_2\frac{\mu^2}{\mu+1} - S_3\frac{\mu^3}{(\mu+1)^2}\right]^2} + (\gamma_0 + a\mu)E$$	C=2092m/s, S_1=1.452 S_2=S_3=0, $\mu = \dfrac{\rho}{\rho_0}-1$ γ_0=2.00, a=0.54
空气	*EOS_LINEAR_POLYNOMIAL $$P = C_0 + C_1\mu + C_2\mu^2 + C_3\mu^3 + (C_4 + C_5\mu + C_6\mu^2)E$$	C_0=C_1=C_2=C_3=0 C_4=0.4, C_5=0.4 E_0=2.5×10⁻⁴GPa, V_0=1.0
分离板 (ZL205A)	*EOS_GRUNEISEN	C=4080 m/s, S_1=1.86 γ_0=2.772
保护罩 (6061-T6)	*EOS_GRUNEISEN	C=4972 m/s, S_1=2.58 γ_0=2.17

分离板材料 ZL205A 和保护罩材料 6061-T6 的材料参数均来自动态性能实验结果，详见 3.2 节。其中，6061-T6 作为理想塑性材料处理；ZL205A 的失效判据采用应变失效准则，即当有限单元的等效应变 $\varepsilon_{\rm f}$ 达到 0.125 时，单元失效并被删除。

3) 计算结果分析

通过数值仿真，可以对爆炸分离过程的细节进行观察。爆炸分离过程中几个特征时刻的构件形态仿真结果如图 5.2 所示。将柔爆索开始起爆的时刻取为 $t = 0$；$t = 8\mu s$ 时主削弱槽已经部分断开，如图 5.2(a)所示；随着碎片翻转，止裂槽逐渐断开，直到 $t = 26\mu s$ 时刻完全断裂，主削弱槽部分也形成了一枚很小的碎片，如图 5.2(b)所示；$t = 56\mu s$ 时刻，碎片已经飞出一定距离，如图 5.2(c)所示。

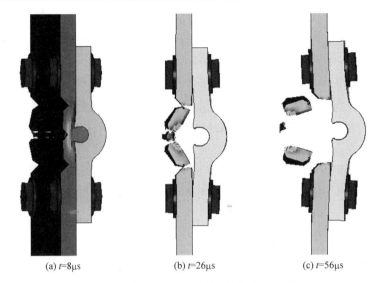

　　　(a) $t=8\mu s$　　　　　　　(b) $t=26\mu s$　　　　　　　(c) $t=56\mu s$

图 5.2　爆炸分离过程中的几个特征时刻

　　爆炸分离过程数值仿真结果与试验结果比较如图 5.3 所示。可以看出，数值仿真结果符合实际情况，计算得到的装置宏观形貌与试验结果吻合较好。通过数值仿真还可以对爆炸分离装置特征单元的速度历史、能量分配、碎片速度等进行定量分析，为爆炸分离装置的设计优化提供数据支撑。

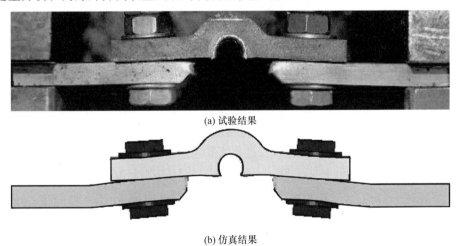

(a) 试验结果

(b) 仿真结果

图 5.3　爆炸分离过程数值仿真结果与试验结果比较

5.2.3　MSC.Nastran 软件

　　Nastran 软件[12]是 20 世纪 60 年代 NASA 为了满足当时航空航天工业对结构分析的迫切需求而开发的一套用于替代试验的有限元仿真程序。MSC.Nastran 是一款具有高度可靠性的结构有限元分析软件，其整个研制及测试过程是在美国国防部、国家宇航局、联邦航空管理委员会及核能委员会等有关机构的严格控制下完成的。与其他质量规范相比，MSC.Nastran 的计算结果已成为最高质量标准，得到了学术界和工业界的一致认可，众多重视产品质量的大公司和工业行业都将MSC. Nastran 的计算结果作为标准代替其他质量规范。因此，MSC.Nastran 的输入输出格式及计算结果已成为当今 CAE 界的工业标准。

作为世界 CAE 工业标准及最流行的大型通用结构有限元分析软件，MSC.Nastran 的分析功能覆盖了绝大多数工程应用领域，并为用户提供了方便的模块化功能选项。MSC.Nastran 的主要功能模块有基本分析模块(含静力、屈曲、热应力、流固耦合及数据库管理等)、动力学分析模块、热传导分析模块、非线性分析模块、设计灵敏度及优化分析模块、多级超单元分析模块、气动弹性及颤振分析模块、DMAP(direct matrix abstraction program)用户开发工具模块及高级对称分析模块。除模块化外，MSC.Nastran 还按解题规模分成 10000 个节点到无限节点，用户引进时可根据自身的经费状况和功能需求灵活地选择不同的模块和不同的解题规模，以最小的经济投入取得最大的效益。

1. 基本概念

1) Nastran 输入文件

Nastran 的求解过程是先产生输入文件，然后将输入文件提交给 Nastran 进行计算，计算结束后查看结果。输入文件包含节点、单元、载荷、约束、工况和执行控制等信息。输入文件可以手工产生，也可以采用专门的前处理软件生成，如MSC.Patran、ANSYS、ABAQUS 等均可生成 Nastran 的输入文件，其中 MSC.Patran是 MSC 公司针对 Nastran 开发的专用前后处理软件，可以涵盖 Nastran 的绝大多数功能模块。对于简单模型，通常可以采用手工方法创建输入文件；对于复杂模型，通常只能用专门前处理软件来创建输入文件，但是通常也需要手工修改输入文件。因此，熟悉 Nastran 的输入文件格式和语法至关重要。Nastran 的输入文件通常称为 bdf(Bulk Data File)文件，一般以.bdf、.dat 或.blk 为扩展名。

Nastran 的输入文件通常由五部分组成，如图 5.4 所示。

(1) Nastran Statements：Nastran 的命令和求解过程参数设置部分(可选，即在输入文件中可以不包含这一部分，直接使用 Nastran 的默认值)。在这一部分可以修改 Nastran 一些操作的默认值(称为 System Cell)，还可以设置分配给 Nastran 的内存大小及数据块的参数和大小等。

(2) File Management Statements：文件管理部分(可选)。其作用是初始化数据库文件和 FORTRAN 的文件，包括设置文件的名称、文件的大小、FORTRAN 的单位数和 FORTRAN 属性等。

```
┌─────────────────────────────────┐
│      Nastran Statements          │
│      (Nastran 命令部分)           │
└─────────────────────────────────┘

┌─────────────────────────────────┐
│    File Management Statements     │
│       (文件管理部分)              │
└─────────────────────────────────┘

┌─────────────────────────────────┐
│   Executive Control Statements    │
│       (执行控制部分)              │
└─────────────────────────────────┘
CEND
┌─────────────────────────────────┐
│     Case Control Commands         │
│       (工况控制部分)              │
└─────────────────────────────────┘
BEGIN BULK
┌─────────────────────────────────┐
│       Bulk Data Entries           │
│     (有限元模型构成部分)          │
└─────────────────────────────────┘
ENDDATA
```

图 5.4　Nastran 输入文件的构成

(3) Executive Control Statements：执行控制部分(必选)。在这一部分中设置求解表示(ID)、分析求解的类型(SOL)、求解的时间(Time)及设置诊断信息等。

(4) CEND：分隔符(必选)，表示执行控制部分的结束。

(5) Case Control Commands：工况控制部分(必选)。在这一部分中设置载荷和约束工况、输出结果的类型及分析工况的名称和子名称等。

(6) BEGIN BULK：开始建立有限元模型(必选)。

(7) Bulk Data Entries：有限元模型的构成部分，包括有限元的节点、单元、材料、单元属性、载荷和约束等。

(8) ENDDATA：整个输入文件的结束(必选)。

2) Nastran 输出文件

Nastran 输出文件类型如表 5.5 所示，其中后缀名为 f06、f04、log、DBALL、MASTER 的文件是系统自动产生的文件，后缀名为 plt、pch、op2 和 xdb 的文件需要在输入文件中指定需要保存的输出结果文件。

2. 基于 Nastran 软件的航天结构强度分析方法

航天结构一般具有形状复杂、载荷工况严酷等特征，传统的解析方法几乎无法对其进行强度分析，而 MSC.Nastran 等商业有限元软件的蓬勃发展，为复杂航天结构的静动力学强度分析提供了便捷之路。下面以 MSC.Nastran 为例，简单介绍基于商业有限元软件的航天结构静动力学分析的主要步骤。一般来说，基于商业有限元软件的结构分析流程为模型简化及初步分析、有限元建模、网格规模无关性检验、材料参数及单元属性设置、载荷及边界条件设置、分析类型选择并提交计算、计算结果正确性评估、结构强度校核，如图 5.5 所示。

表 5.5　Nastran 输出文件类型

文件扩展名	文件格式	功能描述
f06	文本文件	包含求解信息、输入文件信息及应力和位移等信息的主输出文件，可以将计算结果输入该文件中
f04	文本文件	包含磁盘利用情况、模块使用时间等信息
log	文本文件	日志信息文件，包含 Nastran 启动时授权信息、命令执行信息等
DBALL	二进制文件	数据块文件，包含输入文件的信息、总装配矩阵、已经求解信息等，重新启动计算或者输出结果时，可以直接利用这个文件中的信息
MASTER	二进制文件	重新启动计算时，该文件中包含所需文件的目录位置
plt	二进制文件	包含输入文件中打印命令产生的信息
pch	文本文件	结果文件，即通常所说的 PUNCH 文件，该文件是文本文件，有固定的格式，其他软件可以通过该文件直接读取 Nastran 的计算结果
op2	二进制文件	计算结果文件，即通常所说的 OUTPUT2 文件，该文件可以用于后处理
xdb	二进制文件	计算结果文件，该文件可以用于后处理

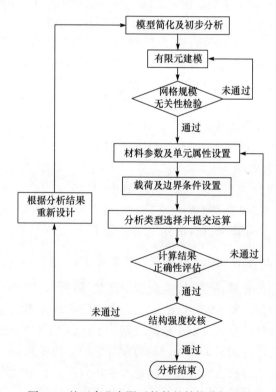

图 5.5　基于商业有限元软件的结构分析流程

1) 模型简化及初步分析

首先，仔细分析航天结构的几何特征、材料属性及载荷特点，利用力学常识初步判断结构响应的大致分布，确定应力集中区域。当几何形状、材料和载荷以及边界条件同时满足对称性时，可利用对称性对其进行初步简化，这样可以大大减少计算量，提高分析效率。

然后，在不改变结构响应整体分布的前提下，根据强度分析目的，抓住主要矛盾，忽略次要矛盾，对非关注区域进行合理简化，如一般可忽略装配螺纹孔等局部区域的影响。

最后，根据材料特征、载荷特点及分析目的，初步确定分析类型，选择合适的商业有限元软件。例如，对于一般的线静动力学分析，各种商业有限元软件均可满足计算要求；对于复杂结构的动力学分析，MSC.Nastran 求解效率较高；对于瞬态冲击问题，MSC.Dytran 和 ANSYS 模拟效果较好；对于典型的非线性问题，MSC.Marc 和 ABAQUS 收敛性更好一些。

2) 有限元建模及网格规模无关性检验

根据模型简化结果，选择合适的单元类型，建立结构的有限元模型。根据几何结构的特点，合理选用梁单元、板壳单元及三维实体单元等对实际结构进行模拟。在进行网格划分之前，需要根据模型的尺寸和分析类型，初步确定有限元单元数的规模及单元的尺寸。一般来说，网格越密，计算精度越高，计算时间也越长，但并不是网格越密越好。当网格规模达到一定数量时，继续加密网格会导致计算量陡增但计算精度提高有限，如图 5.6 所示。

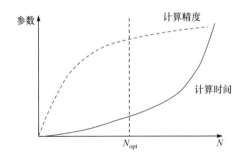

图 5.6　有限元网格规模与计算精度和计算时间的关系

建模时要特别注意，应力集中部位需要加密网格。特别地，对于含缺陷结构，采用常规单元进行分析时，对缺陷部位要精细建模，并进行网格加密，以提高计算精度。对于一些连接部位，可以考虑多点约束，如 Nastran 提供了 RBE2 和 RBE3 多点约束单元。

有限元模型建立后，需要进行网格规模无关性检验，即验证有限元单元数目对计算结果的影响。通常采用的方法是，将网格规模加密一倍，比较计算结果的差异，当计算误差满足精度要求时，停止加密网格。在进行网格规模无关性检验时，可将结构的材料简化为线弹性材料，选择一种典型载荷工况进行分析计算。

3) 材料参数及单元属性设置

梳理结构中材料的种类和类型，逐个设置材料参数，并将其与几何结构相关联。对于非三维单元，还需要对单元的截面或厚度进行属性设置。

分析的目的和材料特性不同，需要的材料参数种类也不同。例如，对于静力分析，线弹性材料只需要输入两个独立的材料参数；动力学分析还需要输入材料密度等参数。

4) 载荷及边界条件设置

固体力学的边界条件可以分为力边界条件、位移边界条件及混合边界条件。软件将边界上的力作为载荷处理，因此可主要考虑位移边界条件。此外，结构的位移包括与变形无关的刚体位移及因变形而产生的位移，因此需要约束结构的刚体位移，确保结构不发生刚体运动，才能计算其位移、应力和应变。特别需要说明的是，对于对称问题，还需要在对称面上施加人工边界条件。

根据结构的实际受力情况，按照载荷类别，逐个添加载荷到结构上的对应部位。当所分析的载荷历程比较复杂时，还需要设置不同的载荷工况和分析步。

5) 分析类型选择并提交计算

商业有限元软件提供了静力学分析、模态分析、瞬态响应分析、频率响应分析、屈曲分析等多种分析类型，应根据需要和实际受力情况，选择合适的分析类型。当所有前处理工作处理完毕后，就可以提交求解器进行分析计算。

6) 结果后处理

如果前处理各个环节设置合理，一般来说，求解器是可以计算出结果的。分析计算完毕后，可以对计算结果进行后处理。后处理前，首先利用由力学常识得到的定性分析结果对软件计算结果进行初步验证，判断分析结果的合理性；然后根据需要对计算结果进行定量分析；最后根据材料及载荷特点，基于强度理论对计算结果进行评估，若不满足要求，则需要对计算过程进行重新设计。

5.2.4　MSC.Marc 软件

Marc 公司始创于 1971 年，全称为 Marc Analysis Research Corporation，总部设在美国加利福尼亚州的 Palo Alto，是全球首家非线性有限元软件公司。Marc 公司的创始人为美国布朗大学应用力学系教授、有限元分析的先驱 Pedro Marcal。经过四十多年的发展，Marc 软件得到了学术界和工业界的大力推崇和广泛应用，建立了它在全球非线性有限元软件行业领导者的地位。1999 年 6 月，Marc 公司被 MSC 公司收购，更名为 MSC.Marc。

MSC.Marc 具有常规有限元软件的所有功能,可以处理各种静力学、动力学(模态、瞬态响应分析，频率响应、谱响应分析等）、温度场分析及其他多物理场耦合问题。除此之外，MSC.Marc 具有处理非线性问题的超强能力，包括几何非线性、材料非线性、含接触问题在内的边界条件非线性等问题。材料非线性分析方面，MSC.Marc 可以定义和分析塑性、蠕变、黏塑性、黏弹性、超弹性、刚塑性、复合材料等问题。MSC.Marc 可以解决的几何非线性问题包括大应变、大变形、大转动、跟随力、应力强化、屈曲等，这些问题的典型特征为结构位移显著地改变了其刚度。MSC.Marc 在同类软件中被公认为接触分析能力最强，可提供基于直接约束的接触算法，可自动分析变形体之间、变形体与刚体之间及变形体自身的接触。MSC.Marc 拥有高数值稳定性、高精度和快速收敛的非线性求解技术。MSC.Marc 卓越的网格自适应技术既保证了计算精度，同时也使非线性分析的计算效率大大提高。

1. MSC.Marc 的输入输出文件

MSC.Marc 是先进的非线性分析求解器，它的前后处理包括 MSC 公司的 MSC.Mentat 和 MSC.Patran，市场上通用的其他 CAE 前后处理器也可以生成 MSC.Marc 的数据文件(扩展名为 dat)。

Mentat 和 Patran 作为 MSC.Marc 的典型前后处理器，建模完成提交分析后可自动生成 Marc 的输入数据文件(*.dat)，Marc 在后台完成分析任务的计算后会自动生成可供 Mentat 或 Patran 进行后处理的扩展名为 t16 或 t19 的结果文件，如表 5.6 所示。

表 5.6　Marc 输入输出文件

文件扩展名	功能描述
dat	Marc 输入数据文件，包含模型信息、参数信息、分析控制参数等，可由 Mentat 或 Patran 生成，也可按照卡片数据说明直接编写
out	输出文件，用于存储模型参数、迭代信息、计算结果
sts	状态文件，显示各增量步对应的迭代次数、分离次数、回退次数、时间步长、最大位移等
log	日志文件，记录各个增量步的迭代、收敛、时间耗费等信息
t08	重启动文件，在激活重启动功能时将必要信息根据设置写入此文件，以备后续使用
t16/t19	查看在 Mentat 或 Patran 中进行结果后处理的文件类型
mat	材料数据库文件，用户可自行编写数据文件并保存到安装路径下以备后续使用，如 X:\MSC.Software\Marc\20xx\marc20xx\AF_flowmat
vfs	视角系数文件，用于进行辐射分析计算

.dat 文件是 Marc 的输入文件，其数据文件格式如图 5.7 所示。由图可以看出，Marc 的输入数据文件主要包括模型基本参数、模型基本信息和分析历程参数，模型基本参数和信息为线性分析部分，而分析历程参数主要用于线性或非线性增量计算。

2. MSC.Marc 的一般分析流程

使用 Marc 进行有限元分析时，需要首先定义网格模型，然后输入材料参数并定义边界条件，最后定义分析工况和任务参数并提交运算。在非线性问题分析过程中，Marc 采用迭代方法进行求解，根据指定的收敛准则判断是否获得收敛解，并生成相关结果文件，其执行过程如图 5.8 所示。当考虑接触时，分析流程还会增加接触探测、分离、穿透等的判断。由图 5.8 可以看出，不同于常规有限元算法，Marc 求解计算时是按载荷增量步进行的，在每个增量步内，分别进行刚度矩阵的装配、求解，并进行收敛性判断。

3. 基于 MSC.Marc 的二次开发技术

MSC.Marc 提供了完善的、多层次的二次开发功能，以 MSC.Marc 已有的程序为基础平台，可以开发出各种典型材料本构、边界条件等的分析子程序，从而形成自身的可长期持续发展的分析系统[13]。MSC.Marc 软件提供了 300 多个特定功能的开放程序公共块和 100 多个用户子程序接口，用户可以不受限制地调用这些程序模块，用户子程序接口覆盖了 MSC.Marc 有限元分析的所有环节。

利用 MSC.Marc 子程序接口开发的用户子程序大致分为如下八类。

(1) 用户定义的加载、边界条件和状态变量子程序。利用这类子程序可以在结构分析或耦合分析过程中定义集中力、给定节点位移，定义 2D、3D 刚性接触体的速度和分离力，定义用户建立的节点自由度间的约束矩阵；在频谱分析中定义位移谱密度函数；在热分析时，定义随时间和空间变化的对流边界等。

(2) 用户定义的各向异性材料特性和本构关系子程序。利用这类子程序可以定义各向异性或正交各向异性材料的应力-应变关系，定义 Hill 各向异性或正交各向异性塑性的应力-应变关系，定义非线性应力-应变关系等。

(3) 黏弹性和广义塑性用户子程序。利用这类子程序可以定义各向同性和各向异性弹性材料进入塑性后的屈服应力，定义黏塑性模型的应变率等。

(4) 黏弹性用户子程序。利用此类子程序可以定义特殊的黏弹性模型，定义热流变简单材料的平移函数等。

(5) 修改几何形状的用户子程序。利用这类子程序可以定义分析过程中需要激活或删除的单元，定义网格重划分过程中单元连接关系的变化和节点坐标的变化，定义节点自由度的变换矩阵等。

(6) 定义输出量的用户子程序。利用这类子程序可以定义需要提取的单元结果、节点向量结果；输出单元量或节点向量，写到后处理结果文件中；提取相关参数的值等。

(7) 定义滑动轴承分析的用户子程序。利用这类子程序可以定义润滑剂厚度、轴承表面节点速度、冲击压力等。

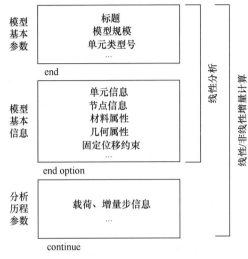

图 5.7　MSC.Marc 输入文件(*.dat)格式

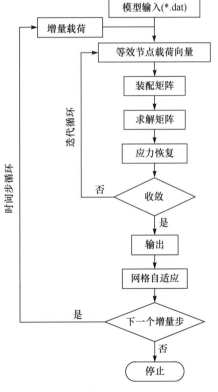

图 5.8　MSC.Marc 分析流程

(8) PLDUMP2000 子程序。这类子程序可以用来访问、分析、转换或处理 MSC. Marc 的结果文件。

对于爆炸分离过程分析所涉及的动态"加料"裂纹单元子程序，主要利用其中的 USELEM 子程序接口进行新的有限元单元开发。在有限元分析时可以调用该子程序模块，以产生特殊单元所对应的刚度矩阵、等效节点载荷向量和质量矩阵，并返回单元和节点的广义应力/应变等。

USELEM 的接口子程序模板如下。

```
subroutine    uselem (m, xk, xm, nnode, ndeg, f, r, jtype, dispt, disp, ndi, nshear,
* ipass, nstats, ngenel, intel, coord, ncrd, iflag, idss, t, dt, etota, gsigs, de, geom, jgeom,
* sigxx, nstrmu)
    implicit    real*8 (a-h, o-z)
    dimension    xk(idss, idss), xm(idss, idss), dispt(ndeg, *), disp(ndeg, *)
    dimension    t(nstats, *), dt(nstats, *),coord(ncrd,*)
    dimension    etota(ngenel, *), gsigs(ngenel, *), de(ngenel, *)
    dimension    f(ndeg, *), r(ndeg, *), sigxx(nstrmu, *), geom(*), jgeom(*)
××××××××
user coding(用户代码)
××××××××
    return
    end
```

在上述 USELEM 子程序接口中，共有 29 个形参变量，其中包含用户单元编号(m)、刚度矩阵(xk)、质量矩阵(xm)、单元节点总位移(dispt)和返回数据的类型标识(iflag)等参数。用户在编写单元二次开发子程序时，只需要按照上述模板，遵循 Fortran 语言的编程规则填充 user coding 所在区域，返回有限元分析所需要的参量，即可产生用户需要的子程序，实现特定的分析功能。

MSC.Marc 定义的用户单元子程序在运行过程中经常需要与其他分析模块进行数据传递，而数据传递的媒介就是 MSC.Marc 提供的 328 个公共块。用户在编写子程序时可以用"include"语句将它们包含进去，常用的公共块如下。

(1) include 'path/common/creeps'：主要用来获取增量步开始时间 cptim 和时间增量 timinc。

(2) include 'path/common/concom'：主要用来获取增量步号 inc 和子增量步号 incsub。

(3) include 'path/common/dimen'：主要用来获取网格单元数 numel、每个节点的最大自由度数 ndeg 等。

(4) include 'path/common/far'：主要作用是使单元号 m 在循环过程中调用用户

子程序。

(5) include 'path/common/matdat'：主要用来获取材料参数，如弹性模量、泊松比、密度等。

此外，用户还可以通过调用 MSC.Marc 中的 elemvar 和 nodvar 子程序分别获取单元求解结果和节点求解结果。本书以动态"加料"裂纹元为例，在子程序中利用单元节点的加速度值来求解等效节点内力，这时就可以利用 nodvar 子程序获取节点加速度值。例如，调用命令 "call nodvar(30, 2, ac1, npcomp, nqdatatype)" 就是将 2 号节点的加速度值提取出来放在数组 ac1 中。

5.3　本 章 小 结

本章简要介绍了数值计算方法的原理和特点，概述了当前比较主流的几种数值方法的基本思想，重点介绍了有限元方法及其求解步骤、发展历程以及相应的程序软件发展情况。详细介绍了用于柔爆索爆炸分离过程数值模拟和分离装置结构稳定性分析的大型商业软件 LS-DYNA、MSC.Nastran 和 MSC.Marc，结合算例给出了爆炸分离过程仿真分析和结构强度分析的计算参数和流程。随着计算机技术的发展，采用数值仿真技术进行的分析可以进一步提高爆炸分离装置设计的科学性和时效性。

参 考 文 献

[1] 杨秀敏. 爆炸冲击现象数值模拟[M]. 合肥: 中国科学技术大学出版社, 2010.
[2] 恽寿榕, 涂侯杰, 梁德寿, 等. 爆炸力学计算方法[M]. 北京: 北京理工大学出版社, 1995.
[3] 宁建国, 马天宝. 计算爆炸力学[M]. 北京: 国防工业出版社, 2015.
[4] 王勖成. 有限单元法[M]. 北京: 清华大学出版社, 2003.
[5] 况蕙孙, 蒋伯诚, 张树发. 计算物理引论[M]. 长沙: 湖南科学技术出版社, 1987.
[6] 姚振汉, 王海涛. 边界元法[M]. 北京: 高等教育出版社, 2010.
[7] 成名, 刘维甫, 刘凯欣. 高速冲击问题的离散元法数值模拟[J]. 计算力学学报, 2009, 26(4): 591-594.
[8] Liu G R, Liu M B. 光滑粒子流体动力学—— 一种无网格粒子法[M]. 韩旭, 杨刚, 强洪夫, 译. 长沙: 湖南大学出版社, 2005.
[9] 周旭, 张雄. 物质点法数值仿真[M]. 北京: 国防工业出版社, 2015.
[10] 门建兵, 蒋建伟, 王树有. 爆炸冲击数值模拟技术基础[M]. 北京: 北京理工大学出版社, 2015.
[11] 白金泽. LS-DYNA3D 理论基础与实例分析[M]. 北京: 科学出版社, 2005.
[12] 李保国, 黄晓铭, 裴延军, 等. MSC Nastran 动力分析指南[M]. 2 版. 北京: 中国水利水电出版社, 2018.
[13] 尹伟奇, 薛小香, 陈火红. MSC.Marc 二次开发指南[M]. 北京: 科学出版社, 2004.

第6章 含缺陷航天结构动态断裂分析方法

航天结构具有几何形状复杂、材料种类繁多、载荷条件恶劣、可靠性要求高等特点，因此对航天结构进行精细的结构分析具有重要的工程意义。航天结构实际工作状态多为自由飞行状态，因此对其进行精细结构分析需要考虑自由飞行边界条件的影响。此外，线式爆炸分离结构属于典型的预置缺陷航天结构，对于含预置缺陷的航天结构，既要保证结构的安全可靠性，又要保障在特殊的工况下，结构能从缺陷处顺利断裂。对于含缺陷航天结构的强度及断裂分析，亟须基于现有力学理论发展一些实用的工程分析方法。

本章介绍自由飞行航天结构强度分析的惯性释放技术，提出含缺陷航天结构分析的等效裂纹方法。另外，提出动态"加料"裂纹元法的概念，并构建这种奇异裂纹单元，在此基础上，基于 MSC.Marc 平台进行动态"加料"裂纹单元的二次开发。这是分析爆炸分离装置动态断裂问题的基础。

6.1 自由飞行航天结构强度分析的惯性释放技术

5.2.3 节给出了采用传统方法分析航天结构的过程，利用该方法可以实现多数航天结构的强度分析，并得到不同工况下航天结构各部分的应力/应变结果，再利用强度理论可得航天结构的安全裕度。

然而，对于多数自由飞行的航天结构体，利用这种方法进行强度分析时，存在明显的不合理之处，即边界条件不符合实际情况。事实上，航天结构在空中飞行时是一个自由体，没有任何约束，而利用传统方法进行强度分析时却在结构的一个端面上施加了位移约束，这明显会对分析结果产生影响。

为了解决该类问题，工程人员提出一个方法，即将局部结构(如分离装置)和与其相连的某一级航天结构放在一起进行分析，而把位移约束施加在远离分离装置的部件端面上。这种方法在一定程度上削弱了不同边界条件对分析结果的影响，但大大增加了建模的工作量，由此影响了分析的效率。为了克服以上难题，本节将利用 MSC.Nastran 中的惯性释放技术对分离装置进行强度分析，以得到更加合理的分析结果。

惯性释放技术的基本原理[1]如下：

在外力作用下，若不考虑结构阻尼，则航天结构的平衡方程为

$$M\ddot{u} + Ku = F \tag{6.1}$$

式中，M 为质量矩阵；K 为刚度矩阵；F 为载荷向量；u 为节点位移向量。

相应地，航天结构的特征方程为

$$(K - \omega^2 M)\varphi = 0 \tag{6.2}$$

式中，ω 为固有频率；φ 为模态。

利用零频刚体模态组成刚体模态矩阵 $\boldsymbol{\Phi}_r$，则在刚体模态坐标下，航天结构运动的广义加速度向量 a 的表达式为

$$\boldsymbol{\Phi}_r^{\mathrm{T}} M \boldsymbol{\Phi}_r a = \boldsymbol{\Phi}_r^{\mathrm{T}} F \tag{6.3}$$

利用所得的广义加速度向量，可根据式(6.4)求取对应于各刚体运动模态的惯性力合力，即

$$F_r = M\boldsymbol{\Phi}_r a \tag{6.4}$$

在此基础上，利用惯性力对外载荷向量进行修正，即

$$F' = F - F_r = F - M\boldsymbol{\Phi}_r a \tag{6.5}$$

式中，F' 为经过惯性释放修正后的载荷向量，在该载荷作用下航天结构处于平衡状态，F' 作为最终外载荷进入有限元静力学求解器。设航天结构纯弹性变形产生的位移为 u_e，则航天结构的平衡方程(6.1)可改写为

$$M\ddot{u}_e + Ku_e = F - M\boldsymbol{\Phi}_r a \tag{6.6}$$

惯性释放技术能够解决刚体运动自由度的力平衡问题，但是由于航天结构仍能发生刚体运动，因此该方程依旧无法求解。为了消除结构的刚体运动，需要在式(6.1)的基础上做一定的变换，如

$$D^{\mathrm{T}} Ku = \{0\} = D^{\mathrm{T}} (F - M\ddot{u}) \tag{6.7}$$

式中，D 为刚体转换矩阵。

用刚体转换矩阵表示的航天结构加速度为

$$\ddot{u} = D(D^{\mathrm{T}} MD)^{-1} D^{\mathrm{T}} F \tag{6.8}$$

在 MSC.Nastran 中，计算刚体转换矩阵 D 的方法有两种：第一种方法需要利用 SUPORT 参数定义参考自由度，相当于将航天结构上某一点设置为结构的零变形参考点，采用这种方法还可以实现对结构局部自由体和附加机构的分析；第二种方法是利用(PARAM，GRDPNT)参数定义结构的 6 个刚体位移向量，在此基础上求解刚体转换矩阵。两种方法均要求输入参考点，但是参考点参数的作用并不相同。

在 MSC.Patran 的平台上，可以通过选择 Linear Static 的求解模式，并定义相关求解参数来设置惯性释放技术作为求解方法。设置完成后提交 Nastran 进行分

析时,发现所生成的.bdf文件中同时存在(PARAM, GRDPNT)和SUPORT命令行。运行结果表明,这种设置对航天结构一维模型能够有效求解,但对三维实体模型进行有限元分析时结果无法收敛。因此,需要对.bdf文件进行部分修改,使得刚体转换矩阵 $\boldsymbol{D}$ 按照前述第二种方法进行求解,具体的修改内容如下。

(1) 将惯性释放控制命令由"PARAM INREL-1"修改为"PARAM INREL-2"。其原理在于:INREL 参数为−1 时,惯性释放需要输入相应的零变形参考点(即SUPORT 参数);在 INREL 参数为−2 时,并不需要输入零变形参考点。

(2) 在前一步修改完成的前提下,将相应的"SUPORT ***"命令行删除。

在此基础上对爆炸分离装置应用惯性释放技术,更准确地实现了对自由边界条件下航天结构的强度分析。

6.2 含缺陷航天结构的等效裂纹分析方法

针对含缺陷的航天结构,可以考虑采用等效裂纹分析方法进行断裂分析,利用断裂准则判断缺陷是否会失稳扩展。

等效裂纹分析方法将含缺陷结构上的预制缺陷当成一条典型裂纹进行处理,并利用相关数值方法求取等效裂纹处的应力强度因子,利用断裂破坏准则判断裂纹的稳定性,据此来评估分离装置的结构完整性。由于一般的裂纹比预制缺陷槽更危险,更容易引起结构破坏,因此只要裂纹稳定,即可充分说明原预制缺陷处也是安全的。虽然该方法要求过于严苛,但对安全系数要求比较高的预置缺陷航天结构来说,具有很强的工程意义。本节介绍等效裂纹分析的奇异裂纹元法。

6.2.1 奇异裂纹元法简介

根据 Williams 断裂理论[2],裂纹尖端的应力和位移可分别表示为

$$\sigma_{ij}^N = \frac{K_N}{\sqrt{2\pi r}} f_{ij}^N(\theta) \tag{6.9}$$

$$u_i^N = K_N \sqrt{\frac{r}{\pi}} g_i^N(\theta) \tag{6.10}$$

式中,r、θ 为裂纹尖端处的极坐标值;N 为裂纹的类型,当取 Ⅰ、Ⅱ、Ⅲ时分别表示Ⅰ型、Ⅱ型和Ⅲ型裂纹;$\sigma_{ij}^N(i,j=1,2,3)$ 为应力分量;$u_i^N(i=1,2,3)$ 为位移分量;K_N 为应力强度因子;$f_{ij}^N(\theta)$、$g_i^N(\theta)$ 为关于 θ 的表达式。

由式(6.9)可知,在裂纹尖端处($r \to 0$)应力趋于无穷大,这一性质称为应力的奇异性。为了在有限元计算中描述这种应力奇异性,需要将裂纹尖端渐进行为的解

析表达式嵌入内插函数，使裂纹尖端位移具有 $\sqrt{r}$ 项，从而使得应力场具有 $1/\sqrt{r}$ 阶奇异性[3]。

图 6.1(a)为四节点四边形单元，构建其形函数[式(6.11)～式(6.14)]，使得单元沿 1—4 边的位移具有 $\sqrt{r}$ 阶奇异性。

$$N_1(\xi,\eta) = (1-\sqrt{\xi})(1-\eta) \tag{6.11}$$

$$N_2(\xi,\eta) = \sqrt{\xi}(1-\eta) \tag{6.12}$$

$$N_3(\xi,\eta) = \sqrt{\xi}\eta \tag{6.13}$$

$$N_4(\xi,\eta) = (1-\sqrt{\xi})\eta \tag{6.14}$$

通过塌缩四边形单元 1—4 边，使节点 1 与节点 4 重合在一起，形成图 6.1(b)所示的三角形奇异等参单元。单元内部从节点 1 所在的缝端出发的任何一条射线均具有 $\sqrt{r}$ 阶行为，即应力具有 $1/\sqrt{r}$ 阶奇异性。

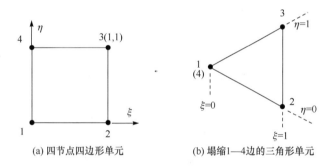

(a) 四节点四边形单元   (b) 塌缩 1—4 边的三角形单元

图 6.1 塌缩四边形单元的 1—4 边构建奇异等参单元

三角形奇异等参单元中，节点 2 和节点 3 的形函数与原四边形单元保持一致，节点 1 的形函数则由原四边形单元中节点 1 和节点 4 的形函数叠加而成，其表达式为

$$N_1(\xi,\eta) \leftarrow N_1(\xi,\eta) + N_4(\xi,\eta) = 1-\sqrt{\xi} \tag{6.15}$$

根据二维三角形奇异单元的形函数构造方法，相应地可推导出三维奇异单元的形函数。图 6.2 为三维六节点楔形体奇异等参单元，其裂缝前沿具有奇异性，单元的形函数分别为

$$N_1(\xi,\eta,\zeta) = N_1(\xi,\eta)\zeta \tag{6.16}$$

$$N_2(\xi,\eta,\zeta) = N_2(\xi,\eta)\zeta \tag{6.17}$$

$$N_3(\xi,\eta,\zeta) = N_3(\xi,\eta)\zeta \tag{6.18}$$

$$N_4(\xi,\eta,\zeta) = N_1(\xi,\eta)(1-\zeta) \tag{6.19}$$

$$N_5(\xi,\eta,\zeta) = N_2(\xi,\eta)(1-\zeta) \tag{6.20}$$

$$N_6(\xi,\eta,\zeta) = N_3(\xi,\eta)(1-\zeta) \tag{6.21}$$

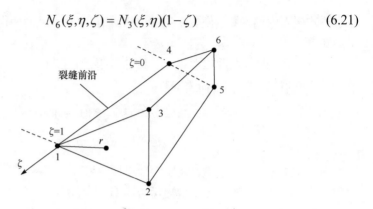

图 6.2　三维六节点楔形体奇异等参单元

图 6.3(a)为二维奇异裂纹单元，简称平面裂纹元，它由图 6.3(a)所示的 8 个三角形奇异单元环绕奇异点(节点 1)构成，奇异点重合构成平面裂纹元的裂纹尖端。图 6.3(b)为三维奇异裂纹单元，简称体裂纹元，由图 6.3(b)所示的 8 个六节点楔形体奇异等参单元绕奇异边(1—11 边)构成，奇异边重合构成体裂纹元的裂纹尖端。

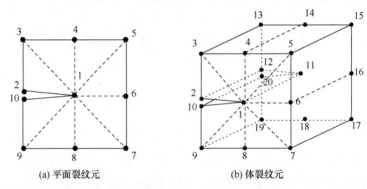

(a) 平面裂纹元　　　　　　　　　(b) 体裂纹元

图 6.3　平面裂纹元和体裂纹元

在数值计算过程中，将包含裂纹尖端的单元用奇异裂纹元代替，其他单元仍使用常规单元。将奇异裂纹元的刚度矩阵与常规单元刚度矩阵相组集，即可得到整体刚度矩阵。在此基础上，采用与常规有限元法相同的解法求出整体的位移场、应力场和应变场。根据裂纹尖端的位移解 $u_i^N (N = \mathrm{I}, \mathrm{II}, \mathrm{III})$，利用式(6.10)反推得到裂纹尖端的应力强度因子 K_I、K_II 和 K_III。

6.2.2　奇异裂纹元在含缺陷结构裂纹稳定性分析中的应用

以线式爆炸分离装置为例，简单介绍利用 Nastran 的奇异裂纹元法分析含预置缺陷航天结构裂纹稳定性的方法。对于线式爆炸分离装置，在其止裂槽位置一般都存在较强的应力集中现象。因此，为了评估极端环境对分离装置结构完整性的影响，将止裂槽当成一条典型裂纹处理，设置裂纹深度与止裂槽深度一致，进而采用奇异裂纹元对其进行分析。MSC.Nastran 基于奇异裂纹元法开发了特殊的二维、三维奇异裂纹单元。在分析过程中，通过对 Nastran 生成的过程文件(.bdf 文件)进行修改，将裂纹尖端周围的常规单元用奇异裂纹单元代替，并定义裂纹单元的属性。提交求解器运算后，在结果文件中可以找到相关的断裂参量 K_{I}、K_{II} 和 K_{III}。

　　在应用奇异裂纹元之前，首先删除分离装置裂纹尖端周围的常规单元。删除单元之后分离装置的局部模型如图 6.4 所示，图中的粗实线所在位置即止裂槽的等效裂纹。

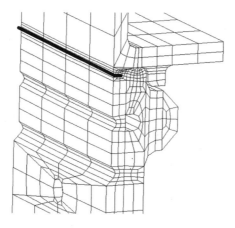

图 6.4　分离装置等效裂纹模型的局部模型

　　图 6.4 中被删除的常规单元将在后续工作中用体裂纹元代替，而体裂纹元需要用被删之前常规单元周围的节点进行描述。图 6.5 为 Nastran 内嵌的三维奇异裂纹元全裂纹模型。

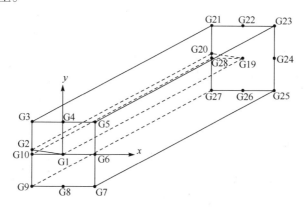

图 6.5　三维奇异裂纹元全裂纹模型

图 6.5 中被编号命名的黑点为裂纹尖端单元的节点，G1～G19 为体裂纹元尖端，在.bdf 文件中，各节点的编号分别代表该节点在裂纹单元描述语句中所在的位置。图 6.6 为.bdf 文件中第 200000 号裂纹尖端单元的描述语句。其中，ADUM9 是三维虚拟裂纹单元的申明性语句，PRAC3D 对裂纹单元的属性进行了定义，CRAC3D 利用裂纹周围节点定义了一个完整的三维裂纹尖端单元。所有的裂纹尖端单元定义完成后，将修改后的.bdf 文件提交求解器处理，即可得到裂纹尖端处的各断裂参量。

s Add crack tip element3D							
ADUM9	64	0	6	0	CRAC3D		
PRAC3D	64	1	0.50	180.0			
CRAC3D	200000	64	159405	183395	159402	159407	159412	159413
	159438	159433	159429	183423			
					159459	183451	159453	159458
	159463	159464	159486	159482	159479	183476		

图 6.6　裂纹尖端单元描述格式

利用 Nastran 完成有限元分析后，其结果文件(.f06 文件)中关于断裂参量的输出格式如表 6.1 所示，其中 S7、S8 和 S9 分别表示应力强度因子 K_1、K_{II} 和 K_{III}。从中读取所需数值，并参与后续的裂纹稳定性分析。

表 6.1　结果文件输出格式

S1	S2	S3	S4	S5	S6	S7	S8	S9
σ_x	σ_y	σ_z	τ_{xy}	τ_{yz}	τ_{zx}	K_1	K_{II}	K_{III}

6.3　动态"加料"裂纹元法及其二次开发

"加料"裂纹单元是一种特殊的位移型奇异裂纹单元，最初由 Benzley[4] 于 1974 年提出，其基本思想是将裂纹尖端的渐进位移场加入常规单元位移场中，形成一种新的奇异裂纹单元位移模式。这种有限元方法具有能够直接计算应力强度因子的优势，效率很高，因此在数十年间取得了较大的发展，并解决了一系列静态断裂问题。同时，对于动态断裂问题，亦有动态"加料"裂纹单元与之对应，并且具有很高的求解效率。

6.3.1　二维线弹性动态"加料"裂纹元法

这里介绍如何将"加料"裂纹元法拓展到动态断裂力学领域，形成一种新的动态裂纹问题数值解法。下面将对其基本原理进行阐述，并给出动态断裂参量的求解方法。

1. 裂纹尖端单元位移场

图 6.7 为一个简单的二维裂纹示意图,图中共有三个坐标系:总体坐标系 xOy 、裂纹尖端局部直角坐标系 $x'O'y'$ 及裂纹尖端局部极坐标系 $rO'\theta$,裂纹尖端处于 O' 点。在该裂纹模型基础上,根据 Williams 本征函数,二维线弹性裂纹尖端的渐进位移场为

$$\begin{bmatrix} u_{x'}(t) \\ u_{y'}(t) \end{bmatrix} = \frac{1+\nu}{4}\sqrt{\frac{2r}{\pi}}\begin{bmatrix} (2\kappa-1)\cos\dfrac{\theta}{2}-\cos\dfrac{3\theta}{2} & (2\kappa+3)\sin\dfrac{\theta}{2}+\sin\dfrac{3\theta}{2} \\ (2\kappa+1)\sin\dfrac{\theta}{2}-\sin\dfrac{3\theta}{2} & -(2\kappa-3)\cos\dfrac{\theta}{2}-\cos\dfrac{3\theta}{2} \end{bmatrix}\begin{bmatrix} \dfrac{K_{\mathrm{I}}(t)}{E} \\ \dfrac{K_{\mathrm{II}}(t)}{E} \end{bmatrix} \quad (6.22)$$

式中, $u_{x'}(t)$ 和 $u_{y'}(t)$ 分别表示 t 时刻,在裂纹尖端局部直角坐标系 $x'O'y'$ 中沿两个坐标轴方向的位移; r 和 θ 分别为裂纹尖端局部极坐标系中的坐标值; E 和 ν 分别为材料的弹性模量和泊松比; κ 为一个与 ν 相关的材料常数,平面应变条件下 $\kappa = 3-4\nu$,平面应力条件下 $\kappa = (3-\nu)/(1+\nu)$; $K_{\mathrm{I}}(t)$ 和 $K_{\mathrm{II}}(t)$ 分别为裂纹的 I 型、II 型动态应力强度因子。

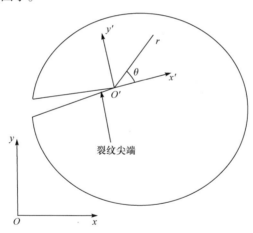

图 6.7　二维裂纹示意图

式(6.22)中的位移是在局部坐标系下求得的,为了将其加入总体坐标系的常规单元位移场中,需要统一坐标系。总体坐标系下的裂纹尖端渐进位移场为

$$\begin{bmatrix} u_{x}(t) \\ u_{y}(t) \end{bmatrix} = \frac{1+\nu}{4}\sqrt{\frac{2r}{\pi}}\,\boldsymbol{T}\begin{bmatrix} (2\kappa-1)\cos\dfrac{\theta}{2}-\cos\dfrac{3\theta}{2} & (2\kappa+3)\sin\dfrac{\theta}{2}+\sin\dfrac{3\theta}{2} \\ (2\kappa+1)\sin\dfrac{\theta}{2}-\sin\dfrac{3\theta}{2} & -(2\kappa-3)\cos\dfrac{\theta}{2}-\cos\dfrac{3\theta}{2} \end{bmatrix}\begin{bmatrix} \dfrac{K_{\mathrm{I}}(t)}{E} \\ \dfrac{K_{\mathrm{II}}(t)}{E} \end{bmatrix} \quad (6.23)$$

式中, $\boldsymbol{T}$ 为从裂纹尖端局部直角坐标系到总体坐标系的转换矩阵,可以表示为

$$T = \begin{bmatrix} \cos(x',x) & \cos(y',x) \\ \cos(x',y) & \cos(y',y) \end{bmatrix} \tag{6.24}$$

以平面问题中常用的四节点四边形单元为例,将式(6.23)所表示的裂纹尖端渐进位移场加入常规四节点四边形单元位移场中, 可得

$$u_i(t) = \alpha_{i1}(t) + \alpha_{i2}(t)\xi + \alpha_{i3}(t)\eta + \alpha_{i4}(t)\xi\eta + \sum_{j=1}^{2} Q_{ij}(r,\theta)\overline{\psi}_j(t) \tag{6.25}$$

式中, $u_i(t)$ (i=1,2)分别为 t 时刻动态"加料"裂纹单元在 x、y 方向的位移;ξ、η 为单元局部坐标系的两个坐标变量, 如图 6.8 所示;$\overline{\psi}_j(t)$ (j=1,2)分别为 t 时刻 $K_{\mathrm{I}}(t)/E$ 和 $K_{\mathrm{II}}(t)/E$ 的值;$Q_{ij}(r,\theta)$ 为裂纹尖端角函数, 其具体表达式为

$$\begin{cases} Q_{11}(r,\theta) = \dfrac{1+\nu}{4}\sqrt{\dfrac{2r}{\pi}}\left[\cos(x',x)\left((2\kappa-1)\cos\dfrac{\theta}{2}-\cos\dfrac{3\theta}{2}\right)+\cos(y',x)\left((2\kappa+1)\sin\dfrac{\theta}{2}-\sin\dfrac{3\theta}{2}\right)\right] \\[2mm] Q_{12}(r,\theta) = \dfrac{1+\nu}{4}\sqrt{\dfrac{2r}{\pi}}\left[\cos(x',x)\left((2\kappa+3)\sin\dfrac{\theta}{2}+\sin\dfrac{3\theta}{2}\right)+\cos(y',x)\left(-(2\kappa-3)\cos\dfrac{\theta}{2}-\cos\dfrac{3\theta}{2}\right)\right] \\[2mm] Q_{21}(r,\theta) = \dfrac{1+\nu}{4}\sqrt{\dfrac{2r}{\pi}}\left[\cos(x',y)\left((2\kappa-1)\cos\dfrac{\theta}{2}-\cos\dfrac{3\theta}{2}\right)+\cos(y',y)\left((2\kappa+1)\sin\dfrac{\theta}{2}-\sin\dfrac{3\theta}{2}\right)\right] \\[2mm] Q_{22}(r,\theta) = \dfrac{1+\nu}{4}\sqrt{\dfrac{2r}{\pi}}\left[\cos(x',y)\left((2\kappa+3)\sin\dfrac{\theta}{2}+\sin\dfrac{3\theta}{2}\right)+\cos(y',y)\left(-(2\kappa-3)\cos\dfrac{\theta}{2}-\cos\dfrac{3\theta}{2}\right)\right] \end{cases} \tag{6}$$

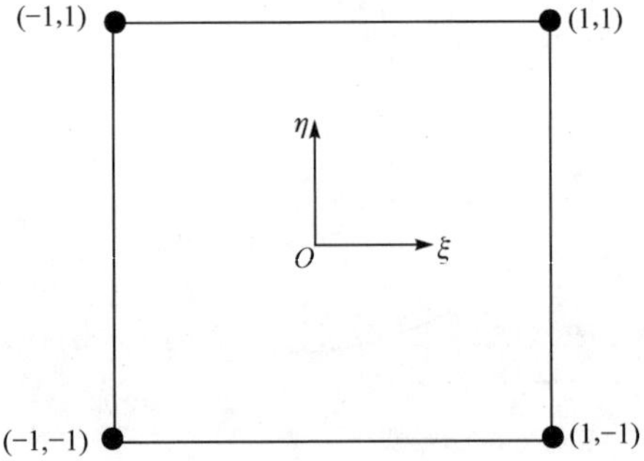

图 6.8　四节点四边形单元示意图

将图 6.8 中所示的四边形单元 1~4 号节点的单元局部坐标(-1,-1)、(1,-1)、(1,1)和(-1,1)分别代入式(6.25)中, 可以得到 $\alpha_{i1}(t)$、$\alpha_{i2}(t)$、$\alpha_{i3}(t)$ 和 $\alpha_{i4}(t)$ 四个系数的表达式为

$$\begin{bmatrix} \alpha_{i1}(t) \\ \alpha_{i2}(t) \\ \alpha_{i3}(t) \\ \alpha_{i4}(t) \end{bmatrix} = \begin{bmatrix} 1 & -1 & -1 & 1 \\ 1 & 1 & -1 & -1 \\ 1 & 1 & 1 & 1 \\ 1 & -1 & 1 & -1 \end{bmatrix}^{-1} \left(\begin{bmatrix} \bar{u}_{i1}(t) \\ \bar{u}_{i2}(t) \\ \bar{u}_{i3}(t) \\ \bar{u}_{i4}(t) \end{bmatrix} - \begin{bmatrix} \bar{Q}_{i11} & \bar{Q}_{i21} \\ \bar{Q}_{i12} & \bar{Q}_{i22} \\ \bar{Q}_{i13} & \bar{Q}_{i23} \\ \bar{Q}_{i14} & \bar{Q}_{i24} \end{bmatrix} \begin{bmatrix} \bar{\psi}_1(t) \\ \bar{\psi}_2(t) \end{bmatrix} \right) \quad (6.27)$$

式中，$\bar{u}_{i1}(t) \sim \bar{u}_{i4}(t)$ 分别为 1~4 号节点的位移值；$\bar{Q}_{i11}$ 为 Q_{i1} 在 1 号节点上的值，$\bar{Q}_{i12}$ 为 Q_{i1} 在 2 号节点上的值，以此类推。

将式(6.27)求得的四个系数全部代入式(6.25)中，即可得到四节点动态"加料"裂纹尖端单元的位移场：

$$u_i(t) = \sum_{m=1}^{4} N_m(\xi,\eta)\bar{u}_{im}(t) + \sum_{j=1}^{2}\left[\bar{\psi}_j(t)\left(Q_{ij}(r,\theta) - \sum_{m=1}^{4} N_m(\xi,\eta)\bar{Q}_{ijm}(r,\theta) \right) \right], \quad i=1,2 \quad (6.28)$$

式中，$u_1(t)$ 和 $u_2(t)$ 分别为 t 时刻"加料"裂纹尖端单元在 x、y 方向的位移；$N_m(\xi,\eta)$ 为常规四节点四边形单元的形函数；$\bar{\psi}_j(t)$ 为"加料"项，相当于单元的一个附加自由度。

如果"加料"裂纹尖端单元包含多余的节点，那么可通过改变式(6.28)中 m 的上限值来形成新的裂纹尖端单元位移场。含有 m_k 个节点的动态"加料"裂纹尖端单元位移场可表示为

$$u_i(t) = \sum_{m=1}^{m_k} N_m(\xi,\eta)\bar{u}_{im}(t) + \sum_{j=1}^{2}\left[\bar{\psi}_j(t)\left(Q_{ij}(r,\theta) - \sum_{m=1}^{m_k} N_m(\xi,\eta)\bar{Q}_{ijm}(r,\theta) \right) \right], \quad i=1,2 \quad (6.29)$$

2. 过渡单元位移场

根据前面的推导，"加料"裂纹尖端单元的位移场与常规平面单元的位移场存在较大的差别，如果直接将两者混在一起计算，那么很明显会出现严重的位移不协调问题。为解决这个问题，需要在"加料"裂纹尖端单元与常规单元之间加入过渡单元，如图 6.9 所示。该过渡单元的位移场需要同时与裂纹尖端单元和常规单元相协调，以此来保证计算结果的收敛性。

为了实现上述功能，需要将调整函数 $Z(\xi,\eta)$ 引入式(6.29)所示的动态"加料"裂纹尖端单元位移场中，以此来构造过渡单元的位移场，即

$$\begin{aligned} u_i(t) = &\sum_{m=1}^{m_k} N_m(\xi,\eta)\bar{u}_{im}(t) \\ &+ Z(\xi,\eta)\sum_{j=1}^{2}\left[\bar{\psi}_j(t)\left(Q_{ij}(r,\theta) - \sum_{m=1}^{m_k} N_m(\xi,\eta)\bar{Q}_{ijm}(r,\theta) \right) \right], \quad i=1,2 \end{aligned} \quad (6.30)$$

令调整函数 $Z(\xi,\eta)$ 在连接"加料"裂纹尖端单元的边或点上取值为 1，在连接常规单元的边或点上取值为 0，即可实现位移模式的正确过渡。为了实现这一目标，

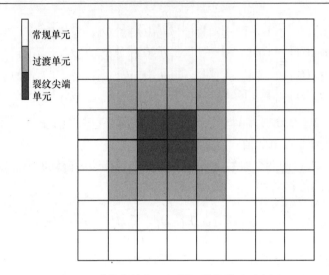

图 6.9　裂纹尖端的"加料"裂纹单元示意图

需要构造调整函数 $Z(\xi,\eta)$，如式(6.31)所示，不同位置上的过渡单元可以根据实际情况选择其中的某一种表达式。

$$Z(\xi,\eta) = \begin{cases} 0.25(1\pm\xi)(1\pm\eta) \\ 0.5(1\pm\xi) \\ 0.5(1\pm\eta) \end{cases} \qquad (6.31)$$

图 6.10 列出了两种不同的连接方式，以图 6.10(a)所示的边连接为例，过渡单元上 $\xi=1$ 的边与裂纹尖端单元连接，满足该过渡条件的调整函数为

$$Z(\xi,\eta) = 0.5(1+\xi) \qquad (6.32)$$

在图 6.10(b)中，过渡单元通过右下角的点 $(\xi,\eta)=(1,-1)$ 与裂纹尖端单元连接，此时，符合要求的调整函数为

$$Z(\xi,\eta) = 0.25(1+\xi)(1-\eta) \qquad (6.33)$$

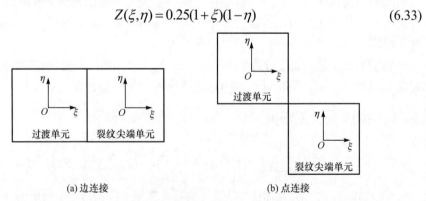

(a) 边连接　　　　　　　　　　　(b) 点连接

图 6.10　过渡单元与裂纹尖端单元的连接方式

由于"加料"裂纹尖端单元实际上就是 $Z(\xi,\eta)=1$ 时的过渡单元，因此可以用式(6.30)统一表示动态"加料"裂纹单元的位移场。

3. "加料"裂纹单元的形函数及应变矩阵

式(6.30)所示的动态"加料"裂纹单元位移场表达式，可以进一步改写成分块矩阵的形式：

$$\boldsymbol{u}(t)=[\boldsymbol{N}\quad\boldsymbol{N}_{\mathrm{e}}]\begin{bmatrix}\overline{\boldsymbol{u}}(t)\\\overline{\boldsymbol{\psi}}(t)\end{bmatrix} \tag{6.34}$$

式中

$$\boldsymbol{u}(t)=\begin{bmatrix}u_1 & u_2\end{bmatrix}^{\mathrm{T}} \tag{6.35}$$

$$\begin{cases}\boldsymbol{N}=\begin{bmatrix}N_1 & 0 & N_2 & 0 & \cdots & N_{m_k} & 0\\ 0 & N_1 & 0 & N_2 & \cdots & 0 & N_{m_k}\end{bmatrix}\\ \boldsymbol{N}_{\mathrm{e}}=\begin{bmatrix}N_{\mathrm{e}11} & N_{\mathrm{e}12}\\ N_{\mathrm{e}21} & N_{\mathrm{e}22}\end{bmatrix}\end{cases} \tag{6.36}$$

$$\begin{cases}\overline{\boldsymbol{u}}(t)=\begin{bmatrix}\overline{u}_{11} & \overline{u}_{12} & \overline{u}_{21} & \overline{u}_{22} & \cdots & \overline{u}_{m_k 1} & \overline{u}_{m_k 2}\end{bmatrix}^{\mathrm{T}}\\ \overline{\boldsymbol{\psi}}(t)=\begin{bmatrix}\overline{\psi}_1 & \overline{\psi}_2\end{bmatrix}^{\mathrm{T}}\end{cases} \tag{6.37}$$

以上各式中，$\boldsymbol{u}(t)$ 为 t 时刻"加料"裂纹单元在 x、y 方向上的位移；$[\overline{\boldsymbol{u}}(t)\quad\overline{\boldsymbol{\psi}}(t)]^{\mathrm{T}}$ 为广义的节点位移向量，其中 $\overline{\boldsymbol{u}}(t)$ 为常规 m_k 节点单元的节点位移向量，$\overline{\boldsymbol{\psi}}(t)$ 为由"加料"裂纹单元中引入裂纹尖端渐进位移场而产生的附加项，$\overline{\boldsymbol{\psi}}(t)$ 的存在导致"加料"裂纹单元比常规单元多出了两个自由度，从另一个角度看，即相当于"加料"裂纹单元上多了一个虚拟节点，其中的 $\overline{\psi}_1$ 和 $\overline{\psi}_2$ 分别为 $K_{\mathrm{I}}(t)/E$ 和 $K_{\mathrm{II}}(t)/E$；$[\boldsymbol{N}\quad\boldsymbol{N}_{\mathrm{e}}]$ 为动态"加料"裂纹单元的形函数矩阵，$\boldsymbol{N}$ 与常规 m_k 节点单元的形函数矩阵一致，$\boldsymbol{N}_{\mathrm{e}}$ 为"加料"项，它所包含元素的具体表达式为

$$N_{\mathrm{e}ij}=Z(\xi,\eta)\left(Q_{ij}(r,\theta)-\sum_{m=1}^{m_k}N_m(\xi,\eta)\overline{Q}_{ijm}(r,\theta)\right),\quad i,j=1,2 \tag{6.38}$$

在得到动态"加料"裂纹单元的形函数矩阵后，即可通过如下公式求取单元的应变向量：

$$\boldsymbol{\varepsilon}(t)=[\boldsymbol{B}\quad\boldsymbol{B}_{\mathrm{e}}]\begin{bmatrix}\overline{\boldsymbol{u}}(t)\\\overline{\boldsymbol{\psi}}(t)\end{bmatrix} \tag{6.39}$$

式中，$\boldsymbol{\varepsilon}(t)$ 为 t 时刻的单元应变向量；$[\boldsymbol{B}\quad\boldsymbol{B}_{\mathrm{e}}]$ 为动态"加料"裂纹单元的应变矩阵，$\boldsymbol{B}$ 与常规 m_k 节点单元的应变矩阵完全一致，$\boldsymbol{B}_{\mathrm{e}}$ 为"加料"项，两者的表达

式分别为

$$B = LN, \quad B_e = LN_e \tag{6.40}$$

且

$$L = \begin{bmatrix} \dfrac{\partial}{\partial x} & 0 & \dfrac{\partial}{\partial y} \\ 0 & \dfrac{\partial}{\partial y} & \dfrac{\partial}{\partial x} \end{bmatrix}^{\mathrm{T}} \tag{6.41}$$

式(6.40)和式(6.41)中 N 是 ξ、η 的函数,而 L 是对 x 和 y 的偏导数,很明显,直接将 N 对 x 和 y 求偏导数是不太现实的。因此,必须对 B 的表达式进行一定转化,借助中间变量方能顺利求解。B 的最终表达式为

$$B = A \begin{bmatrix} J^{-1} & 0 \\ 0 & J^{-1} \end{bmatrix} \begin{bmatrix} \dfrac{\partial N_1(\xi,\eta)}{\partial \xi} & 0 & \cdots & \dfrac{\partial N_{m_k}(\xi,\eta)}{\partial \xi} & 0 \\ \dfrac{\partial N_1(\xi,\eta)}{\partial \eta} & 0 & \cdots & \dfrac{\partial N_{m_k}(\xi,\eta)}{\partial \eta} & 0 \\ 0 & \dfrac{\partial N_1(\xi,\eta)}{\partial \xi} & \cdots & 0 & \dfrac{\partial N_{m_k}(\xi,\eta)}{\partial \xi} \\ 0 & \dfrac{\partial N_1(\xi,\eta)}{\partial \eta} & \cdots & 0 & \dfrac{\partial N_{m_k}(\xi,\eta)}{\partial \eta} \end{bmatrix} \tag{6.42}$$

式中

$$A = \begin{bmatrix} 1 & 0 & 0 & 0 \\ 0 & 0 & 0 & 1 \\ 0 & 1 & 1 & 0 \end{bmatrix}, \quad J = \begin{bmatrix} \dfrac{\partial x}{\partial \xi} & \dfrac{\partial y}{\partial \xi} \\ \dfrac{\partial x}{\partial \eta} & \dfrac{\partial y}{\partial \eta} \end{bmatrix} \tag{6.43}$$

"加料"部分 B_e 可表示为

$$B_e = A \begin{bmatrix} \dfrac{\partial N_{e11}(r,\theta,\xi,\eta)}{\partial x} & \dfrac{\partial N_{e12}(r,\theta,\xi,\eta)}{\partial x} \\ \dfrac{\partial N_{e11}(r,\theta,\xi,\eta)}{\partial y} & \dfrac{\partial N_{e12}(r,\theta,\xi,\eta)}{\partial y} \\ \dfrac{\partial N_{e21}(r,\theta,\xi,\eta)}{\partial x} & \dfrac{\partial N_{e22}(r,\theta,\xi,\eta)}{\partial x} \\ \dfrac{\partial N_{e21}(r,\theta,\xi,\eta)}{\partial y} & \dfrac{\partial N_{e22}(r,\theta,\xi,\eta)}{\partial y} \end{bmatrix} \tag{6.44}$$

式中

$$\frac{\partial N_{e11}(r,\theta,\xi,\eta)}{\partial x} = \left(\frac{\partial Z(\xi,\eta)}{\partial \xi}\frac{\partial \xi}{\partial x} + \frac{\partial Z(\xi,\eta)}{\partial \eta}\frac{\partial \eta}{\partial x}\right)Q_{11}(r,\theta)$$

$$+ Z(\xi,\eta)\left(\frac{\partial Q_{11}(r,\theta)}{\partial r}\left(\frac{\partial r}{\partial x'}\frac{\partial x'}{\partial x} + \frac{\partial r}{\partial y'}\frac{\partial y'}{\partial x}\right) + \frac{\partial Q_{11}(r,\theta)}{\partial \theta}\left(\frac{\partial \theta}{\partial x'}\frac{\partial x'}{\partial x} + \frac{\partial \theta}{\partial y'}\frac{\partial y'}{\partial x}\right)\right)$$

$$- \sum_{m=1}^{m_k}\left(\frac{\partial(Z(\xi,\eta)N_m(\xi,\eta))}{\partial \xi}\frac{\partial \xi}{\partial x} + \frac{\partial(Z(\xi,\eta)N_m(\xi,\eta))}{\partial \eta}\frac{\partial \eta}{\partial x}\right)\overline{Q}_{11m}(r,\theta)$$

$$(6.45)$$

$$\frac{\partial N_{e11}(r,\theta,\xi,\eta)}{\partial y} = \left(\frac{\partial Z(\xi,\eta)}{\partial \xi}\frac{\partial \xi}{\partial y} + \frac{\partial Z(\xi,\eta)}{\partial \eta}\frac{\partial \eta}{\partial y}\right)Q_{11}(r,\theta)$$

$$+ Z(\xi,\eta)\left(\frac{\partial Q_{11}(r,\theta)}{\partial r}\left(\frac{\partial r}{\partial x'}\frac{\partial x'}{\partial y} + \frac{\partial r}{\partial y'}\frac{\partial y'}{\partial y}\right) + \frac{\partial Q_{11}(r,\theta)}{\partial \theta}\left(\frac{\partial \theta}{\partial x'}\frac{\partial x'}{\partial y} + \frac{\partial \theta}{\partial y'}\frac{\partial y'}{\partial y}\right)\right)$$

$$- \sum_{m=1}^{m_k}\left(\frac{\partial(Z(\xi,\eta)N_m(\xi,\eta))}{\partial \xi}\frac{\partial \xi}{\partial y} + \frac{\partial(Z(\xi,\eta)N_m(\xi,\eta))}{\partial \eta}\frac{\partial \eta}{\partial y}\right)\overline{Q}_{11m}(r,\theta)$$

$$(6.46)$$

将式(6.45)和式(6.46)整合后，用一个矩阵表达式表示为

$$\begin{bmatrix} \dfrac{\partial N_{e11}(r,\theta,\xi,\eta)}{\partial x} \\[2mm] \dfrac{\partial N_{e11}(r,\theta,\xi,\eta)}{\partial y} \end{bmatrix} = \boldsymbol{J}^{-1}\left(\begin{bmatrix} \dfrac{\partial Z(\xi,\eta)}{\partial \xi} \\[2mm] \dfrac{\partial Z(\xi,\eta)}{\partial \eta} \end{bmatrix}Q_{11}(r,\theta) - \sum_{m=1}^{m_k}\begin{bmatrix} \dfrac{\partial(Z(\xi,\eta)N_m(\xi,\eta))}{\partial \xi} \\[2mm] \dfrac{\partial(Z(\xi,\eta)N_m(\xi,\eta))}{\partial \eta} \end{bmatrix}\overline{Q}_{11m}(r,\theta)\right)$$

$$+ \boldsymbol{T}\boldsymbol{J}_r^{-1}\begin{bmatrix} Z(\xi,\eta)\dfrac{\partial Q_{11}(r,\theta)}{\partial r} \\[2mm] Z(\xi,\eta)\dfrac{\partial Q_{11}(r,\theta)}{\partial \theta} \end{bmatrix}$$

$$(6.47)$$

式中，$\boldsymbol{T}$ 为裂纹尖端坐标系到总体坐标系的转换矩阵；$\boldsymbol{J}$ 为式(6.43)中的雅可比矩阵；$\boldsymbol{J}_r$ 为

$$\boldsymbol{J}_r = \begin{bmatrix} \cos\theta & \sin\theta \\ -r\sin\theta & r\cos\theta \end{bmatrix} \tag{6.48}$$

按照同样的方法，可以求取 $\boldsymbol{B}_e$ 矩阵中的其他元素。

4. 动态应力强度因子的求解

在求解完动态"加料"裂纹单元的形函数矩阵 $[\boldsymbol{N} \quad \boldsymbol{N}_e]$ 和应变矩阵 $[\boldsymbol{B} \quad \boldsymbol{B}_e]$ 之后，即可着手获取裂纹的动态应力强度因子。

在不考虑阻尼的情况下，动力学问题的有限元法基本运动方程为

$$M\ddot{\delta}(t) + K\delta(t) = Q(t) \tag{6.49}$$

式中，M 为总体质量矩阵；K 为总体刚度矩阵；Q 为外载荷向量；$\delta(t)$ 为广义节点位移向量。对于"加料"裂纹单元，$\delta(t) = [\bar{u}(t) \quad \bar{\psi}(t)]^{\mathrm{T}}$。

利用前面求解得到的形函数矩阵、应变矩阵，可以分别得到动态"加料"裂纹单元的质量矩阵和刚度矩阵，如式(6.50)和式(6.51)所示。需要说明的是，在计算单元质量矩阵时采用了协调质量矩阵的求解方式。

$$M = \int_{V^{\mathrm{e}}} [N \quad N_{\mathrm{e}}]^{\mathrm{T}} \rho [N \quad N_{\mathrm{e}}] \mathrm{d}V^{\mathrm{e}} = \int_{V^{\mathrm{e}}} \begin{bmatrix} N^{\mathrm{T}} \rho N & N^{\mathrm{T}} \rho N_{\mathrm{e}} \\ N_{\mathrm{e}}^{\mathrm{T}} \rho N & N_{\mathrm{e}}^{\mathrm{T}} \rho N_{\mathrm{e}} \end{bmatrix} \mathrm{d}V^{\mathrm{e}} \tag{6.50}$$

$$K = \int_{V^{\mathrm{e}}} [B \quad B_{\mathrm{e}}]^{\mathrm{T}} D [B \quad B_{\mathrm{e}}] \mathrm{d}V^{\mathrm{e}} = \int_{V^{\mathrm{e}}} \begin{bmatrix} B^{\mathrm{T}} D B & B^{\mathrm{T}} D B_{\mathrm{e}} \\ B_{\mathrm{e}}^{\mathrm{T}} D B & B_{\mathrm{e}}^{\mathrm{T}} D B_{\mathrm{e}} \end{bmatrix} \mathrm{d}V^{\mathrm{e}} \tag{6.51}$$

式中，ρ 为单元密度；D 为材料参数矩阵。

对于平面应力模型，D 的表达式为

$$D = \frac{E}{1 - v^2} \begin{bmatrix} 1 & v & 0 \\ v & 1 & 0 \\ 0 & 0 & \dfrac{1-v}{2} \end{bmatrix} \tag{6.52}$$

对于平面应变模型，D 的表达式为

$$D = \frac{E(1-v)}{(1+v)(1-2v)} \begin{bmatrix} 1 & \dfrac{v}{1-v} & 0 \\ \dfrac{v}{1-v} & 1 & 0 \\ 0 & 0 & \dfrac{1-2v}{2(1-v)} \end{bmatrix} \tag{6.53}$$

利用式(6.50)和式(6.51)求取"加料"裂纹单元的质量矩阵和刚度矩阵之后，将两者分别与常规平面单元的质量矩阵和刚度矩阵进行组装，可以得到结构的总体质量矩阵 M 和总体刚度矩阵 K。

另外，鉴于在瞬态动力学分析过程中需要判断收敛性，必须求出动态"加料"裂纹单元的等效节点内力。等效节点内力的表达式为

$$R = M\ddot{\delta}^{\mathrm{e}}(t) + K\delta^{\mathrm{e}}(t) \tag{6.54}$$

式中，$\delta^{\mathrm{e}}(t)$ 为动态"加料"裂纹单元的节点位移向量，有 $\delta^{\mathrm{e}}(t) = [\bar{u}(t) \quad \bar{\psi}(t)]^{\mathrm{T}}$。

将 M 和 K 代入式(6.49)后可以求得结构的广义节点位移向量 $\delta(t)$，从中提取出"加料"裂纹单元上虚拟节点的位移向量 $[\bar{\psi}_1 \quad \bar{\psi}_2]^{\mathrm{T}}$。由于 $\bar{\psi}_1$ 和 $\bar{\psi}_2$ 分别等于

$K_{\mathrm{I}}(t)/E$ 和 $K_{\mathrm{II}}(t)/E$，因此可以分别获得裂纹的 I 型动态应力强度因子 $K_{\mathrm{I}}(t)$ 和 II 型动态应力强度因子 $K_{\mathrm{II}}(t)$。

由于动态"加料"裂纹元法可以在有限元分析的过程中直接计算得到裂纹的动态应力强度因子，因此并不需要像 J 积分法或虚拟裂纹闭合法那样进行复杂的后处理；而且，由前述理论可以看出，所得的动态断裂参量与有限元网格的密度关系并不大，不需要进行特殊的加密处理，因此其方法的简洁性和计算的快捷程度都有较大幅度的提升，这也为其进一步发展提供了充分条件。

6.3.2　动态"加料"裂纹单元的二次开发

鉴于实际问题的多样性及不同用户需求的特殊性，有时仅仅依靠商业有限元软件的标准分析模块往往无法得到较好的结果。这时，需要在商业有限元软件的平台上进行二次开发，编写具有特殊功能的子程序，而这类子程序必须利用特殊的二次开发接口与商业有限元软件连接，才能实现数据的传递与交换、模型的分析与计算及结果的获取与显示等正常的求解过程。

以 MSC.Marc 为例，该商业有限元软件提供的子程序接口几乎涵盖了 Marc 有限元分析的所有环节。在 MSC.Marc 提供的用户子程序模板文件基础上，利用 Fortran 语言的编程规则编写可实现特定功能的子程序，再在分析时通过恰当的方式调用该二次开发子程序，并以此来替代缺省的程序模块，即可获得用户想要的分析结果。

在 5.2.4 节所述的 USELEM 子程序接口基础上，根据需要编写了 user coding 程序段，最终形成动态"加料"裂纹单元的二次开发子程序。同时，由于"加料"单元比常规单元多了一个额外的自由度，因此为了实现 Marc 对子程序的调用并顺利完成子程序的运行，有必要对 Mentat 生成的 Marc 输入文件.dat 进行一定的修改。下面将分别从子程序的编写、.dat 文件的修改和子程序的调用三个方面进行相关说明。

1) 子程序的编写

在子程序中，需要分别计算得到各个"加料"裂纹尖端单元和过渡单元的刚度矩阵、质量矩阵。此外，由于动态问题在求解时属于非线性问题，因此必须返回单元的等效节点内力，用于计算残差。动态"加料"裂纹单元子程序的基本流程如图 6.11 所示。

在流程图中，变量初始化主要是申明变量的数据类型，并为相关矩阵或数组开辟空间，同时完成裂纹尖端在整体坐标系中坐标值的定义，为程序的后续计算做准备；定义积分点坐标则明确了程序的积分方法，并给出各个积分点的坐标值及相应的积分权系数，本书的动态"加料"裂纹单元子程序采用了 8×8 高斯积分法；裂纹尖端坐标转换矩阵的定义则给出了从裂纹尖端局部坐标转换到总体坐标

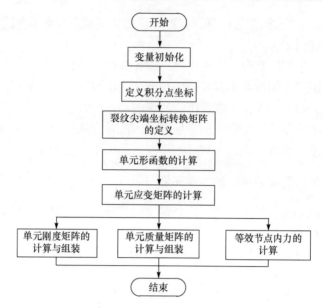

图 6.11　动态"加料"裂纹单元子程序基本流程

的转换矩阵 $\boldsymbol{T}$；单元形函数的计算则分别求取动态"加料"单元形函数矩阵中的常规项 $\boldsymbol{N}$ 和"加料"项 $\boldsymbol{N}_{\mathrm{e}}$；单元应变矩阵的计算利用所得的形函数矩阵分别求取动态"加料"单元的常规应变矩阵 $\boldsymbol{B}$ 和应变矩阵"加料项" $\boldsymbol{B}_{\mathrm{e}}$；在此基础上，可分别求得动态"加料"裂纹单元的刚度矩阵、质量矩阵和等效节点内力向量。

　　与常规四节点平面单元的有限元程序不同，本书涉及的二维动态"加料"裂纹单元将"加料"项处理成单元的一个虚拟节点，也就是说，动态"加料"裂纹单元共包含 5 个节点：4 个常规节点和 1 个虚拟节点。因此，程序编写过程中涉及的单元节点位移向量、刚度矩阵和质量矩阵等均比常规单元中相对应的矩阵维数要大。

　　另外，由于调整函数 $Z(\xi,\eta)$ 的原因，过渡单元与裂纹尖端单元的位移模式不同，而且对于不同位置上的过渡单元，其位移模式也不一致。因此，每一种调整函数 $Z(\xi,\eta)$ 对应的动态"加料"裂纹单元都应该单独编程。

　　2) .dat 文件的修改

　　为了实现 Marc 对动态"加料"裂纹单元子程序的调用并顺利完成子程序的运行，需要对.dat 文件做必要的修改，修改内容共涉及以下三个部分。

　　(1) 单元类型号的修改。

　　二维动态"加料"裂纹单元共有 5 个节点，其中的一个虚拟节点用于储存位移"加料"项 $K_{\mathrm{I}}(t)/E$ 和 $K_{\mathrm{II}}(t)/E$。很明显，常规的四节点四边形单元(11 号单元)无法满足这个要求，查阅 Marc 帮助文件后发现第 4 类单元中的 80 号单元除了四个常规节点外, 还拥有一个额外节点, 恰好符合要求。因此, 需要把.dat 文件中涉及动态 "加料" 裂纹单元的类型号全部改为 80, 这一步修改可以在.dat 文件生成之前由 Mentat 自动完成, 也可以在.dat 文件生成之后手动修改。

另外, 由于特定裂纹的应力强度因子是唯一的, 各动态 "加料" 裂纹单元的 "加料" 项完全一致, 因此需要将.dat 文件中各 "加料" 裂纹单元的虚拟节点编号全部更改一致。图 6.12 为.dat 文件中部分单元的信息, 其中 1 号和 6 号单元为常规平面四边形单元(单元类型为 11), 而 2~5 号单元为动态 "加料" 裂纹单元(单元类型为 80), 第 232 号节点为这些单元的虚拟节点。

29	1	11	1	2	13	12	
30	2	80	2	3	14	13	232
31	3	80	3	4	15	14	232
32	4	80	4	5	16	15	232
33	5	80	5	6	17	16	232
34	6	11	6	7	18	17	

图 6.12　.dat 文件中部分单元信息

(2) 用户单元的定义与置换命令。

MSC.Marc 规定常规单元类型号全部用正整数表示, 而用户自定义的单元类型号用负整数表示。因此, 需要在.dat 文件中对二次开发的动态 "加料" 裂纹单元进行重新定义, 并将类型号为 80 的单元全部用用户单元替代。图 6.13 为用户单元的定义与置换命令。图中第一行的含义是定义一种新的用户单元, 单元类型取为–80; 第二行的含义是通过 alias 命令将 80 号单元全部用–80 号单元替代; 第三行的含义则是具体定义用户单元(–80 号单元)的单元信息, 如节点总数、每个节点的自由度数等, 图中所示程序将–80 号单元定义为拥有 5 个节点且每个节点有 2 个自由度的平面四边形单元。

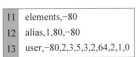

11	elements,–80
12	alias,1,80,–80
13	user,–80,2,3,5,3,2,64,2,1,0

图 6.13　用户单元的定义与置换命令

(3) 输出命令修改。

为了得到裂纹的动态应力强度因子值, 需要输出虚拟节点的位移值 $K_{\mathrm{I}}(t)/E$ 和 $K_{\mathrm{II}}(t)/E$, 然而在 Mentat 上建模时, 尚未将虚拟节点号统一, 故而无法在输出选项中定义。因此, 在完成前两步的改动之后, 需要进一步对.dat 文件中的输出语句进行修改, 将第 232 号虚拟节点的位移值纳入输出信息的范围。

3) 子程序的调用

在完成用户子程序的编写及.dat 文件的修改之后, 就可以进行子程序的调用。

MSC.Marc 提供了两种方法来调用用户子程序，现分述如下。

(1) 将修改好的.dat 文件重新读入 Mentat，在 Run Job 菜单中单击 User Subroutine File 选项，选择编好的用户子程序路径，即可完成子程序关联。图 6.14 为 Run Job 菜单中的部分截图。

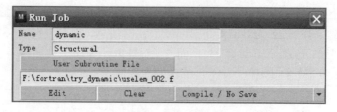

图 6.14　Mentat 中调用子程序的界面

(2) 通过批处理文件(.bat)完成子程序的调用。其中的调用命令为 call....\....\run_marc.bat -jid -user subroutine name， subroutine name 表示用户子程序的程序名，以图 6.14 中的调用为例，subroutine name 为 uselem_002.f。

6.3.3　算例验证

为了验证二次开发的动态"加料"裂纹单元子程序，将其运用到一个简单的含裂纹平板上，求解该问题的动态应力强度因子。

1. 算例描述

铝合金平板中心有一条穿透裂纹，如图 6.15 所示。平板上下两端承受大小为 $p(t)$ 的平均分布动态拉应力，裂纹半长 $a = 3$mm，平板半宽 $b = 10$mm，且 $c = 2b$。弹性模量 $E = 70$GPa，泊松比 $\nu = 0.33$，密度 $\rho = 2.8$g/cm^3。求平板在动载荷作用下的应力强度因子。

2. 计算模型

由于该平板结构及所施加载荷均对称，因此可以选取平板右上部分的 1/4 结构进行建模。最后建立的有限元模型如图 6.16 所示，单元总数为 200 个，其中，裂纹尖端处采用动态"加料"裂纹单元，裂纹尖端单元与常规单元之间用过渡单元来衔接。裂纹尖端左侧为已断裂部分，施加自由边界条件；裂纹尖端右侧为未断裂部分，施加对称边界条件。

由于所建模型仅是整体结构的一部分，因此需要设置相应的边界条件。将有限元模型左侧边界上所有节点的 x 方向位移设置为 0；下边界裂纹尖端右侧(包含裂纹尖端)所有节点的 y 方向位移设置为 0；动载荷均匀施加在模型的上边界。

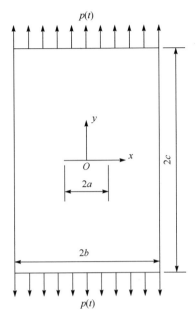

图 6.15　含中心穿透裂纹的有限宽线弹性板

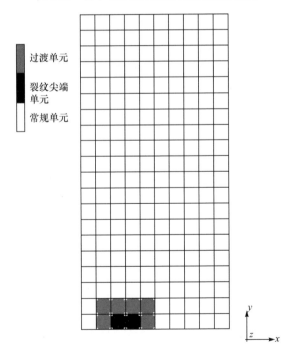

图 6.16　含动态"加料"裂纹单元的有限元模型

在提交运算时，分析模式选择瞬态动力学。动态积分方案采用 Newmark 法，且令其中的控制参数取值为 $\gamma = 0.5$，$\beta = 0.25$，这样 Newmark 法可实现无条件稳定(即时间步长的选取不影响解的稳定性)。另外，迭代方法采用 Marc 默认的 Full Newton-Raphson 方法；容差方案选择相对残余力容差。

3. 结果分析

为了对比验证在不同频率载荷作用下动态"加料"裂纹单元的有效性，分别选取三种不同频率的动载荷施加在模型上，这三种频率从高到低依次为：模型的一阶固有频率(f=60171Hz)、任意的中间频率(f=40000Hz)及任意的低频(f=200Hz)。在三种动载荷作用下，利用动态"加料"裂纹单元分别获得了相应的动态应力强度因子值。

1) f = 60171Hz 时的计算结果分析

施加的动态载荷为 $10\sin(2\pi60171t)$MPa，总加载时间为 2 个周期，分析时间共持续 75μs，利用动态"加料"裂纹单元子程序分析该载荷作用下的动态应力强度因子。图 6.17 给出了相应的动态载荷和动态应力强度因子时程曲线。

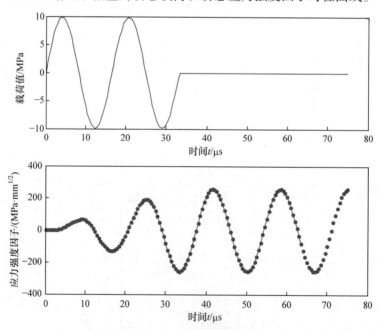

图 6.17　动态载荷及动态应力强度因子时程曲线(f=60171Hz)

从图 6.17 中读取动态应力强度因子的峰值，依次为 66.49251MPa·mm$^{1/2}$、-128.7517 MPa·mm$^{1/2}$、193.5612 MPa·mm$^{1/2}$、-256.9084 MPa·mm$^{1/2}$、258.6178

$MPa \cdot mm^{1/2}$、$-254.3555\ MPa \cdot mm^{1/2}$、$256.6389\ MPa \cdot mm^{1/2}$、$-255.7478$ $MPa \cdot mm^{1/2}$、$258.4162\ MPa \cdot mm^{1/2}$。由此可见，利用动态"加料"裂纹单元计算出来的动态应力强度因子呈现出明显的动态特性。

为了进一步验证所求结果的正确性，采用如下方案。首先，利用静态裂纹问题的解析解求取每个载荷步下的准静态应力强度因子，将其与图 6.17 中的动态应力强度因子对比，以此来显示动态"加料"裂纹单元的动态特性(即惯性效应)；其次，利用 MSC.Marc 自带的裂纹模块(J 积分法)求取动态应力强度因子，绘制成图线并与图 6.17 的曲线对比，验证动态"加料"裂纹单元子程序的精度。

准静态应力强度因子曲线、采用 J 积分法求取的动态应力强度因子曲线及采用动态"加料"裂纹单元求取的动态应力强度因子曲线均展示在图 6.18 中。由该图可见，动态"加料"裂纹单元与 J 积分法求取的结果基本接近，而且其动态特性非常明显，与准静态应力强度因子之间存在本质的区别。

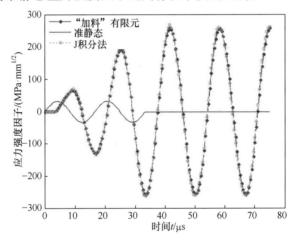

图 6.18　动态应力强度因子计算结果对比(f=60171Hz)

利用 J 积分法求取的动态应力强度因子峰值依次为 70.5325MPa $\cdot mm^{1/2}$、-132.72 $MPa \cdot mm^{1/2}$、198.60 MPa $\cdot mm^{1/2}$、-261.64 MPa $\cdot mm^{1/2}$、269.32 MPa $\cdot mm^{1/2}$、-259.22 $MPa \cdot mm^{1/2}$、261.55 MPa $\cdot mm^{1/2}$、-259.76 MPa $\cdot mm^{1/2}$、263.19 MPa $\cdot mm^{1/2}$。将这些峰值与利用动态"加料"裂纹单元求取的动态应力强度因子峰值进行比较，可知两者之差占总值的比例依次为 5.73%、2.99%、2.54%、1.81%、3.97%、1.88%、1.88%、1.54%、1.81%。偏差的最大值为 5.73%，发生在第一个峰值处。

2)f= 40000Hz 时的计算结果分析

施加 $10\sin(2\pi 40000t)$MPa 的动态载荷，总加载时间为 2 个周期，分析时间持续 100μs，同样利用动态"加料"裂纹单元子程序分析相应的动态应力强度因子。对应的动态载荷及获得的动态应力强度因子时程曲线如图 6.19 所示。

　　读取图 6.19 中的应力强度因子可知，利用动态"加料"裂纹单元求得的动态应力强度因子峰值分别为 70.1687 MPa·mm$^{1/2}$、–108.2886 MPa·mm$^{1/2}$、108.8465 MPa·mm$^{1/2}$、–69.9651 MPa·mm$^{1/2}$。第 94 载荷步(即 47μs)后，应力强度因子在 0 水平线附近小幅振荡，振幅最大值为 7.4913 MPa·mm$^{1/2}$，发生在第 121 载荷步(即 60.5μs)。

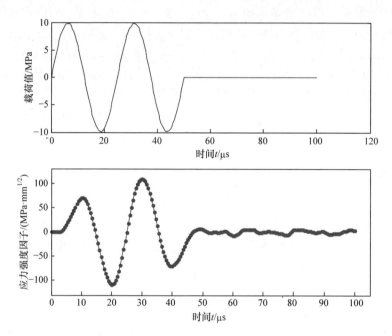

图 6.19　　动态载荷及动态应力强度因子时程曲线(f=40000Hz)

　　采用与之前算例相同的方法进行验证。求取准静态应力强度因子，利用动态 J 积分法求取相应的动态应力强度因子，将两者与动态"加料"裂纹单元的结果同时置于图 6.20 中。对比可知，动态"加料"裂纹单元与 J 积分法求取的结果总趋势一致，具体数值基本接近，而且其动态特性比较明显，与准静态应力强度因子存在较大的区别。

　　由图 6.20 所示的曲线可知，利用动态 J 积分法求得的动态应力强度因子峰值依次为 70.2690MPa·mm$^{1/2}$、–106.88MPa·mm$^{1/2}$、109.16MPa·mm$^{1/2}$、–67.97 MPa·mm$^{1/2}$，与利用动态"加料"裂纹元所得动态应力强度因子峰值对比表明，两者之差占总值的比例依次为 0.143%、1.3%、0.287% 和 2.85%。最大差值为 2.85%，发生在第四个峰值处。

3)f=200Hz 时的计算结果分析

　　施加动态载荷 $10\sin(2\pi200t)$MPa，总加载时间为 2 个周期，分析时间持续为

0.02s。利用动态"加料"裂纹单元子程序进行分析。在该载荷作用下的动态应力强度因子时程曲线如图 6.21 所示，图中还展示了所施加的动态载荷时程曲线。

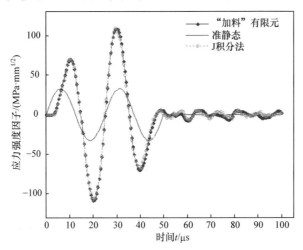

图 6.20　动态应力强度因子计算结果对比(f=40000Hz)

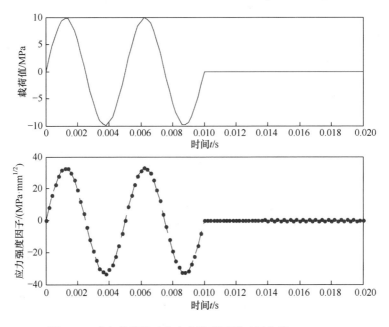

图 6.21　动态载荷及动态应力强度因子时程曲线(f=200Hz)

读取图 6.21 中曲线峰值点的值，得到利用动态"加料"裂纹单元的动态应力强度因子峰值分别为 32.5812MPa·mm$^{1/2}$、−33.4074 MPa·mm$^{1/2}$、33.1023 MPa·mm$^{1/2}$、−32.7475 MPa·mm$^{1/2}$。在 0.01s 以后，动态应力强度因子在 0 值附近做小幅振荡，

到 0.0168s(第 84 载荷步)时，最大振荡幅度为 0.3405 MPa·mm$^{1/2}$。

采用与前两个算例相同的方法检验结果的正确性。将准静态应力强度因子、利用 J 积分法求取的动态应力强度因子和利用动态"加料"单元求取的动态应力强度因子同时置于图 6.22 中进行对比。读取图 6.22 中的应力强度因子曲线，得到准静态应力强度因子的峰值依次为 32.6232MPa·mm$^{1/2}$、–33.2541MPa·mm$^{1/2}$、33.2541MPa·mm$^{1/2}$、–32.6232MPa·mm$^{1/2}$；利用 J 积分法求取的动态应力强度因子峰值依次为 31.0960MPa·mm$^{1/2}$、–31.8890MPa·mm$^{1/2}$、31.5860MPa·mm$^{1/2}$、–31.2570MPa·mm$^{1/2}$。在 0.01s 以后，动态应力强度因子在 0 水平线附近做小幅振荡，在 0.0168s(第 84 载荷步)时，最大振荡幅度为 0.3441 MPa·mm$^{1/2}$。

由图 6.22 的曲线及相关数值可知，在载荷频率为 200Hz 时，动态"加料"裂纹元的求解结果没有表现出明显的动态特性。这主要是由在低频情况下振动产生的位移太小、惯性效应不明显造成的。

将利用 J 积分法求取的动态应力强度因子峰值与利用动态"加料"裂纹单元求得的动态应力强度因子峰值进行逐一对比，得到两者之差占总值的比例依次为 4.56%、4.55%、4.58%、4.55%。最大值为 4.58%，发生在第三个峰值处。

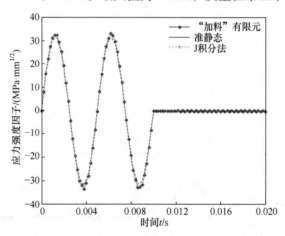

图 6.22　动态应力强度因子计算结果对比(f=200Hz)

以上三个算例均表明，利用动态"加料"裂纹单元子程序求取的动态应力强度因子呈现出了明显的动态效果；同时，与 MSC.Marc 的 J 积分法对比可知，两者的计算结果之间仅存在很小的误差，处于可接受的范围。因此，二次开发的动态"加料"裂纹单元子程序是正确的，能够达到预期效果。

另外，对比动态"加料"裂纹元法的计算时间和动态 J 积分法的计算时间可以发现，采用动态"加料"裂纹单元的计算效率要高很多。以第二个算例为例，采用动态 J 积分法，从开始提交到运算结束共用时约 11.40s，而采用"加料"裂纹单元子程序用时约 9.30s，可见后者在效率上的优势是明显的。

6.4　本　章　小　结

本章主要针对含缺陷航天结构完整性分析问题，提出了自由飞行航天结构的惯性释放技术和含缺陷航天结构的等效裂纹分析方法、动态"加料"裂纹单元及其用于商业有限元软件的二次开发技术等。主要结论如下。

对于爆炸分离装置等自由飞行航天结构，传统的强度分析方法采用一端固支、另一端加载的方式，其边界条件明显与航天结构在空中飞行时的自由状态不符，直接影响了分析结果的合理性，导致所得的应力/应变值与真实值之间有较大偏差；采用惯性释放技术克服了传统分析方法的缺陷，能很好地模拟爆炸分离装置的自由边界条件，并反映分离装置的真实受力状况，其强度分析结果更加合理可靠。

为了考虑极端环境带来的影响，提出了含预置缺陷航天结构完整性分析的等效裂纹方法。即将航天结构的预制缺陷作为典型裂纹来处理，基于奇异裂纹元法，利用数值计算求取等效裂纹处的应力强度因子，利用断裂破坏准则判断裂纹的稳定性，并据此评估航天结构的完整性。考虑到裂纹比预制缺陷更易引起结构破坏，若此等效裂纹稳定，则可充分验证预制缺陷处的结构安全性。这种分析方法对于线式爆炸分离装置等对连接可靠性有特殊要求的构件具有很强的工程意义。

将"加料"裂纹元法从静态领域拓展到动态领域，推导了动态"加料"裂纹单元的位移场、形函数矩阵、应变矩阵、质量矩阵和刚度矩阵，在此基础上给出了动态应力强度因子的求解方法；在 MSC.Marc 平台上完成了动态"加料"裂纹单元的二次开发，并利用不同频率动态加载含裂纹平板的算例对二次开发子程序进行了验证。结果证明，动态"加料"裂纹单元能够较好地处理动态断裂问题，而且计算精度令人满意。与传统的动态断裂问题有限元法相比，动态"加料"裂纹元法具有较高的求解效率，适用性和灵活性强。

参 考 文 献

[1] 陈召涛, 孙秦. 惯性释放在飞行器静气动弹性仿真中的应用[J]. 飞行力学, 2008, 26(5): 71-74.

[2] Sun C T, Jin Z H. Fracture Mechanics[M]. Waltham: Academic Press, 2012.

[3] 袁端才, 雷勇军, 唐国金, 等. 奇异裂纹单元在固体导弹发动机药柱裂纹分析中的应用[J]. 试验技术与试验机, 2006, 46(2): 1-4.

[4] Benzley S E. Representation of singularities with isoparametric finite element[J]. International Journal for Numerical Methods in Engineering, 1974, 8: 537-545.

应 用 篇

第7章 线式爆炸分离装置的结构完整性分析

爆炸分离装置既要保证其分离前不产生结构破坏，又要保证分离信号发出后能够迅速断开[1]，即连接可靠、分离干脆。这两方面的设计要求(承载和分离)在本质上是矛盾的[2]。因此，在爆炸分离装置的设计过程中必须综合考虑这两方面的因素，对其进行精细的结构完整性分析，使其达到最佳工作状态。

在分离前的火箭飞行过程中，爆炸分离装置会承受严酷的外载荷，而分离板上削弱槽和止裂槽的存在又在一定程度上影响了分离装置的承载能力。因此，为了保证爆炸分离装置在分离前不发生结构破坏，非常有必要对其进行结构完整性分析，从而对相关设计方案做出准确的评估，提升爆炸分离装置的可靠性。

作为飞行器结构的一部分，对线式爆炸分离装置进行结构完整性分析时，通常采用隔离体的方法，即把分离装置独立出来，约束其一个端面，在另外一个端面施加载荷，以此进行有限元计算，这种分析方法长期以来被航天工业部门广泛采用。但是，飞行器在飞行过程中处于自由状态，如果将分离装置设置为一端压缩、一端加载进行分析，很明显是不符合实际边界条件的，其分析结果的合理性值得商榷。

线式爆炸分离装置的起裂是整个分离过程的重要一环，其成功与否直接关系到飞行器能否正常分离甚至关系到发射任务的成败。与此同时，起裂的相关参数也是衡量分离性能的关键因素。因此，对线式爆炸分离装置进行起裂分析，并研究关键参数对起裂过程的影响规律显得非常重要。目前，工业部门对分离装置断裂的分析主要依靠工程经验和反复试验，尚缺乏精细的计算和比较可靠的理论支撑。

基于上述考虑，本章首先介绍线式爆炸分离装置的载荷分析和计算方法，比较分析采用传统方法和惯性释放技术对分离装置强度分析结果的差异性。将第6章提出的等效裂纹分析方法用于分离装置结构完整性分析中。利用二次开发的动态"加料"裂纹单元子程序，分析线式爆炸分离装置的动态起裂过程，并分别研究结构参数、爆轰压力参数对起裂过程的影响规律。

7.1 分离装置的载荷分析与计算

在主动段飞行过程中，作用在飞行器上的力包括发动机推力、空气动力、重力和控制力等,这些力按照力的方向和性质大致可分为轴向静载荷、轴向动载荷、横向静载荷和横向动载荷[3]。飞行器空中飞行载荷分析的任务是准确给出飞行器在空中飞行期间各截面上所受的轴向载荷、横向载荷及箭体外表面的压力等。下面以火箭为例,给出火箭在空中飞行期间箭体上轴向静载荷和横向静载荷的具体计算方法,并将其应用到线式爆炸分离装置的载荷分析过程中,得到两种主要设计工况下分离装置所受的外载荷。

7.1.1　轴向静载荷

火箭箭体上的轴向静载荷主要由发动机推力和气动阻力引起,将两者分解后进行矢量求和,即可获取火箭各截面上的轴向力。

首先以整个火箭为研究对象,将其离散为 s 个站,并将火箭的质量分布到各个站上。整个火箭的质量、质心、外力的大小及外力作用点不因离散化而改变,如图 7.1 所示。

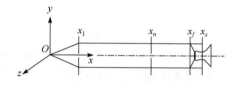

图 7.1　箭体结构示意图

图 7.1 中坐标系以火箭头部顶端为原点,火箭轴线方向为 x 方向。x_1、x_n、x_f 和 x_s 分别为第 1 个截面、第 n 个截面、第 f 个截面和第 s 个截面的 x 坐标值,每个截面对应一个站。其中,第 f 个截面为喷管与箭体对接位置。

按照图 7.1 所示的模型,计算得到飞行过程中的轴向过载系数为

$$n_x = \frac{P_e - D}{mg} \tag{7.1}$$

式中,P_e 为发动机有效推力(N);D 为气动阻力(N);m 为总质量(kg);g 为重力加速度(m/s^2)。

气动阻力的计算公式为

$$D = q S_M \sum_{n=1}^{s} C_{dn} \tag{7.2}$$

式中,q 为飞行动压(N/m^2);S_M 为特征面积(m^2);C_{dn} 为第 n 站的气动阻力系数(无量纲)。

在不考虑重力的前提下,第 n 个截面的轴向载荷计算公式为

$$T_n = T_{n-1} + n_x m_n g + D(x_n) - P_e \cdot \Delta(x_n - x_f), \quad T_0 = 0 \tag{7.3}$$

式中，m_n 为第 n 站的质量(kg)；$D(x_n)$ 为第 n 站的气动阻力(N)；$\Delta(x_n - x_f)$ 为单位阶跃函数，有

$$\Delta(x_n - x_f) = \begin{cases} 1, & x_n \geqslant x_f \\ 0, & x_n < x_f \end{cases} \tag{7.4}$$

7.1.2 横向静载荷

在飞行过程中，箭体会受到较强的干扰作用，其中以高空风干扰的影响最大。在高空风干扰作用下，火箭出现攻角和发动机摆角(或燃气舵偏转角)，由此将产生气动载荷和操纵载荷。这两项载荷占整个横向载荷的 70%~80%，是结构设计载荷的主要部分[4]。

对于高空风干扰的载荷和响应，工程上主要采用综合风剖面的方式加以确定。即根据综合风剖面，利用火箭刚体运动方程和控制方程，计算火箭的攻角和发动机摆角，根据得到的最大角参数计算气动力和操纵力，并由此得到相关截面上的横向载荷(剪力、弯矩)。

1) 气动载荷

将如图 7.1 所示的火箭整体等效为一根连续梁，并将各站的质量等效为质点分布于梁上，同时也将作用于箭体表面的气动力离散到各个质点上。此时，第 n 个截面上的横向气动剪力的表达式为

$$Q_n = Q_{n-1} + q S_{\mathrm{M}} C_{n\alpha} \alpha - [n_{Y01} + n'_{Y1}(x_n)] m_n g - \sum_{i=1}^{k} [n_{Y01} + n'_{Y1}(x_n)] m_{fi} g \cdot \Delta(x_n - x_{fi}) \tag{7.5}$$

式中，$C_{n\alpha}$ 为单位攻角下气动法向力系数(1/rad)；α 为飞行攻角(rad)；n_{Y01} 为质心处的横向过载系数(无量纲)；$n'_{Y1}(x_n)$ 为绕质心转动时第 n 个截面处的横向过载系数(无量纲)；m_{fi} 为第 i 个分支结构的集中质量(kg)；k 为火箭上分支结构(翼、喷管等)的数目；x_{fi} 为第 i 个分支结构与箭体对接位置的 x 坐标值(m)；$\Delta(x_n - x_{fi})$ 为单位阶跃函数，有

$$\Delta(x_n - x_{fi}) = \begin{cases} 1, & x_n \geqslant x_{fi} \\ 0, & x_n < x_{fi} \end{cases} \tag{7.6}$$

第 n 个截面上的横向气动弯矩表达式为

$$M_n = M_{n-1} + Q_{n-1}(x_n - x_{n-1}) - \sum_{i=1}^{k} [n_{Y01} + n_{Y1}(x_{f\mathrm{T}i})] m_{fi} g(x_{f\mathrm{T}i} - x_{fi}) \cdot \Delta(x_n - x_{fi}) \tag{7.7}$$

式中，$n_{Y1}(x_{f\mathrm{T}i})$ 为绕质心转动时第 i 个分支结构的横向过载系数(无量纲)；$x_{f\mathrm{T}i}$ 为第 i 个分支结构质心位置的 x 坐标值；下标 T 表示环向。

2) 操纵载荷

与计算气动载荷的方法相同，计算操纵载荷时也将火箭等效为一根连续梁，并将各站的质量沿箭体轴线离散为若干质点。

第 n 个截面上的横向操纵剪力表达式为

$$Q'_n = Q'_{n-1} + Y_C N_3 m_n + Y_C N_4 (x_T - x_n) m_n + Y_C \cdot \Delta(x_n - x_{RK})$$
$$+ \sum_{i=1}^{k} Y_C \left[N_3 + N_4 (x_T - x_{fTi}) \right] m_{fi} \cdot \Delta(x_n - x_{fi}) \tag{7.8}$$

式中，Y_C 为控制力(N)；x_T 为火箭质心位置的 x 坐标值(m)；x_{RK} 为第 K 个控制力作用位置的 x 坐标值(m)；$N_3=1/m$、$N_4 = (x_T - x_{RK}) / J_Z$ 均为辅助计算参数，J_Z 为火箭绕质心的横向转动惯量(kg · m²)。

第 n 个截面上的横向操纵弯矩表达式为

$$M'_n = M'_{n-1} + Q'_{n-1}(x_n - x_{n-1}) + \sum_{i=1}^{k} Y_C \left[N_3 + N_4(x_T - x_{fTi}) \right] m_{fi} (x_{fTi} - x_{fi}) \cdot \Delta(x_n - x_{fi})$$
$$+ Y_C (x_{RK} - x_{fk}) \cdot \Delta(x_n - x_{fk})$$

$$\tag{7.9}$$

式中，x_{fk} 为火箭上离控制力作用点最近的点的 x 坐标值(m)；$\Delta(x_n - x_{fk})$ 为单位阶跃函数，有

$$\Delta(x_n - x_{fk}) = \begin{cases} 1, & x_n \geqslant x_{fk} \\ 0, & x_n < x_{fk} \end{cases} \tag{7.10}$$

7.1.3 载荷的综合

在不考虑轴向动载荷(主要包括火箭起飞或级间分离时引起的瞬态载荷)和横向动载荷(主要指阵风载荷和跨声速抖振载荷)的情况下，箭体截面上总的轴向载荷即等于轴向静载荷。对于总的横向载荷，按照以下公式进行叠加：

$$Q_{\max}(x_n) = Q_n \bar{\alpha} + Q'_n \bar{\delta} \pm \zeta(Q_n \sigma_\alpha + Q'_n \sigma_\delta) \tag{7.11}$$
$$M_{\max}(x_n) = M_n \bar{\alpha} + M'_n \bar{\delta} \pm \zeta(M_n \sigma_\alpha + M'_n \sigma_\delta) \tag{7.12}$$

式中，$Q_{\max}(x_n)$ 为第 n 个截面上可能出现的最大剪力(N)；$M_{\max}(x_n)$ 为第 n 个截面上可能出现的最大弯矩(N · m)；系数 ζ =2.33；$\bar{\alpha}$ 为攻角平均值；$\bar{\delta}$ 为喷管摆角(或舵偏角)平均值；σ_α 为攻角偏差值(rad)；σ_δ 为喷管摆角(或舵偏角)偏差值(rad)。

另外，需要说明的是，式(7.11)和式(7.12)中正负号的选择标准为：使得载荷绝对值最大。而且，在载荷的实际使用过程中，还需要根据火箭工作环境和设计经验为上述载荷乘以一定的安全系数。

按照上述方法，对某型飞行器的飞行载荷进行分析，按照飞行时序将飞行全过程的纵向载荷和横向载荷进行综合，把典型飞行时刻的轴力、横向剪力和截面

弯矩提取出来，作为结构强度和刚度设计的依据。通常情况下，横向剪力对结构的影响不大，仅需校核剪力作用下各部段对接面的连接件抗剪强度。对于回转体形式的飞行器结构,设计时主要考虑在轴力和截面弯矩综合作用下的结构适应性。一般情况下，会将截面弯矩处理成轴向拉压载荷并与载荷表中提供的轴向力相加后，作为结构强度计算和稳定性校核的载荷条件。

根据经验，飞行器在整个飞行过程中，最大载荷工况出现在大气层内飞行阶段，特别是最大动压时刻和一级发动机(或者助推器发动机)关机时刻。前一种工况结构承受的截面弯矩最大，折合成轴向载荷后，总的轴压载荷最大。后一种工况轴向过载最大，因此单纯的轴向载荷最大，即使此时横向载荷较小，两者叠加的结果往往也大于其他飞行时刻的总载荷。

在本书的分析对象中，进行结构设计载荷分析时，分别得到两种设计工况下分离装置上所受的载荷。由于分离装置下端面(即靠近飞行器尾部的一端)的载荷值更大，本书准确计算出了该端面的载荷值。对于上端面的载荷，由于该型线式爆炸分离装置高度很小(140mm)，上下端面距离很近，且分离装置整体质量较轻，为简化计算，可以根据材料力学中的相关原理对其进行处理，使得分离装置整体在各项载荷作用下达到平衡状态。具体载荷值如下。

1) 设计工况一：轴弯剪联合最大

下端面：轴向力 T=105.9kN；剪力 Q=112.2kN(Ⅰ-Ⅲ)；弯矩 M=4.897kN·m (Ⅰ-Ⅲ)。

上端面：轴向力 T=105.9kN；剪力 Q=112.2kN(Ⅲ-Ⅰ)；弯矩 M=20.605kN·m (Ⅰ-Ⅲ)。

2) 设计工况二：承受气动外压最大

下端面：轴向力 T=103.6kN；剪力 Q=124.4kN(Ⅰ-Ⅲ)；弯矩 M=36.3kN·m(Ⅲ-Ⅰ)。

上端面：轴向力 T=103.6kN；剪力 Q=124.4kN(Ⅲ-Ⅰ)；弯矩 M=18.884kN·m (Ⅲ-Ⅰ)。

外压 P=18.89kPa。

以设计工况一为例，其箭体受力示意图如图 7.2 所示，其中 T、Q、M 分别表示轴向力、剪力和弯矩。

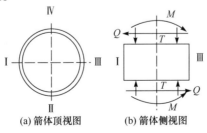

(a) 箭体顶视图　　　　(b) 箭体侧视图

图 7.2　箭体受力示意图

图 7.2 中，火箭箭体沿逆时针方向划分为四个象限，每个象限 90°。符号 I‑Ⅲ表示载荷的作用方向，对于剪力而言，该符号的含义是剪力由箭体第 I 象限指向第Ⅲ象限；对于弯矩而言，该符号的含义是由第 I 象限弯向第Ⅲ象限。另外，设计工况二中的外压指的是分离装置外表面与内表面的压差。

7.2　分离装置的结构完整性分析

在严酷的外载荷作用下，线式爆炸分离装置的承载能力会受到一定的影响，而分离板上削弱槽和止裂槽的存在又进一步增大了这种影响。因此，为了保证分离装置在分离前不发生结构破坏，非常有必要对其进行强度分析，从而对相关设计方案做出准确的评估，以提升分离装置的可靠性。

7.2.1　计算模型

1) 几何模型

常见的线式爆炸分离装置主要由三部分组成，分别为分离板、保护罩和柔爆索，其中分离板与保护罩之间用紧固件螺栓连接。

以位于火箭一、二级之间的分离装置为例，其沿火箭轴向的纵截面示意图如图 7.3 所示，示意图的左侧为分离板，右侧为保护罩，分离板和保护罩之间由螺栓固定，螺栓沿环向均匀分布。

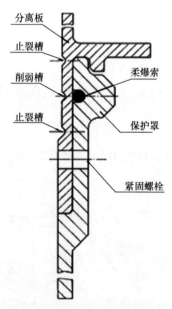

图 7.3　分离装置纵截面示意图

分离板上预制三个凹槽，位于中间的是削弱槽，位于两侧的是止裂槽。削弱槽的作用在于保障分离装置的分离性能，使得分离板在爆炸载荷作用下沿该处断裂，而止裂槽则可以防止裂纹沿纵向扩展到箭体的其他部位。

保护罩与分离板紧密配合，主要用于支撑、定位和保护柔爆索，同时防止爆炸产物进入箭体内部，引起内部仪器的损坏[5]。

分离板和保护罩之间安装有柔爆索，当接收到分离信号后，柔爆索引爆，在爆轰压力作用下，分离板沿削弱槽断开，并随着爆轰波沿箭体环向的传播实现火箭的级间分离。

2) 有限元模型

为了全面分析分离装置各部位的应力、应变，同时便于利用 RBE3 单元施加弯矩载荷，取整个线式爆炸分离装置进行建模。利用商业有限元软件 MSC.Patran 建立的有限元模型如图 7.4 所示。

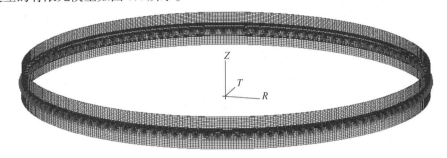

图 7.4　线式爆炸分离装置的有限元模型

建模时采用柱坐标系，坐标原点位于线式爆炸分离装置下端面的中心处，R、T 和 Z 分别表示有限元模型的径向、环向和轴向。在该参考坐标系下，线式爆炸分离装置上沿 Z 轴正向的一端为上端面，另一端为下端面；另外，在加载时以图 7.4 中 R 所指的方向为箭体第 III 象限，而与其相反的方向为箭体第 I 象限。对分离装置划分网格时采用八节点六面体单元，建模完成后全模型共划分 129120 个单元，生成 163681 个节点。同时，对削弱槽和止裂槽等关键部位进行网格加密处理，以提高计算精度。

分离板和保护罩之间的紧固螺栓采用 RBE2 单元模拟，轴向力、剪力和弯矩通过 RBE3 单元进行加载。火箭在飞行过程中，其分离板和保护罩之间的相对运动微乎其微，且又采用 RBE2 这种刚性单元进行了约束，在分析过程中可以忽略界面接触对整体应力/应变的影响。

线式爆炸分离装置的两部分结构采用不同的材料，其中分离板材料主要为 ZL205A，保护罩材料为铝合金 6061-T652，其具体的材料参数如表 7.1 所示。

表 7.1　分离装置各部分结构的材料参数

结构	弹性模量 E/MPa	泊松比 ν	密度 ρ/(g/cm³)
分离板	70000	0.30	2.82
保护罩	68900	0.33	2.7

7.2.2　基于传统分析方法的分离装置强度分析

在对线式爆炸分离装置进行强度分析时，为了简化问题，传统方法一般对一个端面进行约束，而在另一个端面施加载荷，以此作为边界条件进行有限元分析。这种分析方法长期以来被航天部门广泛应用，能够在一定程度上模拟火箭的真实受力状态，下面采用这种方法对线式爆炸分离装置进行强度分析。

将分离装置的下端面进行约束，即设置下端面上所有节点的 3 个平动自由度为 0，同时利用 RBE3 单元将相应的轴向力、剪力和弯矩施加在上端面，将外压施加在分离装置的外表面。在此基础上，将所建的模型提交商业有限元软件MSC.Nastran 进行运算，分别得到两种设计工况下分离装置上的最大 von Mises 应力/应变，并据此进行强度分析。

第一种设计工况下，分离板的有限元分析结果如图 7.5 所示。由图 7.5 可知，在第一种设计工况下，分离板上的最大 von Mises 应力为 313MPa，最大 von Mises 应变为 0.387%，出现的位置均处于箭体第 I 象限的上止裂槽处，很明显，上止裂槽出现了较强的应力集中。

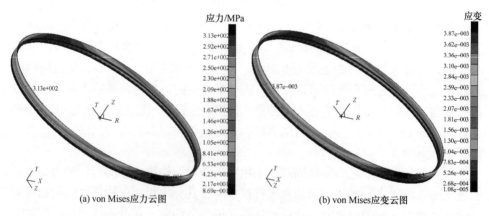

(a) von Mises应力云图　　　　　　　　　(b) von Mises应变云图

图 7.5　第一种设计工况下分离板的 von Mises 应力/应变云图(传统分析方法)(见彩图)

第一种设计工况下，保护罩的有限元分析结果如图 7.6 所示。由图 7.6 可知，在第一种设计工况下，保护罩上的最大 von Mises 应力为 120MPa，最大 von Mises 应变为 0.155%，位置均处于箭体第 I 象限的螺栓孔处。

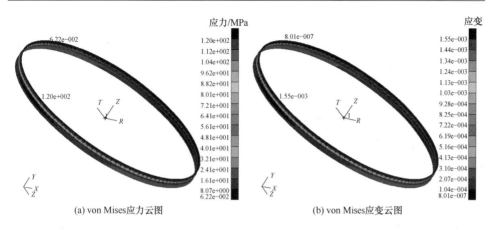

(a) von Mises应力云图　　　　　　　　　　(b) von Mises应变云图

图 7.6　第一种设计工况下保护罩的 von Mises 应力/应变云图(传统分析方法)(见彩图)

　　第二种设计工况下，分离板的有限元分析结果如图 7.7 所示。由图 7.7 可知，在第二种设计工况下，分离板上的最大 von Mises 应力为 353MPa，最大 von Mises 应变为 0.438%，均处于箭体第 I 象限的上止裂槽位置。与第一种设计工况下的情形类似，在第二种设计工况下，上止裂槽位置也出现了较强的应力集中。

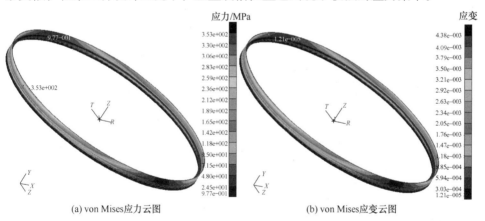

(a) von Mises应力云图　　　　　　　　　　(b) von Mises应变云图

图 7.7　第二种设计工况下分离板的 von Mises 应力/应变云图(传统分析方法)(见彩图)

　　第二种设计工况下，保护罩的有限元分析结果如图 7.8 所示。由图 7.8 可知，在第二种设计工况下，保护罩上的最大 von Mises 应力为 175MPa，最大 von Mises 应变为 0.225%，均处于箭体第 I 象限的螺栓孔处。

　　将以上分析结果进行整理、汇总，并将两种设计工况下分离板和保护罩上的最大 von Mises 应力、最大 von Mises 应变，以及相关危险位置列于表 7.2 中。

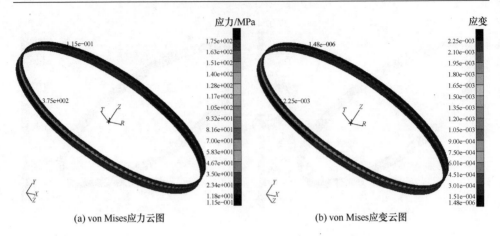

(a) von Mises应力云图　　　　　　　　　(b) von Mises应变云图

图 7.8　第二种设计工况下保护罩的 von Mises 应力/应变云图(传统分析方法)(见彩图)

表 7.2　基于传统分析方法的分离装置强度分析结果

设计工况		分离板	保护罩
第一种设计工况	最大 von Mises 应力/MPa	313	120
	最大 von Mises 应变/%	0.387	0.155
	危险位置	上止裂槽(Ⅰ)	螺栓孔(Ⅰ)
第二种设计工况	最大 von Mises 应力/MPa	353	175
	最大 von Mises 应变/%	0.438	0.225
	危险位置	上止裂槽(Ⅰ)	螺栓孔(Ⅰ)

注：表中各设计工况下危险位置所用的Ⅰ和Ⅲ分别表示箭体第Ⅰ象限和第Ⅲ象限。

分离板只要保证飞行过程中不提前断裂即可，故选取极限强度作为校核判据，由表 3.8 可知 ZL205A 的极限强度 σ_b=430.5MPa，延伸率 δ=12.2%；保护罩需要整个飞行过程中确保安全，故选取屈服应力作为校核判据，由表 3.7 可知铝合金 6061-T652 的屈服应力 σ_y=307MPa，延伸率 δ=19.8%。将表 7.2 中的分析结果与相应的强度极限、延伸率进行对比，可知分离板和保护罩均满足 σ_{max} 小于材料强度，$\varepsilon_{max} < \delta$。据此可以判断，线式爆炸分离装置满足结构完整性的要求。

7.2.3　基于惯性释放技术的分离装置强度分析

7.2.2 节利用传统方法对分离装置进行了强度分析，得到了两种不同工况下分离装置各部分的应力/应变，得出了分离装置处于安全状态的结论。然而，利用这种方法对线式爆炸分离装置进行强度分析时，未考虑火箭在空中自由飞行时的实际边界条件，增加了人为的约束条件，与实际不符。

为克服以上不足，本节将利用 MSC.Nastran 中的惯性释放技术对分离装置进行强度分析，实现对自由边界条件下分离装置的强度分析，以期得到更合理的分析结果。

第一种设计工况下，分离板的有限元分析结果如图 7.9 所示。

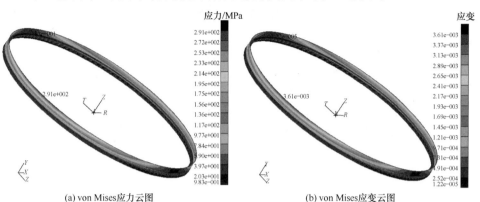

(a) von Mises应力云图　　　　　　(b) von Mises应变云图

图 7.9　第一种设计工况下分离板的 von Mises 应力/应变云图(惯性释放技术)(见彩图)

由图 7.9 可知，在第一种设计工况下，分离板上的最大 von Mises 应力为 291MPa，最大 von Mises 应变为 0.361%，均处于箭体第 I 象限的上端面。另外，上止裂槽处也出现了较大的应力集中，其 von Mises 应力为 257MPa，von Mises 应变为 0.319%。

第一种设计工况下，保护罩的有限元分析结果如图 7.10 所示。由图可知，在第一种设计工况下，保护罩上的最大 von Mises 应力为 202MPa，最大 von Mises 应变为 0.26%，均处于箭体第Ⅲ象限的下端面处。

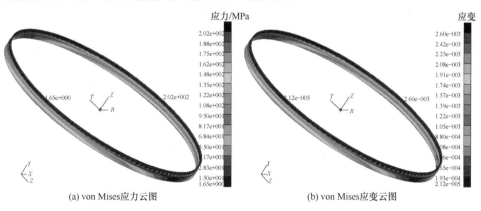

(a) von Mises应力云图　　　　　　(b) von Mises应变云图

图 7.10　第一种设计工况下保护罩的 von Mises 应力/应变云图(惯性释放技术)(见彩图)

第二种设计工况下，分离板的有限元分析结果如图 7.11 所示。由图可知，在第二种设计工况下，分离板上的最大 von Mises 应力为 322MPa，最大 von Mises 应变为 0.399%，均处于箭体第Ⅲ象限的上端面。另外，上止裂槽处出现了较大的应力集中，其 von Mises 应力为 294MPa，von Mises 应变为 0.363%。

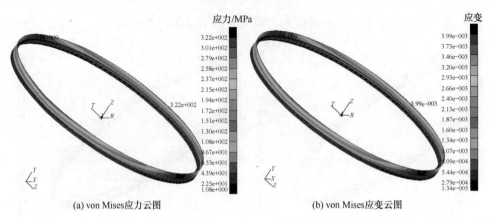

(a) von Mises应力云图　　　　　　　　　　　　　　(b) von Mises应变云图

图 7.11　第二种设计工况下分离板的 von Mises 应力/应变云图(惯性释放技术)(见彩图)

　　第二种设计工况下，保护罩的有限元分析结果如图 7.12 所示。由图可见，在第二种设计工况下，保护罩上的最大 von Mises 应力为 213MPa，最大 von Mises 应变为 0.274%，均处于箭体第Ⅲ象限的下端面。

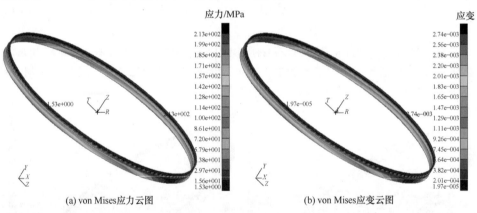

(a) von Mises应力云图　　　　　　　　　　　　　　(b) von Mises应变云图

图 7.12　第二种设计工况下保护罩的 von Mises 应力/应变云图(惯性释放技术)(见彩图)

　　将以上分析结果进行整理、汇总，并将两种设计工况下分离板、保护罩及预制缺陷槽处的最大 von Mises 应力、最大 von Mises 应变，以及相关危险位置列于表 7.3 中。

表 7.3　基于惯性释放技术的分离装置强度分析结果

	设计工况	分离板	保护罩	预制缺陷槽
	最大 von Mises 应力/MPa	291	202	257
第一种	最大 von Mises 应变/%	0.361	0.26	0.319
	危险位置	上端面(Ⅰ)	下端面(Ⅲ)	上止裂槽(Ⅰ)

续表

设计工况		分离板	保护罩	预制缺陷槽
第二种	最大 von Mises 应力/MPa	322	213	294
	最大 von Mises 应变/%	0.399	0.274	0.363
	危险位置	上端面(Ⅲ)	下端面(Ⅲ)	上止裂槽(Ⅰ)

注：表中各设计工况下危险位置所用的 Ⅰ 和 Ⅲ 分别表示箭体第 Ⅰ 象限和第 Ⅲ 象限。

已知 ZL205A 的极限强度 σ_b=430.5MPa，延伸率 δ=12.2%；铝合金 6061-T652 的屈服应力 σ_y=307MPa，延伸率 δ=19.8%。将分析结果与相应的材料参数进行对比，可知分离板和保护罩均满足 σ_{max} 小于材料强度，$\varepsilon_{max}<\delta$。由此判断，线式爆炸分离装置满足结构完整性要求，处于安全状态。

对比表 7.2 和表 7.3 的各项结果可以发现，在应用惯性释放技术后，分离板和预制缺陷槽上的最大 von Mises 应力/应变均有所减小，而保护罩上的最大 von Mises 应力/应变有较大幅度的增加。究其原因，关键在于传统分析方法对分离装置下端面设置的位移约束增加了结构的刚度，导致了两者之间的结果差异。

归纳起来，分离板的危险位置发生了变化，但是关键部位的应力/应变值差别较小，因此可以忽略相应的影响；但是保护罩的危险位置和应力/应变值均发生了较大改变，这在设计过程中需要重点关注。可以看出，基于惯性释放技术的线式爆炸分离装置强度分析方法克服了传统分析方法的缺陷，可以较好地模拟自由飞行状态，能够得到更加精细的分析结果，具有工程实用价值。

7.2.4　基于等效裂纹方法的分离装置断裂分析

利用等效裂纹方法，在图 7.4 所示的分离装置有限元模型基础上，对上止裂槽位置重新划分网格，并将裂纹尖端处的单元全部用 Nastran 奇异裂纹元代替。图 7.13 为最终的分离装置等效裂纹模型，粗实线所在位置即上止裂槽的等效裂纹(图背面的裂纹未显示)。

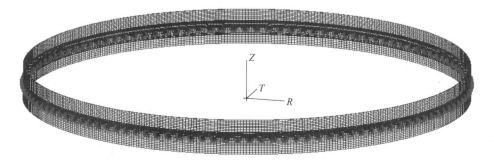

图 7.13　分离装置等效裂纹模型总体图

进一步应用惯性释放技术，在设置好相关参数后，提交 MSC.Nastran 进行计算，分别得到两种设计工况下分离装置的应力云图及相应的断裂参量。

第一种设计工况下，分离装置的有限元分析结果如图 7.14 所示。由图可以看出，在第一种设计工况下，分离板上的最大 von Mises 应力为 355MPa，出现在箭体第 I 象限的上止裂槽裂纹尖端附近，不考虑等效裂纹时得到的最大 von Mises 应力为 291MPa，位置相同。保护罩上的最大 von Mises 应力为 284MPa，出现在箭体第 III 象限的螺栓孔处，不考虑等效裂纹时得到的最大 von Mises 应力为 202MPa，位置相同。因此，采用等效裂纹给出的结果更加保守，使得设计的安全裕度更大。需要说明的是，由于裂纹尖端具有奇异性，其应力在理论上应该趋于无穷大。但是实际上，由于在设置奇异裂纹单元的过程中，裂纹尖端附近的原始单元被删除，对分离板而言，应力云图中显示的应力极大值属于裂纹尖端单元节点的应力值。

读取相关结果文件可知，在该设计工况下，断裂参量的最大值分别为：$K_I = 252.818\,\mathrm{MPa \cdot mm}^{1/2}$，$K_{II}=34.46\,\mathrm{MPa \cdot mm}^{1/2}$，$K_{III}=60.064\,\mathrm{MPa \cdot mm}^{1/2}$。

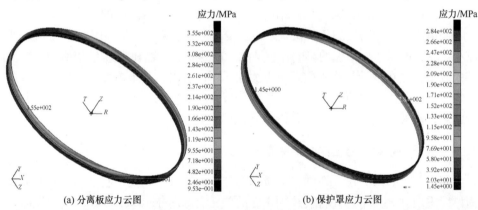

(a) 分离板应力云图　　　　　　(b) 保护罩应力云图

图 7.14　第一种设计工况下分离装置的 von Mises 应力云图(见彩图)

第二种设计工况下，分离装置的有限元分析结果如图 7.15 所示。从图中可以看出，在第二种设计工况下，分离板上的最大 von Mises 应力为 393MPa，出现在箭体第 III 象限的上止裂槽裂纹尖端附近，不考虑等效裂纹时得到的最大 von Mises 应力为 322MPa，位置相同。保护罩上的最大 von Mises 应力为 212MPa，出现在箭体第 III 象限的下端面,不考虑等效裂纹时得到的最大 von Mises 应力为 213MPa，位置相同。与第一种设计工况时的现象一样，分离板应力云纹图中的应力极大值属于裂纹尖端单元节点的应力值。在这种设计工况下，采用等效裂纹给出的结果对于分离板而言会保守一些。汇总两种设计工况的分离结果，发现采用等效裂纹的分析可能使结构具有更多的安全裕度。

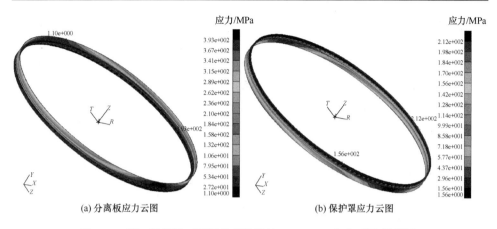

(a) 分离板应力云图　　　　　　　　　　(b) 保护罩应力云图

图 7.15　第二种设计工况下分离装置的 von Mises 应力云图(见彩图)

读取相关结果文件可知，在该设计工况下，断裂参量的最大值分别为：K_I = 310.89 MPa·mm$^{1/2}$，K_II = 39.08 MPa·mm$^{1/2}$，K_III = 66.612 MPa·mm$^{1/2}$。

由于 ZL205A 的极限强度 σ_b = 430.5MPa，铝合金 6061-T652 的屈服应力 σ_y = 307MPa，对比上述 von Mises 应力值可知，分离装置处于安全状态。

关于裂纹稳定性，由于 K_I 远大于 K_II 和 K_III，因此这里仅对 I 型应力强度因子 K_I 进行校核。由表 3.13 可知，ZL205A 的起裂韧度 K_Id = 16.63MPa·m$^{1/2}$ = 525.89MPa·mm$^{1/2}$，对比两种设计工况下的 I 型应力强度因子可知，它们均未达到起裂韧度，裂纹是稳定的，不会发生破坏。

综上所述，线式爆炸分离装置在两种设计工况下均满足结构完整性要求，不会发生结构破坏。由于裂纹比普通缺陷更容易失效，因此利用该方法所得的完整性分析结果一般具有较大的冗余度。对类似分离装置等工作环境恶劣、失效风险较高的预制缺陷柱壳结构而言，该方法不仅可以较好地改善传统有限元分析的可靠性，而且也给同类问题提供了一种有效的工程解决方案，具有实用性。另外，该分析方法还能给出应力强度因子等更多参数的数据，也为结构分析提供了更加丰富的信息。

7.3　基于动态"加料"裂纹元法的分离装置起裂分析

线式爆炸分离装置的起裂是整个分离过程的重要一环，其成功与否直接关系到箭体能否正常分离。与此同时，起裂的相关参数也是衡量分离装置分离性能的关键因素。因此，对分离装置进行起裂分析，并研究关键参数对起裂过程的影响规律显得非常重要，也可为分离装置设计提供精细化的分析手段。

7.3.1　分离装置的起裂分析

1. 计算模型

线式爆炸分离装置沿环向由 120 个螺栓紧固,在几何上属于循环对称,接近于轴对称,因此可以取出分离装置的一个纵截面,将其作为轴对称模型进行分析。

由于线式爆炸分离装置的环向尺寸远大于其径向尺寸和轴向尺寸,因此可以认为其在几何上符合平面应变模型的特点。另外,对于轴对称问题,三大类力学变量分别满足[6]:位移 $u_\theta = 0$、应变 $\varepsilon_{r\theta} = \varepsilon_{\theta z} = 0$ 和应力 $\sigma_{r\theta} = \sigma_{\theta z} = 0$;对于平面应变模型,三大类力学变量分别满足:位移 $u_z = 0$、应变 $\varepsilon_{zz} = \varepsilon_{zx} = \varepsilon_{zy} = 0$ 和应力 $\sigma_{zx} = \sigma_{zy} = 0$。可见,轴对称模型与平面应变模型的主要差别在于:轴对称模型的 $\varepsilon_{\theta\theta} \neq 0$,而在同一应变方向上,平面应变模型的 $\varepsilon_{zz} = 0$。由于轴对称模型的 $\varepsilon_{\theta\theta} = u_r / r$,且在结构破坏之前 u_r 很小,而 r 很大,因此满足 $\varepsilon_{\theta\theta} \approx 0$。综上所述,线式爆炸分离装置的轴对称模型与平面应变模型是近似相等的。因此,为了简化问题,下面采用平面应变模型进行分析。

图 7.16 为分离装置的平面应变模型,全模型共有 1038 个单元、1219 个节点。分离板与保护罩之间用 RBE2 单元连接,以此来模拟紧固螺栓的作用,其局部模型如图 7.16 右侧所示。将削弱槽当成典型裂纹处理,裂纹深度与削弱槽深度保持一致(1mm)。同时,将削弱槽处的单元进行加密处理,该处的局部模型如图 7.16 左侧所示,其中的粗实线为裂纹所在的位置。

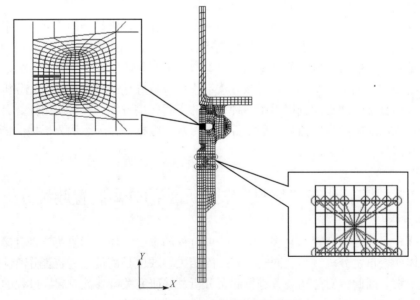

图 7.16　分离装置的平面应变模型

计算模型的边界条件设置如下。

(1) 位移边界条件：对约束模型最顶端所有节点的 x 方向位移和 y 方向位移进行约束。

(2) 力边界条件：在柔爆索爆炸时燃气接触的位置(即削弱槽右侧空腔的四周)施加爆轰压力，其随时间变化的曲线如图 7.17 所示。

将图 7.17 中的压力转化为作用力，与静载荷值相比后发现，爆轰压力产生的作用力远大于分离装置上的轴向静载荷和横向静载荷。因此，在上述的力边界条件中，可以将各静载荷忽略，仅考虑爆轰压力的影响。

根据本小节开头的分析，分离装置本身应属于轴对称模型，但在分析过程中采用平面应变模型替代。为了验证这种近似模型的合理性，下面将采用 MSC.Marc 的 J 积分法对分离装置进行断裂分析。

分别采用分离装置的轴对称模型和平面应变模型，并加载如图 7.17 所示的爆轰压力，对分离装置进行断裂分析。将所得到的 J 积分值汇总后，形成如图 7.18 所示的曲线。从图中可以看出，在其他分析条件相同的前提下，采用轴对称模型和平面应变模型得到的断裂参量差别很小。尤其是在爆炸起始阶段，两者的 J 积分值几乎完全重合。综合以上分析可知，用平面应变模型取代轴对称模型对分离装置的动态起裂进行分析是合理可行的。

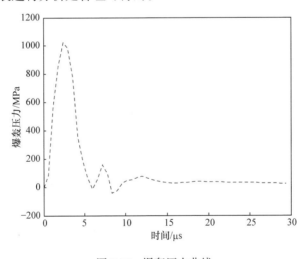

图 7.17 爆轰压力曲线

2. 动态"加料"裂纹单元子程序的应用

由第 6 章中的子程序开发流程可知，为了实现动态"加料"裂纹单元子程序对爆炸分离过程的应用，应分别完成子程序的调整和.dat 文件的修改。下面分别就这两方面进行说明。

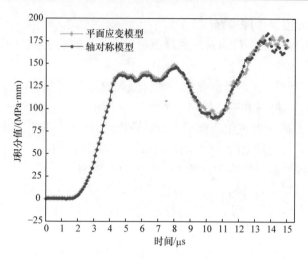

图 7.18　采用不同分析模型得到的断裂参量(J 积分法)

含动态"加料"裂纹单元的线式爆炸分离装置局部模型示意图如图 7.19 所示，裂纹尖端周围是 4 个裂纹尖端单元，裂纹尖端单元和常规单元之间有 12 个过渡单元。由于裂纹尖端坐标、"加料"单元数目及单元节点的坐标均发生变化，因此必须对 6.3 节中验证算例所用的子程序进行一定程度的修改。又由于各个"加料"单元有不同的调整函数 $Z(\xi,\eta)$，过渡单元与裂纹尖端单元的位移模式不同，另外，不同位置上的过渡单元的位移模式也不一致，因此每一种调整函数 $Z(\xi,\eta)$ 对应的动态"加料"裂纹单元都应该单独编程，形成各自的形函数、质量矩阵、过渡矩阵和等效节点内力，返回到 Marc 主程序中进行组装、求解。

为了实现 MSC.Marc 对动态"加料"裂纹单元子程序的调用并顺利完成子程序的运行，需要对线式爆炸分离装置的.dat 文件进行必要的修改。按照第 6 章中的修改方式，依次修改"加料"裂纹单元的单元类型号、统一用户单元虚拟节点、添加用户单元的定义与置换命令及修改输出选项。

完成上述步骤之后即可提交 MSC.Marc 进行求解。分析模式选择瞬态动力学，动态积分方案采用 Newmark 方法，令其中的控制参数 $\gamma = 0.5$，$\beta = 0.25$。另外，迭代方法采用 Full Newton-Raphson 方法，而容差方案选择相对残余力容差。

3. 结果分析

利用作者编写的动态"加料"裂纹单元子程序，求解得到线式爆炸分离装置在爆轰压力作用下的动态应力强度因子，如图 7.20 所示。从图中可以发现，爆炸分离装置的动态应力强度因子在 4.6μs 时出现了第一个峰值，峰值大小为 3359 $MPa \cdot mm^{1/2}$；随后应力强度因子出现小幅浮动，到 8.2μs 时出现了第二个较明显的峰值，峰值大小为 3449 MPa·mm$^{1/2}$；在第二个峰值之后，动态应力强度因子开始减小，直到 10.6μs 达到极小值 2705 MPa·mm$^{1/2}$；随后，动态应力强度因子继续上升，到 13.8μs 时出现了第三个峰值 3816 MPa·mm$^{1/2}$。

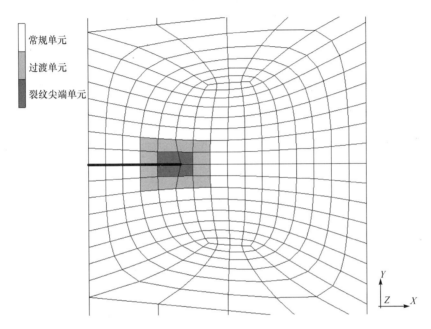

图 7.19　含动态"加料"裂纹单元的线式爆炸分离装置局部模型示意图

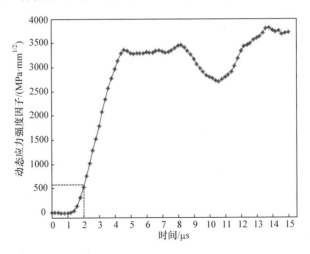

图 7.20　线式爆炸分离装置的动态应力强度因子曲线

由于分离板的材料为 ZL205A，根据 3.3 节试验测试得到其起裂韧度 $K_{\text{Id}} =$

$16.63\text{MPa}\cdot\text{m}^{1/2}=525.89\text{MPa}\cdot\text{mm}^{1/2}$（表 3.13）。对应图 7.20 的计算结果，可以大致判断分离装置在 2.04μs 时起裂。

需要说明的是，在对分离装置进行起裂分析时，将削弱槽当成典型裂纹处理，很明显会加速结构的断裂过程，因此分离装置的真实起裂时间会略长于 2.04μs。但是根据相关试验结果，线式爆炸分离装置从分离信号触发到爆轰波阵面出现，时间远大于单纯考虑断裂过程的起裂时间。因此，将削弱槽处理为典型裂纹所带来的起裂时间误差，对整个分离过程的影响很小，是可以接受的。另外，作为一种高效的动态断裂分析方法，动态"加料"裂纹元法的有效性在线式爆炸分离装置的起裂分析过程中得到了充分验证，虽然将削弱槽处理为典型裂纹会使起裂时间有一定缩短，但并不会改变相关参数对起裂过程的影响规律。因此，在 7.3.2 节中，将利用动态"加料"裂纹单元的二次开发子程序分析关键参数对线式爆炸分离装置起裂过程的影响，找到相关影响规律，用于指导工程设计。

7.3.2　关键参数对分离装置动态起裂的影响分析

前面曾经提到，线式爆炸分离装置的动态起裂对火箭的整个分离过程具有极其重要的意义。然而，现阶段对分离装置的设计，尚未全面而充分地研究分离装置关键参数对动态起裂的影响。针对这个问题，本小节利用前述的动态"加料"裂纹单元子程序，分别研究关键材料参数、结构参数和爆轰压力对线式爆炸分离装置动态起裂的影响，找到相关的影响规律，以期对线式爆炸分离装置的工程设计提供指导。

1. 分离厚度对分离装置动态起裂的影响

保持分离板厚度不变的前提下，改变分离装置削弱槽处的剩余厚度，即分离厚度 h，令其依次取 3.0mm、2.75mm、2.5mm、2.25mm 和 2.0mm。对应于图 7.16 所示的分析模型，即令相应的分离厚度 h 取上述的五个值。在此基础上，利用动态"加料"裂纹单元子程序求解各削弱槽深度下分离装置的动态应力强度因子，将结果汇总后得到如图 7.21 所示的曲线。

读取图 7.21 中各个分离厚度值所对应的起裂时间(即应力强度因子达到起裂韧度的时间)，并据此绘制出分离厚度对起裂时间的影响规律曲线，如图 7.22 所示。

分析图 7.21 和图 7.22 的曲线可知，随着分离厚度的增加，分离装置的动态应力强度因子总体减小，起裂时间缩短，缩短时间单调减小，说明分离厚度对分离装置动态起裂有较大影响。

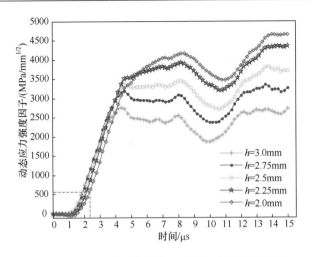

图 7.21　分离厚度对分离装置动态起裂的影响曲线

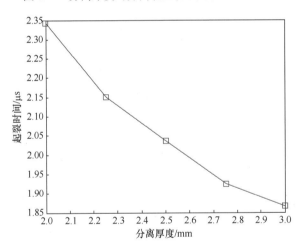

图 7.22　分离厚度对分离装置动态起裂时间的影响规律

2. 止裂槽与削弱槽的距离对分离装置动态起裂的影响

在图 7.16 所示的线式爆炸分离装置模型基础上，改变止裂槽与削弱槽之间的距离，并重新建模。以上止裂槽与削弱槽之间的距离 L 为参考，分别令其取 8mm、9mm、10mm、11mm 和 12mm，在此基础上，利用动态"加料"裂纹单元子程序分别求解各组的动态应力强度因子，汇总后得到如图 7.23 所示的曲线。从图 7.23 的各组曲线中分别读取对应于不同距离的起裂时间，并据此绘制出起裂时间随削弱槽与止裂槽距离变化的曲线，如图 7.24 所示。

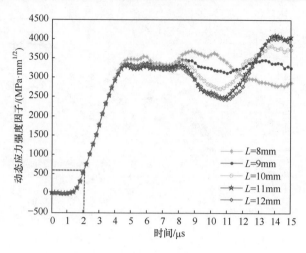

图 7.23　止裂槽与削弱槽的距离对分离装置动态起裂的影响曲线

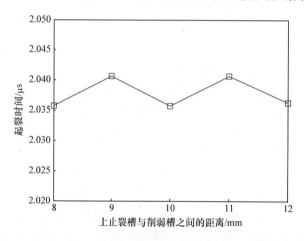

图 7.24　止裂槽与削弱槽的距离对分离装置动态起裂时间的影响规律

从图 7.23 和图 7.24 中可以看出，随着上止裂槽与削弱槽之间距离的增加，线式爆炸分离装置的动态应力强度因子变化不大；虽然起裂时间出现了小幅度的波动，但波动幅度很小，在 0.1μs 以内。说明止裂槽与削弱槽的距离对中间削弱槽的断裂影响小，主要是对止裂槽断裂的影响。

3. 分离板厚度对分离装置动态起裂的影响

为了研究分离板厚度 H 对分离装置动态起裂的影响规律，在保持材料参数、动态压力曲线和分离厚度等参数不变的前提下，设置五组不同的分离板厚度，并分别建模。在此基础上，利用动态"加料"裂纹单元子程序分别得到对应于不同分离板厚度的动态应力强度因子，汇总后得到如图 7.25 所示的曲线。

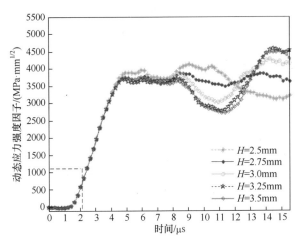

图 7.25　分离板厚度对分离装置动态起裂的影响曲线

从图 7.25 中可以看出，分离板厚度对分离装置动态起裂的影响较大，从总体上来看，随着分离板厚度的增加，动态应力强度因子不断减小，而起裂时间则有所延长。

为了进一步研究该影响规律，从图 7.25 中分别提取各组曲线对应的起裂时间，在此基础上，绘制成如图 7.26 所示的影响规律曲线。

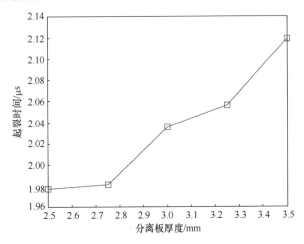

图 7.26　分离板厚度对分离装置动态起裂时间的影响规律

从图 7.26 中可以看出，随着分离板厚度的增加，线式爆炸分离装置的起裂时间逐渐延长。仔细观察后不难发现，尽管整个曲线是递增曲线，但当分离板厚度小于 2.75mm 时，起裂时间随分离板厚度的变化速度很慢，基本可以认为对起裂时间无影响；当分离板厚度大于 2.75mm 时，起裂时间随着分离板厚度迅速增加。

综合以上分析可知，分离板厚度对起裂时间有影响，但当分离板厚度小于 2.75mm 时，对起裂时间的影响较小，当分离板厚度大于 2.75mm 时，对起裂时间的影响较大。

4. 爆轰压力峰值对分离装置动态起裂的影响

为了研究爆轰压力峰值对分离装置起裂性能的影响，分别加载五组不同的爆轰压力，在此基础上求取线式爆炸分离装置的动态应力强度因子。这五组爆轰压力的取值分别为图 7.17 所示的原始爆轰压力 P_0 的 50%、75%、100%、125% 和 150%，而载荷的脉宽与原始的爆轰压力保持一致。在此基础上，利用二次开发的动态"加料"裂纹单元子程序进行断裂分析，分别得到五组爆轰压力对应的动态应力强度因子，汇总后得到如图 7.27 所示的曲线。

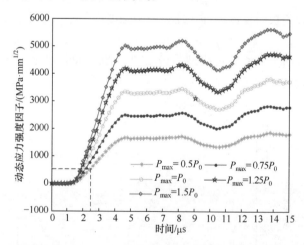

图 7.27　爆轰压力峰值对分离装置动态起裂的影响曲线

从图 7.27 中可以看出，爆轰压力峰值对线式爆炸分离装置的起裂有非常明显的影响。为了更加清晰地描述爆轰压力峰值对分离装置起裂能力的影响规律，在图 7.27 中分别提取对应于各爆轰压力峰值的起裂时间，并绘制出如图 7.28 所示的影响规律曲线。

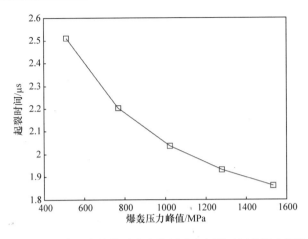

图 7.28　爆轰压力峰值对分离装置动态起裂时间的影响规律

从图 7.28 中可以看出，随着爆轰压力峰值的增加，起裂时间逐渐减小，而且减小的速度(即曲线斜率)不断变慢。

5. 爆轰压力曲线脉宽对分离装置动态起裂的影响

在图 7.17 所示的爆轰压力曲线基础上，改变压力曲线的时间脉宽，分别取原始压力曲线脉宽的 200%、133%、100%、80%、67%，形成五组新的爆轰压力曲线。在此基础上，将加载五组不同压力的有限元模型分别提交动态"加料"裂纹单元子程序运算，得到各自的动态应力强度因子，汇总后得到如图 7.29 所示的曲线。

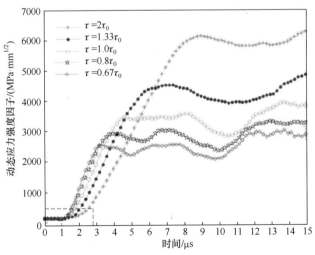

图 7.29　爆轰压力曲线脉宽对分离装置动态起裂的影响结果

从图 7.29 中可以看出，随着爆轰压力脉宽的增加，动态应力强度因子逐渐增大，起裂时间逐渐延长。

为了更加清晰地描述爆轰压力脉宽对分离装置起裂能力的影响，从图 7.29 中分别读取五组曲线对应的起裂时间，将起裂时间随爆轰压力脉宽的变化曲线绘制于图 7.30 中。

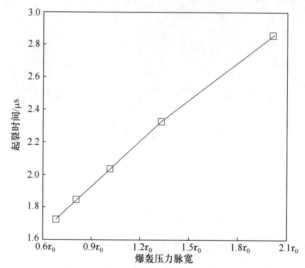

图 7.30　爆轰压力曲线脉宽对分离装置动态起裂时间的影响规律

从图 7.30 中可以看出，随着爆轰压力脉宽的增加，起裂时间变长，而且起裂时间与脉宽之间接近于正比关系。

综上所述，在所有的关键参数中，对分离装置起裂能力有较大影响的参数有爆轰压力峰值和爆轰压力脉宽、分离厚度和分离板厚度。在所考察的范围内，分离板上止裂槽与削弱槽之间的距离对分离装置的起裂能力影响很小。这些规律可以对分离装置的结构设计和断裂分析提供有效的指导。

7.4　本　章　小　结

本章根据第 6 章的方法，分别采用传统分析方法和惯性释放技术对火箭飞行过程中的线式爆炸分离装置进行了强度分析，并将基于惯性释放和等效裂纹技术的结构完整性分析方法运用到分离装置的结构完整性分析中。利用二次开发的动态"加料"裂纹单元子程序完成了线式爆炸分离装置的起裂分析，并研究了关键参数对分离装置起裂能力的影响规律。主要结论如下。

(1) 采用惯性释放技术分析火箭箭体上线式爆炸分离装置强度，克服了传统分析方法的缺陷，能够模拟其自由边界条件，更真实地反映分离装置的受力状况。

(2) 采用等效裂纹技术对线式爆炸分离装置进行结构完整性分析，可以考虑极端环境带来的影响，较好地改善了传统箭体强度分析结果的可靠性。

(3) 采用二次开发的动态"加料"裂纹单元子程序，对线式爆炸分离装置进行了起裂分析，得到了分离装置的动态应力强度因子曲线，并利用相关断裂准则获得了分离装置的起裂时间；研究了结构参数和爆轰压力对分离装置起裂性能的影响，得到了动态应力强度因子和起裂时间的影响规律曲线，并据此确定了影响线式爆炸分离装置起裂的关键参数。结果表明，爆轰参数对起裂的影响最为明显，其次是分离厚度和分离板厚度，而止裂槽与削弱槽之间的距离对起裂的影响很小。起裂分析对分离装置的结构设计与优化具有很强的工程意义和实用价值。

参 考 文 献

[1] 何春全, 严楠, 叶耀坤. 导弹级间火工分离装置综述[J]. 航天返回与遥感, 2009, 30(3): 70-77.

[2] 刘竹生, 王小军, 朱学昌, 等. 航天火工装置[M]. 北京: 中国宇航出版社, 2012.

[3] 龙乐豪, 方心虎, 刘淑贞, 等. 总体设计(上)[M]. 北京: 中国宇航出版社, 2009.

[4] 尹云玉. 固体火箭载荷设计基础[M]. 北京: 中国宇航出版社, 2007.

[5] 田锡惠, 徐浩. 导弹结构·材料·强度(上)[M]. 北京: 中国宇航出版社, 1996.

[6] 曾攀. 有限元基础教程[M]. 北京: 高等教育出版社, 2009.

第 8 章 柔爆索能量输出规律

柔爆索是线式爆炸分离装置中的唯一能量来源，其爆轰及能量特性直接关系到爆炸分离装置能否顺利、可靠地实现分离，也关系到保护罩是否能对飞行器内部起到保护作用。柔爆索装药量的适中是削弱槽"断得干脆"的重要保证，传统的炸药装药的能量测量与计算方法一般只针对大药量装药，然而柔爆索的装药量很小，同时柔爆索的特殊制造工艺也使其装药与传统装药方法存在差异，因此必须探索新的方法对柔爆索的能量参数进行评价。此外，尽管炸药的爆热是炸药本身的化学性质，但其做功能力却受到装药密度、约束外壳及材料等使用因素的影响[1]，因此为整体评估柔爆索的能量特性，需综合考虑装药和外壳的共同作用。本章为了对柔爆索的能量进行测试，同时为了对线式爆炸分离装置中非对称结构能量分配研究做铺垫，设计和开展柔爆索加载厚壁圆筒和柔爆索驱动预制刚性碎片做功两类试验，结合数值模拟，分别获得柔爆索对纯保护罩模式和纯分离板模式的做功效率，为进一步的能量分配规律研究提供参数支撑。

8.1 柔爆索加载厚壁圆筒试件做功效率

在爆炸分离过程中，保护罩主要通过塑性变形吸收柔爆索爆炸的能量，从而达到保护运载器内部设施的目的。采用截面圆弧形的保护罩时，圆筒结构相当于轴对称的全保护罩模式。为研究柔爆索作用于保护罩变形的能量输出规律或做功效率，本节设计柔爆索加载厚壁圆筒来模拟纯保护罩，通过试验结合数值计算，研究柔爆索在不同厚度铝合金 6061 圆筒中爆炸时的能量输出规律，获得不同结构参数对纯保护罩模式做功效率的影响[2]。

8.1.1 试验设计

试验采用四种不同外径尺寸的铝合金圆筒试样，长度均为 100mm，内径均为 3.2mm，外径分别为 16.0mm、20.0mm、21.9mm 和 24.0mm，分别对应截面圆弧的保护罩半径 7.95mm、10.0mm、10.95mm 和 12.0mm。试验中使用的柔爆索外径为 2.94mm，置于铝合金圆筒中心，如图 8.1 所示；柔爆索比圆筒长 30mm，其中起爆端预留出 20mm 长,以便与雷管连接;末端预留 10mm 长,以减少端部效应,保证柔爆索对圆筒沿轴向均匀加载。在柔爆索与圆筒之间滴少许 502 胶水进行固定。

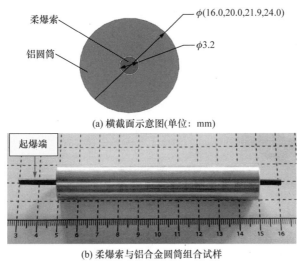

(a) 横截面示意图(单位: mm)

(b) 柔爆索与铝合金圆筒组合试样

图 8.1　试验试样

采用全光纤激光多普勒测速仪[3]测试铝合金圆筒的外表面质点速度。为便于测试,在铝合金圆筒轴向中心位置固定一对弧面光纤探针支架。该支架的弧面可以与铝合金圆筒外表面无缝装配,其中心孔用来固定直径为 2.5mm 的光纤探针。通过合理设计支架尺寸,光纤探针恰好垂直于铝合金圆筒外表面,距表面 2mm,使铝合金圆筒外表面恰好处于光纤探针的测量景深范围(0~5mm)内。在圆筒两端套上一对外径为 30mm 的有机玻璃垫圈,整体固定在一个钢制底座上,用压板压住且将螺栓固紧,防止爆炸加载后铝合金圆筒炸飞。将组装好的试验装置放入爆炸压力容器中进行试验,试验装置如图 8.2 所示。

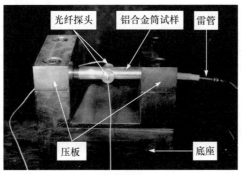

(a) 实物图

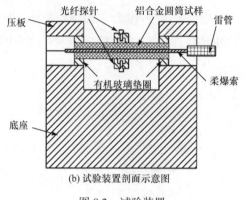

(b) 试验装置剖面示意图

图 8.2　试验装置

8.1.2　试验结果

1. 结构变形

分别对四种外径的铝合金圆筒进行柔爆索爆炸加载试验。试验后对试样进行回收，其中对外直径为 16.0mm 的铝合金圆筒进行了两次试验，然而其壁厚太薄，不能承受柔爆索的爆轰压力，进而破碎，如图 8.3 所示。这说明该结构不满足保

(a) ϕ16mm-1

(b) ϕ16mm-2

图 8.3　ϕ16mm 圆筒回收试样

护罩基本要求，故不再详细分析。其他三种外径的铝合金圆筒都未破碎，铝合金圆筒两端由于边界稀疏效应，呈现出轴向外扩形貌，其内孔发生了明显的塑性变形，但整体上铝合金圆筒仍保持圆柱形。试验后首先测量了圆筒轴向距起爆端 3cm、5cm、7cm 位置处的外径，然后采用线切割在相应位置处切开圆筒，如图 8.4 所示。

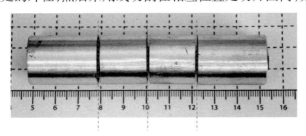

图 8.4 试样切割位置图示

对切割截面进行打磨抛光，图 8.5 给出了 ϕ20.0mm 试样的剖面结果。从图中可以看出，铝合金圆筒中出现了少量肉眼可见裂纹，但截面处内外径仍然保持为圆形。测量得到的三个截面处圆筒的内外径及其变化列于表 8.1。由表可见，在轴向 3cm、5cm 和 7cm 位置的圆筒内外径几乎相同，表明柔爆索在圆筒中部受载变形均匀，可将 5cm 处的变形结果作为平均结果。根据试验前后的尺寸计算出截面面积变化情况，结果发现变化很小(约 1%左右)。因此，可以认为圆筒体积保持不变，或者说可以假定变形过程不可压缩。

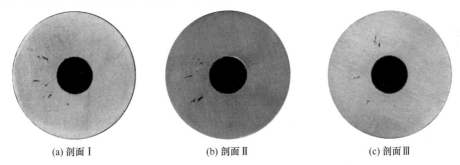

(a) 剖面Ⅰ   (b) 剖面Ⅱ   (c) 剖面Ⅲ

图 8.5 回收试样剖面典型结果(ϕ20.0mm 试样)

表 8.1 圆筒内外径变形前后数据

外径/mm				内径/mm				横截面积/mm²	
原始	3cm 处	5cm 处	7cm 处	原始	3cm 处	5cm 处	7cm 处	原始	5cm 处
20.0	20.80	20.80	20.78	3.20	6.18	6.16	6.18	306.1	310.0
21.9	22.58	22.60	22.60	3.20	5.98	6.00	6.02	368.6	372.9
24.0	24.47	24.48	24.48	3.20	5.83	5.84	5.84	444.3	443.9

2. 外表面速度

采用全光纤激光多普勒测速仪对铝合金圆筒外表面的速度历史进行测试，得到的原始波形典型结果如图 8.6 所示。通过专业数据处理软件得到的谱域曲线典型结果如图 8.7 所示。进一步得到外表面速度历史曲线，如图 8.8(a)所示，对于初始外径分别为 20.0mm、21.9mm 和 24.0mm 的三个铝合金圆筒试样，外表面质点速度峰值分别为 185m/s、105m/s 和 135m/s。将速度历史对时间积分，得到位移历史曲线，如图 8.8(b)所示，最大位移分别为 0.40mm、0.35mm 和 0.24mm。考虑变形的轴对称性，外径的增大值分别为 0.80mm、0.70mm 和 0.48mm。这与表 8.1 中测得的试验后试样外径值是一致的。

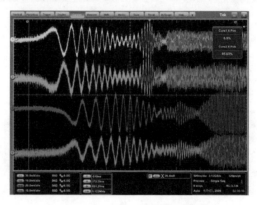

图 8.6　示波器原始波形(见彩图)

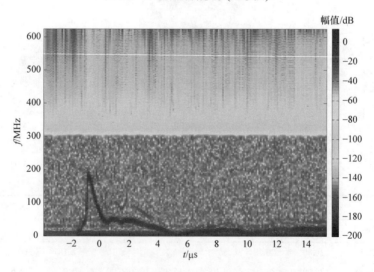

图 8.7　数据处理得到的谱域曲线(见彩图)

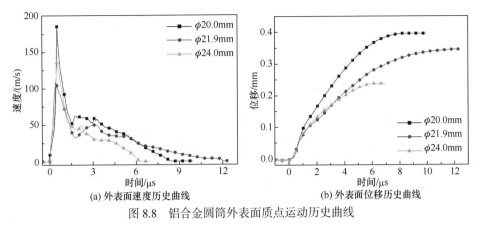

(a) 外表面速度历史曲线 (b) 外表面位移历史曲线

图 8.8 铝合金圆筒外表面质点运动历史曲线

8.1.3 纯保护罩模式做功效率

1. 纯保护罩模式变形分析

纯保护罩模式的做功效率需要以保护罩变形过程中结构的受力和变形情况为基础。假定材料服从理想塑性，即保护罩材料进入塑性后取 $\sigma = \sigma_y$，再结合试验测试结果计算应变规律，最终得到保护罩变形过程的应变能。

采用柱坐标系 (r, θ, z) 对结构内的质点位移和应变进行分析，位移-应变协调方程为

$$\varepsilon_r = \frac{\partial u(r)}{\partial r}$$

$$\varepsilon_\theta = \frac{1}{r}\frac{\partial u(\theta)}{\partial \theta} + \frac{u(r)}{r}$$

$$\varepsilon_z = \frac{\partial u(z)}{\partial z}$$

$$\gamma_{r\theta} = \frac{\partial u(\theta)}{\partial r} + \frac{1}{r}\frac{\partial u(r)}{\partial \theta} - \frac{u(\theta)}{r} \qquad (8.1)$$

$$\gamma_{zr} = \frac{\partial u(r)}{\partial z} + \frac{\partial u(z)}{\partial r}$$

$$\gamma_{\theta z} = \frac{1}{r}\frac{\partial u(z)}{\partial \theta} + \frac{\partial u(\theta)}{\partial z}$$

式中，$u(r)$、$u(\theta)$、$u(z)$ 分别表示位移的三个分量；ε_r、ε_θ、ε_z 分别表示应变张量的对角线分量；$\gamma_{r\theta}$、γ_{zr}、$\gamma_{\theta z}$ 分别表示偏斜分量。

从回收试样可以看出，除两端外，圆筒的轴向变形几乎可以忽略不计，因此在应变与能量分析中，以铝合金圆筒中部均匀加载段为研究对象，不考虑结构的轴向变形。此外，鉴于加载和结构的轴对称性，进一步假设在每个截面处质点只

沿径向运动，因此式(8.1)中多个分量的取值为零，具体有

$$\frac{\partial u(r)}{\partial \theta} = \frac{\partial u(r)}{\partial z} = 0$$

$$u(\theta) = 0, \quad \frac{\partial u(\theta)}{\partial r} = \frac{\partial u(\theta)}{\partial \theta} = \frac{\partial u(\theta)}{\partial z} = 0 \tag{8.2}$$

$$u(z) = 0, \quad \frac{\partial u(z)}{\partial r} = \frac{\partial u(z)}{\partial \theta} = \frac{\partial u(z)}{\partial z} = 0$$

这样，所用柱坐标系(r, θ, z)可以退化为极坐标系(r, θ)。在每个均匀加载的截面上，位移-应变情况如图 8.9 所示。图中 r_{10}、r_{20} 分别为试验前铝合金圆筒试样内径与外径，r_{11}、r_{21} 分别为试验后铝合金圆筒试样内径与外径。位移-应变协调方程(8.1)可以简化为

$$\varepsilon_r = \frac{\partial u(r)}{\partial r} \neq 0$$

$$\varepsilon_\theta = \frac{u(r)}{r} \neq 0 \tag{8.3}$$

$$\varepsilon_z = \varepsilon_{r\theta} = \varepsilon_{\theta z} = \varepsilon_{zr} = 0$$

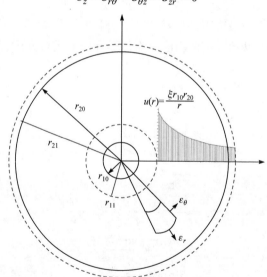

图 8.9　圆筒尺寸及变形分析示意图

图中实线、虚线分别对应圆筒变形前、后的内外径位置

依据对 8.1.2 节试验结果的分析，假定材料是不可压缩的，则有

$$\varepsilon_r + \varepsilon_\theta = 0 \tag{8.4}$$

将式(8.3)代入式(8.4)可得

$$\frac{\partial u(r)}{\partial r} + \frac{u(r)}{r} = 0 \tag{8.5}$$

进一步可以写成

$$\frac{du(r)}{u(r)} = -\frac{dr}{r} \tag{8.6}$$

积分得

$$u(r) = \frac{\xi r_{10} r_{20}}{r} \tag{8.7}$$

式中，通过引入无量纲系数 ξ，将积分常数写为 $\xi r_{10} r_{20}$。

在圆筒内、外壁处，分别应有

$$u_1 = r_{11} - r_{10}$$
$$u_2 = r_{21} - r_{20}$$
$$\xi_1 = \frac{r_{11} u_1}{r_{10} r_{20}} \tag{8.8}$$
$$\xi_2 = \frac{r_{21} u_2}{r_{10} r_{20}}$$

从不可压缩的严格意义上讲，应有 $\xi_1 = \xi_2$。但作为一种工程近似，实际上圆筒内、外表面处的 ξ 值略有不同。取

$$\xi = \frac{1}{2}(\xi_1 + \xi_2) \tag{8.9}$$

对于三个不同外径尺寸的圆筒，式(8.8)和式(8.9)的相关结果列于表 8.2。可见，ξ_1 和 ξ_2 差别不大，能满足工程应用的要求。

表 8.2 回收试样测量结果与无量纲系数 ξ 的计算结果

试验编号	r_{11}/mm	r_{21}/mm	u_1/mm	u_2/mm	ξ_1	ξ_2	ξ	ξ 的误差/%
1#-ϕ20.0	3.08	10.40	1.48	0.40	0.285	0.260	0.273	6.5
2#-ϕ21.9	3.00	11.29	1.40	0.34	0.240	0.219	0.229	6.5
3#-ϕ24.0	2.92	12.24	1.32	0.24	0.201	0.153	0.177	19.2

基于式(8.7)，根据表 8.2 所示的 ξ 数据，得到位移分布曲线(图 8.10)。可以看出，理论近似得到的规律与典型试验数据吻合较好。

进一步，铝合金圆筒的等效应变可以表示为

$$\varepsilon_{eq} = \sqrt{\frac{2}{3}(\varepsilon_r^2 + \varepsilon_\theta^2)} \tag{8.10}$$

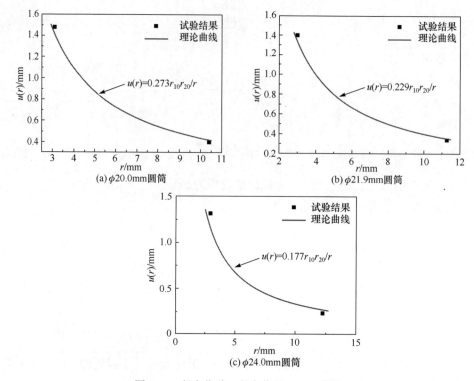

图 8.10　径向位移—径向位置$(u(r)$-$r)$曲线

2. 纯保护罩模式做功效率

假设变形后的铝合金圆筒处于全塑性状态，其应力-应变关系可以用理想塑性模型表示，即应力等于屈服应力，则单位长度铝合金圆筒的塑性应变能可通过式(8.11)计算：

$$E_{\mathrm{p}} = \sigma_{\mathrm{y}} \cdot \int_{0}^{2\pi} \int_{r_{11}}^{r_{21}} \varepsilon_{\mathrm{eq}} r \mathrm{d}r \mathrm{d}\theta \tag{8.11}$$

在圆筒结构中，圆筒的塑性应变能是柔爆索对外输出能量的最终表现形式，即保护罩获得的能量 $E_{\mathrm{b}}=E_{\mathrm{p}}$。因此，柔爆索的能量输出效率为单位长度圆筒的塑性应变能(E_{b} 或 E_{p})与单位长度柔爆索初始内能(E_{total})之比，即

$$\beta = \frac{E_{\mathrm{b}}}{E_{\mathrm{total}}} = \frac{E_{\mathrm{p}}}{E_{\mathrm{total}}} \tag{8.12}$$

式中，β 为柔爆索对纯保护罩的做功效率。

取均匀变形长度 l=5mm、保护罩材料 6061 铝合金初始屈服应力 $\sigma_{\mathrm{y0}}=$ 307MPa(表 3.7)进行结构能量计算，得到柔爆索在三种不同外径的铝合金圆筒中能量输出做功效率分别为 61.6%、60.8%和 60.3%，如表 8.3 所示。可见，随着圆

筒外径的增加，其变形程度相对减小，最终柔爆索能量转化为塑性功的效率也逐步降低。

表 8.3　塑性应变能与能量输出效率计算结果

试验编号	E_b/(kJ/m)	E_{total}/(kJ/m)	β/%
1#-ϕ20.0	12.02	19.5	61.6
2#-ϕ21.9	11.86	19.5	60.8
3#-ϕ24.0	11.76	19.5	60.3

8.2　柔爆索驱动预制刚性碎片做功效率

在爆炸分离过程中，分离板将飞离运载器，动能成为分离板吸收能量的重要形式。为研究柔爆索对分离板的能量分配规律或做功效率，采用不同壁厚的圆筒状预制碎片环绕柔爆索，来模拟周向全分离板的结构，通过柔爆索爆炸驱动轴对称预制碎片飞散的试验和数值仿真，考察纯分离板模式下柔爆索的做功效率。考虑到不规则变形时变形能不容易准确测量，试验中预制碎片材料采用 45#钢，以尽可能减小其变形能，通过碎片速度反映动能，来描述分离碎片所获得的能量。本节建立碎片速度的理论分析模型，并通过不同大小碎片的系列试验及数值仿真进行准确性验证，来获得纯分离板模式的能量分配规律。结果表明，柔爆索对预制碎片的动能做功效率随着碎片质量的增大而降低[4]。

8.2.1　柔爆索爆炸驱动下预制刚性碎片的飞散速度

厚壁圆筒状全预制碎片环绕柔爆索，柔爆索动能做功模型截面示意图如图 8.11 所示。碎片在柔爆索爆炸驱动下获得动能，本小节通过建立理论模型，推导出碎片的末速度，从而得到碎片动能。

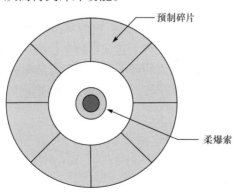

预制碎片

柔爆索

图 8.11　柔爆索动能做功模型截面示意图

　　从时间顺序看，以柔爆索外包覆金属壳层撞击外围预制碎片的内壁为分界点，整个柔爆索驱动碎片做功过程可以分为两个阶段。第一阶段，高温高压的爆轰产物驱动金属壳层加速，使其达到一个极高的速度 v_0，此时壳层厚度逐渐变薄但尚未破裂，预制碎片在壳层的高速撞击下获得一个瞬时速度 v_1。第二阶段，随着碎片飞散开来，柔爆索壳层破裂，爆轰产物从碎片缝隙泄漏，压力急剧下降，继续推动碎片和壳层组合体做功，直至压力下降至环境压力，在这个过程中碎片获得了速度增量 v_i。最终碎片达到末速度 $v = v_1 + v_i$。

　　因此，要得到碎片的最终速度，必须分别求得碎片的瞬时速度 v_1 和速度增量 v_i。

1. 瞬时速度 v_1

　　首先采用古尼公式计算铅层速度 v_0，但发现最终的速度预测结果与试验差距较大。分析其原因，可能是古尼公式适用的装药比范围为 0.1～10，而柔爆索中装药对壳层的质量比为 $\zeta = 0.073$，超出了公式适用范围。为此，本书采用了动量方法计算柔爆索外包覆金属铅壳层获得的速度 v_0。

　　铅层在爆轰产物压力 $P(t)$ 的驱动下往外加速膨胀，其运动方程为

$$m_0 \frac{\mathrm{d}v_s}{\mathrm{d}t} = P(t) \cdot 2\pi r \cdot l \tag{8.13}$$

式中，m_0 为铅层质量；v_s 为铅层运动实时速度；l 为柔爆索长度。

　　铅层的内壁 r 就是爆轰产物膨胀的边界：

$$\mathrm{d}r = v_s \mathrm{d}t \tag{8.14}$$

　　联立式(8.13)和式(8.14)，铅层加速过程中的运动方程为

$$\int_0^{v_0} v_s \mathrm{d}v_s = \int_{r_0}^{r_1} \frac{P(t) \cdot 2\pi r l}{m_0} \mathrm{d}r \tag{8.15}$$

式中，r_1 为碎片内壁半径。

　　假定产物做等熵膨胀，状态方程满足 $P(t)V^\gamma = \text{const}$，$\gamma$ 为多方指数。爆轰产物的体积可写成 $V = \pi r^2 l$，状态方程又可表达成产物半径的函数 $P(t)r^{2\gamma} = \text{const}$。考虑到产物膨胀过程中多方指数 γ 随压力的降低而变化，为简化分析，以特征压力 P_γ 为界，将 γ 取为压力的分段函数，即压力大于等于 P_γ 时取 γ_1，小于 P_γ 时取 γ_2。于是，爆轰产物压力 $P(t)$ 可以表示成如下形式[5]：

$$\begin{aligned} P(t)r^{2\gamma_1} = P_0 r_0^{2\gamma_1}, \quad P \geqslant P_\gamma \\ P(t)r^{2\gamma_2} = P_\gamma r_\gamma^{2\gamma_2}, \quad P < P_\gamma \end{aligned} \tag{8.16}$$

式中，r_γ 为爆轰产物压力为 P_γ 时对应的产物半径；P_0 为爆轰初始压力，取瞬时爆轰压力。

根据柔爆索药芯装药 RDX 参数 P_γ=351MPa，求得 r_γ=1.51mm。联立式(8.15) 和式(8.16)，同时将爆轰产物压力 $P(t)$ 用半径 r 表示，得

$$\int_0^{v_\gamma} v_s dv_s = \frac{P_0 \cdot 2\pi l}{m_0} \int_{r_0}^{r_\gamma} \frac{r_0^{2\gamma_1}}{r^{2\gamma_1 - 1}} dr$$

$$\int_{v_\gamma}^{v_0} v_s dv_s = \frac{P_\gamma \cdot 2\pi l}{m_0} \int_{r_\gamma}^{r_1} \frac{r_\gamma^{2\gamma_2}}{r^{2\gamma_2 - 1}} dr$$

$$(8.17)$$

式中，v_γ 为爆轰产物压力为 P_γ 时对应的碎片速度。铅层速度 v_0 由式(8.17)解出，可以发现 v_0 是产物半径的函数，产物驱动铅层加速过程中任一时刻的铅层速度都可以定量求得。

随后，铅层与碎片内壁高速碰撞，使后者获得一个速度 v_1。由于这一过程时间很短，因此可以认为瞬时完成。碰撞的性质是未知的，但一定介于完全非弹性碰撞和完全弹性碰撞之间。这里对两种极端情况分别进行讨论。

当碰撞为完全非弹性时，铅层附着在碎片内壁，碰撞后两者具有相同的速度。根据动量守恒定律有

$$m_0 v_0 = (m_0 + M_0) v_1 \tag{8.18}$$

式中，M_0 为碎片质量。

于是得到碎片获得的瞬时速度为

$$v_1 = \frac{m_0 v_0}{m_0 + M_0} \tag{8.19}$$

当碰撞为完全弹性时，碰撞后两者的速度不同，但这个过程中动量和能量均保持守恒：

$$m_0 v_0 = m_0 v' + M_0 v_1$$

$$\frac{1}{2} m_0 v_0^2 = \frac{1}{2} m_0 (v')^2 + \frac{1}{2} M_0 v_1^2$$

$$(8.20)$$

式中，v' 为碰撞后的铅层速度。

求解式(8.20)，可得

$$v_1 = 2 \frac{m_0 v_0}{m_0 + M_0} \tag{8.21}$$

可以看出，完全弹性碰撞情况下碎片瞬时速度是完全非弹性碰撞情况下的 2 倍，可见碎片瞬时速度是由碰撞的性质决定的。因此，引入碰撞系数 λ 来定量表征铅层与碎片之间碰撞的性质。λ 取值为 1 和 2，1 代表完全非弹性碰撞，2 代表完全弹性碰撞。于是实际情况下碎片瞬时速度为

$$v_1 = \lambda \frac{m_0 v_0}{m_0 + M_0} \tag{8.22}$$

由于铅层与碎片之间的具体碰撞性质未知，因此 λ 暂时取 1.5。

2. 速度增量 v_i

碎片获得瞬时速度之后往外飞散，管状铅层破裂，爆轰产物从碎片之间的缝隙泄漏出去。由于结构对称性，碎片并不会翻转。在这个过程中，爆轰产物继续推动碎片，碎片迎风面为碎片的外表面。碎片运动方程为

$$(M_0 + m_0)\frac{\mathrm{d}v}{\mathrm{d}t} = P(t) \cdot 2\pi r_2 \cdot l \tag{8.23}$$

式中，r_2 为碎片外壁半径。

此时，通常来说，爆轰产物压力 $P(t)$ 已低于特征压力 P_γ，因此产物多方指数取 γ_2。假定这时产物以碰撞时刻的速度 v_0 平稳往外膨胀，即

$$\mathrm{d}r = v_0 \mathrm{d}t \tag{8.24}$$

产物持续膨胀，直至其压力下降到环境气压 P_{air}：

$$P_{air} r_{inf}^{2\gamma_2} = P_\gamma r_\gamma^{2\gamma_2} \tag{8.25}$$

式中，r_{inf} 为环境气压时的爆轰产物半径。

联立式(8.23)～式(8.25)，可以求得碎片速度增量 v_i：

$$v_i = \int_{v_1}^{v} \mathrm{d}v = \int_{r_1}^{r_{inf}} \frac{P_\gamma r_\gamma^{2\gamma_2}}{r^{2\gamma_2}} \frac{2\pi r_2 l}{(M_0 + m_0)v_0} \mathrm{d}r \tag{8.26}$$

结合式(8.22)和式(8.26)，可以得到碎片的末速度 v：

$$v = v_1 + v_i \tag{8.27}$$

3. 碎片速度预测示例

对两种不同尺寸圆筒预制碎片在柔爆索爆炸作用下的速度进行预测，圆筒预制碎片的具体参数如表 8.4 所示。

表 8.4　圆筒预制碎片结构参数

类型	材料	l/mm	r_1/mm	r_2/mm	M_0/g	碎片分瓣数
大碎片	45#钢	100	4	8	106.8	8
小碎片	45#钢	100	1.6	3.2	16.4	6

结合碎片结构参数及柔爆索性能参数,运用式(8.17)、式(8.22)、式(8.26)和式(8.27)对碎片末速度进行定量计算,求得各速度的理论预测值,如表 8.5 所示。

表 8.5　碎片速度理论模型预测结果($\lambda=1.5$)　　　　　（单位：m/s）

碎片类型	铅层速度 v_0	碎片瞬时速度 v_1	碎片速度增量 v_i	碎片末速度 v
大	776.0	52.1	2.8	54.9
小	691.6	242.4	35.6	278.0

下面通过试验和数值模拟对上述理论预测结果进行验证。

8.2.2　速度模型的试验验证

针对表8.4中的预制碎片参数设计试验,测量柔爆索爆炸驱动后碎片末速度,以验证表 8.5 给出的理论预测结果。

1. 试验设置

试验中预制碎片通过直径为 0.1mm 的钼丝对厚壁圆筒进行线切割加工而成。大小碎片圆筒内径分别为 8mm 和 3.2mm,外径均为内径的 2 倍。小试样分成 6 瓣,并保证加工后小碎片圆筒内径大于柔爆索直径。大碎片实物如图 8.12 所示。8.2.1 节理论预测结果正是根据试验装置的实际值进行计算的。

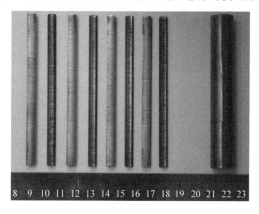

图 8.12　大碎片实物图

为减小端面稀疏效应,实际试验中柔爆索长度为 130mm,两端都略长于碎片。对柔爆索进行碾直处理,在两端通过夹具将其固定在预制碎片圆筒的中心。整个试样通过细丝线自由悬挂在架子上。架子上端放置有刻度标尺,用于长度单位的标定。整个试验装置设置如图 8.13 所示。

(a) 大碎片　　　　　　　　　　(b) 小碎片

图 8.13　试验装置设置

通过一台 FASTCAMSA-1 高速相机监测起爆后碎片向四周飞散的过程。根据照片拍摄范围及光线强度，拍摄图片分辨率设置为 512×288 像素，相机拍摄速度设置为 28800 帧/s(两张连续照片之间的时间间隔为 34.7μs)。

2. 试验结果及讨论

试验后回收的碎片如图 8.14 所示，可以看出碎片有一定的塑性变形，但形变很小，其中大部分变形源于碎片与架子周围防护木板的撞击。这说明试验较好地满足了理论模型中的刚体近似。

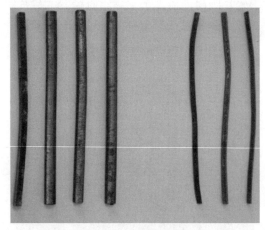

图 8.14　回收碎片

从高速摄影图片可以看出，大小碎片宏观现象基本相同，都是按照预期的方式向四周飞散，且碎片转动速度很小。图 8.15 是大碎片试验拍摄到的 4 张特征时刻图片。

图 8.15(a)对应电雷管起爆瞬间，可以看见雷管爆炸发出的强光，该时刻同时也是高速相机拍摄的时间零点；之后产物驱动碎片飞散，碎片包裹在黑色的爆轰产物及气化之后的铅层之中，直至 t=1.528ms 才第一次被清晰分辨，见图 8.15(b)；图 8.15(c)是碎片飞散过程中某时刻的图像，从中可以清晰地看到碎片；图 8.15(d)

是能分辨出该碎片的最后一张图片。

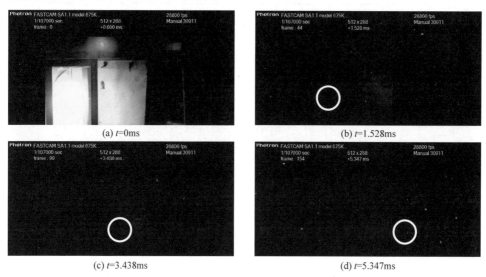

图 8.15　大碎片试验特征时刻图片(见彩图)

　　碎片的飞散速度通过高速摄影图片判读提取。从图片中可以读取该碎片的质心坐标(以像素为单位)，结合系统时间就可以得到该碎片质心位移历史(以像素为单位)。结合刻度标尺可以得到图片长度单位转换因子(单位为 mm/像素)，从而得出碎片质心位移历史，如图 8.16 所示。图中横坐标为以起爆时刻为零时刻的系统时间，纵坐标为碎片质心相对于该碎片首次能够被分辨时所在位置的位移。碎片位移历史拟合曲线的斜率即为碎片的飞散速度。由图 8.16 可以看出，拟合直线的线性相关系数非常接近 1，说明通过高速摄影图片获得碎片速度的方法精确度很高。

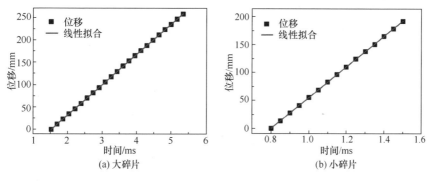

图 8.16　碎片位移历史曲线

　　理论预测与试验得到的碎片末速度对比如表 8.6 所示。从总体上看，模型对试验结果的预测比较准确。

表 8.6　　理论预测与试验测试碎片末速度结果比较

结果来源	大碎片 v/(m/s)	小碎片 v/(m/s)
理论模型	54.9	278.0
试验	68.4	275.4

8.2.3　数值仿真验证

8.2.2 节通过试验验证表明，理论模型能较准确地预测碎片速度，然而两次试验的结果还不足以全面验证理论模型。例如，理论预测采用了 $\lambda=1.5$ 的估计值，还需要更多的工况数据来确定 λ 的取值。本小节首先建立相应的数值仿真模型，通过调整关键输入参数，使得仿真结果与试验结果吻合，实现对仿真模型的标定。然后利用标定过的仿真模型通过更多的工况对理论模型进行验证，并确定撞击系数 λ 的取值。

1. 仿真模型

运用商用有限元软件 LS-DYNA 对试验过程进行数值仿真。采用流固耦合算法，其中柔爆索和周围空气设置为欧拉网格，碎片设置为拉格朗日网格。由于结构具有对称性，因此只需要建立 1/4 模型，建立的有限元模型如图 8.17(a)所示，图 8.17(b)是模型俯视图。图中左边界和下边界为沿法向的对称边界，右边界和上边界为压力外流边界。材料模型及状态方程参数如表 5.3 和表 5.4 所示。

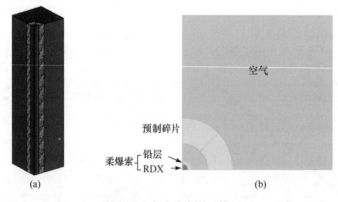

图 8.17　大碎片有限元模型

2. 仿真结果及讨论

以大碎片试验为例进行说明。图 8.18 展示了大碎片仿真结果。图 8.18(a)是计算截止时刻的模型形态图。图 8.18(b)是图 8.18(a)中标注的 3 个特征单元的速度历史曲线，这 3 个特征单元分别来自碎片底部、中部和顶部。可以看出，由于距离起爆点位置不同,它们获得瞬时速度的时刻也不同。由于应力波在碎片内来回传播,因此它们的速度一直在振荡。但是作为所有单元的整体,碎片质心速度不会出现这种振荡。由图 8.18(c)可以看出,t=150μs 时刻碎片质心速度已经趋于稳定,说明模型对空气范围和计算时间长度的设置均足够;由图 8.18(c)还可以看出,碎片质心速度历史曲线可以分为两个明显的部分,这两部分与理论模型中的两个阶段对应吻合,而且持续时间接近。说明理论模型做出的两阶段假设是合理的。

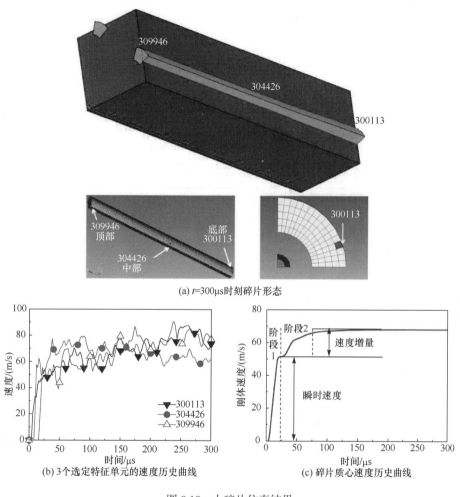

(a) t=300μs时刻碎片形态

(b) 3个选定特征单元的速度历史曲线

(c) 碎片质心速度历史曲线

图 8.18　大碎片仿真结果

本书基于两种厚度碎片的纯分离板模式试验,建立了一套与试验结果吻合的数值仿真模型,用该模型进行了更多碎片工况的仿真计算。除了大小碎片之外,表 8.7 还列出了其他 4 种尺寸碎片的仿真计算结果。这些碎片对应的圆筒外径依次为 4mm、5mm、6mm 和 7mm,圆筒内径是外径的 1/2。从仿真结果可以提取出碎片瞬时速度和速度增量。每种设计工况下，碰撞系数 λ 等于碎片瞬时速度与理论模型中完全非弹性碰撞情况下的理论瞬时速度之比。统计结果表明，碰撞系数 λ 平均值与标准差分别为 1.55 和 0.112，这表明，不同设计工况下碰撞系数之间偏差很小，近似为常数。实际碰撞系数平均值为 1.55，非常接近理论模型中的取值 1.5。通过采用平均实际碰撞系数 1.55 来修正理论模型，得到的理论预测值与试验和仿真结果的对比见表 8.7。结果显示，理论模型预测结果与仿真结果非常接近，相对误差绝对值平均为 10.62%。

表 8.7　碎片末速度结果比较(λ=1.55)

碎片外径 r_2/mm	结果来源	瞬时速度 v_1/(m/s)	速度增量 v_i/(m/s)	末速度 v/(m/s)	v 相对误差/%
8(大碎片)	理论模型	58.4	4.9	63.3	
	数值仿真	49.1	15.8	64.9	−2.4
	试验	—	—	68.4	
7	理论模型	75.2	7.3	82.5	2.4
	数值仿真	68.9	11.7	80.6	
6	理论模型	97.9	11.4	109.3	10.8
	数值仿真	83.3	15.4	98.7	
5	理论模型	131.7	19.2	150.9	20.5
	数值仿真	108.1	17.1	125.2	
4	理论模型	190.3	36.9	227.2	9.6
	数值仿真	190.2	17.1	207.3	
3.2(小碎片)	理论模型	250.1	67.1	317.2	18.0
	数值仿真	250.1	18.6	268.7	
	试验	—	—	275.4	

上面理论模型与数值仿真均表明，碎片过程可以分为两个阶段，相应的碎片末速度由两部分组成：来自铅层高速碰撞产生的瞬时速度 v_1 和爆轰产物继续推动碎片而获得的速度增量 v_i。表 8.7 表明，碎片末速度绝大部分来自瞬时速度，瞬时速度平均占比为 89%。速度增量只贡献了一小部分，说明碎片动能主要来自铅层的高速碰撞。因此，碎片质量越大，获得的速度越小，动能也会越小。

尽管理论模型给出的碎片末速度与仿真结果很接近，但是瞬时速度和速度增量各自的误差却较大，尤其是速度增量。表中结果显示，理论模型中较大碎片(r_2 取值为 8mm，7mm，6mm，5mm)的速度增量被低估，而小碎片(r_2 取值为 4mm，3.2mm)的速度增量被高估。分析后发现有以下两方面原因。①在理论模型的第二阶段做出了产物以稳定速度 v_0 向四周膨胀的假设，这一假设可能不太合理，因为爆炸冲击波传播速度会随着产物压力的下降而降低，也就是说，这一假设减小了产物驱动碎片的作用时间，从而低估了速度增量。这对较大碎片的速度增量影响较大，而对较小碎片的速度增量影响较小，因为较小碎片瞬时速度大，产物作用时间本来就很短。②理论模型在第二阶段中还做出了碎片被产物推动的迎风面为圆筒外表面的假设，这一假设也有不合理之处。产物从开始泄漏到包围碎片的过程中，迎风面是从圆筒内表面逐渐增大到外表面的。也就是说，式(8.26)在积分区间 $r_1 \sim r_2$ 中的碎片迎风面是小于 $2\pi r_2 l$ 的，从而高估了速度增量，所以这对较小碎片的速度增量影响较大，而对较大碎片的速度增量影响较小。尽管这两个假设都不够合理，但是只有这样简化才能解析求得速度。因此，工程应用的意义是可以肯定的。

从理论模型可以得出铅层末速度与碎片内径之间的关系，如图 8.19 所示。从直观上看，曲线由两部分组成，前一部分 v_0 随 r_1 急剧增大，后一部分则较平缓，两部分的转折点约在 $1.5r_0$(r_0 为装药半径)处。试验和仿真中最小碎片内径大于该转折点。这一结果说明，为使得柔爆索获得较好的做功性能，试样与柔爆索之间必须要有一定的距离用于铅层的加速，通常不能小于 r_γ。实际使用中柔爆索最外面都有一层聚氨酯包覆，可以一定程度上达到这种效果。

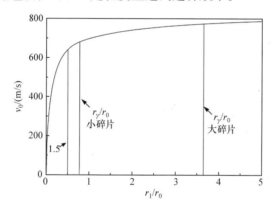

图 8.19 铅层撞击速度 v_0 随圆筒内径的变化曲线

8.2.4 纯分离板模式做功效率

通过碎片质量和速度可计算出单位长度碎片动能，即

$$E_k = \frac{1}{2}\frac{M_0 v^2}{l} \tag{8.28}$$

式中，l 为碎片长度。

在忽略变形能的情况下，碎片动能即碎片总能量，即分离板获得的能量 $E_f = E_k$。因此，柔爆索的能量输出效率为全部分离板(碎片)的动能(E_f 或 E_k)与柔爆索初始内能(E_{total})之比，即

$$\alpha = \frac{E_{\text{f}}}{E_{\text{total}}} = \frac{E_{\text{k}}}{E_{\text{total}}} \tag{8.29}$$

式中，α 为柔爆索对纯分离板模式的做功效率。

柔爆索总能量 E_{total} 为 19.51kJ/m。各设计工况下炸药与碎片质量比($\zeta = m_{\text{e}}/M$)和爆轰产物做功效率的计算结果如表 8.8 所示，其中 $M = m_0 + M_0$。从总体趋势上看，随着炸药与碎片质量比ζ的减小，或者说随着碎片质量的增大，柔爆索做功效率降低。

表 8.8　柔爆索纯分离板模式做功效率计算结果

r_2/mm	3.2	3.5	4	4.5	5	5.5	6	6.5	7	7.5	8
M/g	17.4	20.8	27.2	34.4	42.5	51.4	61.2	71.8	83.2	95.6	108.7
v/(m/s)	268.7	235.7	207.3	182.0	125.2	110.8	98.7	91.5	80.6	66.8	64.9
E_{k}/(kJ/m)	6.281	5.778	5.844	5.697	3.331	3.155	2.981	3.006	2.702	2.133	2.289
ζ/($\times 10^{-2}$)	1.793	1.500	1.147	0.907	0.734	0.607	0.510	0.435	0.375	0.326	0.287
α/%	32.19	29.62	29.95	29.20	17.07	16.17	15.28	15.41	13.85	10.93	11.73

纯分离板模式下柔爆索做功效率如图 8.20 所示。采用对数函数对试验及仿真结果数据点进行拟合，得到拟合曲线表达式为

$$\alpha = 12.58\ln\zeta + 83.36 \tag{8.30}$$

针对爆炸分离装置的基本实际工况中分离板结构(h=2.5mm、H=4mm、L=9mm)，其炸药与碎片质量比为$\zeta = m_{\text{e}}/M = 1.713 \times 10^{-2}$，将其代入式(8.30)得到此时的做功效率为$\alpha$=32.2%，见图 8.20 中星号所标识的点。

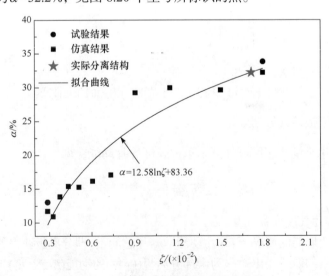

图 8.20　柔爆索纯分离板模式做功效率

需要指出的是，纯分离板模式下试件吸收能量的绝大部分为碎片动能，而爆炸分离过程中分离板吸收的能量既有碎片动能，又有变形能，两种模式下能量形式是不同的。分离板作为预制缺陷结构与圆筒预制碎片存在结构上的相似性，本书认为，在一定的结构相似情况下，结构吸收的总能量只与结构的装药质量比相关，与结构具体形式关系不密切。结构的具体构型决定了结构吸收的总能量在动能和变形能两种形式之间的具体分配，这是下一层次的能量分配问题。

8.3 本 章 小 结

本章开展了柔爆索在两种轴对称结构中爆炸输出能量做功的规律研究，得到了柔爆索对两种对称结构的做功效率。

设计了厚壁圆筒结构，模拟周向全保护罩的纯保护罩模式，通过试验和理论分析建立了纯保护罩模式下结构的变形规律；在材料理想塑性的假设下，认为圆筒的塑性应变能 E_p 是柔爆索对外输出能量的最终表现形式，即纯保护罩获得的能量 $E_b=E_p$；得到柔爆索对纯保护罩的做功效率 β：

$$\beta = \frac{E_b}{E_{total}} = \frac{E_p}{E_{total}}$$

结果表明，柔爆索在三种不同外径的铝合金圆筒中能量输出做功效率分别为 61.6%、60.8% 和 60.3%；并且，随着圆筒外径的增加，其变形程度相对减小，塑性功转化效率也逐步减小。

设计了预制碎片圆筒结构，模拟周向全分离板的纯分离板模式，通过理论建模和试验验证获得了纯分离板模式下碎片飞散速度规律；通过碎片质量和速度得出碎片动能 E_k，在忽略变形能的情况下碎片动能即碎片总能量，即分离板获得的能量 $E_f = E_k$；得到柔爆索对纯分离板模式的做功效率 α：

$$\alpha = \frac{E_f}{E_{total}} = \frac{E_k}{E_{total}}$$

从总体趋势上看，随着炸药与碎片总质量比 $\zeta = m_e/M$ 的减小，或者说随着碎片质量的增大，柔爆索做功效率降低，α 满足如下规律：

$$\alpha = 12.58\ln\zeta + 83.36$$

对于爆炸分离装置的实际工况，根据上式求得做功效率为 32.2%。

参 考 文 献

[1] 郑孟菊, 俞统昌, 张银亮. 炸药的性能及测试技术[M]. 北京: 兵器工业出版社, 1986.

[2] 曹雷. 爆炸分离过程中保护罩结构能量分配及损伤特性研究[D]. 长沙: 国防科学技术大学, 2016.

[3] Weng J, Tan H, Wang X. Optical-fiber interferometer for velocity measurements with picosecond resolution[J]. Applied Physics Letters, 2006, 89: 111101.

[4] 文学军. 线式爆炸分离碎片飞散安全性研究[D]. 长沙: 国防科学技术大学, 2016.

[5] 北京工业学院八系《爆炸及其作用》编写组. 爆炸及其作用(上册)——气体动力学基础和爆轰理论[M]. 北京: 国防工业出版社, 1979.

第9章　爆炸分离过程能量分配规律

从涉及的科学问题看,线式爆炸分离是一个非对称结构内部爆炸驱动的问题。爆炸分离过程的能量分配是指,在能量守恒的前提下,装置内各部件所得到的能量占炸药爆炸释放能量的比重。工程实际中,在爆炸作用下分离装置中保护罩起保护作用,分离板则是需要被断开的部位,因此希望能量更多地往分离板方向集中,同时减少保护罩吸收的能量。研究爆炸分离过程中的能量分配及其影响因素,显然对装置的设计具有直接的指导作用;同时,其本身也是一个很有学术意义的科学问题。

9.1　非对称结构内部爆炸能量分配的分析思想

以分离装置任一纵截面为研究对象,从时间上看,爆炸分离过程可以分为两个阶段。从起爆到主削弱槽断开为第一个阶段;从主削弱槽断开到最终作用结束,碎片以稳定速度往外飞散,为第二个阶段。两阶段中分离装置结构的特征如图 9.1 所示。

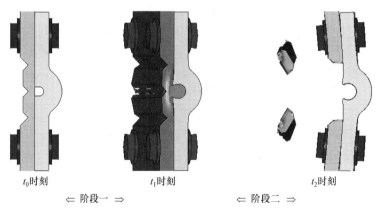

t_0时刻　　　　　　t_1时刻　　　　　　　　t_2时刻

⇐ 阶段一 ⇒　　　　　　　　⇐ 阶段二 ⇒

图 9.1　爆炸分离过程中的两个阶段

柔爆索中的炸药能量是整个系统的能量来源。爆炸分离完成后,炸药能量分成三个部分:分离板获得的能量、保护罩获得的能量和爆轰产物中的能量。前两部分是柔爆索有效对外做功的能量。在这有效的做功能量中,人们期望分离板获得尽可能多的能量，保护罩获得尽可能少的能量。从能量的最终形式来看，分离板获得的能量分成三个部分：一是分离碎片的动能，二是分离板的变形能，三是削弱槽处消耗的断裂表面能[1]。人们期望分离板获得的能量尽可能多地以碎片动能的形式存在。保护罩获得的能量最终全部转化成塑性变形能。塑性变形能过大可能会导致保护罩宏观失效，因此保护罩获得的能量越少越好，或者说保护罩承载塑性变形的能力越大越好。

　　下面结合爆炸分离过程中的两个阶段对能量流动过程进行定性分析。柔爆索起爆后，铅层在爆轰产物推动下达到一个很高的膨胀速度(700m/s 左右)，并撞击分离板和保护罩内侧，使之迅速获得一个初速度。一般而言，分离板采用的材料失效应变较低，主削弱槽很快断开，第一个阶段结束。在第二个阶段，爆轰产物从主削弱槽断开的部位泄漏出去，产物压力随之降低，但继续对分离装置产生作用。对于保护罩，应力波在结构内部来回传播，使得保护罩厚度方向上各截面变形和质点速度趋于均匀和稳定。在这个过程中，保护罩动能相应地逐渐转化成塑性变形能。对于分离板，由于止裂槽处厚度最小，存在应力集中，抗变形能力弱，分离板碎片带将绕止裂槽转动，分离板动能部分向塑性变形能转化；之后，爆轰产物继续作用于分离板，从整体上看，分离板动能仍然在继续增加；随着转动角的增大，分离板局部塑性变形能持续增加，直至达到其材料破坏阈值，此时止裂槽断开，分离碎片形成。由于柔爆索在结构中的滑移爆轰特性，分离装置沿箭体环向各截面存在速度梯度，因此存在沿柔爆索爆轰传播方向的应力波传播。此时，产物压力已经很低，应力波耗能作用大于产物做功，因此从总体上看，分离板动能逐渐降低。随着时间的进一步推移，碎片内部应力波传播作用和产物做功都逐渐减弱，最终分离碎片速度趋于稳定。又由于保护罩与分离板通过螺钉紧固件连接在一起，最终保护罩速度降为零，因此保护罩获得的全部能量都转化成保护罩的塑性变形能。分离板材料静态强度较高，而且从图 9.1 左图可以看出，余下部分变形很小，因此分离板主体部分的塑性变形能很小。

　　根据上述分析得到爆炸分离过程中的能量流动如图 9.2 所示。

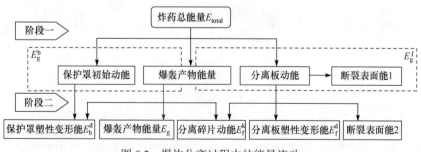

图 9.2　爆炸分离过程中的能量流动

　　分离装置结构主要包含分离板和保护罩两部分，根据以上分析，炸药总能量全部转化成爆轰产物的能量也可以分成两部分，分别作用于装置的分离板和保护罩：

$$E_g^f + E_g^b = E_{total} \tag{9.1}$$

式中，E_{total} 为爆轰产物总能量；E_g^f 和 E_g^b 分别为作用于分离板和保护罩的能量。

　　爆轰产物作用于结构，产物能量只有一部分转化成对应结构获得的能量，还有一部分仍以产物的能量存在，即

$$E_g^f = E_f + E_g^1$$
$$E_g^b = E_b + E_g^2 \tag{9.2}$$

式中，E_f 和 E_b 分别为分离板和保护罩吸收的能量；E_g^1 和 E_g^2 分别为作用于分离板和保护罩之后爆轰产物的余下能量，两者之和为分离过程完成后产物的总能量：

$$E_g^1 + E_g^2 = E_g \tag{9.3}$$

　　联立式(9.1)～式(9.3)得到整个系统能量分配为

$$E_f + E_b + E_g = E_{total} \tag{9.4}$$

　　表达式(9.4)与图 9.2 揭示的爆炸分离过程中能量流动终态分布规律是一致的。其中，分离板获得的能量在分离板内部相互转化之后以三种能量形式存在，保护罩获得的能量全部转化成塑性变形能，即

$$E_f = E_f^k + E_f^d + E_{fracture}$$
$$E_b = E_b^d \tag{9.5}$$

式中，E_f^k、E_f^d 和 $E_{fracture}$ 分别为分离碎片动能、分离板塑性变形能和预制削弱槽结构断裂表面能；E_b^d 为保护罩塑性变形能。

　　定义爆轰产物对结构的做功效率为结构获得的能量与作用于结构的能量之比：

$$\alpha = \frac{E_f}{E_g^f}$$
$$\beta = \frac{E_b}{E_g^b} \tag{9.6}$$

式中，α 和 β 分别为爆轰产物对分离板和保护罩的做功效率。

　　联合式(9.1)和式(9.6)，得到以分离板和保护罩能量表示的能量分配规律：

$$\frac{E_f}{\alpha} + \frac{E_b}{\beta} = E_{total} \tag{9.7}$$

　　将式(9.8)进行归一化，得到以分离板和保护罩能量占比表示的能量分配规律：

$$\frac{E_{\mathrm{f}} / E_{\mathrm{total}}}{\alpha} + \frac{E_{\mathrm{b}} / E_{\mathrm{total}}}{\beta} = 1 \tag{9.8}$$

　　式(9.8)揭示了爆炸分离过程中能量分配的定量规律，表明两部分结构所获得的能量在炸药总能量中的占比与爆轰产物对两部分做功效率之比的和等于1。通过引入产物做功效率的概念，式(9.8)巧妙地避开了难以定量表征的爆轰产物能量，而分离板和保护罩分别获得的能量及炸药总能量可以通过理论、试验或仿真方法确定。于是，确定爆轰产物做功效率成为问题的关键。

　　做功效率 α 和 β 是与材料和结构有关的参数。其中，α 是产物驱动分离板的做功效率，参照古尼公式，炸药爆炸驱动碎片获得的速度是装药与碎片质量之比的函数；β 是产物对保护罩变形能的做功效率，保护罩在产物作用下的变形程度取决于保护罩的材料性能和结构尺寸。对于确定的材料，可以假设保护罩吸收的塑性变形能是保护罩厚度的函数。因此，对于相同材料，可以认为做功效率只与结构有关。

　　进一步，同一结构中，相同装药的局部结构与整体结构的做功效率相等。为此，可以构造与分离板和保护罩局部结构相同的全分离板和全保护罩轴对称结构，由第8章轴对称结构的能量分配规律分析获得相应的做功效率 α 和 β，此 α 和 β 对应了分离板和保护罩局部结构的做功效率。将此 α 和 β 代入式(9.8)便可得到真实分离装置中分离板和保护罩的能量分配规律。于是，基于相同装药相同局部结构做功效率相等的思想，由相应轴对称结构的能量分配结果可推出非对称结构内部爆炸的能量分配规律。此方法的现实意义在于，可以实现从理想情况向复杂情况的合理外推。

　　与第8章轴对称结构不同的是，对于纯分离板模式，式(9.8)退化为式(8.29)，对于纯保护罩模式，式(9.8)退化为式(8.12)。先考虑只有分离碎片均匀环绕在柔爆索周围的预制碎片轴对称结构，如图9.3中左上小图所示。这一理想模型即为柔爆索做功的纯分离板模式。在这种情况下，炸药能量全部作用于轴对称分布的分离板结构，作用完成后炸药总能量分为分离板吸收的能量和产物余下的能量两部分：

$$E_{\mathrm{total}} = E_{\mathrm{g}}^{\mathrm{f}} = E_{\mathrm{f}} + E_{\mathrm{g}}^{\mathrm{l}} \tag{9.9}$$

故柔爆索的做功效率为

$$\alpha = \frac{E_{\mathrm{f}}}{E_{\mathrm{g}}^{\mathrm{f}}} = \frac{E_{\mathrm{f}}}{E_{\mathrm{total}}} \tag{9.10}$$

式(9.10)即为式(8.29)。

再考虑只有完整的相同材料环状保护罩环绕在柔爆索周围的厚壁圆筒轴对称结构,如图 9.3 中右下小图所示。这一理想模型即为柔爆索做功的纯保护罩模式。在这种情况下,炸药能量全部作用于保护罩。作用完成后炸药总能量分为保护罩吸收的能量和产物余下的能量两部分:

$$E_{\text{total}} = E_{\text{g}}^{\text{b}} = E_{\text{b}} + E_{\text{g}}^2 \tag{9.11}$$

柔爆索的做功效率为

$$\beta = \frac{E_{\text{b}}}{E_{\text{g}}^{\text{b}}} = \frac{E_{\text{b}}}{E_{\text{total}}} \tag{9.12}$$

式(9.12)即为式(8.12)。

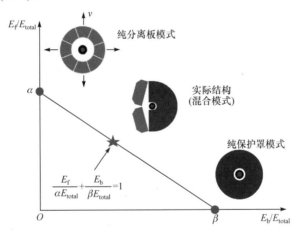

图 9.3 柔爆索对外做功能量分配规律示意图

在纯分离板模式下,保护罩获得的能量为 0;在纯保护罩模式下,分离板获得的能量为 0。在实际情况中,分离板和保护罩都存在,各自只占全部圆周的一部分,构成非对称结构,如图 9.3 中小图所示。因此,各自结构也只获得全部爆炸释能的一部分,基于相同结构形式做功效率相等的思想,这部分能量对相应结构的做功效率与全部能量作用于全部相同结构的做功效率是相同的。因此,三种不同模式下的能量分配规律具有统一的形式:$(E_{\text{f}} / E_{\text{total}})/\alpha + (E_{\text{b}} / E_{\text{total}})/\beta = 1$,即式(9.8)。

三种不同情况下能量分配规律如表 9.1 所示。表 9.1 中,不同模式下 α 和 β 各自的物理意义相同,也就是说,当结构特征参数相同时,对称的全部结构与非对称的局部结构对应的 α 和 β 取值相同。前两种模式属于对称结构,可以通过第 8 章的方法确定其做功效率 α 或 β,基于此 α 和 β,可以方便地确定第三种模式——

非对称结构的做功效率和能量分配规律。

表 9.1　不同模式下能量分配规律

模式	总能量 E_{total}	做功效率	能量分配规律
纯分离板模式	$E_{\text{f}} + E_{\text{g}}^1$	$\alpha = E_{\text{f}} / E_{\text{total}}$	$(E_{\text{f}} / E_{\text{total}}) / \alpha = 1$
纯保护罩模式	$E_{\text{b}} + E_{\text{g}}^2$	$\beta = E_{\text{b}} / E_{\text{total}}$	$(E_{\text{b}} / E_{\text{total}}) / \beta = 1$
真实分离装置	$E_{\text{f}} + E_{\text{b}} + E_{\text{g}}^1 + E_{\text{g}}^2$	$\alpha = E_{\text{f}} / (E_{\text{f}} + E_{\text{g}}^1)$ $\beta = E_{\text{b}} / (E_{\text{b}} + E_{\text{g}}^2)$	$\dfrac{E_{\text{f}} / E_{\text{total}}}{\alpha} + \dfrac{E_{\text{b}} / E_{\text{total}}}{\beta} = 1$

对这一思想更直观的展示见图 9.3。分别以柔爆索纯保护罩模式和纯分离板模式下的做功效率为横、纵坐标轴建立坐标系，给定设计工况下两种对称结构的做功效率均为定值，分别对应于坐标轴上的两个点 $(\beta, 0)$ 和 $(0, \alpha)$。在真实爆炸分离装置中，如果分离板和保护罩局部结构的特征参数与相应的轴对称结构一致，那么按照式(9.8)，点 $(E_{\text{f}} / E_{\text{total}}, E_{\text{b}} / E_{\text{total}})$ 一定位于连接坐标轴上两个特征点的直线上，图中五角星给出了该点的示意，该点的纵、横坐标对应真实结构下分离板和保护罩对全部能量的实际占比。直线上不同的点对应分离板和保护罩分别占全部圆周相对范围不同的情况。

第 8 章已经对纯分离板模式和纯保护罩模式的能量输出特性进行了理论研究和试验，针对不同尺寸的结构得到了多种设计工况下做功效率 α、β 的规律。下面首先对非轴对称的结构和真实分离装置的结构进行试验和数值模拟研究，得到对应的 E_{f} 和 E_{b}；然后将 α、β、E_{f} 和 E_{b} 代入式(9.8)，以验证前述能量分配思想，同时得到实际结构的能量分配规律。

9.2　平面对称双保护罩结构的能量分配规律

9.2.1　平面对称双保护罩结构的能量分配分析

设计两种尺寸平面对称双保护罩结构的柔爆索爆炸加载试验，如图9.4所示，试验装置由两个保护罩组成，呈平面对称结构。本节通过结构变形分析和应变能计算，获得相应的能量分配规律，以验证前述能量分配的分析思想[2]。

将两个保护罩获得的能量分别用 E_{b1}、E_{b2} 表示，于是保护罩获得的总能量为 $E_{\text{B}} = E_{\text{b1}} + E_{\text{b2}}$。爆轰产物气体的能量 E_{g} 对应分为 E_{g}^{b1} 和 E_{g}^{b2} 两部分，E_{g}^{b1} 和 E_{g}^{b2} 是两个保护罩获得能量 E_{b1}、E_{b2} 时所需额外消耗的产物能量。由于分离板和保护罩

是平面对称结构，有 $E_b = E_{b1} = E_{b2}$ 和 $E_g^b = E_g^{b1} = E_g^{b2}$ ，因此 $E_B = 2E_b$，能量守恒可写为

$$2(E_b + E_g^b) = E_{total} \tag{9.13}$$

定义 β 为柔爆索对双保护罩模式的做功效率：

$$\beta = \frac{E_b}{E_b + E_g^b} = \frac{E_B}{2(E_b + E_g^b)} \tag{9.14}$$

将式(9.14)与式(9.13)联立，可得

$$\frac{E_B}{\beta E_{total}} = \frac{2E_b}{\beta E_{total}} = 1 \tag{9.15}$$

式(9.15)即为柔爆索爆炸在平面对称双保护罩结构中的能量分配规律。

根据 9.1 节的分析思想，式(9.15)中 β 与纯保护罩模式下的做功效率应相同。下面通过试验和数值模拟对这一规律进行验证。

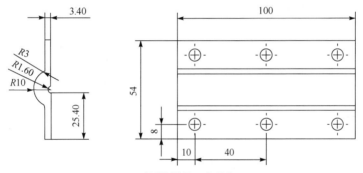

(a) $R10mm$ 保护罩结构尺寸(单位：mm)

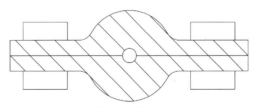

(b) 双保护罩装配截面示意图

图 9.4　$R10mm$ 保护罩结构尺寸和双保护罩装配截面示意图

9.2.2　双保护罩结构的柔爆索爆炸加载试验

1. 试验设计

保护罩的材料为铝合金 6061，截面采用圆弧形结构，针对外径分别为

10mm 和 12mm 两种尺寸(本书简写为 R10mm 和 R12mm，余同)的双保护罩结构开展柔爆索爆炸加载试验。不同的保护罩只有外径不同，其余尺寸均相同，即宽度均为 54mm，连接段厚度均为 3.4mm，长度均为 100mm，螺栓间距均为 40mm。R10mm 保护罩和 R12mm 保护罩的取值与第 8 章圆筒试验一致。R10mm 保护罩的结构尺寸如图 9.4(a)所示。每个保护罩预留出 ϕ1.6mm 的半圆孔，两个保护罩组合之后，恰好留出 ϕ3.2mm 的空间安装柔爆索，柔爆索起爆之后对两个保护罩实现对称加载，参见图 9.4(b)。试验时，试验件用 6 个高强度钢质 M6 螺栓固定，采用激光多普勒位移测试仪 DISAR 测试保护罩外表面速度历史，试验装置如图 9.5 所示。

雷管　高强度螺栓　光纤探针(另一个在背面)　对称保护罩　柔爆索

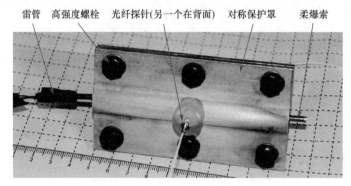

图 9.5　双保护罩结构试验装置

2. 试验结果

回收试验件变形情况如图 9.6 所示。可以看出，保护罩的变形主要有两种模

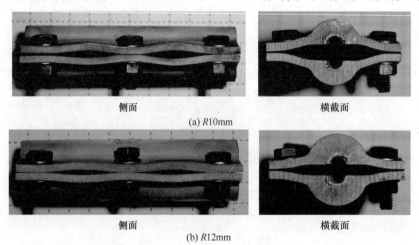

侧面　　　　　　　　横截面
(a) R10mm

侧面　　　　　　　　横截面
(b) R12mm

图 9.6　回收试验件变形情况

式：一是高温高压爆轰产物气体对保护罩内孔的扩孔效应，这里称为局部变形；二是爆轰产物进一步膨胀推动保护罩产生的变形，这里称为整体变形。随着保护罩外径增大，无论是侧面变形还是端面变形均逐渐变小，但螺栓附近更容易出现裂纹。图 9.7 展示了 $R10mm$ 结构中螺栓附近出现的裂纹。

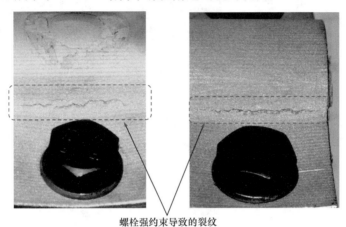

螺栓强约束导致的裂纹

图 9.7　保护罩中出现的裂纹

将回收试验件沿图 9.8 所示位置切开，得到 A、B、C 三个截面，各切割截面形貌如图 9.9 所示。可以看出，截面 A、C 的变形最大，变形形貌基本相同，而且两个保护罩变形的对称性很好；截面 B 由于有高强度螺栓的约束作用，变形相对较小，同样，保护罩变形的对称性也较好。

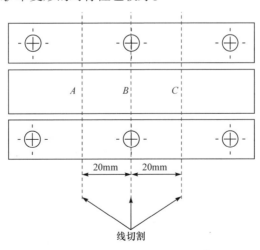

图 9.8　回收试验件切开位置

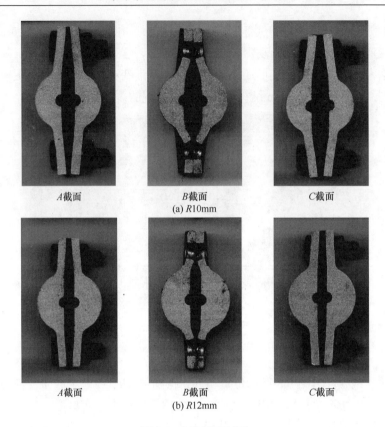

图 9.9　切割截面形貌

比较回收试验件的变形尺寸，针对同一试验件，有螺栓约束和无螺栓约束位置的截面，保护罩内孔的变形差异不大，也就是说局部变形几乎没有差异。这可以理解为柔爆索爆炸作用的瞬时效应，由于柔爆索相同，瞬时局部效应也相同。但从回收试验件外部形貌和尺寸上看，有螺栓约束和无螺栓约束的位置，整体变形存在差异，但本质上是相似的，变形也呈现出一定的规律性，这里选取无螺栓约束的截面 A 或 C 进行分析。

3. 变形模式与应变能计算

比较变形前后的保护罩截面可以发现，对长度为 b 的保护罩而言，相当于一段中间受集中载荷的梁，梁的宽度为 b，高度为板厚。因此，这里将保护罩的变形分解成两部分。如图 9.10 所示，一是两个虚线圆环所包围的保护罩圆弧结构部分的塑性变形，其变形能可以通过圆筒结构中柔爆索能量输出效率相关公式[式(8.11)]计算得到，这部分变形属于局部变形；二是虚线框所包围区域抽象出来的梁结构的塑性变形，相当于中心受集中载荷瞬时冲量 I 作用的两端固支梁，这部分变形是整体变形。本节主要对抽象梁结构的变形能进行分析和计算。抽象梁结构的示意图如图 9.11 所示，即短虚线框部分的结构，梁的高度为 h，跨度为 $2a$，宽度为 b。

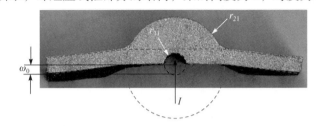

图 9.10 保护罩塑性变形分解示意图

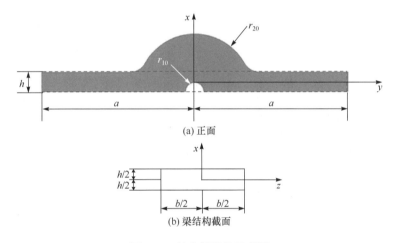

(a) 正面

(b) 梁结构截面

图 9.11 抽象梁结构示意图

抽象梁以 x 轴对称，假设保护罩抽象梁结构的变形可以用余弦模式的型函数表示，即挠曲线方程表示为

$$\omega(y) = \begin{cases} \omega_0, & -r_{21} \leqslant y \leqslant r_{21} \\ \dfrac{\omega_0}{2}\left(1 + \cos\dfrac{\pi y}{a - r_{21}}\right), & \text{其他} \end{cases} \tag{9.16}$$

式中，ω_0 为梁对称中心处最大挠度，该挠曲线方程满足如下边界条件：

$$y = 0 \text{ 时}, \quad \omega = \omega_0 \tag{9.17}$$

$$y = -a \text{ 时}, \quad \omega = 0 \tag{9.18}$$

$$y = a \text{ 时}, \quad \omega = 0 \tag{9.19}$$

对于图 9.11(b) 所示高为 h、宽为 b 的矩形截面，单位长度梁的塑性弯曲截面系数 W_s 可表达为

$$W_s = \frac{h^2}{4} \tag{9.20}$$

因此，单位长度梁的极限弯矩为

$$M_s = \sigma_y W_s = \frac{h^2}{4} \sigma_y \tag{9.21}$$

式中，σ_y 为理想塑性梁的屈服强度。

于是，抽象梁结构的变形能可以写成

$$E_1 = \int_{-a}^{a} M_s |\theta(y)| \mathrm{d}y \tag{9.22}$$

式中

$$\theta(y) = \frac{\mathrm{d}^2 \omega(y)}{\mathrm{d}y^2} = \begin{cases} 0, & -r_{21} \leqslant y \leqslant r_{21} \\ -\dfrac{\omega_0 \pi^2}{2a^2} \cos \dfrac{\pi y}{a - r_{21}}, & 其他 \end{cases} \tag{9.23}$$

对于式(9.22)中的积分项 $\theta(y)$，其周期为 $2a$，由于取绝对值，需要分段计算。进一步将式(9.22)写成

$$E_1 = 2 \frac{\pi^2 h^2 \omega_0 \sigma_y}{8a^2} \int_{r_{21}}^{a} \left| \cos \frac{\pi y}{a - r_{21}} \right| \mathrm{d}y = \frac{\pi h^2 \omega_0 \sigma_y}{2(a - r_{21})} \tag{9.24}$$

式(9.24)即为计算抽象梁结构塑性应变能的公式。式(9.24)与式(8.11)结合，再考虑结构尺寸，即可计算得到特定长度 b 的保护罩塑性变形总能量 $bE_b = bE_p + bE_1$。

试验前两种结构的初始尺寸设置如下：r_{10} 均为 1.6mm，a 均为 27mm，h 均为 3.4mm，r_{20} 分别为 10mm 和 12mm，试验后的尺寸如表 9.2 所示。表中，r_{11}、r_{21} 分别为结构变形后的内径和外径。当结构长度取 b=5mm、材料屈服应力 σ_y=307MPa 时，运用式(9.24)得到抽象梁结构的塑性应变能 bE_1 分别为 8.36J 和 6.99J。根据式(8.11)，代入截面尺寸，计算得到局部变形能 bE_p 分别为 10.13J 和 12.97J。最终计算得到 R10mm 和 R12mm 双保护罩的总塑性变形能 bE_b 分别为 18.49J 和 19.96J。从这两个结构变形能的数值看，整体变形能即抽象梁的变形能占保护罩总变形能的 45% 和 35%。

表 9.2　保护罩截面试验后的尺寸　　　　　　　(单位：mm)

保护罩	r_{11}	r_{21}	ω_0
R10mm	2.45	10.04	5.10
R12mm	2.41	12.02	3.76

9.2.3 双保护罩结构的能量分配规律

1. 数值模拟计算结构变形分析

对双保护罩结构的变形过程进行数值模拟，通过数值模拟获得能量流动的细节信息。采用流固耦合算法进行计算，保护罩和螺栓采用拉格朗日算法，其余部分采用欧拉算法。拉格朗日单元的网格尺寸为 0.5~0.7mm，欧拉单元的网格尺寸为 0.2~0.5mm。计算模型总长度取为 50mm，出于独立考察的需要，在模型长度方向上取中心一段 5mm 长的区域作为独立的部分进行计算。该段区域没有螺栓的约束，其几何和受力状态与 9.2.2 节无约束截面应变能计算时的结构完全相同，相关结果可以与其进行对比。材料及状态方程参数如表 5.3 和表 5.4 所示。

图9.12 和图9.13 分别给出了两种双保护罩结构在柔爆索爆炸加载下变形情况的主视图和俯视图。可以看出，与试验结果一样，结构变形也体现出很好的对称性，无论从端部截面还是从保护罩长度方向上看，同一结构中的两个保护罩的变形基本一致。从结构变形主视图(图 9.12)可以看出，随着保护罩半径的增大，保护罩的膨胀位移反而减小，螺栓约束位置逐渐开始出现剪切现象，其中 R12mm 保护罩剪切变形尤为明显。这与试验中观察到的在螺栓约束附近保护罩上出现裂纹的现象是一致的。从结构变形俯视图(图 9.13)可以看出，在没有螺栓约束的位置出现了"开口"现象，而保护罩的变形很小，无螺栓约束位置处的外部变形与有螺栓约束位置处的外部变形差异不大。

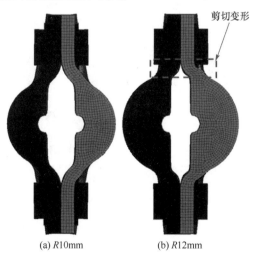

(a) R10mm   (b) R12mm

图 9.12 结构变形主视图

图 9.14 给出了中间独立部分的截面变形主视图，由于没有螺栓的约束，各个

位置均有位移，呈现出明显的整体变形状态。该处的变形与图 9.9 中截面 A、C 的变形状态是对应的。

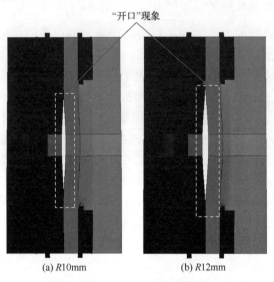

(a) R10mm   (b) R12mm

图 9.13 结构变形俯视图

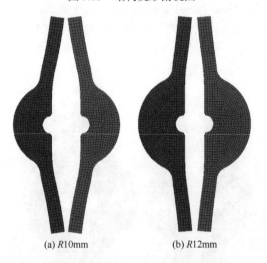

(a) R10mm   (b) R12mm

图 9.14 中间独立部分变形主视图

测量结构的局部变形结果(即内部扩孔和外部变形结果)、发生整体变形的最大位移(即抽象梁结构的最大位移)在表 9.3 中给出。与表 9.2 中给出的试验结果进行对比，可以看出，数值模拟结果与试验结果吻合较好，也验证了数值模拟结果的正确性。

表 9.3　保护罩变形结果统计　　　　　　　　　（单位：mm）

保护罩	r_{11}	r_{21}	ω_0
R10mm	2.50	10.05	5.13
R12mm	2.45	12.03	3.79

2. 数值模拟计算能量分配分析

图 9.15 给出了保护罩中间独立部分的塑性应变能历史。在稳定时刻，塑性应变能分别为 20.71J(R10mm)和 20.67J(R12mm)，对应于保护罩吸收的能量。与相应的理论计算结果[R10mm(18.49J)和 R12mm(19.96J)]相比，仿真结果略有偏大。可能是因为理论计算中将梁的变形按照三角函数进行简化，未能完全反映实际的变形量。

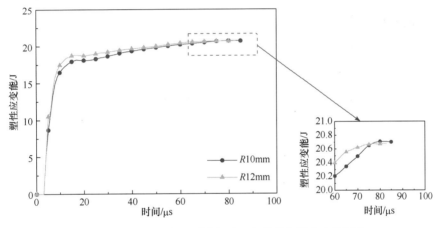

图 9.15　两种结构保护罩中间独立部分的塑性应变能历史

进一步，图 9.16 给出了无法从试验计算得到的保护罩螺栓约束部分的塑性应变能历史。在稳定时刻，塑性应变能分别为 253.88J(R10mm)和 252.91J(R12mm)，对应的装置长度为 45mm。

将图 9.15 和图 9.16 中稳定时刻保护罩的塑性应变能列于表 9.4 中，并进行求和计算得到保护罩吸收的总能量，同样列于表 9.4 中。

表 9.4　保护罩塑性应变能计算结果

保护罩	独立部分(5mm 长)塑性应变能/J	螺栓约束部分(45mm 长)塑性应变能/J	塑性应变能之和/J	单位长度塑性应变能/(kJ/m)	单位长度柔爆索能量 E_{total}/(kJ/m)	$\dfrac{2E_b}{\beta E_{total}}$
R10mm	20.71	253.88	274.59	5.49	19.5	0.914
R12mm	20.67	252.91	273.58	5.47	19.5	0.930

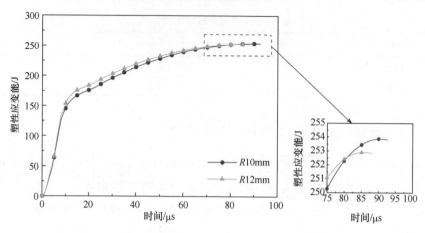

图 9.16　两种结构保护罩非独立部分的塑性应变能历史

下面将表 9.4 中保护罩能量值代入能量分配规律理论公式(9.15)。注意到，柔爆索单位长度的能量 E_{total} 为 19.5kJ/m，8.1 节得到柔爆索在 R10mm 和 R12mm 铝合金圆筒结构中的能量输出效率 β 分别为 61.6%和 60.3%。将这些数据代入式(9.15)的等号左边，得到结果分别为 0.914 和 0.930，与式(9.15)的理论值 1 很接近。说明式(9.15)可以比较准确地描述柔爆索在双保护罩结构中的能量分配规律。由此，9.1 节提出的能量分配规律普适性得到验证。同时也表明，对于相同材料，保护罩变形的做功效率只考虑结构尺寸影响的思想是合理的。

9.3　实际爆炸分离过程能量分配规律

本节开展真实分离结构的柔爆索爆炸加载试验，建立实际分离过程中分离板和保护罩的能量分配规律。保护罩材料选用屈服强度稍低、韧性较好的铝合金 6061，分离板材料选用强度高，但韧性较差的铝合金 ZL205A。材料模型和参数详见表 5.3 和表 5.4。

9.3.1　试验及结果

1. 试验件及试验装置

试验旨在研究柔爆索爆炸加载下保护罩的变形规律、分离板碎片长度、飞散速度、飞散角等，从而获得柔爆索对结构的能量分配。

保护罩外径 R 取三种尺寸：8mm、10mm、12mm；分离板考察削弱槽的三种分离厚度 h：2.0mm、2.5mm 和 3.0mm，采用平板结构，构成试验件。保护罩的长度为 290mm，分离板的长度为 280mm，连接部位的厚度均为 5mm。保护罩和分离板的结构尺寸分别如图 9.17 和图 9.18 所示。保护罩和分离板的实物图如图 9.19 所示。保护罩与分离板在长度方向上通过 7 对 M6 螺栓连接，螺栓间距为 45mm。

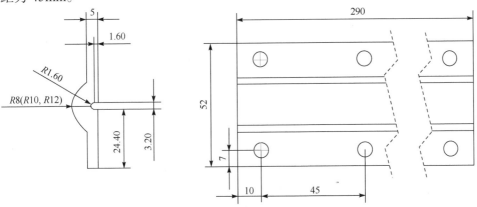

图 9.17　保护罩结构尺寸示意图(单位：mm)

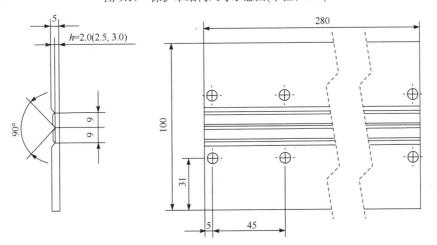

图 9.18　分离板结构尺寸示意图(单位：mm)

(a) 保护罩

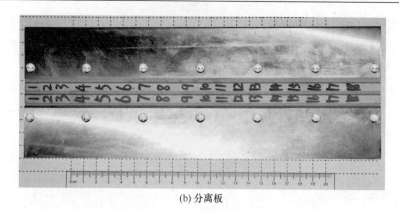

(b) 分离板

图 9.19　试验件实物图

将组装好的平板分离装置固定在钢制试验基座上，垂直立于试验箱中开展试验，如图 9.20 所示。

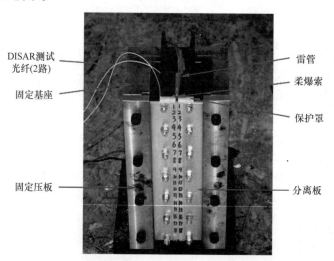

图 9.20　试验装置柔爆索

2. 测试装置

采用全光纤激光多普勒测速仪测量保护罩外表面的速度。测试使用了两路光纤，两路光纤在长度方向上相距 20mm，光纤支架与保护罩外表面无缝贴合，测试光纤探针垂直于保护罩圆弧形的外表面，测试位置如图 9.21 所示。

试验在内部空间为 2050mm×1000mm×400mm、壁厚为 15mm 的木质试验箱体中进行[图 9.22(a)]。在箱盖上切开一个 700mm×700mm 的观察窗口，上面覆盖 10mm 厚的有机玻璃板作为防护板，防止碎片飞出试验箱中。有机玻璃板上方布置一个与其成 45°的平面镜[图 9.22(b)]，高速摄影机在侧面对准平面镜进行拍摄，将碎片飞散轨迹拍摄下来。根据试验箱中布置的定位标识，采用高速摄影机对分离板碎片飞散轨迹进行拍摄和捕捉，高速摄影以 4000 帧/s 的拍摄速度记录分离碎片的飞散位置，结合数字图像处理方法分析计算碎片飞散速度。在试验箱中分离碎片飞散方向的箱体上设置一个白色的目标靶板(图 9.22)，可以获取碎片的最终位置，进而计算碎片飞散角，分离板距目标靶板 82mm。测试系统构成如图 9.23所示。

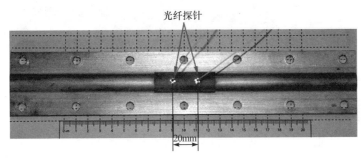

图 9.21　保护罩外表面速度测试

(a) 试验箱内部　　　　　　　　　　(b) 测试光路布局

(c) 飞散角测量靶板

图 9.22　分离板碎片定位与目标靶板布置

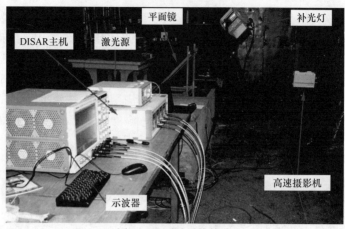

图 9.23   测试系统构成

3. 试验结果

为了表达清晰，对由保护罩和分离板组成的实际分离装置进行编号，试验装置与试验编号的对应关系如表 9.5 所示。

表 9.5   试验装置与试验编号的对应关系

分离板	保护罩		
	R8mm	R10mm	R12mm
T2.0mm	1#	4#	7#
T2.5mm	2#	5#	8#
T3.0mm	3#	6#	9#

使用 DISAR 测试得到的保护罩外表面运动的速度历史曲线如图 9.24 所示。为了便于对比，将相同保护罩、不同分离板的试验结果列于同一图中，不同保护罩的试验结果在不同图中给出。提取速度峰值展示在表 9.6 中。从试验结果可以看出，当分离板相同时，保护罩外表面运动速度峰值随保护罩半径的增大而减小；当保护罩相同时，保护罩外表面运动速度峰值随分离板厚度的增大而减小。

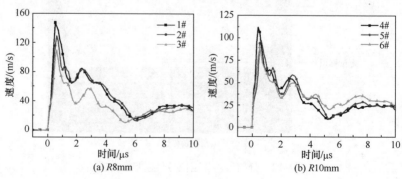

(a) R8mm   (b) R10mm

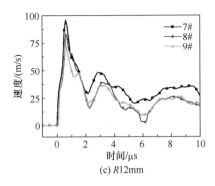

(c) $R12\text{mm}$

图 9.24　保护罩外表面速度历史曲线

表 9.6　保护罩外表面速度峰值　　　　　　　　（单位：m/s）

分离板	保护罩		
	$R8\text{mm}$	$R10\text{mm}$	$R12\text{mm}$
$T2.0\text{mm}$	148	112	96
$T2.5\text{mm}$	130	101	85
$T3.0\text{mm}$	110	89	74

对于保护罩,试验后将保护罩在中部截面处切开,观察截面损伤与断裂状态。图 9.25 是 $R8\text{mm}$ 厚度的保护罩试验回收件,可见没有明显的外观破坏。

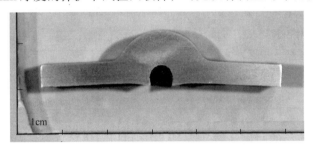

图 9.25　完好的 $R8\text{mm}$ 保护罩横截面

此外,假设柔爆索爆炸产生的冲击波在保护罩中传播的速度是相同的,则可以认为,柔爆索爆轰传播过程中引起保护罩外表面质点运动的时间差即为柔爆索通过两个光纤探针之间的时间差。由于对保护罩外表面进行速度测试的两路光纤探针之间的距离是固定的,即光纤探针支架上预留孔的中心距为 20mm,因此可以计算出柔爆索的爆轰传播速度。对 9 次试验取平均值,得到爆轰传播速度约为 7397m/s,比爆速测试试验得到的爆轰传播速度 7420m/s 低 23m/s,相对误差约为 0.3%。

高速摄影以 4000 帧/s 的拍摄速度记录下不同时刻分离碎片的飞散位置, 典型飞散轨迹如图 9.26 所示。对高速摄影系统拍摄到的碎片飞散照片进行数字图像处理, 得到分离板碎片飞散速度, 如表 9.7 所示, 飞散角在 20°左右。

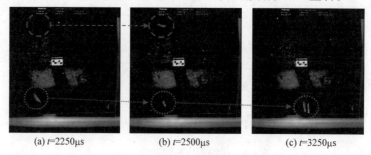

(a) t=2250μs   (b) t=2500μs   (c) t=3250μs

图 9.26　分离碎片飞散轨迹(见彩图)

从结果可以看出, 在保护罩相同的情况下, 分离板厚度对分离板碎片飞散速度的影响较为明显, 碎片飞散速度随着分离板厚度的减少而增大; 然而, 在分离板相同的情况下, 保护罩半径对分离板碎片飞散速度的影响不明显。由于各数据在数值上差别较小, 考虑到试验测量误差, 现有数据无法给出保护罩半径对分离板碎片飞散速度的影响规律。

表 9.7　分离板碎片飞散速度试验结果　(单位: m/s)

分离板	保护罩		
	R8mm	R10mm	R12mm
T2.0mm	181	196	186
T2.5mm	177	174	165
T3.0mm	144	145	157

图 9.27 为典型的回收分离板碎片。由图可以看出, 分离板在预制的三道削弱槽位置处断开, 形成破片带, 并在纵向断裂成多个小碎片。形成的小碎片几乎没有明显塑性变形, 长度为 28~52mm, 大多数小碎片长度在 50mm 左右。如果以 50mm 计, 那么 1m 长的碎片将形成 20 个小碎片, 出现 19 个新的断裂表面, 结合相关数据, 可以得到形成这些断裂面消耗的能量为 27.4J, 只占柔爆索总能量的 0.15%。在理论推导能量分配规律时, 忽略了碎片纵向断裂消耗的能量, 这个试验结果表明, 断裂耗能确实很少。因此, 忽略断裂能是合理的。

实际结构中, 柔爆索起爆后削弱槽迅速断开, 分离板形成碎片并飞散出去, 高压爆轰产物得到释放, 产物压力迅速下降。因此, 爆轰产物对保护罩的后续冲击作用并不大。在图 9.28 所示的几个位置将试样切开, 对保护罩截面进行进一步观测。

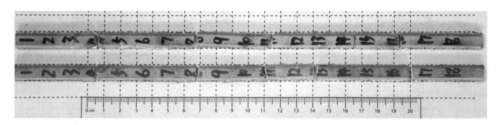

图 9.27　典型的回收分离板碎片

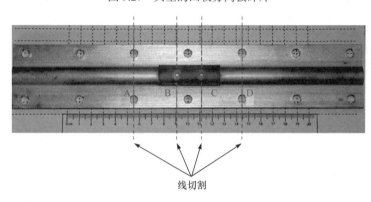

图 9.28　回收试验件线切割位置示意图

　　回收试验件线切割位置处截面情况如图 9.29 所示。从图中可以看到，几个截面的形貌基本一致，说明柔爆索对保护罩的加载比较稳定。螺栓约束位置(A 和 D 截面)和无螺栓约束位置(B 和 C 截面)的变形差异不大，可以认为保护罩在长度方向上截面变形是均匀的，以下均以保护罩 B 或 C 截面的变形情况为例进行分析。仍将变形分为整体变形和局部变形两个部分，整体变形体现为保护罩以抽象梁结构的形式发生的变形，局部变形体现为保护罩的内部扩孔与外部膨胀。

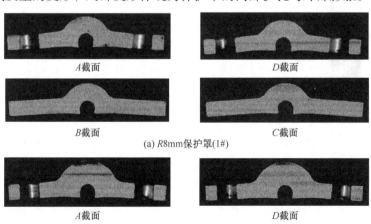

A 截面　　　　　　　　　　　　　　　D 截面

B 截面　　　　　　　　　　　　　　　C 截面

(a) R8mm保护罩(1#)

A 截面　　　　　　　　　　　　　　　D 截面

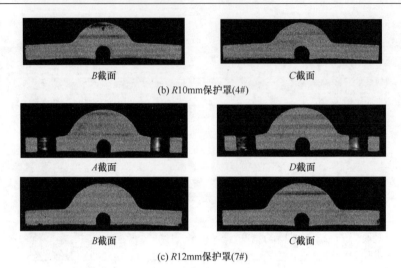

(b) R10mm保护罩(4#)

(c) R12mm保护罩(7#)

图 9.29　回收试验件线切割位置处截面情况

9.3.2　各部分能量计算

这里开展了 9 次爆炸分离试验，并对 9 次试验过程进行数值模拟研究，通过试验标定仿真模型。之后又进行了 9 种设计工况下的数值计算。图 9.30 给出了数值仿真得到的几个特征时刻分离装置变形断开情况。

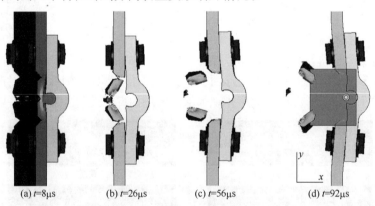

(a) t=8μs　　(b) t=26μs　　(c) t=56μs　　(d) t=92μs

图 9.30　爆炸分离仿真过程中的几个特征时刻(SE1#)

分离板碎片动能可以根据碎片速度试验结果和碎片质量得出。在爆炸分离仿真研究中，仿真结果的碎片速度与试验结果是一致的，因而数值仿真得出的碎片动能是可信的，进一步，数值仿真得出的分离板变形能也是可信的。

仿真得到的爆炸分离过程中分离板和保护罩获得的各能量随时间的变化如图 9.31 所示，可以结合图 9.30 对其进行定性分析。在 t=0 时刻柔爆索起爆，之后在高温高压的爆轰产物驱动下，分离板破片带的速度迅速增大；$t=8\mu s$ 时刻主削弱槽已经部分断开，如图 9.30(a)所示，爆轰产物从主削弱槽中间断开部分泄漏出去，使得分离装置内部的压力降低，分离板破片带的速度增速变缓；止裂槽随着破片带翻转逐渐断开，直到 $t=26\mu s$ 时刻完全断裂，如图 9.30(b)所示，在这个过程中破片带断裂成碎片，爆轰产物推动碎片做功使得分离板动能增加，而分离板材料的变形和断裂不断消耗能量使得分离板动能降低，但前者起主导作用，因此从总体上看，分离板动能逐渐增加；直到 $t=56\mu s$ 时刻，产物压力已经很低，但是分离碎片内部单元之间还未达到速度平衡，因此仍在变形，此时碎片变形消耗的能量大于产物对分离板做的功，分离板动能逐渐降低；直到 $t=92\mu s$ 时刻，两种作用都已经非常微弱，才分离板动能趋于稳定。此时，分离碎片已经部分飞出欧拉场，速度随之稳定。分离板变形能在早期随着柔爆索的爆炸迅速增大，在分离碎片完全形成之后增速变缓,说明分离板变形能主要来自削弱槽局部断裂产生的大变形。

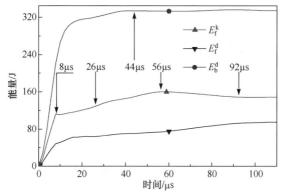

图 9.31　分离板和保护罩能量历史曲线(SE1#)

在分离板结构断裂表面能方面，根据分离板材料测试和爆炸分离试验结果，碎片飞散角在 20°左右，因此按主削弱槽处加载角为 90°、两道止裂槽处加载角为 20°进行估算，得出设计工况仿真模型分离板起裂能为 24.5J，与柔爆索总能量 1730.3J 相差两个量级。而且维持断裂扩展以形成新表面所需的断裂表面能又比起裂能量小很多。这再次说明，研究能量分配时可以忽略断裂表面能，分离板能量只考虑碎片动能和分离板变形能。

9.3.3　能量分配规律分析

由于 $R8mm$ 的圆筒纯保护罩试验没有给出 β 值，因此不能得出 $R8mm$ 保护罩装置的爆炸分离(SE1#～SE3#、S1#～S3#)能量分配规律。其他全部数值仿真工况下的能量分配规律如表 9.8 所示。可以看出，在所有设计工况下，式(9.8)左侧的值都接近 1，平均误差为 11.7%。由此，能量分配理论公式得到了较好的验证，这也表明，关于柔爆索在非对称结构内部爆炸做功能量分配规律的理论预测是正确的。同时也发现，所有结果均大于 1，说明存在系统误差。系统误差可能来自低估了两种对称结构的做功效率，从而导致$(E_f/E_{total})/\alpha$ 或$(E_b/E_{total})/\beta$ 偏大。

表 9.8 爆炸分离过程能量分配验证

仿真编号	分离板能量/(kJ/m)		保护罩能量 E_b^d / (kJ/m)	总能量 E_{total} / (kJ/m)	做功效率/%		$\dfrac{E_f / E_{total}}{\alpha} + \dfrac{E_b / E_{total}}{\beta}$
	E_f^k	E_f^d			α	β	
SE4#	2.60	1.21	5.84		33.77	61.6	1.0643
SE5#	2.65	1.49	5.80		33.30	61.6	1.1210
SE6#	2.16	2.11	5.82		32.68	61.6	1.1540
SE7#	2.76	1.25	5.78		33.65	60.3	1.1030
SE8#	2.62	1.52	5.80		33.12	60.3	1.1332
SE9#	2.18	1.98	5.80		32.76	60.3	1.1442
S4#	2.62	1.23	5.84	19.5	33.86	61.6	1.0678
S5#	2.64	1.44	5.82		33.20	61.6	1.1132
S6#	2.09	2.18	5.84		32.74	61.6	1.1543
S7#	2.64	1.28	5.78		33.86	60.3	1.0841
S8#	2.53	1.54	5.80		33.2	60.3	1.1204
S9#	2.18	2.00	5.80		32.74	60.3	1.1474
平均值							1.1172

表 9.8 结果表明，实际分离结构中保护罩最终获得的能量占比 E_b^d / E_{total} = 5.8/19.5=0.297，这个结果与第 8 章中对称保护罩能量分配规律得到的结果几乎一致，在那里柔爆索对纯保护罩的做功效率满足能量占比$\beta = E_b/E_{total} = 0.603$，而真实结构保护罩正好是纯保护罩的一半。这也再次说明，本书前面对能量分配的分析思想和方法是正确的。

对能量分配规律结果的图形化验证如图 9.32 所示。由于式(9.8)左侧大于 1，因此图 9.32 中数据点$(E_f/E_{total}, E_b/E_{total})$都落在直线$(E_f/E_{total})/\alpha + (E_b/E_{total})/\beta = 1$ 的上方。

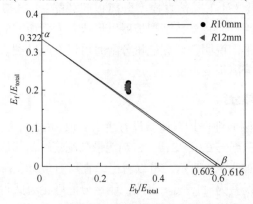

图 9.32 爆炸分离过程能量分配规律验证图

分离板变形能和动能随保护罩外径 R 和分离厚度 h 的变化规律如图9.33所示。可以看出，分离板变形能与 R 和 h 都呈现出一致的正相关性。分离板动能与 R 没有明显的依赖性。在 $h=2.6$mm 以下，分离板动能随 h 变化没有一致的规律，而在 $h=2.6$mm 之上，分离板动能随 h 的增大迅速降低。后者可能隐含了某种非稳定的突变规律，值得关注。例如，h 增加，分离板动能 E_f^k 下降，意味着分离板变得不容易分离，可能使分离可靠性降低，这显然是不希望发生的。

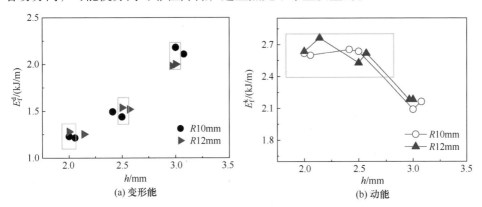

图 9.33   分离板能量随保护罩外径 R 和分离厚度 h 的变化规律曲线

9.4 本 章 小 结

本章对爆炸分离过程中炸药能量在各部件中的分配问题进行了理论分析。

根据分离装置的结构特性，将爆轰产物能量分成两部分，分别以做功效率 α 和 β 作用于分离板和保护罩，得出能量分配规律满足 $(E_f/E_{total})/\alpha + (E_b/E_{total})/\beta = 1$。

基于爆炸驱动原理，对于相同材料，认为变形能做功效率 β 只与构件厚度有关，而动能做功效率 α 只与炸药和碎片质量比有关。在这一思想下，上述能量分配规律公式具有普适性，即无论是对称结构还是非对称结构，只要结构特征参数保持一致，该公式都能得到满足。

设计了平面对称的双保护罩结构，对两种尺寸的双保护罩进行柔爆索加载试验，将保护罩的变形分解成局部变形和整体变形两部分，推导了双保护罩变形能的计算公式。通过能量计算验证了双保护罩的能量分配规律 $2(E_b/E_{total})/\beta = 1$，偏差在 7%～9%。

通过设计真实结构的分离装置，进行了一系列柔爆索加载试验，在测试保护罩变形和分离板碎片飞散特性的基础上，计算获得了柔爆索加载下分离装置结构获得的能量。利用第8章得到的纯保护罩和纯分离板结构的相应做功效率参数，对真实爆炸分离过程中的能量分配规律进行了验证。结果表明，理论预测公式 $(E_f/E_{total})/\alpha + (E_b/E_{total})/\beta = 1$ 得到了较好的满足，平均偏差为 11.7%。

　　能量分配结果表明，随着保护罩厚度(对应保护罩外径 R)的增大，保护罩吸收的能量降低，而分离板吸收的能量升高。从总体上看，随着分离板削弱槽处分离厚度 h 的增大，分离板吸收的总能量随之增大，而保护罩吸收的能量变化规律不明显。对分离板变形能和动能进行具体分析表明，分离板变形能与 R 和 h 都呈现一致的正相关性，而分离板动能与 R 没有明显的依赖性。当 $h<2.6mm$ 时，分离板动能随 h 变化没有一致的规律性；当 $h>2.6mm$ 时，分离板动能随 h 的增大迅速下降，可能会导致不可靠的分离结果。

参 考 文 献

[1] 文学军. 线式爆炸分离碎片飞散安全性研究[D]. 长沙: 国防科学技术大学, 2016.

[2] 曹雷. 爆炸分离过程中保护罩结构能量分配及损伤特性研究[D]. 长沙: 国防科学技术大学, 2016.

第 10 章 爆炸分离过程保护罩的冲击损伤与破坏分析

线式爆炸分离装置解锁分离过程中,在柔爆索的爆炸加载下,分离板预制削弱槽的位置发生断裂实现解锁;与此同时,保护罩发生塑性变形,吸收一部分冲击波能量。在宏观上,保护罩表现为塑性变形;在细观和微观上,保护罩内部不可避免地会发生各种损伤,如微孔洞或微裂纹,它们是宏观裂纹的前奏。为了准确描述保护罩中的损伤,需要考虑含有损伤演化的本构模型。本章首先从试验现象入手,分析保护罩内部损伤产生的机理;然后采用 GTN(Gurson-Tvergaard-Needleman)损伤本构模型对分离过程中保护罩的响应进行深入的数值分析;最后得到保护罩内冲击波传播的规律,探索提高保护罩结构抗爆性能的技术途径。

10.1 保护罩损伤破坏机理分析

10.1.1 保护罩破坏机理分析

1. 保护罩破坏的试验现象

在线式火工分离装置中通常使用的保护罩结构有两种:截面梯形保护罩和截面圆弧形保护罩,截面基本形状如图 10.1 所示。

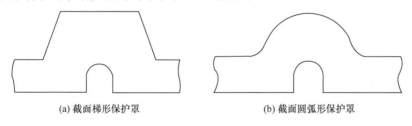

(a) 截面梯形保护罩　　　　　　　　　(b) 截面圆弧形保护罩

图 10.1　两种不同结构保护罩的截面形状

分别采用线装药密度为 3.53g/m 和 4.03g/m 的柔爆索,对截面梯形保护罩和截面圆弧形保护罩进行平板试验。试验回收件表明,保护罩外表面无明显裂纹。截取试验件中间一段,对端面进行磨平抛光处理,得到如图 10.2 所示的形貌。图 10.2 表明,两种不同结构的保护罩内部均可见宏观裂纹。不同的是,截面梯形保护罩中形成两条明显的斜向裂纹，其中的一条裂纹几乎贯穿整个保护罩；截面圆弧形保护罩在中间位置形成两条竖向裂纹，且裂纹附近还可以观察到很多肉眼可见的小孔隙。截面梯形保护罩中形成的贯穿性裂纹始于保护罩内壁，其初始萌发应该缘于爆轰作用下保护罩向外运动而产生环向拉伸应力，推动保护罩内壁膨胀变形而引起径向裂纹。此径向裂纹与保护罩内部的裂纹发生连通扩展，造成保护罩的贯穿性断裂。

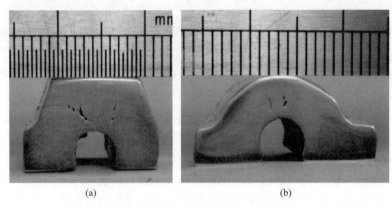

(a)　　　　　　　　　　　　　(b)

图 10.2　两种保护罩试件内部裂纹分布

另外，由已有的众多试验结果还发现，截面梯形保护罩更容易产生贯穿裂纹，因此截面圆弧形保护罩的抗冲击性能应当是优于截面梯形保护罩的。

2. 保护罩破坏的机理分析

保护罩的破坏机理可以从两个角度进行分析。一是保护罩在柔爆索爆轰作用下瞬间向外膨胀，造成保护罩内壁的变形超过材料变形能阈值，使靠近装药的保护罩内壁产生初始径向裂纹；二是冲击波在保护罩结构中传播并发生波的相互作用，引起局部应力叠加从而超过材料强度，使材料在局部发生破坏，形成保护罩内部裂纹。

爆轰发生的初期，保护罩在爆轰压力的作用下向外运动使保护罩产生环向拉伸应力，靠近柔爆索装药的保护罩内壁产生径向初始裂纹，形成内壁破坏形态；之后，传入结构中的冲击波由于边界和几何效应发生相互作用，在保护罩内部发生汇聚而引发新的裂纹。图 10.3 和图 10.4 给出了保护罩内部裂纹产生的示意图。

根据凝聚介质中冲击波传播理论，对于截面梯形保护罩，炸药爆炸后向保护罩内传入冲击波[图 10.3(a)]，冲击波到达保护罩背面后，反射形成拉伸应力波[图 10.3(b)]，从不同表面反射的拉伸应力波交汇在保护罩中，当局部形成的拉应力超过材料动态断裂强度时，材料局部发生破坏，形成两条斜向裂纹[图 10.3(c)]。对截面圆弧形保护罩也可进行类似分析，如图 10.4 所示，图 10.4(a)、(b)和(c)分别描述了截面圆弧形保护罩内部产生裂纹的过程及位置。由图可预见，结构中内外圆弧圆心的相对位置会影响波相互作用的交汇情况，使裂纹产生的位置不同。进一步分析表明，当内部圆弧圆心和外部圆弧圆心重合时，可以使反射形成的拉伸波汇聚作用减弱，甚至不产生竖直方向的裂纹，从而降低后续影响，提高保护罩的抗冲击能力。

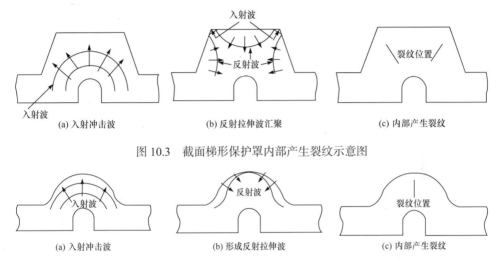

图 10.3　截面梯形保护罩内部产生裂纹示意图

(a) 入射冲击波　　　　(b) 反射拉伸波汇聚　　　　(c) 内部产生裂纹

图 10.4　截面圆弧形保护罩内部产生裂纹示意图

(a) 入射冲击波　　　　(b) 形成反射拉伸波　　　　(c) 内部产生裂纹

　　保护罩中裂纹的产生受到炸药的性质、保护罩的材料特性及结构几何形状与尺寸等因素的影响。其中，炸药的性质和保护罩的材料特性决定了传入保护罩中冲击波的强度，冲击波强度越大，保护罩内部越容易破坏。保护罩的几何性质决定了保护罩内部破坏发生的位置。内外裂纹的扩展或贯穿最终造成保护罩的穿透性破坏，从而形成图 10.2 所示试验回收件的截面形貌。

10.1.2　保护罩内壁破坏解析模型

　　本节通过建立解析模型进一步分析保护罩内壁破坏的机理和判据。首先，借鉴爆炸驱动的工程分析方法，运用冲击动力学理论，建立内壁膨胀物理模型，得到膨胀速度的解析模型。其次，认为保护罩的膨胀运动造成内部环向拉伸，当局部拉伸变形能超过材料破坏应变能阈值时，保护罩内壁出现断裂破坏；保护罩与分离板之间的界面产生卸载波传播的区域决定了破坏产生的位置；由此导出裂纹产生的判据——破坏数 η。最后，对保护罩内壁裂纹产生的影响因素进行分析，讨论材料的力学性能对保护罩安全性的影响，初步给出保护罩材料的选型依据。

1. 保护罩的膨胀运动规律

为求得爆炸作用后保护罩内壁的膨胀速度，考虑完全对称结构(图 10.5)，建立保护罩简化结构模型。其中，r_0 为装药半径，r_1 为保护罩内径，δ 为保护罩厚度。对于"分离板—保护罩"这样的非对称结构，由于爆炸后分离板的断开，爆炸产生的气体会从断口处飞散，保护罩所承受的冲击将小于相应的对称结构。因此，本模型比实际情况更保守，或者说安全裕度更大。

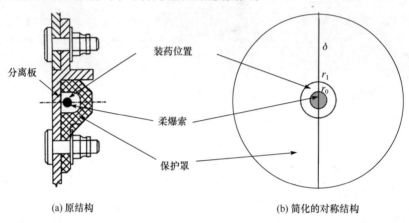

(a) 原结构　　　　　　　　　(b) 简化的对称结构

图 10.5　保护罩简化结构模型

根据对称结构，柔爆索中心设为刚壁边界，可假设质点速度为 0；起爆瞬间爆炸作用对保护罩外侧影响甚微，设保护罩外侧质点速度为 0。为了方便建立保护罩内壁膨胀速度的解析表达式，进一步假设：①炸药爆炸瞬时完成，柔爆索转变成产物气体，在保护罩空腔内气体产物质点速度由中心至保护罩内壁呈线性增加；②保护罩内壁在炸药爆炸瞬时获得最大速度 v_1，不存在加速段。保护罩中质点速度沿径向由内至外呈线性递减分布。

爆炸产物及保护罩内质点速度分布如图 10.6 所示。图中 v_g、v_b 分别表示产物中和保护罩中的质点速度。此处 v_b 仅表示爆炸后很短时间内，即当爆炸产生的冲

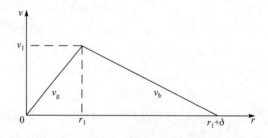

图 10.6　爆炸产物及保护罩内质点速度分布

击波尚未从保护罩外表面反射之前，保护罩内的质点速度分布。随着时间推移，后续质点速度分布将会发生变化。于是，质点速度满足如下规律：

$$v_g = v_1 \frac{r}{r_1}, \quad v_b = v_1 \left(1 - \frac{r - r_1}{r_2 - r_1} \right) \tag{10.1}$$

式中，r_2 为保护罩外经，$r_2 = r_1 + \delta$。

取单位长度装置考虑能量守恒方程为

$$2\pi \int_0^{r_1} \frac{1}{2} \left(v_1 \frac{r}{r_1} \right)^2 \rho_0 r \mathrm{d}r + 2\pi \int_{r_1}^{r_1+\delta} \frac{1}{2} \left[v_1 \left(1 - \frac{r - r_1}{\delta} \right) \right]^2 \rho_1 r \mathrm{d}r = \lambda Q \rho_L \tag{10.2}$$

式中，等号左侧第一项为气体产物动能，ρ_0 为气体产物等效密度；等号左侧第二项为保护罩获得的动能，ρ_1 为保护罩密度，v_1 为 r_1 处径向质点速度，等号右侧为柔爆索输出的能量，ρ_L 为装药线密度，爆热 $Q = 6.28\mathrm{MJ/kg}$，考虑能量的损失，用 λ 表示炸药能量用于动能的比例，$0 < \lambda < 1$。若不考虑爆炸产物和结构的热损失，可取 $\lambda = 1$。

对式(10.2)进行积分并求解，得到 r_1 处质点速度为

$$v_1 = 2 \sqrt{\frac{\lambda \zeta Q}{\sqrt{\zeta \frac{\rho_0 \pi r_1^2}{\rho_L} + 1}}} \tag{10.3}$$

式中，$\zeta = \dfrac{3\rho_L}{\pi \rho_1 \left(\delta^2 + 4\delta r_1 \right)}$ 为炸药对保护罩的等效质量比。

根据炸药与产物气体质量守恒有 $\dfrac{\rho_0 \pi r_1^2}{\rho_L} = 1$，于是式(10.3)可简化为

$$v_1 = 2 \sqrt{\frac{\lambda \zeta Q}{\zeta + 1}} \tag{10.4}$$

这里 ζ 的值很小，小于 0.02，即爆炸气体质量远小于保护罩壳体质量。

2. 保护罩内壁裂纹产生位置分析

1) 裂纹产生位置分析

柔爆索爆炸后，在保护罩内壁承受冲击压力使保护罩发生膨胀运动的同时，在保护罩与分离板的接触面上将产生缝隙，并在缝隙处引发卸载波的传播。一方面，膨胀运动造成保护罩内壁拉伸变形，当其超过材料变形能阈值时会引起材料的破坏，引发裂纹萌生；另一方面，随着卸载波的运动，在保护罩内形成卸载区，在卸载区内应力急剧下降又抑制了裂纹萌生。若卸载区足够大，整个保护罩结构

都被卸载区所覆盖，则保护罩内壁将不会有裂纹生成。于是，判断保护罩内壁是否出现裂纹就转化为求解卸载区大小的问题。

根据上述分析做如下假设：①爆炸发生后在保护罩与分离板之间的缝隙两侧同时开始产生卸载波；②卸载区内径向变形的应变率随时间变化不大；③卸载区不会产生新的裂纹。

以 t 表示爆轰波到达后保护罩向外膨胀过程中的任意时刻，相应的保护罩内径从 r_{10} 变化到 r_1。保护罩中半径为 r 处，与 θ 角相对应的弧长为 x(图 10.7)。显然，有

$$x = r\theta \tag{10.5}$$

式(10.5)对 t 求导得

$$\frac{\mathrm{d}x}{\mathrm{d}t} = \theta\frac{\mathrm{d}r}{\mathrm{d}t} = \frac{x}{r}\frac{\mathrm{d}r}{\mathrm{d}t} = \frac{x}{r}v \tag{10.6}$$

式中，$\dfrac{\mathrm{d}r}{\mathrm{d}t} = v$ 为保护罩中半径为 r 处质点向外膨胀的速度。

令 $\varepsilon = \dfrac{\mathrm{d}x}{x}$ 为由保护罩膨胀引起的环向应变，则式(10.6)又可写为

$$\frac{v}{r} = \frac{\mathrm{d}x}{x\mathrm{d}t} = \frac{\mathrm{d}\varepsilon}{\mathrm{d}t} \tag{10.7}$$

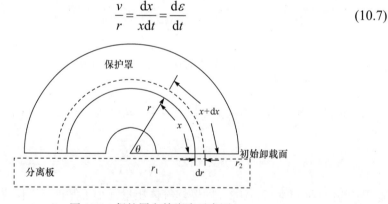

图 10.7　保护罩向外膨胀示意图

卸载波以声速 c_0 传播，考虑前述假设①，从爆轰波到达开始至 t 时刻，卸载区的宽度由 0 增至 x，有如下关系式：

$$\mathrm{d}x = c_0\mathrm{d}t \tag{10.8}$$

式中，c_0 为保护罩中弹性波速度。

由式(10.7)有

$$\mathrm{d}t = \frac{r}{v}\mathrm{d}\varepsilon \tag{10.9}$$

将式(10.9)代入式(10.8)并进行积分，有

$$\int_0^x dx = \int_0^\varepsilon \frac{r}{v} c_0 d\varepsilon \tag{10.10}$$

考虑前述假设②，卸载区内应变率随时间变化不大，取内壁边界 $r=r_1$ 和相应的状态 $v=v_1$，从 0 到 t 积分，有

$$x = \frac{r_1}{v_1} c_0 \varepsilon \tag{10.11}$$

当结构中局部应变达到材料破坏应变 ε_b 时，对应位置的保护罩中将出现裂纹，由式(10.11)可导出保护罩内壁出现裂纹的位置 x_b 为

$$x_b = \frac{r_1}{v_1} c_0 \varepsilon_b \tag{10.12}$$

式中，x_b 为保护罩内径为 r_1 时单侧卸载区的宽度，即保护罩中两裂纹之间的宽度，它与保护罩内壁质点向外膨胀的速度 v_1 成反比。爆炸瞬间保护罩内壁半径最小、质点速度最大，故裂纹最容易出现在运动初始的内表面上。保护罩内侧弧长为 πr_1，考虑保护罩与分离板有两个卸载面，并同时卸载，卸载区总长度为 $2x_b$。

2) 内壁裂纹产生判据分析

考虑前述假设③，当卸载区长度 $2x_b \geqslant \pi r_1$ 时，在保护罩内壁不会产生裂纹；否则，保护罩内壁将产生裂纹。于是保护罩内壁出现裂纹的判据为

$$2x_b < \pi r_1 \tag{10.13}$$

定义描述保护罩安全性的无量纲数如下：

$$\bar{\eta} = \frac{2x_b}{\pi r_1}$$

当 $\bar{\eta} \geqslant 1$ 时，保护罩内不产生裂纹；当 $\bar{\eta} < 1$ 时，保护罩内产生裂纹。 (10.14)

3. 内壁裂纹产生的因素分析与验证

将式(10.12)和式(10.4)代入式(10.14)得到保护罩内壁裂纹产生的无量纲数表达式为

$$\bar{\eta} = \frac{2x_b}{\pi r_1} = \frac{2c_0}{\pi v_1} \varepsilon_b = \frac{c_0 \varepsilon_b}{\pi} \sqrt{\frac{\zeta+1}{\lambda \zeta Q}} \tag{10.15}$$

当 $\bar{\eta} \geqslant 1$ 时，保护罩内不产生裂纹；当 $\bar{\eta} < 1$ 时，保护罩内产生裂纹。

式(10.15)表明，所建立的无量纲数 $\bar{\eta}$ 综合反映了影响保护罩抗爆性能的三个关键方面：柔爆索装药参数、保护罩结构参数和材料性能，具有科学性和合理性。装药参数方面，$\bar{\eta}$ 与装药能量(Q)、药量(与 ζ 相关)和炸药能量转换效率(λ)的平方

根成反比,说明装药严重地影响着保护罩的抗爆性能,这与试验现象是一致的;但是装药是保证分离可靠性的根本所在,必须以此为底线来约束保护罩的设计。保护罩结构参数方面,保护罩厚度和内径的增加(ζ减小)均能提高系统的安全性;但在宇航工程中质量控制十分严格,而增加保护罩厚度和内径均会导致系统质量的改变。材料性能方面,延伸率是影响保护罩抗爆能力的核心材料参数,因此改善材料的延伸率是提高保护罩抗爆能力的直接途径;这个认知和结论相对于之前将材料强度作为设计依据的理念是一个革命性的跃升。

对于典型的保护罩结构,内壁半径 r_1=1.7mm,壁厚 δ=6.5mm。根据式(10.15),取 λ=1,ρ_1=2.7g/cm^3,c_0=5164m/s,ε_b=0.198±0.018(取自表3.7),对不同的装药线密度计算相应的 $\bar{\eta}$ 值,与分离装置试验结果进行比较,如表10.1所示。由表10.1可知,当 $\bar{\eta}$ =0.98±0.09 时,保护罩内壁出现了明显裂纹;当 $\bar{\eta}$ >1.11±0.10 时,保护罩内壁没有肉眼可见的裂纹。对比结果表明,试验现象基本符合理论模型的预测结果,在可接受的误差范围内。

表 10.1　保护罩内壁裂纹产生模型预测

参数与结果	编号					
	TB-1#	TB-2#	TB-3#	TB-4#	TB-5#	TB-6#
装药线密度ρ_L/(g/m)	1.8	2.4	3.0	3.4	3.8	4.4
等效装药比 ζ	7.36×10^{-3}	9.82×10^{-3}	1.23×10^{-2}	1.39×10^{-2}	1.55×10^{-2}	1.80×10^{-2}
无量纲数 $\bar{\eta}$	1.52±0.14	1.32±0.12	1.18±0.11	1.11±0.10	1.05±0.10	0.98±0.09
试验结果	—	无裂纹	无裂纹	—	细小裂纹	明显裂纹

$\bar{\eta}$ =1作为判断保护罩安全性的临界判据,对指导保护罩的结构优化设计具有现实意义。无量纲数 $\bar{\eta}$ 能基本描述保护罩的破坏规律,各项物理意义明确,具有直观简便的优点。

10.1.3　保护罩内部裂纹形成的初步数值模拟

本节运用 LS-DYNA 动力分析有限元程序对两种结构的平板保护罩结构内部裂纹产生过程进行数值模拟。计算采用流固耦合算法,保护罩和分离板分别为6061-T652 和 ZL205A-T6,采用流体弹塑性材料模型,以最大拉应力断裂判据作为材料的破坏准则,具体参数见表3.7和表3.8。柔爆索中内装炸药为 RDX,外包装有铅管包覆和聚乙烯填充,在柔爆索周围设置了空气单元,各材料的相关参数分别见表5.3和表5.4。其中,炸药状态方程采用 JWL 高能炸药燃烧模型,铅为 Steinberg 材料模型,聚乙烯为流体弹塑性模型,空气采用空物质模型和线性多项式状态方程。根据试验件的尺寸,利用 HyperMesh 建模软件建立相应的有限元分析模型，如图 10.8 所示。

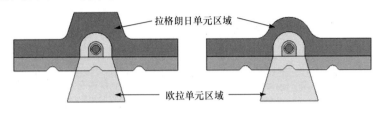

图 10.8　两种形式的保护罩计算模型

图 10.9 和图 10.10 分别给出了两种结构保护罩中最大主应力在不同时刻的分布，以及结构内部形成裂纹的过程。由这两个图可以看出爆炸作用下保护罩响应的典型过程。以截面梯形保护罩为例，爆轰作用首先在结构中引起冲击波传播，如 $t=1.6\mu s$ 以前的图像；然后，冲击波从结构自由面反射，形成较强的拉伸应力波，如 $t=2.0\mu s$ 时的图像；接着，拉伸应力波在结构内发生叠加，局部形成很高的拉伸应力区($t=2.3\mu s$ 时刻)；最后，保护罩内部裂纹逐步形成(在 $t=2.3\mu s$ 以后)。

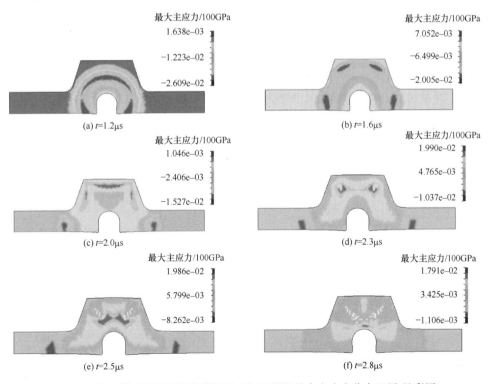

图 10.9　截面梯形保护罩数值模拟的破坏过程及最大主应力分布云图(见彩图)

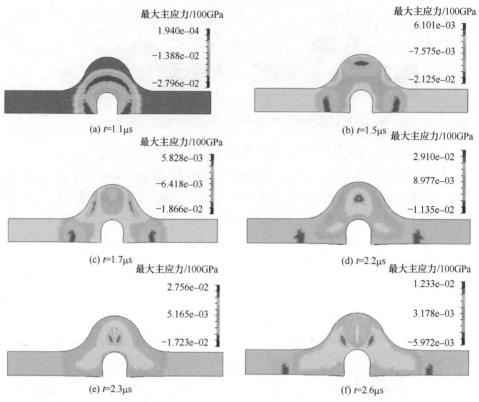

图 10.10　截面圆弧形保护罩数值模拟的破坏过程及最大主应力分布云图(见彩图)

　　截面弧形保护罩经历的过程十分类似，只是结构尺寸和形状的差别使得波相互作用的特征时刻有所不同，特别是裂纹产生的部位明显不同。截面梯形保护罩内部形成两条斜向裂纹，而截面圆弧形保护罩的破坏位置位于保护罩中心部位。由此，从计算结果得出了与试验和理论分析完全相同的保护罩破坏图像，进一步诠释了保护罩内部破坏的物理机制。

　　上述数值模拟结果表明，采用瞬时破坏判据(最大拉应力破坏判据)已经在一定程度上反映了保护罩的破坏过程。但是，由于所采用的判据比较简单，而保护罩受到爆炸作用时通常会经历损伤萌生、发展直至结构破坏的全过程，瞬时破坏判据显然不能细致反映这个过程。因此，为了准确描述和深入理解保护罩冲击损伤至破坏的真实过程，在数值模拟研究中采用含损伤演化的材料本构是十分必要的。

10.2　GTN 弹塑性损伤模型及保护罩内部损伤分析

　　基于 GTN 屈服准则的弹塑性损伤模型是能描述材料动态损伤发展的一种典

型材料模型，该模型以微孔洞为基本损伤基元，考虑微孔洞的成核、增长和成核对微孔洞体积分数的影响，形成对材料损伤至破坏过程的细致描述。本节将该模型嵌入 LS-DYNA，在完成对常见动态断裂试验验证的基础上，用于保护罩损伤破坏过程的深入数值分析。

10.2.1　GTN 损伤本构模型

1. 屈服函数

GTN 损伤本构模型(简称 GTN 模型)的核心是 GTN 屈服函数。为了研究弹塑性材料的损伤行为，假设基体材料中分布的微孔洞造成材料的各向同性损伤，损伤程度可以用微孔洞体积分数(也可以称为孔隙度或孔隙率)f来描述。损伤弹塑性材料的描述可以与未损伤弹塑性材料的行为相比拟，应变同样可以分为弹性部分和塑性部分，其中，弹性部分由弹性规律控制，塑性部分由屈服条件、强化规律和流动法则等决定。与未损伤材料相比，损伤材料的屈服条件不仅依赖于应力状态 σ_{ij}，还依赖于微孔洞体积分数 f，因此屈服条件的一般表达式为 $\Phi(\sigma_{ij}, f)=0$。此外，认为静水应力 $P(P=-\sigma_m)$或应力第一不变量 I_1 控制着塑性流动中孔洞增长和体积塑性应变。因此，屈服条件可以表示为

$$\Phi(I_1, J_2, f) = 0 \tag{10.16}$$

式中，I_1 为应力张量第一不变量；J_2 为偏应力张量第二不变量。

GTN 模型的创建者之一 Gurson[1, 2]早期提出了多孔弹塑性本构模型，该模型通过在均匀材料中引入球形微孔洞的均匀分布来研究材料的塑性流动。引入损伤变量，即微孔洞体积分数 f，在 von Mises 屈服函数的基础上形成新的屈服函数：

$$\Phi(\sigma_{ij}, \sigma_s, f) = \frac{\sigma_{eq}^2}{\sigma_s^2} + 2f \cosh \frac{3\sigma_m}{2\sigma_s} - (1+f^2) = 0 \tag{10.17}$$

式中，σ_{eq} 为基体材料中 von Mises 等效应力；σ_m 为平均应力，即静水压力的负数；σ_s 为流动应力，主要描绘材料的硬化特性，通过硬化法则表示。在 σ_{eq}/σ_s-σ_m/σ_s 平面上，Gurson 屈服面如图 10.11 所示。可以看出，Gurson 屈服面具有以下特点。

(1) 所有屈服面都是外凸和光滑的。

(2) 屈服面与宏观静水压力相关，不同于经典塑性理论中"静水压力不影响屈服"的假设。

(3) 将材料的屈服与损伤特性联系起来。随着微孔洞体积分数的增大，屈服面逐渐缩小，体现出材料具有随损伤软化的特性。

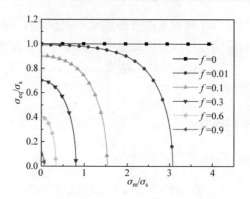

图 10.11　Gurson 屈服面

Gurson 屈服条件式(10.17)覆盖了一些重要的特殊情况。当 f=0，即材料无损伤时，式(10.17)退化为经典塑性理论中的 von Mises 屈服条件：$\sigma_{eq}-\sigma_s$=0，静水压力的影响消失。当 f=1 时，屈服面缩小为一个点(0, 0.001)。由于考虑了材料内部的细观结构，损伤变量的定义具有明确的物理意义。Gurson 模型的本质是，通过引入能够反映微孔洞导致应力软化的项，将传统的弹塑性理论进行拓展。

然而，在最初的 Gurson 屈服函数中，并没有考虑孔洞增长和汇合过程中孔洞成核和孔洞增长之间的相互作用，不能预测材料因内部微孔洞汇合而导致的材料承载能力的丧失。为此，Tvergaard 等[3]对传统的 Gurson 模型进行了改进，得到了 GTN 损伤本构模型。在 GTN 模型中，材料的损伤演化由均匀分布于材料中的微孔洞的成核、增长与汇合过程来描述。利用这些微孔洞来表示材料中弥散分布的细观裂纹，微孔洞周围的材料是弹塑性的。Tvergaard 等在 Gurson 屈服函数的基础上，引入了微孔洞发生汇合的临界体积分数 f_c，以区分微孔洞汇合前后的损伤演化差别。进一步，为了更好地吻合实际情况，通过与试验结果进行对比，在屈服函数中引入了两个拟合系数 q_1 和 q_2。GTN 屈服函数的表达式为

$$\Phi(\sigma_{ij},\sigma_s,f) = \frac{\sigma_{eq}^2}{\sigma_s^2} + 2q_1 f^* \cosh\left(\frac{3}{2}q_2\frac{\sigma_m}{\sigma_s}\right) - 1 - (q_1 f^*)^2 = 0 \tag{10.18}$$

Tvergaard 发现，q_1=1.5、q_2=1 比较适合周期性排列的微孔洞数值模拟分析结果。f^* 代表有效微孔洞体积分数，用以 f 为变量的分段函数表示：

$$f^*(f) = \begin{cases} f, & f \leqslant f_c \\ f_c + \delta_{GTN}(f - f_c), & f > f_c \end{cases} \tag{10.19}$$

$$\delta_{GTN} = \frac{q_1^{-1} - f_c}{f_F - f_c} \tag{10.20}$$

式中，f_c 为微孔洞发生汇合的临界体积分数；f_F 为材料失效的临界微孔洞体积分数。

2. 微孔洞演化

微孔洞的演化主要由微孔洞的增长和微孔洞的成核两部分组成，用微孔洞体积分数变化率 $\dot{f}$ 表示，其演化规则定义为

$$\dot{f} = \dot{f}_g + \dot{f}_n \tag{10.21}$$

式中，$\dot{f}_g$ 和 $\dot{f}_n$ 分别表示孔洞增长和成核的速率。孔洞增长引起的体积塑性应变率由代表性体积单元(representative volume element, RVE)的体积变化率给出：$\dot{V}/V = \dot{\varepsilon}_V^p = \dot{\varepsilon}_{kk}^p$，于是微孔洞增长导致的微孔洞体积分数变化率的规则定义为

$$\dot{f}_g = (1-f)\dot{\varepsilon}_{kk}^p \tag{10.22}$$

即由微孔洞体积分数和塑性应变率的积来描述。

微孔洞成核导致的微孔洞体积分数变化的规则定义为

$$\dot{f}_n = A_n \dot{\varepsilon}_{eq}^p \tag{10.23}$$

即由函数 A_n[4]和等效塑性应变率来描述。

从统计的观点出发，A_n 是等效塑性应变 ε_{eq}^p 的函数。Needleman 等[5]给出了 A_n 的一种正态分布，即

$$A_n(\varepsilon_{eq}^p) = \frac{f_N}{S_n \sqrt{2\pi}} \exp\left[-\frac{1}{2}\left(\frac{\varepsilon_{eq}^p - \varepsilon_n}{S_n}\right)^2\right] \tag{10.24}$$

式中，f_N 为微孔洞成核的临界体积分数；ε_n 为平均成核应变；S_n 为成核应变的标准差。

此外，假设损伤材料的应力矩阵塑性做功率等于宏观应力的做功率，表达为流动应力 σ_s 与相应等效塑性应变率 $\dot{\varepsilon}_{eq}^p$ 之积，即

$$\sigma_{ij}\dot{\varepsilon}_{ij}^p = (1-f)\sigma_s \dot{\varepsilon}_{eq}^p \tag{10.25}$$

10.2.2　GTN 损伤本构模型的程序实现

1. 计算流程

在材料模型子程序中，当前时刻的应力分量由上一时刻的应力分量和当前时刻的应力增量分量给出，即

$$\sigma_{ij}^{t+1} = \sigma_{ij}^t + \Delta\sigma_{ij} \tag{10.26}$$

当前时刻的应力增量分量由当前时刻的应变增量分量根据增量形式的本构关系计算得到。编写材料模型子程序的主要过程如下。

首先假设材料处于弹性应力状态，运用弹性规律进行试算，当前时刻的弹性试探应力为

$$\sigma_{ij}^{t+1*} = \sigma_{ij}^{t} + \boldsymbol{D}\Delta\varepsilon_{ij} \tag{10.27}$$

式中，$\boldsymbol{D}$ 为弹性系数矩阵；$\Delta\varepsilon_{ij}$ 为应变增量分量。

按照 Prandtl-Reuss 流动理论：在一个无限小应力增量间隔中，应变增量分为弹性和塑性两部分，记 $\Delta\varepsilon_{ij}^{e}$ 为应变增量的弹性部分，$\Delta\varepsilon_{ij}^{p}$ 为应变增量的塑性部分，应力增量与弹性应变增量之间仍为线性关系，满足广义胡克定律 $\Delta\sigma_{ij} = \boldsymbol{D}\Delta\varepsilon_{ij}^{e} = \boldsymbol{D}(\Delta\varepsilon_{ij} - \Delta\varepsilon_{ij}^{p})$，则式(10.26)和式(10.27)可写为

$$\sigma_{ij}^{t+1} = \sigma_{ij}^{t+1*} + \Delta\sigma_{ij} - \boldsymbol{D}\Delta\varepsilon_{ij} = \sigma_{ij}^{t+1*} - \boldsymbol{D}\Delta\varepsilon_{ij}^{p} \tag{10.28}$$

将当前时刻的应力 σ_{ij}^{t+1} 及试探应力 σ_{ij}^{t+1*} 均分解为体积分量和偏斜分量之和的形式，即

$$\sigma_{ij}^{t+1} = \sigma_{m}^{t+1}\delta_{ij} + S_{ij}^{t+1} \tag{10.29}$$

$$\sigma_{ij}^{t+1*} = \sigma_{m}^{t+1*}\delta_{ij} + S_{ij}^{t+1*} \tag{10.30}$$

根据增量形式的本构关系方程[6]，塑性应力状态下应力增量的表达式为

$$\Delta\sigma_{ij} = \Delta\sigma_{ij}^{*} - K\Delta\varepsilon_{p}\delta_{ij} - \frac{3GS_{ij}}{\sigma_{eq}}\Delta\varepsilon_{q} \tag{10.31}$$

此处，定义 $\Delta\varepsilon_{p} = \dfrac{\partial\Phi}{\partial\sigma_{m}}\Delta\lambda$ 和 $\Delta\varepsilon_{q} = \dfrac{\partial\Phi}{\partial\sigma_{eq}}\Delta\lambda$。将式(10.29)和式(10.30)两边相减，并利用式(10.31)得到体积分量和偏斜分量分别为

$$\sigma_{m}^{t+1} = \sigma_{m}^{t+1*} - K\Delta\varepsilon_{p} \tag{10.32}$$

$$S_{ij}^{t+1} = S_{ij}^{t+1*} - \frac{3GS_{ij}^{t+1}}{\sigma_{eq}^{t+1}}\Delta\varepsilon_{q} \tag{10.33}$$

由径向返回法比例规律有[6]

$$\frac{S_{ij}^{t+1}}{\sigma_{eq}^{t+1}} = \frac{S_{ij}^{t+1*}}{\sigma_{eq}^{t+1*}} \tag{10.34}$$

因此，式(10.33)可写成

$$S_{ij}^{t+1} = S_{ij}^{t+1*} - \frac{3GS_{ij}^{t+1*}}{\sigma_{eq}^{t+1*}}\Delta\varepsilon_{q} \tag{10.35}$$

进一步得到

$$\sigma_{eq}^{t+1} = \frac{S_{ij}^{t+1}}{S_{ij}^{t+1*}} \sigma_{eq}^{t+1*} = \sigma_{eq}^{t+1*} - 3G\Delta\varepsilon_q \tag{10.36}$$

由式(10.18)，当前时刻的 GTN 后继屈服函数为[3]

$$\Phi(\sigma_{ij}^{t+1}, \sigma_s^{t+1}, f^{t+1}) = \left(\frac{\sigma_{eq}^{t+1}}{\sigma_s^{t+1}}\right)^2 + 2q_1 f^{*t+1}\cosh\left(\frac{3}{2}q_2\frac{\sigma_m^{t+1}}{\sigma_s^{t+1}}\right) - 1 - (q_1 f^{*t+1})^2 = 0 \tag{10.37}$$

则 $\Delta\varepsilon_p$ 和 $\Delta\varepsilon_q$ 满足

$$\frac{\partial\Phi}{\partial\sigma_{eq}}\Delta\varepsilon_p - \frac{\partial\Phi}{\partial\sigma_m}\Delta\varepsilon_q = 0 \tag{10.38}$$

由式(10.37)可得

$$\frac{\partial\Phi}{\partial\sigma_{eq}} = 2\frac{\sigma_{eq}^{t+1}}{(\sigma_s^{t+1})^2} \tag{10.39}$$

$$\frac{\partial\Phi}{\partial\sigma_m} = \frac{3q_1q_2 f^{*t+1}}{\sigma_s^{t+1}}\sinh\left(\frac{3}{2}q_2\frac{\sigma_m^{t+1}}{\sigma_s^{t+1}}\right) \tag{10.40}$$

因此，式(10.38)可写成

$$2\frac{\sigma_{eq}^{t+1}}{\sigma_s^{t+1}}\Delta\varepsilon_p - 3q_1q_2 f^{*t+1}\sinh\left(\frac{3}{2}q_2\frac{\sigma_m^{t+1}}{\sigma_s^{t+1}}\right)\Delta\varepsilon_q = 0 \tag{10.41}$$

对于微孔洞体积分数，当前时刻的微孔洞体积分数 f^{t+1} 由上一时刻的微孔洞体积分数 f^t 与当前时间步长的微孔洞体积分数增量 Δf 给出，即

$$f^{t+1} = f^t + \Delta f \tag{10.42}$$

将式(10.21)~式(10.23)代入式(10.42)，并整理得

$$\Delta f - 3(1-f^{t+1})\Delta\varepsilon_m^p - A_n\Delta\varepsilon_{eq}^p = 0 \tag{10.43}$$

式中[4]

$$A_n = A_n(\varepsilon_{eq}^{p,t+1}) = \frac{f_N}{S_n\sqrt{2\pi}}\exp\left[-\frac{1}{2}\left(\frac{\varepsilon_{eq}^{p,t+1} - \varepsilon_n}{S_n}\right)^2\right] \tag{10.44}$$

此外，式(10.25)写成增量形式为

$$\sigma_{ij}\Delta\varepsilon_{ij}^p = (1-f)\sigma_s\Delta\varepsilon_{eq}^p \tag{10.45}$$

将式(10.29)代入式(10.45)，并考虑 $\Delta\varepsilon_{ij}^{\mathrm{p}} = \Delta\varepsilon_{\mathrm{m}}^{\mathrm{p}}\delta_{ij} + \Delta e_{ij}^{\mathrm{p}}$，且偏量矩阵第一不变量为 0，可得

$$3\sigma_{\mathrm{m}}^{t+1}\Delta\varepsilon_{\mathrm{m}}^{\mathrm{p}} + S_{ij}^{t+1}\Delta e_{ij}^{\mathrm{p}} = (1 - f^{t+1})\sigma_{\mathrm{s}}^{t+1}\Delta\varepsilon_{\mathrm{eq}}^{\mathrm{p}} \tag{10.46}$$

考虑到平均应力和等效应力的关系，式(10.46)可改写为

$$(1 - f^{t+1})\sigma_{\mathrm{s}}^{t+1}\Delta\varepsilon_{\mathrm{eq}}^{\mathrm{p}} - \sigma_{\mathrm{m}}^{t+1}\Delta\varepsilon_{\mathrm{p}} - \sigma_{\mathrm{eq}}^{t+1}\Delta\varepsilon_{\mathrm{q}} = 0 \tag{10.47}$$

式中，f^{t+1} 用式(10.42)代替。

常用的硬化法则主要有线性硬化和幂硬化两种。对于线性硬化，增量形式的流动应力表达式为

$$\sigma_{\mathrm{s}}^{t+1} = \sigma_{\mathrm{s}}^{t} + E_{\mathrm{h}}\Delta\varepsilon_{\mathrm{eq}}^{\mathrm{p}} \tag{10.48}$$

式中，σ_{s} 和 E_{h} 满足

$$\sigma_{\mathrm{s}} = \sigma_{\mathrm{y}} + E_{\mathrm{h}}\varepsilon_{\mathrm{eq}}^{\mathrm{p}} \tag{10.49}$$

$$E_{\mathrm{h}} = \frac{E_{\mathrm{t}}E}{E - E_{\mathrm{t}}} \tag{10.50}$$

式中，σ_{y} 为材料的初始屈服强度；E_{t} 为切线模量。

对于幂硬化，增量形式流动应力的表达式为

$$\sigma_{\mathrm{s}}^{t+1} = \bar{k}\varepsilon^{n} = \bar{k}(\varepsilon_{\mathrm{yp}} + \varepsilon_{\mathrm{eq}}^{\mathrm{p},t+1})^{n} \tag{10.51}$$

式中，$\bar{k}$ 为硬化模量；n 为硬化指数，$\varepsilon_{\mathrm{yp}}$ 和 $\varepsilon_{\mathrm{eq}}^{\mathrm{p},t+1}$ 满足

$$\varepsilon_{\mathrm{yp}} = \left(\frac{E}{\bar{k}}\right)^{\frac{1}{n-1}} \tag{10.52}$$

$$\varepsilon_{\mathrm{eq}}^{\mathrm{p},t+1} = \varepsilon_{\mathrm{eq}}^{\mathrm{p},t} + \Delta\varepsilon_{\mathrm{eq}}^{\mathrm{p}} \tag{10.53}$$

式(10.37)、式(10.41)、式(10.43)和式(10.47)中的 $\sigma_{\mathrm{eq}}^{t+1}$、$\sigma_{\mathrm{m}}^{t+1}$、$\sigma_{\mathrm{s}}^{t+1}$ 和 f^{t+1} 都可以用 $\Delta\varepsilon_{\mathrm{p}}$、$\Delta\varepsilon_{\mathrm{q}}$、$\Delta\varepsilon_{\mathrm{eq}}^{\mathrm{p}}$ 和 Δf 来表达，因此式(10.37)、式(10.41)、式(10.43)和式(10.47)是关于 $\Delta\varepsilon_{\mathrm{p}}$、$\Delta\varepsilon_{\mathrm{q}}$、$\Delta\varepsilon_{\mathrm{eq}}^{\mathrm{p}}$ 和 Δf 的非线性方程组，联立这四个公式并利用 Newton 迭代法即可求解。因此，材料模型子程序的根本任务是 $\Delta\varepsilon_{\mathrm{p}}$、$\Delta\varepsilon_{\mathrm{q}}$、$\Delta\varepsilon_{\mathrm{eq}}^{\mathrm{p}}$ 和 Δf 的求解，如果得到 $\Delta\varepsilon_{\mathrm{p}}$、$\Delta\varepsilon_{\mathrm{q}}$、$\Delta\varepsilon_{\mathrm{eq}}^{\mathrm{p}}$ 和 Δf 的值，那么其他物理量即可根据现有表达式求得。

设计 GTN 材料模型子程序流程如图 10.12 所示。

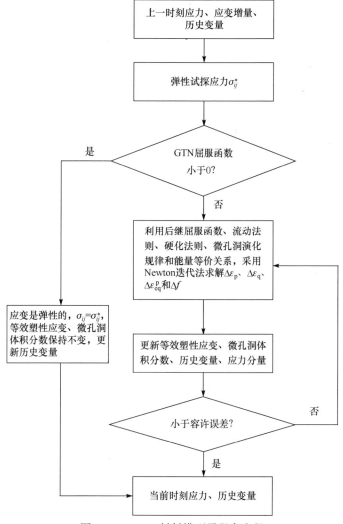

图 10.12 GTN 材料模型子程序流程

2. GTN 材料模型子程序验证

GTN 模型仅考虑拉伸变形下的损伤发展，即认为材料只有受拉时微孔洞才增长，压缩变形仍按照传统幂硬化模型进行计算，微孔洞体积分数保持不变。因此，为验证程序的可靠性，仅需验证拉伸加载下程序的有效性。为此，本书编写了平面应变条件下的单机版程序。程序执行过程是：固定时间步长，每一时间步沿加载方向施加给定的应变增量，验证损伤发展及应力变化情况。图 10.13 给出了平面应变条件下计算过程 Newton 迭代产生的计算误差。从图中可以看出，每步计算中内部迭代 50 次以内，式(10.37)、式(10.41)、式(10.43)和式(10.47)的求解误差

均小于 10^{-6}，可以实现有效计算。

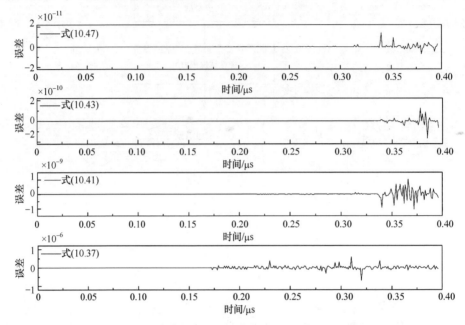

图 10.13　平面应变加载情况计算产生的迭代误差

图 10.14 给出了平面应变拉伸加载下某材料的应力-应变曲线和微孔洞体积分数 f 的发展曲线。该图表明，正是孔洞扩张汇合(表现为微孔洞体积分数 f 的增大)导致了应力的下降。这说明所编制的程序合理反映了材料的响应特点。

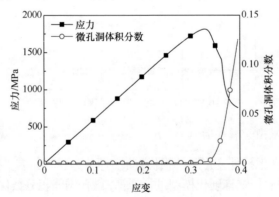

图 10.14　平面应变拉伸加载下应力-应变曲线及微孔洞体积分数 f 的发展曲线

3. GTN 材料参数校准

由 GTN 模型的表达式可以看出，影响材料损伤特性的参数有 ε_n、S_n、f_N、f_0、

$f_{\rm C}$ 和 $f_{\rm F}$，它们分别反映了材料内部损伤形成的平均成核应变、成核应变的标准差、微孔洞成核的临界体积分数、微孔洞初始体积分数、微孔洞发生汇合的临界体积分数和材料失效的临界微孔洞体积分数。这些参数的物理意义对特定材料是明确的，但实际参数值还需通过调试来确定，特别是损伤参数的确定需要通过与实际情况的对比得到。有文献指出，通过设计轻气炮层裂实验获得空洞增长的统计规律来确定相关参数。对于所考察的保护罩材料铝合金 6061，本节将基于损伤本构的数值模拟结果与基于 SHTB 实验的测试结果进行量化对比，来确定相应的损伤参数。图 10.15 给出了单轴应力加载的计算程序流程。以 y 方向应变为例，给定 x 方向应变增量后，根据泊松比上下界计算 y 方向试探应变增量 Tempepsy1、Tempepsy2 和 Tempepsy3，根据应变增量计算相应的应力增量 Tempsigy1、Tempsigy2 和 Tempsigy3。通过判断这三个试探应力增量的方向，采用二分法更新下一步的试探应变增量 Tempepsy1 或 Tempepsy2，直到两者计算得到的应力增量差小于误差容限 tol，结束循环。

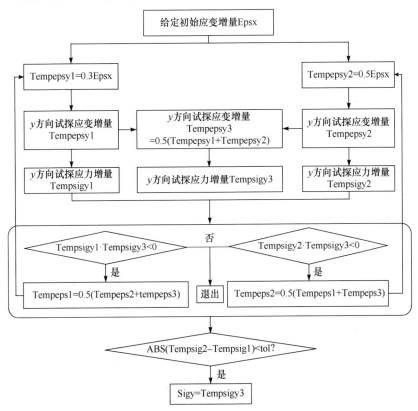

图 10.15　单轴应力加载的计算程序流程

　　具体过程为：保持拉伸加载方向(x方向)的应变增量恒定，首先根据泊松关系给出加载的横向方向(y和z方向)的试探应变增量，然后计算三个方向的应力增量，根据y和z方向的应力增量调整应变增量，使y和z方向的应力增量小于误差容限值，从而确定本时间步的应变增量。

　　最终确定的铝合金 6061 材料、GTN 损伤模型参数如表 10.2 所示，由此得到的数值仿真结果与实验结果的对比如图 10.16 所示，图中给出了 x 和 y 方向的应力曲线。可以看出，表 10.2 所示的参数能够较好地描述铝合金 6061 材料的动态拉伸力学性能。图 10.17 给出了单轴应力拉伸加载下微孔洞的发展规律。由图可见，微孔洞体积分数 f 由微孔洞成核导致的体积分数 f_n 和微孔洞增长导致的体积分数 f_g 两部分组成。其中，损伤发展前期主要以微孔洞成核 f_n 为主，后期主要以微孔洞增长 f_g 为主。

表 10.2　铝合金 6061 材料 GTN 损伤模型参数

参数	E/GPa	ν	K/GPa	G/GPa	k/MPa	n	q_1
数值	71	0.32	65.7	26.5	392	0.049	1.5
参数	q_2	ε_n	S_n	f_0	f_N	f_c	f_F
数值	1.0	0.08	0.045	0.0001	0.0038	0.0039	0.012

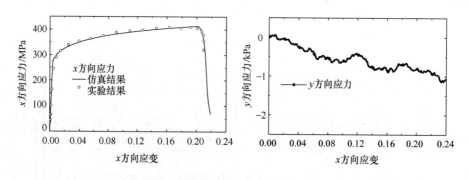

图 10.16　单轴应力拉伸加载下铝合金 6061 材料应力-应变曲线对比

10.2.3　GTN 损伤本构模型有效性验证

　　将 GTN 材料模型嵌入 LS-DYNA 动力学软件，采用 LS-DYNA 对 SHTB 实验和轻气炮加载层裂实验进行有限元计算，通过计算结果与实验结果的对比，来验证运用 GTN 材料模型后材料和结构动态响应的有效性和准确性。

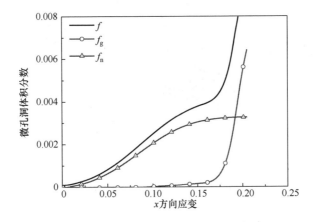

图 10.17 单轴应力拉伸加载下微孔洞的发展规律

1. SHTB 实验

1) 计算模型

SHTB 实验原理和装置参见 3.1.2 节。采用 Hypermesh 建立实验加载部分有限元模型如图 10.18 所示，片状拉伸试样有限元网格如图 10.19 所示。为了使试样发生大变形区域具有较高密度的网格，在试样厚度方向(z 方向)和高度方向(y 方向)建立过渡网格，经过三次过渡，网格尺寸分别由试样端部的 0.9mm 和 1.0mm 过渡到实验段中心的 0.1125mm 和 0.125mm；在试样长度方向(x 方向)上，网格尺寸由 1.0mm 自然减小到 0.125mm。0.1125mm×0.125mm×0.125mm 的六面体网格可以很好地满足数值分析的精度要求。试样端部与入射杆和透射杆共节点，以模拟实验中的胶黏连接。入射杆和透射杆材料采用弹性材料模型，试样材料采用 GTN 损伤本构模型，模型参数采用表 10.2 中的数据。

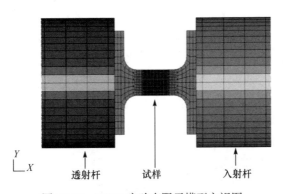

图 10.18 SHTB 实验有限元模型主视图

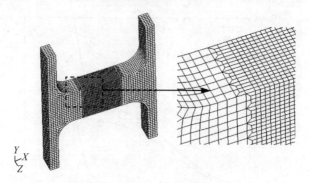

图 10.19　片状拉伸试样有限元网格

2) 实验结果与计算结果对比

图 10.20 给出了 SHTB 拉伸实验结果与计算结果的对比。从图中可以看出，计算结果整体上反映了平均的实验结果。如果除去实验曲线的波动，那么计算结果所反映的塑性流动应力与实验结果基本一致，考虑损伤的材料本构给出的破坏应变位于实验数据的中值附近。这说明，本书采用 GTN 损伤本构模型和构建的子程序可以很好地再现实验现象，特别是对材料破坏参数的反映是准确的。两者的差异主要表现在应力-应变曲线的上升沿，这在物理上对应了材料的弹性模量，而弹性模量表征不够准确是霍普金森杆实验技术自身的缺陷。因此，可以认为本章建立的材料模型是合理、可靠的。

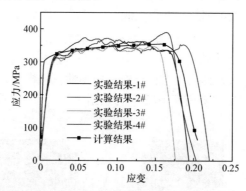

图 10.20　SHTB 拉伸实验结果与计算结果对比

2. 层裂实验

1) 有限元计算模型

层裂实验的原理和装置参见 3.1.4 节。对层裂实验进行有限元建模，考虑实验装置的对称性，建立了 1/4 有限元模型，通过设置对称边界实现仿真与实验条件一致。层裂实验有限元计算模型如图 10.21 所示。飞片和靶板材料相同，均为铝合金 6061 材料，模型参数仍采用表 10.2 中的数据。

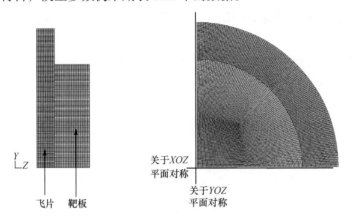

图 10.21　有限元计算模型

2) 实验结果与计算结果对比

图 10.22 给出了层裂实验结果与计算结果的对比。从图中可以看出，计算结果得出的自由面速度时程曲线与实验测试曲线在特征点上的幅值是一致的，只是时间上有少许滞后。由计算曲线得出的层裂强度为 0.857GPa，实验值和计算值的差距约为 4.5%，说明计算结果与实验结果的吻合度比较高。自由面速度曲线在时间上的差异也反映出本构模型的损伤规律还有待改善，但层裂强度的计算并不与时间发生直接联系，因此这不影响材料破坏判据的正确运用。可见，与层裂实验的对比再一次证明了 GTN 损伤本构及其子程序和材料参数的合理性和正确性。

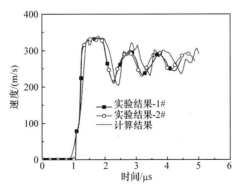

图 10.22　层裂实验结果与计算结果的对比

3) 层裂片内部损伤发展规律

图 10.23 给出了层裂靶板中损伤的发展历程。从图中可以看出，受飞片撞击，

$t=1.8\mu s$ 时，靶板内部由波相互作用而产生拉伸应力，侧面无约束则产生稀疏波传入，因此靶板中接近边缘处的微孔洞体积分数最大，但尚未达到失效临界值；$t=1.9\mu s$ 时，靶板内部一些单元的微孔洞体积分数达到失效临界值，表现为开始出现宏观裂纹。随着越来越多的单元微孔洞体积分数达到单元失效的临界值，宏观裂纹不断向靶板中心发展。$t=2.0\mu s$ 时，靶板内部的宏观裂纹除边缘处外，已经完全汇为一体，层裂片正式形成，层裂片厚度恰为飞片厚度。之后，随着拉伸波在层裂片中继续传播，层裂片有从原靶板剥离的趋势。通过与图 3.14 对比可以看出，计算模拟得到的层裂现象与实验吻合较好。

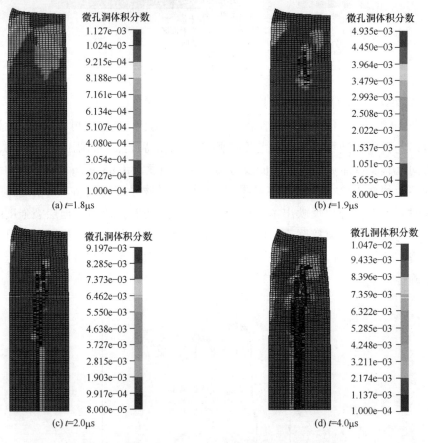

图 10.23　不同时刻靶板中微孔洞体积分数云图(见彩图)

图 10.24 给出了靶板中三个典型单元的微孔洞体积分数历史。A 单元的微孔洞体积分数增长较早，尽管后期也出现一定的增长，但仍未达到单元失效的临界体积分数；B 单元和 C 单元虽然孔洞增长稍晚，但增长极为迅速，在不到 0.5μs

的时间内即达到单元失效的临界值，以致在一个时间步长内单元即删除，微孔洞的上升细节未能显示。

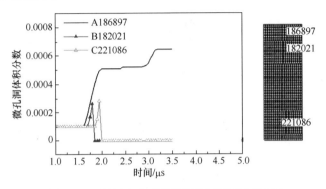

图 10.24 靶板中典型单元微孔洞体积分数历史

进一步通过仿真考察了飞片撞击速度为 200m/s、220m/s 和 240m/s 情况下，靶板中典型单元的损伤发展及靶板的动态响应，如图 10.25 和图 10.26 所示。从图 10.25 中可以看出，当飞片撞击速度为 200m/s 和 220m/s 时，靶板中所关注的典型单元的微孔洞体积分数虽有增长，但都未达到单元失效的临界值；当飞片撞击速度为 240m/s 时，该单元的微孔洞体积分数迅速增长至临界值并被删除。从图 10.26 中的数据可以看出，当撞击速度为 200m/s 时，靶板中微孔洞体积分数最大只有 0.001712，远未达到微孔洞失效的临界值；当撞击速度提高到 220m/s 时，靶板中一部分单元的微孔洞体积分数达到了临界值，出现了宏观裂纹，但尚未形成层裂片；当撞击速度提高到 240m/s 时，内部裂纹完全汇合成一体，层裂片形成。

无论是计算图像还是进行参数量化对比，两个典型标准实验的验证结果都表明，所采用的损伤本构反映了真实的物理现象，具有科学合理性。

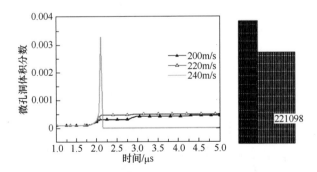

图 10.25 不同撞击速度时靶板中典型单元微孔洞体积分数历史

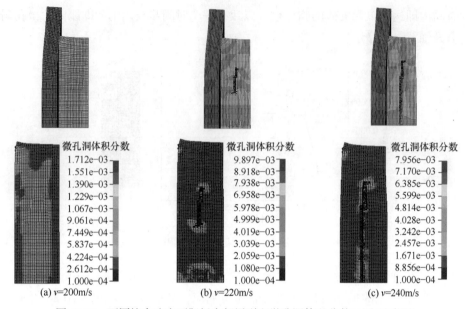

(a) v=200m/s   (b) v=220m/s   (c) v=240m/s

图 10.26   不同撞击速度下靶板内部层裂和微孔洞体积分数云图(见彩图)

10.2.4   GTN 损伤本构模型用于保护罩损伤分析

1. 分离装置的有限元模型

将 GTN 损伤本构模型用于分离过程数值模拟,深入考察保护罩的损伤破坏过程。以截面弧形保护罩为例,建立如图 10.27 所示的爆炸分离装置有限元计算模型。采用任意拉格朗日-欧拉算法进行计算。保护罩和分离板均采用拉格朗日单元,铅外壳、RDX 装药和空气采用欧拉单元。所有的单元均为八节点六面体单元。其中,拉格朗日单元的网格尺寸为 0.20~0.25mm,共划分了 136460 个八节点六面体单元,欧拉单元的网格尺寸为 0.15~0.20mm,共划分了 162672 个单元,保证了计算精度。保护罩为铝合金 6061 材料,模型参数采用表 10.2 中的数据。

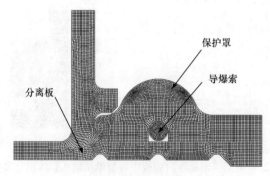

图 10.27   爆炸分离装置有限元计算模型

2. 保护罩中损伤破坏的数值模拟

图 10.28 给出了柔爆索起爆后不同时刻保护罩变形和损伤的图像。可以看出，柔爆索爆炸初期[图 10.28(a)和(b)]，只有装药槽发生大变形，尽管保护罩内部某些位置的单元微孔洞体积分数达到了一定数值，但尚未失效；之后，随着应力波在保护罩中传播，应力波产生叠加作用，$t=5\mu s$ 时[图 10.28(c)]，拉伸波叠加使得保护罩内部局部单元由于微孔洞体积分数达到失效临界值而被删除，出现了径向裂纹；$t=7\mu s$ 时[图 10.28(d)]单元继续删除，裂纹沿径向进一步扩大，呈现径向贯穿的趋势，这对保护罩的保护作用而言是危险的；$t=18\mu s$ 时，尽管宏观裂纹不再沿径向扩展，但是仍有一部分单元由于微孔洞体积分数达到临界值而被删除，表现为宏观裂纹体积增大。由此可见，对保护罩使用 GTN 损伤本构模型，不仅反映了保护罩内壁的大变形，还展现了保护罩内部由微孔洞损伤演化产生的结构破坏过程，真实地再现了图 10.2 的试验结果。

保护罩内三个典型单元微孔洞损伤发展历史如图 10.29 所示。从图中可以看出，保护罩内部单元 B 因为微孔洞体积分数达到临界值而形成宏观裂纹，相邻的单元 A、C 尽管微孔洞也不断增长，但是因为体积分数尚未达到失效临界值而没有形成宏观裂纹。这说明损伤首先在内部单元引发。另外，由 GTN 本构的原理可知，拉伸作用是加剧损伤的原因，因此 GTN 本构对压缩破坏的分析还存在一定的局限性。

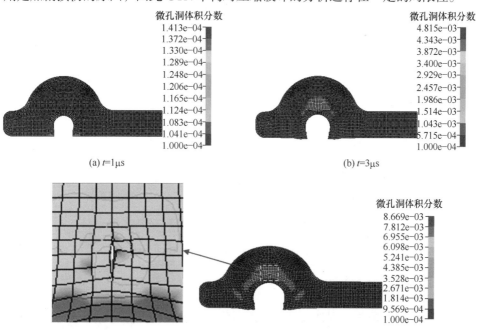

(a) $t=1\mu s$

(b) $t=3\mu s$

(c) $t=5\mu s$

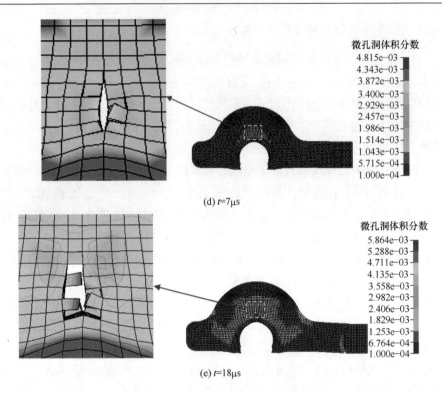

图 10.28　采用 GTN 损伤本构模型的计算结果(微孔洞体积分数)(见彩图)

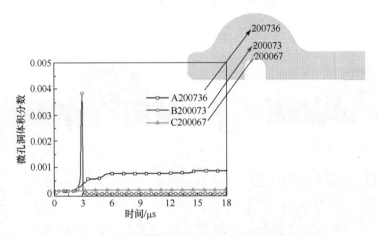

图 10.29　保护罩内典型单元微孔洞损伤发展历史

3. 保护罩内部损伤预测分析

　　为了预测保护罩宏观裂纹可能出现的位置，需要分析特定时刻单元微孔洞体积分数峰值出现的位置。图 10.30 给出了分离装置分离过程中，保护罩内部单元微孔洞体积分数的等值面结果。从图中可以看出，最初[图 10.30(a)]微孔洞最大值出现在装药槽与分离板接触的边缘，这是由该位置与柔爆索非常近，边缘稀疏效应最早到达而导致的。这种情况在这类柔爆索分离装置中广泛存在，但由于出现在靠分离板一侧，这类局部破坏对保护罩的功能影响不大。之后[图 10.30(b)]，由于压缩波在保护罩自由面反射形成的拉伸波叠加，微孔洞体积分数峰值出现在保护罩的两个弧面倒角附近，具有潜在的破坏隐患。进一步[图 10.30(c)]，两处微孔洞体积分数峰值点转移到保护罩中间位置，在数值上提高到原来的 5 倍；该处的微孔洞体积分数继续提高[图 10.30(d)、(e)]，部分单元由于微孔洞达到失效临界值而被删除，形成宏观裂纹，并在径向扩展。除变形外，保护罩还获得动能而发生位移，可能导致保护罩与分离板连接的部位(一般是螺栓连接，此处采用共节点方式做了简化处理)产生拉伸破坏[图 10.30(f)]。

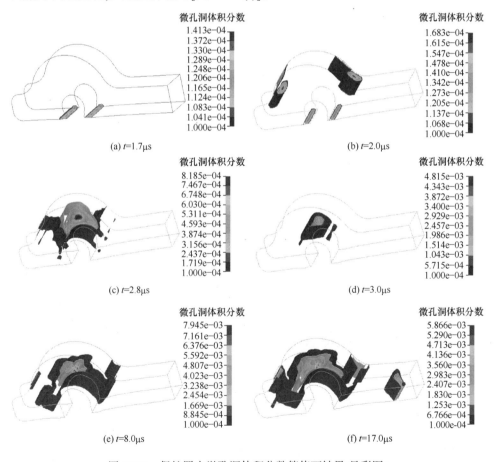

图 10.30　保护罩内微孔洞体积分数等值面结果(见彩图)

图 10.31 给出了保护罩内出现微孔洞体积分数峰值的几个位置标识。图 10.32 给出了图 10.31 中所示典型位置处单元的微孔洞历史。从图中可以看出，单元 F 所处位置发生宏观裂纹的可能性最大，其次是单元 G 所处位置，之后分别是单元 E、D 所处位置。这些现象与实际情况中保护罩发生破坏的位置完全吻合。

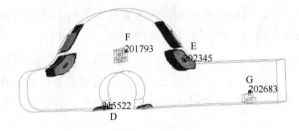

图 10.31　保护罩内峰值位置典型单元(见彩图)

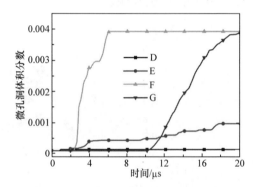

图 10.32　保护罩内峰值位置典型单元微孔洞体积分数历史

上述保护罩结构内部损伤分布的分析暗示了有可能出现宏观裂纹的位置，可以为保护罩的结构设计提供直接参考，通过发现应力集中或者薄弱位置，指导对结构的改进。

此外，通过对图 10.25、图 10.29 和图 10.32 中单元失效删除前微孔洞体积分数的分析可以看出，单元在失效删除前的微孔洞体积可能并不大，只有失效临界值的 10%～50%，有的甚至更低，但一旦达到这个水平，就有可能快速升高至失效临界值。这表明，宏观裂纹的出现呈现出一种灾变的模式，这是在结构设计时需要引起关注的。

10.3　保护罩结构内冲击波传播规律分析

保护罩内部损伤的根本原因是柔爆索爆炸作用产生的冲击波作用，因此本节分析保护罩结构内冲击波传播和衰减规律。考虑到波相互作用的复杂性，本节对冲击波传播规律的分析限于波传播到结构的外表面而尚未反射之前的情况。为进一步简化分析过程，首先采用金属圆筒模拟保护罩，不计边界效应，运用数值模拟单纯考察波的传播规律；然后基于数值模拟的结果建立结构中波传播规律的工程化公式；最后针对如何降低入射冲击波强度提出结构改进方案。

10.3.1　保护罩内冲击波衰减规律研究

1. 圆筒保护罩内冲击波峰值压力衰减规律

建立圆筒保护罩的有限元计算模型，包含金属圆筒和柔爆索(图 10.33)，圆筒的内径为 3.4mm(与保护罩内径一致)，外径为 60mm，长度取 5mm；中心为分离装置中的柔爆索，柔爆索按实际使用的尺寸进行建模。柔爆索的外层为聚乙烯保护层，中间为铅壳，中心为 RDX 炸药。采用 LS-DYNA 软件中拉格朗日和欧拉耦合算法进行计算。金属圆筒划分为拉格朗日单元，柔爆索爆炸变形区域设置为欧拉单元，柔爆索附近区域为欧拉单元和拉格朗日单元耦合区。计算过程中取有限长圆筒，但设置对称约束边界条件，使得到的结果与无限长圆筒结果一致。

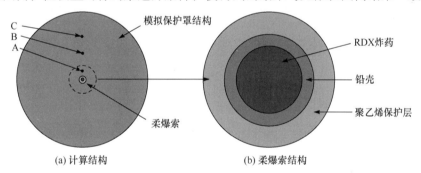

图 10.33　计算模型示意图

保护罩材料为 6061-T652，采用流体弹塑性模型和 Gruneisen 状态方程；对于柔爆索，炸药采用高能炸药燃烧模型和 JWL 状态方程，铅壳采用 Steinberg 模型，聚乙烯材料使用的是流体弹塑性模型和 Gruneisen 状态方程。对线装药密度为 1.8g/m、2.4g/m、2.9g/m、3.4g/m、3.9g/m 的柔爆索在圆筒中爆炸产生的冲击波传播规律进行数值模拟。

图 10.34 给出了结构上距几何中心不同距离的三点处(对应图 10.33 中 A、B、C 的位置)压力-时间曲线。可见，冲击波呈三角波形，随着传播距离的增加，整个波的宽度变宽，峰值压力同步下降。取不同半径处单元的压力峰值，图 10.35 给出了柔爆索装药量为 2.4g/m 时峰值压力随半径的变化规律。从曲线

上分析，冲击波峰值压力在初始阶段下降较快。

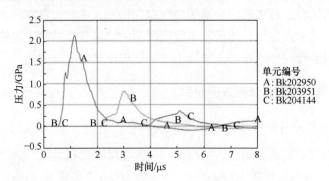

图 10.34　在 A、B、C 三点的压力-时间曲线

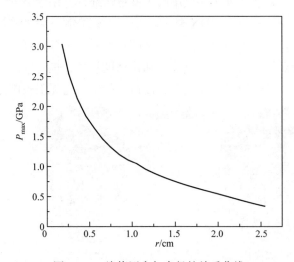

图 10.35　峰值压力与半径的关系曲线

　　将不同装药量柔爆索加载下的峰值压力衰减规律进行归一化处理。归一化峰值压力取不同位置处的峰值压力与初始压力(圆筒内壁处峰值压力)的比值。图 10.36 给出了归一化峰值压力与半径的关系曲线，由图可见，在同一种材料中，归一化峰值压力的衰减规律是一致的，这说明峰值压力的衰减规律与装药量没有关系。

　　图 10.37 给出了初始峰值压力与柔爆索装药量的关系曲线。由图可知，初始峰值压力随装药量的增加而线性增大，拟合线性关系为

$$P_0 = 0.8277 + 0.9970\rho_L, \quad 1.8\text{g/m} \leqslant \rho_L \leqslant 3.9\text{g/m} \tag{10.54}$$

2. 冲击波峰值压力衰减规律的工程化公式

　　造成结构内冲击波峰值压力衰减的原因有两个：一是结构几何因素，这与圆

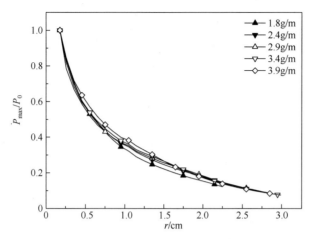

图 10.36　不同装药量下 6061-T652 圆筒内归一化峰值压力与半径的关系曲线

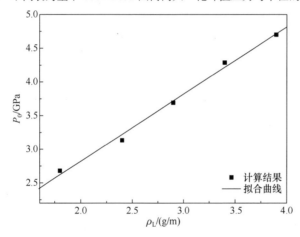

图 10.37　初始峰值压力与柔爆索装药量的关系曲线

筒半径 r 有关；二是应力波传播过程能量耗散因素，这与材料性能有关。本节研究圆柱形结构中轴对称冲击波的传播，几何效应源自结构半径增加引起的冲击波波阵面扩大、能量密度降低的发散效应，为此构造入射冲击波和反射波峰值压力衰减规律的工程化公式，分别为

$$\begin{cases} P_{\text{peak}}^{\text{in}} = P_0 \left(\dfrac{r_{10}}{r}\right)^{\frac{1}{2}} \left(\text{e}^{-\mu\frac{r-r_{10}}{r_{10}}} - 1 \right) \\[4mm] P_{\text{peak}}^{\text{re}} = -P_0 \left(\dfrac{r_{10}}{r}\right)^{\frac{1}{2}} \text{e}^{-\mu\frac{2r_{20}-r-r_{10}}{r_{10}}} \end{cases} \tag{10.55}$$

式中，P_0 为内壁 r_{10} 处的压力，即初始峰值压力；μ 为衰减系数，与材料性能有

关；r_{10} 为保护罩初始内径；r_{20} 为保护罩初始外径。公式等号右边第二个因子项为结构几何造成的峰值压力衰减，第三个因子为应力波传播过程中材料吸能耗散引起的峰值压力衰减。

基于数值模拟结果拟合得到 6061 铝合金的衰减系数 $\mu=0.189$。图 10.38 给出了数值模拟结果与式(10.55)计算曲线的比较，可见两曲线吻合得比较理想。因此，可以认为式(10.55)能有效描述圆筒保护罩内冲击波峰值压力的衰减规律。

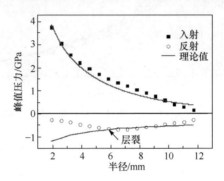

图 10.38　峰值压力衰减规律数值模拟与工程化公式结果的比较

3. 真实保护罩内冲击波峰值压力衰减规律

本节对平板分离装置中保护罩内冲击波峰值压力的衰减规律进行数值模拟，验证前述规律的适用性。

对保护罩材料为 6061-T652、分离板材料为 2A14-T6、柔爆索装药量为 3.9g/m 的真实分离结构建立有限元分析模型，如图 10.39 所示。分别取图 10.39 中 A、B 区域的单元冲击波峰值压力值考察衰减规律，结果如图 10.40 所示。分析表明，A 区域单元的冲击波峰值压力衰减规律与工程化公式吻合较好，最大差异不超过 5%，而 B 区域单元的冲击波峰值压力衰减规律与工程化公式相差较多，最大差异达 15%。造成这种现象的原因是结构的几何不对称性。A 区域位于保护罩的中心部位，加载

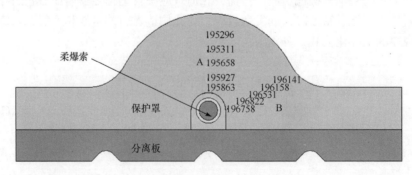

图 10.39　分离装置计算模型

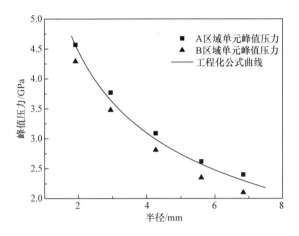

图 10.40　保护罩内冲击波峰值压力衰减与工程化公式结果的比较

情况与圆筒保护罩接近，受卸载波的影响小；B 区域邻近保护罩的边缘，加载情况与圆筒保护罩有较大的差异，受卸载波的影响大，造成 B 区域峰值压力衰减过快。

因此，如果关注保护罩中破坏的敏感点 A，那么前面得到的衰减规律仍然具有重要的实用价值。

10.3.2　保护罩结构改进方案

通过前面分析可知，保护罩内部破坏是保护罩内冲击波在自由面反射形成拉伸应力波叠加作用的结果。因此，提高保护罩性能的途径有两条：一是提高保护罩材料的抗拉强度；二是降低入射冲击波强度，使反射形成的拉伸应力波强度降低。

降低入射冲击波强度有两种方法：一是降低装药量，但需要保证分离板可靠分离，所以装药量降低将受到限制；二是通过结构设计降低入射冲击波强度。本节对第二种方法进行探讨。

1. 预留空隙方案

由应力波在介质中传播理论可知，冲击波从波阻抗高的介质向波阻抗低的介质传播时，透射过去的冲击波强度要小于入射冲击波的强度。对现实中可能用到的材料而言，空气的波阻抗是最低的，如果在柔爆索和保护罩之间预留一定厚度的空气层(即采用非接触爆炸)，那么有可能降低入射到保护罩内部的冲击波强度。

为研究预留空气层的影响，建立简化柱壳结构模型，如图 10.41 所示。在炸药和金属壳体之间设置厚度为 h_a 的空气层。对炸药直径为 2mm, 壳体厚度为 5mm,空气层厚度为 0.25mm、0.5mm、1mm 和 1.5mm 四种工况下的结构变形进行数值计算。炸药采用的材料模型为 MAT_HIGH_EXPLOSIVE_BURN, 采用的状态方程为 EOS_JWL; 空气采用空物质材料模型采用的状态方程为 LINEAR_POLYNOMIAL。壳体材料为铝合金 6061-T652, 采用的材料模型为 MAT_ELASTIC_PLASTIC_HYDRO_SPALL, 采用的状态方程为 EOS_GRUN EISEN, 材料参数如表 5.3 和表 5.4 所示。

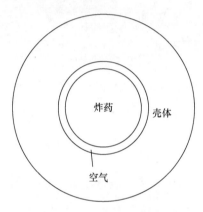

图 10.41　柱壳结构示意图

对四种工况下内壁和外壁的变形进行统计, 结果如表 10.3 所示。表 10.3 中空气层厚度 h_a=0 表示接触爆炸的情况。从内半径的变形结果来看, 增加空气层能够有效减小壳体内壁和外壁的变形, 甚至将内壁的变形控制在失效应变以下。因此,在保护罩和柔爆索的安装过程中设法预留空气层可有效降低保护罩的破坏程度。

表 10.3　非接触爆炸仿真结果

h_a/mm	内半径 a/mm	变形 ε	外半径 b/mm	应变 ε
0	2.60	1.60	6.48	0.08
0.25	1.88	0.50	6.38	0.021
0.5	1.85	0.23	6.59	0.014
1.0	2.30	0.15	7.10	0.014
1.5	2.76	0.10	7.60	0.013

注: 装药直径 d=2mm。

图 10.42 给出了壳体内壁与外壁变形随空气层厚度的变化规律, 其中横坐标为空气层厚度与装药半径的比值。从图中可以看出, 当空气层厚度小于装药半径 50% 时,壳体内壁的变形随空气层厚度的增加急剧减小。之后, 壳体内壁变形的减小并不十

分显著。因此，空气层厚度不需要太大，控制在与装药半径相当的范围即可。

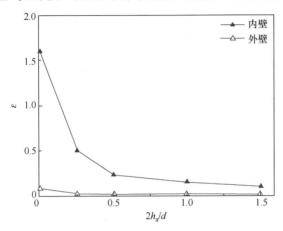

图 10.42　预留空气层爆炸加载时壳体变形规律

2. 添加复合保护层方案

同样由应力波传播规律可知，基于阻抗失配的原理，合理设置的缓冲层可以有效降低传入结构中的冲击波强度。如图 10.43 所示，在柔爆索与保护罩之间设置一个由高低阻抗材料组合而成的复合保护层，柔爆索爆炸后冲击波经过复合保护层的缓冲再进入结构中，其强度有望降低，保护罩的抗爆性能将得到提高。

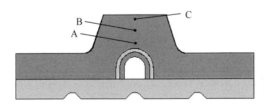

图 10.43　带复合保护层的保护罩

添加复合保护层的具体做法是：将保护罩的内槽适当扩大，填入复合保护层，装药槽大小保持不变，见图 10.43。复合保护层高低阻抗材料分别采用钢和聚乙烯，改进的保护罩外形尺寸与原保护罩一样。下面利用数值模拟比较来改进前后保护罩内冲击波强度的变化。

图 10.44 和图 10.45 分别展示了改进前后保护罩内部压力数值模拟结果的对比。图 10.44 是相同位置处单元最大主应力时程曲线的对比，其中，图 10.44(a)、(b)、(c)分别对应处于图 10.43 的 A、B、C 位置处单元的最大主应力时程，图中虚线代表带复合保护层的情况，实线代表改进前的情况，正值表示拉应力。从图 10.44

中可以看出，带复合保护层的保护罩中最大主应力峰值比原保护罩明显降低，降低幅度达 30%以上，说明复合保护层起到了明显降低入射冲击波强度的作用。图 10.45 给出了结构中最大主应力的分布和损伤破坏情况的对比。可以看出，不同于原保护罩内部出现裂纹的现象，带复合保护层的保护罩由于最大主应力峰值减小了 30%，保证了结构内部的完好无损。因此，可以认为复合保护层是提高保护罩抗爆性能的一条有效途径。

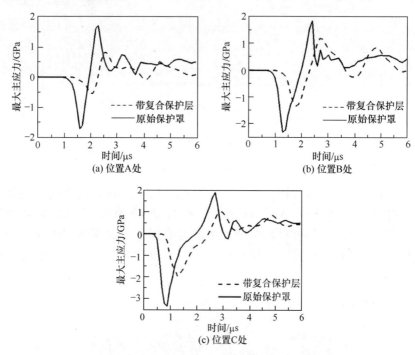

图 10.44　两种保护罩对应位置上最大主应力时程曲线对比

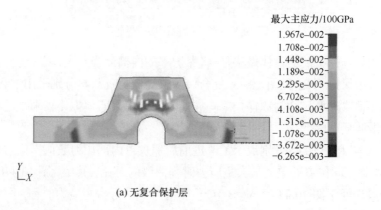

(a) 无复合保护层

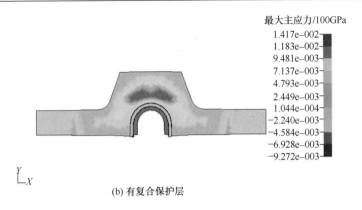

图 10.45　两种保护罩内最大主应力分布和损伤破坏情况对比(见彩图)

10.4　本 章 小 结

本章通过对两种结构形式保护罩破坏机理的分析,认为保护罩产生破坏有两个原因,一是爆炸驱动引起的保护罩膨胀运动使其内壁产生初始径向裂纹;二是冲击波在保护罩内部传播并相互作用引起局部应力叠加超过材料强度,在保护罩内部形成局部裂纹。

通过建立解析模型分析保护罩内壁的裂纹产生,得出了影响保护罩破坏的相关因素,认为材料力学性能对保护罩破坏的影响很大,采用强度极限、失效应变较大的材料有利于提高保护罩的安全性,由此建立了判断保护罩安全性的无量纲参数 $\bar{\eta}$。$\bar{\eta}$ 综合反映了影响保护罩抗爆性能的几个关键因素:保护罩材料和结构参数、柔爆索装药参数。$\bar{\eta}=1$ 成为判断保护罩安全性的临界判据。

为了研究保护罩在爆炸分离过程中的动态损伤问题,建立了基于 GTN 屈服准则的弹塑性损伤本构模型。该模型以微孔洞作为损伤基元,考虑了微孔洞的成核、增长对微孔洞体积分数的影响;将该模型嵌入 LS-DYNA,对分离过程中保护罩的损伤破坏现象进行了细致的数值模拟,得到了反映保护罩真实力学响应的物理图像。

通过对保护罩内冲击波传播规律的数值分析,建立了考虑材料塑性耗散和结构几何衰减的冲击波峰值压力衰减规律的工程化公式;基于此提出了填充空气层和添加复合层的保护罩结构改进方案,能够有效衰减入射冲击波峰值应力,从而提高分离过程中保护罩的抗爆性能。

参 考 文 献

[1] Gurson A L. Continuum theory of ductile rupture by void nucleation and growth:Part I—Yield

criteria and flow rules for porous ductile media[J]. Journal of Engineering Material and Technology, 1977, 99(1): 2-15.

[2] Gurson A L. Plastic flow and fracture behavior of ductile materials incorporating void nucleation, growth, and interaction[D]. Providence: Brown University, 1975.

[3] Tvergaard V, Needleman A. Analysis of the cup-cone fracture in a round tensile bar[J]. Acta Metallurgica, 1984, 32: 157-169.

[4] Chu C C, Needleman A. Void nucleation effects in biaxially stretched sheets[J]. Journal of Engineering Materials and Technology, 1980, 102(3): 249-256.

[5] Needleman A, Tvergaard V. An analysis of ductile rupture modes at a crack tip[J]. Journal of the Mechanics and Physics of Solids, 1987, 35(2): 151-183.

[6] 张雄, 王天舒. 计算动力学[M]. 北京: 清华大学出版社, 2007.

第 11 章　滑移爆轰作用下分离板破片带的碎裂机理

爆炸分离过程中，柔爆索爆轰沿装置环向传播，爆轰压力驱动分离板使其三处削弱槽断裂，分离碎片往外飞散，完成分离任务。在这一过程中，结构首先沿削弱槽发生断裂破坏，形成破片带；紧随其后破片带碎裂，形成碎片飞出。其中，主削弱槽处可以近似看成张开型断裂(Ⅰ型断裂)，而两个止裂槽处属于张开-剪切复合型断裂(Ⅰ/Ⅱ复合型断裂)，整个过程示意图如图 11.1 所示，这类断裂属于控制断裂。由于受沿装置环向传播的滑移爆轰作用，削弱槽断开后破片带上质点的运动存在速度梯度，呈时序变形过程，最终破片带断裂形成碎片，这类碎裂属于自然碎裂，其碎裂机理不同于膨胀环的拉伸断裂。本章从试验现象出发，研究破片带的碎裂机理，建立碎片长度的分析模型，以期发现控制破片带碎裂的材料因素。

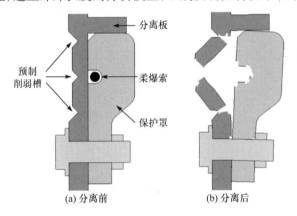

图 11.1　柔爆索爆炸分离过程示意图

11.1　爆炸分离过程原型试验现象

本节展示线式爆炸分离装置研制过程中三次典型的柔爆索加载原型试验及相应的测试结果。

11.1.1　平板试验件小药量分离裕度验证试验

试验项目为某整流罩采用柔爆索分离装置的小药量设计验证试验。采用平板试验件进行试验，由于真实结构为头罩分离装置，为模拟实际情况，试验件包含两块呈一定角度的分离板，保护罩为一个整体。试验时用铁丝对分离装置进行固定，使其处于竖直悬挂状态，试验装置及固定方式如图 11.2 所示。装置所用火工品为柔爆索，装药量为 1.4～2.6g/m。对爆炸分离碎片飞散过程进行高速摄影拍摄，受光线强度的限制，拍摄速度最高取 2000 帧/s。试验 Y2-3#和 Y2-4#的拍摄结果经过了图像处理。下面以 Y2-3#试验为例进行介绍。

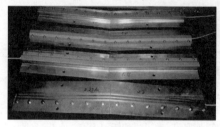 

(a) 试验装置   (b) 固定方式

图 11.2　平板分离试验件(Y2#)

拍摄到分离过程中的几个特征时刻如图 11.3 所示。照片中的 t=0ms 时刻为点火时刻，可以看到雷管爆炸发出的强烈火光，如图 11.3(a)所示；在 t=1ms 时刻，已经能看清飞散出来的碎片，可以看到下分离板中飞散出来的破片带已经发生碎裂，而上分离板由于时间上相对滞后，暂时还不能分辨出是否碎裂，如图 11.3(b)所示；在 t=2ms 时刻，可以明显看到上分离板破片带也发生了碎裂；之后碎片持续向外飞散。由于存在初始角速度，碎片有旋转，但其质心基本保持在两条与其初始位置平行的直线段上，说明碎片质心做匀速直线运动。由于拍摄速度较低，图片中碎片存在较明显的拖影现象，但仍可以得出两条破片带平均法向位置，如图 11.3 中白线所示。

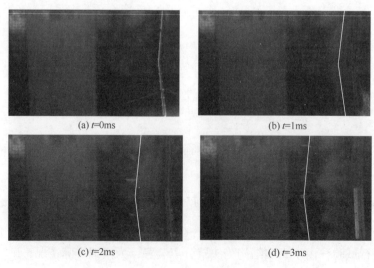

(a) t=0ms   (b) t=1ms

(c) t=2ms   (d) t=3ms

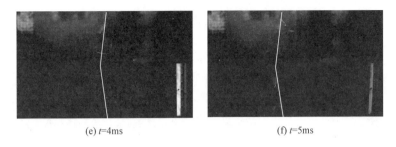

(e) t=4ms　　　　　　　　　(f) t=5ms

图 11.3　平板分离试验件碎片飞散过程(Y2-3#)(见彩图)

跟踪一个碎片,对高速摄影图片进行处理,可以得到分离碎片沿分离板法向位移的历史,如图 11.4 所示。其中,纵坐标为碎片相对于 t=1ms 时刻所在位置的位移。图 11.4 中,不同时刻数据点拟合出一条直线,该直线斜率即碎片沿分离板法向的平均速度,为 v=107.2m/s。

对分离碎片进行回收和测量,共得到 14 枚碎片,碎片平均尺寸为 53.2mm。由于碎片尺寸较小,其变形也较小,基本能保持试验前的形态,如图 11.5 所示。

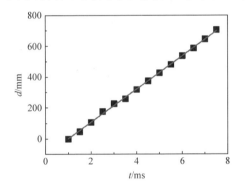

图 11.4　碎片位移历史曲线(Y2-3#)　　　　图 11.5　回收碎片(Y2-3#)

11.1.2　头罩分离装置 1∶1 鉴定试验

试验项目为某头罩分离装置的 1∶1 设计鉴定试验,装置实物如图 11.6(a)所示。分离装置所用火工品为柔爆索,需要实现头罩与箭体及两个半罩之间的分离。两个半罩与箭体之间分别通过限位铰连接,爆炸分离之后,限位铰可以将各部分连接在一起,避免分离后各部分之间的碰撞。环向部分装有四根柔爆索。两个方向的柔爆索通过 L 形接头连接,L 形接头可以同时起爆三根呈 T 形排布的柔爆索。共安装了两个 L 形接头,并同时点火。限位铰及 L 形接头局部细节如图 11.6(b)和(c)所示。

(a) 分离装置及配重　　　　　　(b) 限位铰　　　　　　　(c) L形接头

图 11.6　头罩爆炸分离装置实物图(Y3#)

以 10000 帧/s 的拍摄速度对爆炸分离过程进行高速摄影观测，拍摄到分离过程中的几个特征时刻，见图 11.7。照片中的 $t=0$ms 时刻为点火时刻，可以通过平面镜清楚地看到 L 形接头处的分离板，见图 11.7(a)；在 $t=2.6$ms 时刻，点火器已经起爆，在爆轰产物的作用下，可以看到分离板已经产生明显的突起，见图 11.7(b)；在 $t=2.7$ms 时刻，柔爆索爆轰产物从分离板断开处喷射而出，对夹杂在其中的分离碎片继续推动做功，见图 11.7(c)；直到 $t=3.3$ms 时刻，才可以看清从爆轰产物中间飞散出来的碎片，而且此时破片带已经碎裂，见图 11.7(d)。

(a) $t=0$ms　　　　　　　　　　　　(b) $t=2.6$ms

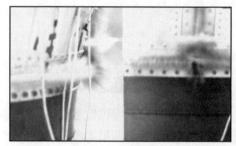
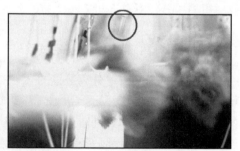

(c) $t=2.7$ms　　　　　　　　　　　　(d) $t=3.3$ms

图 11.7　头罩分离装置爆炸分离过程(Y3#)(见彩图)

采用与之前相同的图像处理方法，得到某一碎片的位移历史，如图 11.8 所示。其中，纵坐标为碎片相对于 t=3.3ms 时刻所在位置的相对位移。位移历史形成的直线斜率即碎片沿分离板法向的平均速度，测出结果为 v=171.3m/s。这次试验只回收到两枚分离碎片，测量得到其长度分别为 22.5 mm 和 52.3mm，如图 11.9 所示。

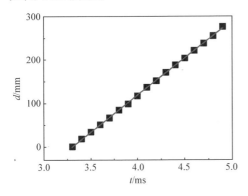

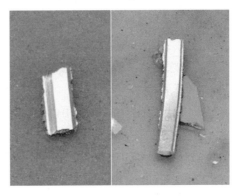

图 11.8　某碎片位移历史曲线(Y3#)　　　　图 11.9　回收到的碎片(Y3#)

将三次原型试验的结果总结于表 11.1 中。表中，v 表示某选定碎片的速度，l_0 表示全部回收碎片的平均长度。由于装置沿爆轰方向的任一截面都相同，因此理想情况下所有碎片都应该具有相同的速度。

表 11.1　三次原型试验工况及结果汇总表

试验编号	分离装置	分离板材料	火工品	装药量	测试结果
Y2–3#	平板试验件	铸铝 ZL114A	柔爆索	1.4g/m	v=107.2m/s, l_0=53.2mm
Y2–4#				2.6g/m	v=143.5m/s, l_0=39.4mm
Y3#	1：1 头罩分离装置			2.2g/m	v=171.3m/s, l_0=37.4mm

11.2　爆炸分离过程模型试验研究

11.1 节针对爆炸分离原型试验获得了一些结果，包括碎片速度测试和碎片长度测量，但是数据量很少。另外，爆炸分离原型装置体积大，试验复杂，不容易开展 1：1 试验，因此试验量也受限。为了对碎片飞散性能进行系统研究，需要在实验室设计相关试验研究，我们称为模型试验。

11.2.1　模型试验设置

图 11.10(a)是某实际分离装置纵截面示意图, 可见其结构是不对称的, 保护罩一侧与分离板通过螺钉紧固件连接在一起。为方便试验研究和分离装置加工, 这里设计了一种模拟分离装置。模拟分离装置的结构具有对称性, 保护罩两端都与分离板连接在一起, 但不影响分离板沿削弱槽的断开, 因此不影响对分离碎片性能的研究。由于结构上的对称性, 两道破片带的飞散性能应该是相同的。需要指出的是, 模型试验用的模拟分离装置不具有分离功能, 因为柔爆索爆炸导致分离板断裂之后两部分依然连接在一起。因此, 本章模拟分离装置只用于研究碎片飞散性能。

图 11.10(b)是模型试验用模拟分离装置纵截面示意图, 分离板和保护罩平面部分的厚度均为 5mm, 分离装置结构关键参数包括分离板削弱槽处的厚度 h、碎片厚度 H、削弱槽间距 L 及保护罩厚度半径 R。参考实际分离装置的相应结构数据, 设置试验分离装置碎片厚度 H=4mm 及槽间距 L=9mm 保持不变, 而对削弱槽处厚度 h 和保护罩厚度半径 R 进行设计和调整, 以考察分离装置关键结构参数的影响。实际加工了三种不同厚度的保护罩(R 分别取 8mm、10mm 和 12mm), 以及三种具有不同削弱槽厚度的分离板(h 分别为 2mm、2.5mm 和 3mm)。分离板与保护罩通过 M6 钢制螺钉连接在一起。

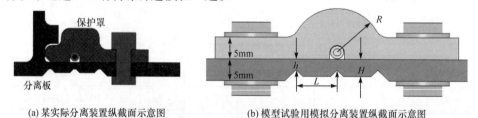

(a) 某实际分离装置纵截面示意图　　　　　(b) 模型试验用模拟分离装置纵截面示意图

图 11.10　实际分离装置与模型试验分离装置对比

设计加工了长度为 280mm 的分离板进行模型试验, 保护罩比相应的分离板长 10mm, 具体尺寸分别如图 11.11 和图 11.12 所示。分离装置长度设计的依据是尽可能减少边界效应的影响, 保证装置爆炸分离后能形成足够数量的碎片。

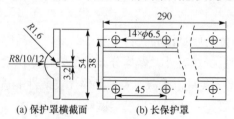

(a) 保护罩横截面　　　　(b) 长保护罩

图 11.11　模型试验分离装置保护罩尺寸(单位：mm)

　　试验件及整个试验布局如图 11.13 所示。模型试验采用的分离装置保护罩材料均为 6061-T6 铝合金，分离板材料有 ZL205 和 ZL114A 两种，均为铸铝。后者有原型试验的结果可以比对。对分离板而言，需要测量碎片飞散速度、飞散角和碎片尺寸；对保护罩而言，需要测量保护罩变形及外表面速度。本章重点关注分离板的相关参数。

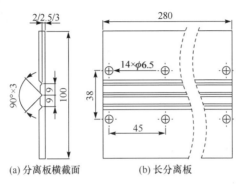

(a) 分离板横截面　　　　(b) 长分离板

图 11.12　模型试验分离装置分离板尺寸(单位：mm)

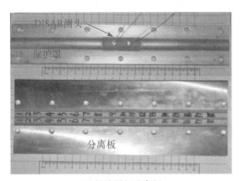

(a) 保护罩与分离板

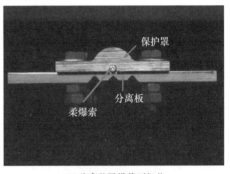

(b) 分离装置纵截面细节

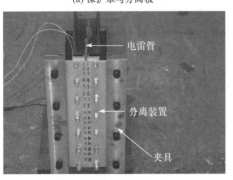

(c) 装置固定及起爆方式

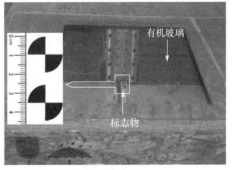

(d) 爆炸箱观察窗

(e) 飞散角测量靶板　　　　　　　　　　(f) 整个系统布置

图 11.13　爆炸分离试验设置

　　试验在自制封闭式木质爆炸箱中进行,爆炸箱内部容积为 2050mm×1000mm×400mm,壁厚为 15mm。根据 11.1 节原型试验结果，分离碎片飞散速度在 100m/s 量级，理论上不能穿透箱壁。爆炸箱的上盖板开有一个 700mm×700mm 的观察窗，一块厚度为 10mm 的有机玻璃板盖在观察窗上，PMMA 板既能避免碎片飞出，又不影响观测。一块平面镜呈 45°放置在 PMMA 板上，通过一台 FASTC AMSA-1 高速相机水平对准平面镜，即可实现对箱体内部的俯视视角观测，见图 11.13(f)。

　　为方便分离碎片的回收，试验前在两道破片带部位用记号笔做了标记；保护罩背面设置有光纤探针，采用全光纤激光多普勒测速仪(DISAR)对外表面速度进行测量，见图 11.13(a)。试验装置以长度方向垂直于底板放置，通过一个 45#钢制大质量块将分离板两侧超出保护罩的部分(图 11.13(b))夹紧固定。试验时通过电雷管从柔爆索上端起爆，见图 11.13(c)。分离板碎片飞散正前方放置一个标志物，标志物由两个黑白相间的 $\phi20mm$ 的圆形图标构成，与分离板中心在同一个高度，见图 11.13(d)。标志物有两个作用，一是用于标定长度单位转换系数，二是用于帮助相机定焦。试验前将焦距调节在标志物处，由于高速相机景深较小，碎片进入视场后，只有与标志物处于同一焦平面的碎片才能被识别清楚。分离板正对的爆炸箱内壁底板上放置有一块白色泡沫塑料靶板，见图 11.13(e)。碎片飞散出来之后射穿靶板，在上面留下弹着点，试验前分离板与靶板距离已知，通过测量弹着点与中线的偏差即可推出碎片飞散角。爆炸箱全封闭，能够实现对分离碎片的完全回收。

11.2.2　模型试验结果

1. ZL205A 分离板模型试验结果

　　定义主削弱槽未断开的情况为未分离；仅主削弱槽断开，止裂槽未断开，因而没有形成分离碎片的情况为未完全分离；三道削弱槽均断开，形成两道破片带的情况为完全分离。图 11.14 给出了不同分离情况的代表性宏观形貌图。从图中可以看到，不同情况下，分离后结构的形貌有明显不同。对于不可靠分离的情况，分离板形变很大，两边的平板部分都发生了较大角度的弯折。对于第三种情况，即完全分离，试验后形貌图见图 11.14(d)。可以看出，端口部分很干脆，分离板余下部分形变很小。

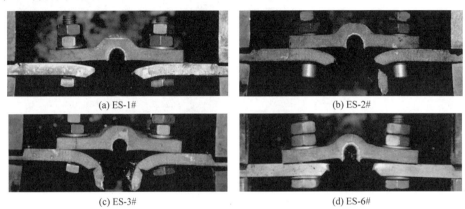

(a) ES-1#

(b) ES-2#

(c) ES-3#

(d) ES-6#

图 11.14　模型试验后分离板宏观形貌(预备试验结果)

　　完全分离的分离板将形成向外飞散的碎片，通过高速摄影可以监测碎片在视场区域内的飞散过程。以预备试验 ES-7#为例，拍摄速度为 10000 帧/s(两张连续图片之间的时间间隔为 0.1ms)，碎片飞散过程如图 11.15 所示。图 11.15(a)中，t=0ms 对应起爆时刻，从图中可以看出电雷管起爆发出的强烈火光。另外，可以清楚地看见标志物，从图片中读取出两个黑白相间的圆斑中心之间的距离为 52 像素。通过测量得出它们之间的实际距离为 25.2mm，由此得到本次拍摄的图片长度单位转换因子为 0.485mm/像素。柔爆索爆炸之后分离板断裂，爆轰产物从断开之后的分离板削弱槽处喷射出来。由于铅层气化，爆轰产物呈灰色。直到 t=3.7ms 时刻，碎片飞出产物才被看清，在 t=4.3ms 时刻碎片飞出视场。图 11.15(b)为碎片飞散的中间时刻 t=4ms 时的形态，可以看出爆轰产物前沿基本呈现出以柔爆索为圆心的弧面，碎片基本保持竖直形态。结合碎片位置和系统时间可得到碎片位移历史，如图 11.16 所示。图中纵坐标为碎片质心相对于其在 t=3.7ms 时刻所在位置的位移。对碎片质心位移历史数据点进行线性拟合，所得曲线的斜率即碎片速度的值。

　　在预备试验的基础上探索出合理的试验条件，正式试验中均实现了理想的完全分离。分离装置中分离板材料采用 ZL205A，设计了 3 种不同削弱槽厚度的分离板和 3 种不同厚度半径的保护罩，两两组合产生 9 种工况，工况设计如表 11.2

所示，对每种工况进行试验。下面列出的 ZL205A 分离板材料模型试验对应第三种情况的试验结果。

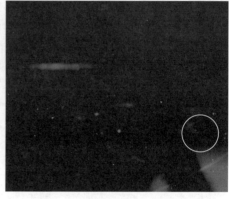

(a) t=0ms　　　　　　　　　　　　　(b) t=4ms

图 11.15　碎片飞散过程(预备试验 ES-7#)

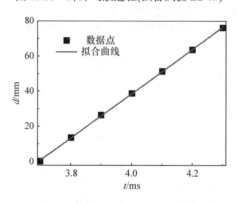

图 11.16　碎片位移历史曲线(预备试验 ES-7#)

由于碎片数量较多，为方便碎片的回收，试验前通过不同颜色的记号笔对破片带进行了标记，如图 11.17 所示，图 11.17(a)是试验前的完整装置，图 11.17(b)是试验回收后碎片的拼接情况。可以看出，碎片形变小，两条破片带的断口不一定在相同位置，这也从一个方面说明两条破片带碎裂过程具有独立性。由于一次试验碎片较多，靶板损坏较严重，为便于弹着点的辨认，每次试验后用红蓝黑 3 种不同颜色的记号笔对弹着点进行标记，每 3 次试验后换一张新的靶板。EL-7#～EL-9#试验后的弹着点标记靶板如图 11.18 所示，也可由此比较碎片飞散的分布情况。

分离装置试验结果也列于表 11.2 中。全部 9 次试验都实现了完全分离。对于单

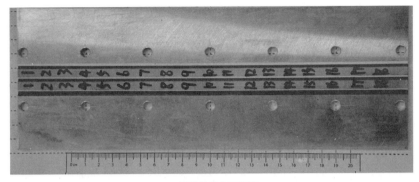

(a) 试验前的完整装置

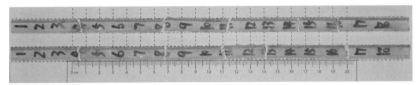

(b) 试验回收后碎片拼接情况

图 11.17　分离装置回收碎片(EL-8#)

图 11.18　碎片回收靶板标记的弹着点(EL-7#～EL-9#)

次试验，表中碎片速度是在标志物同一焦平面上碎片的速度。由于试验用分离装置具有结构对称性，因此从理论上讲，碎片速度均相同。飞散角是所有碎片飞散角的平均值。碎片尺寸是除每条破片带最后一枚碎片之外的全部碎片长度的平均值，这样就排除了边界效应。

由表 11.2 可见，各试验的碎片飞散参数(速度、角度和长度)都有一定的分散性，平均偏差在 10% 左右。对于不同的试验，尽管碎片速度和长度存在较大的分散性，但组合参数 $l_0 v$ 取值却有相对较好的一致性，平均偏差为 8%，即 $l_0 v$=常数。

表 11.2　ZL205 分离装置试验工况及结果统计(EL)

试验编号	试验工况			试验结果				规律
	h/mm	R/mm	碎片个数(左/右)	碎片速度 v/(m/s)	飞散角 θ/(°)	碎片尺寸 l_0/mm		$l_0 v$/[mm·(m/s)]
EL-1#	2.21		8/6	178.6	22.8	40.09		7160.4
EL-2#	2.60	8	6/6	174.9	19.5	47.34		8279.2
EL-3#	3.18		6/6	142.4	16.8	46.61		6637.0
EL-4#	2.06		6/7	193.4	23.0	35.36		6839.3
EL-5#	2.41	10	6/6	172	20.3	48.47		8337.2
EL-6#	3.08		4/5	143.4	17.6	57.24		8208.4
EL-7#	2.14		7/6	184	22.6	43.75		8050.0
EL-8#	2.57	12	6/6	163.1	18.5	46.39		7566.2
EL-9#	2.97		6/5	154.8	17.7	51.04		7901.3
平均值				167.4	19.9	46.25		7664.3
标准差				16.8	2.3	5.9		608.4

2. ZL114A 分离板模型试验结果

分离装置中分离板材料采用 ZL114A 铝合金。相对于 ZL205A， ZL114A 材料偏脆，强度偏低。参考 ZL205A 分离装置的结构，对 ZL114 分离装置进行了三次有效模型试验,试验结果列入表 11.3。由表可知,相比 ZL205 模型试验的结果，ZL114 的试验结果具有很好的一致性，除了飞散角度的相对偏差稍大(在 1°左右，约 10%)外,碎片速度、长度和组合参数 $l_0 v$ 的值相对于平均值的偏差在 2.5%~4%。$l_0 v$=常数的规律性体现得更加明确。

表 11.3　ZL114 分离装置模型试验工况及结果统计(M2)

试验编号	试验工况			试验结果				规律
	h/mm	R/mm	碎片个数(左/右)	碎片速度 v/(m/s)	飞散角 θ/(°)	碎片尺寸 l_0/mm		$l_0 v$/[mm·(m/s)]
M2-1#	2.5		10/8	204.5	8.73	30.96		6331.3
M2-2#	2	12	8/10	217.2	10.5	31.05		6744.1
M2-3#	3		8/9	209.6	7.53	33.59		7040.5
平均值				210.4	8.92	31.87		6705.3
标准差				5.22	1.22	1.22		290.8

3. 分离现象规律分析

对不同材料的系列试验结果进行数据回归，进而发现，在表 11.2 和表 11.3

中，每次试验测得的碎片飞散两个特性参数——平均碎片长度 l_0 和碎片速度 v 的乘积具有 l_0v=常数的规律。两种材料的模型试验尽管采用了不同的铝合金，分离板材料具有不同的韧脆性和强度，但都得到 l_0v=常数的规律，只是对于不同材料，常数值不同。试验结果表明，该常数值的数据分散性很小，小于 8%；而且对于偏脆性的材料 ZL114A，这个偏差更小。

再看前面的原型试验，同样是 ZL114A 材料，虽然试验数量少，但从仅有的三次试验同样能获得 l_0v=常数的规律，基于表 11.1 的数据可计算得出其值为 5921.2±421[mm·(m/s)]。

应该说，这种规律性的现象比较少见，背后的原因十分令人好奇，值得深入探究。

11.3　滑移爆轰作用下分离板破片带的碎裂机理研究

试验现象表明，分离板上除了削弱槽部位的控制断裂外，还存在破片带的自然碎裂，正是这种自然碎裂导致破片带的破碎，最终形成分离碎片；由原型和模型试验的量化结果发现，在统计规律上，对于特定的材料，分离碎片的尺寸与飞散速度的乘积是一个恒值。本书推测，这种现象发生在环向带状结构受柔爆索滑移爆轰加载的情况下，如果把由控制断裂产生的破片带看成一个梁结构，那么碎片尺寸的研究可以等效为在滑移爆轰加载下自由梁结构的自然碎裂问题。为此，本节将滑移爆轰作用下破片带的自然碎裂简化成移动扰动下自由梁的失效问题，提出剪切滑移积累的思想，推导出破片带碎裂后碎片的平均尺寸公式。由此揭示分离碎片尺寸和飞散速度的乘积与材料和结构参数的关系，新发现了影响分离性能的一个关键材料参数，而且理论结果得到了试验结果的良好验证。

11.3.1　问题的简化

分离板结构和爆炸作用过程均较为复杂，但其本质是破片带受到滑移爆轰加载而产生自然碎裂。为此，对问题进行简化，将这一工程问题转化为相应的力学模型来分析。

分离板同时存在着两种失效现象：削弱槽处的控制断裂(沿 Z 方向)和破片带沿爆轰传播方向的自然碎裂(沿 Y 方向)，如图 11.19 所示。分离碎片的产生正是这两种失效现象叠加的结果。从维度上分析，控制断裂是在结构横截面内，由内部爆轰产物径向膨胀造成分离板削弱槽处应力集中，引起的结构破坏，在图 11.19 中，这种断裂发生在 XOY 平面。而自然碎裂发生于爆轰波沿结构环向传播的过程中，由于载荷沿爆轰传播方向对破片带进行时序加载，引起了破片带的二次碎裂，在图 11.19 中，这种碎裂发生在 Z 轴方向。

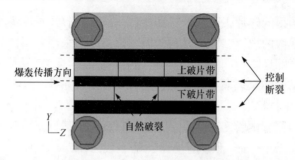

图 11.19　分离板上的两种失效现象

在这里将两种失效现象分开进行讨论。碎片尺寸是由自然碎裂导致的，因此不考虑控制断裂现象。做出这一简化基于两点理由：①对破片带而言，其任一截面两侧都发生控制断裂，因而控制断裂对破片带截面的影响是均匀对称的；②研究碎片尺寸关注的是破片带本身，并不需要关注破片带的形成机制，即控制断裂。爆炸分离最初时刻，削弱槽断开之前，破片带上质点速度在截面内的分布是不均匀的，如图 11.20 所示。质点速度与质点距柔爆索中心的距离反相关。这种不均匀性会引起面内(XOY 平面)变形。然而，这种变形本身对每个截面的影响是一致的，所以不是引起自然碎裂的原因。因此，可以不考虑截面内的质点速度分布，而将同一截面内的质点速度进行一致性处理。做出这一简化后，将破片带视为不考虑截面具有体形状的梁。另外，由 11.2 节的试验发现，上下两条破片带的断裂位置不具有相关性(图 11.17)，由此可以认为自然碎裂过程独立于控制断裂过程，两个过程可以解耦分析。因此，将破片带考虑为自由梁结构具有合理性。

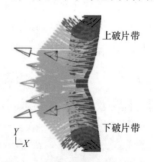

图 11.20　破片带截面速度矢量分布

基于上述梁假设，过主削弱槽与柔爆索中轴线作剖面，其横断面如图 11.21 所示。药芯 RDX 和外壳铅层构成柔爆索的中轴线剖面，外面的破片带即所假设的梁结构。滑移爆轰过程中，药芯 RDX 中有爆轰波以速度 D 向右传播，爆轰波阵面分隔开未反应炸药与爆轰产物；铅层被高温高压爆轰产物驱动加速，撞击破

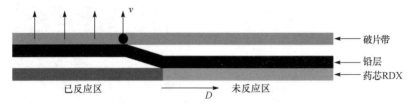

图 11.21　柔爆索驱动过程示意图

片带(梁),使得受载截面处质点获得速度 v。在滑移爆轰过程中,破片带上的质点依次受载并运动。显然,从梁的受载情况看,截面质点速度是导致破片带自然碎裂的原因。

综合以上分析,结构上,只考虑破片带的自然碎裂,且忽略截面内的速度分布;作用机理上,只需考虑破片带截面获得的速度。做出这两方面的简化之后,这一问题可以描述为:梁上质点以速度 D 依次被扰动,获得瞬时速度 v,在这种滑移扰动下,该梁将如何失效,在何处失效(断裂)。

11.3.2　失效机理分析

对试验回收的碎片断口进行扫描电子显微镜观测,得到断口微观形貌,如图 11.22 所示。由图可见,所有断口都呈韧窝型,这是金属材料断口的一般特征[1-3]。止裂槽某处断口的韧窝在横向有拉长现象[图 11.22(b)],说明有横向剪力参与了该处材料的破坏过程。主削弱槽某处两侧对应断口的韧窝呈无规则形状,没有表现出明显的长轴和短轴[图 11.22(c)和(d)],这是拉伸型断口的一般特性,说明主削弱槽材料失效机理是拉伸破坏。破片带自然破碎断口的韧窝呈卵形[图 11.22(e)和(f)],这是剪切破坏型断口的典型特征,说明破片带碎裂的关键机制应该是剪切破坏。

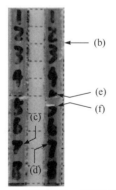

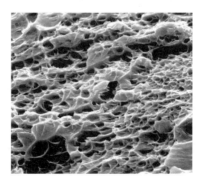

(a) 分离碎片及断口观测位置　　　　　　(b) 止裂槽断口微观形貌

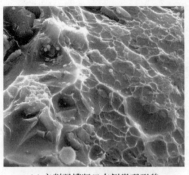
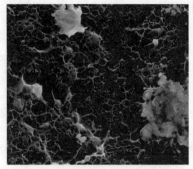

(c) 主削弱槽断口左侧微观形貌　　　　　　　　(d) 主削弱槽断口右侧微观形貌

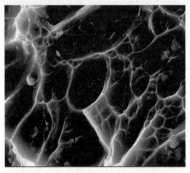
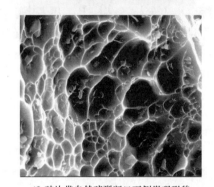

(e) 破片带自然碎裂断口上侧微观形貌　　　　　　(f) 破片带自然碎裂断口下侧微观形貌

图 11.22　碎片断口微观形貌(预备试验 ES-7#)

在爆炸分离过程中，破片带上沿着爆轰传播方向各截面处质点速度历史是不同的。离起爆点越近的截面，获得速度的时间越早。破片带上这种不均匀分布的速度场将导致破片带上材料受到剪切载荷、弯曲载荷和拉伸载荷。因此，严格地讲，自然碎裂断口处材料在破碎前经历了剪切、拉伸、弯曲等多种加载的复合作用，断裂失效也是这种复合作用的综合结果。因此，剪切力不是破片带碎裂的唯一因素，但从断口形貌看应该是其中的主导因素。

从宏观结果看，破片带碎裂与膨胀环破碎具有一定的相似性，都是一个环形结构在径向冲击载荷作用下破坏并裂解成多个部分的现象。然而，两者具有根本的区别。膨胀环破碎的机制是，在径向冲击力作用下结构上质点整体往外同时膨胀，使得质点间产生拉伸作用而导致破坏[4, 5]。膨胀环理论解释不了平板分离装置碎片的形成。因为平板分离装置破片带呈直线形状，根据膨胀环理论，质点同时往外运动时相互之间不会产生拉伸作用，所以形成不了碎片。

破片带与膨胀环破碎的区别源于不同的载荷特性，如图 11.23 所示。在膨胀环中，

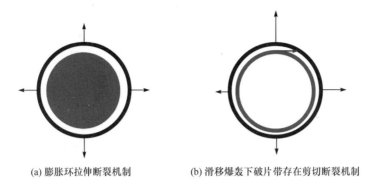

(a) 膨胀环拉伸断裂机制　　　　　(b) 滑移爆轰下破片带存在剪切断裂机制

图 11.23　柔爆索滑移爆轰作用下分离板破片带碎裂与膨胀环破裂的区别

结构上任一截面同时被驱动，各点的径向速度相同，如图 11.23(a)所示，使得相邻截面之间产生拉伸作用。在线式分离装置中，柔爆索爆炸具有滑移爆轰特性，破片带上的质点依次被扰动，各质点的加载过程存在时序，某一时刻质点径向速度沿破片带存在空间分布，如图 11.23(b)所示，因而相邻截面之间还会产生剪切作用。剪切作用正是破片带碎裂与膨胀环破碎的本质区别。

11.3.3　破片带断裂理论分析

1. 质点的运动

碎片上质点被柔爆索铅层撞击后开始运动，获得速度 v。假设破片带上质点的加速过程是线性的，质点达到最终速度 v 的时间为 t_0。由于质点加速需要经历一定的时间 t_0，因此破片带上存在一个范围为 Dt_0 的质点加速区。单个质点速度历史及某时刻破片带上质点速度分布分别如图 11.24 和图 11.25 所示。图 11.24 中 $t=0$ 对应该质点被扰动的初始时刻，图 11.25 中第一个速度为 0 的质点对应扰动源所在位置处的质点。

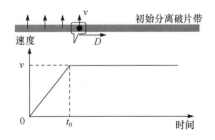

图 11.24　单个质点速度历史

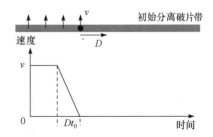

图 11.25　破片带上质点速度分布

2. 相邻质点间的相互作用

由于扰动源以一定的速度 D 传播，质点被扰动起来在时间上有先后顺序，因此质点间存在速度差。任意选取两相邻质点 a 和质点 b 为研究对象，其中质点 a 更靠近起爆端，如图 11.26 所示。两质点距离为 Δl，则两质点开始被扰动的时间差为

$$\Delta t = \frac{\Delta l}{D} \tag{11.1}$$

由于质点 a 先被扰动，其速度将大于质点 b 的速度，如图 11.26(b)所示。当质点 b 刚刚被扰动时，两者之间的速度差达到最大值：

$$\Delta v_0 = \frac{v}{t_0} \Delta t \tag{11.2}$$

两质点之间的速度差会一直持续，直至质点 b 达到最大速度 v。在这一过程中，由于位移不同，因此两者之间产生剪切滑移，如图 11.26(c)所示，剪切滑移量 Δs 即两者速度差的时间积分：

$$\Delta s = \Delta v_0 \cdot t_0 = \frac{v}{D} \Delta l \tag{11.3}$$

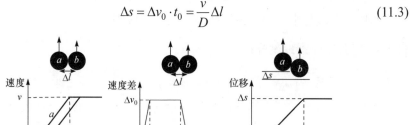

(a) 两质点速度历史　　(b) 速度差历史　　(c) 剪切滑移历史

图 11.26　两相邻质点间的相互作用

3. 剪切滑移的传播与积累

两质点间的剪切滑移扰动一旦产生，便以剪切加载波向前单向(以爆轰传播方向为前方)传播，传播速度为破片带材料的剪切波速 c_t[6]。对于距起爆点 l 远处的相邻两个质点(简称质点对)，开始产生剪切滑移加载波的时刻为 l/D，一段时间后，剪切波前沿阵面将位于以下位置：

$$l_f = l + c_t \left(t - \frac{l}{D} \right) \tag{11.4}$$

式中，t 为以起爆时刻为零时刻的系统时间。位于该质点与此剪切波阵面之间的任一质点都将受到该质点对产生的剪切加载波的作用，从而都引起了大小为 Δs 的剪切滑移。

作为单行波，对任一质点，只可能被其后方的质点对产生的剪切加载波所作

用。该质点处的剪切滑移总量为其所受到的所有剪切加载作用的叠加。因此，对位于 l_0 处的质点而言，如果 l 处的质点对对其产生作用，那么必须满足

$$l + c_t\left(t - \frac{l}{D}\right) \geqslant l_0 > l \tag{11.5}$$

该不等式的右边给出了 t 时刻能影响到 l_0 处质点对的最远位置：

$$l_{\min} = \frac{(l_0 - c_t t)D}{D - c_t} \tag{11.6}$$

因此，在 t 时刻能对 l_0 处质点产生作用的质点对的范围为

$$l_0 - l_{\min} = \frac{c_t(Dt - l_0)}{D - c_t} \tag{11.7}$$

在这一范围内，质点对的数量为

$$n = \frac{l_0 - l_{\min}}{\Delta l} \tag{11.8}$$

则 l_0 处质点对之间的剪切滑移总量为

$$S(l_0) = n\Delta s = \frac{l_0 - l_{\min}}{\Delta l}\Delta s \tag{11.9}$$

实际上，$S(l_0)$ 是关于时间 t 的分段函数。当扰动尚未到达 l_0 时，l_0 处质点的运动尚未开始，没有剪切滑移；当 $t = l_0/c_t$ 时，l_0 处质点已经被其后方的所有质点对所作用，剪切滑移总量达到最大值并保持不变。因受式(11.9)所示的影响范围的限制，滑移总量 $S(l_0)$ 有上限。$S(l_0)$ 的详细表达式为

$$S(l_0) = \begin{cases} 0, & t \leqslant l_0/D \\ \dfrac{vc_t(Dt - l_0)}{D(D - C_t)}, & l_0/D < t < l_0/c_t \\ \dfrac{l_0 v}{D}, & t \geqslant l_0/c_t \end{cases} \tag{11.10}$$

式(11.10)隐含了 $S(l_0)$ 在时间和空间上的积累作用，见图 11.27。在时间方面，$S(l_0)$ 是时间 t 的增函数，说明剪切滑移随着时间在增加；在空间方面，$S(l_0)$ 的最大值 $l_0 v/D$ 与质点位置成正比，说明越往前的质点对承受的剪切滑移越大，或者说受到剪切波影响的范围越大，积累的总滑移量也越大。

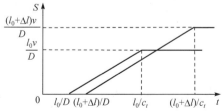

图 11.27　质点对间剪切滑移总量历史示意图

实际爆炸分离过程中，破片带的自然碎裂并不会在爆轰波刚刚到达时就立刻发生，最后得到的分离碎片的尺寸也并非无穷小，这从实际爆炸分离原型试验中也可以看出。说明实际碎片的形成确实需要经历时间和空间两个层面上的积累。式(11.10)对这个现象给出了很好的解释。正是这个滑移量的大小决定了自然碎裂的发生，当这个滑移量超过材料的剪切承载能力时，破片带的自然碎裂就不可避免了。

4. 冲击剪切破坏

能量密度失效准则表明，当材料内部某种形式的能量密度达到临界值时，材料发生该种形式的破坏。对于剪切破坏，能量密度失效准则为

$$\int_{A_f} \frac{F_s S}{A_f L_e} dA = \beta_s \vartheta_c \tag{11.11}$$

式中，F_s 表示梁截面内面积微元 dA 处的剪应力；A_f 和 L_e 分别为梁的横截面面积和剪切塑性区的宽度；ϑ_c 为材料总能量耗散密度临界值。这一准则的物理意义是：剪切塑性耗散能达到材料总塑性耗散能的某个特定比值 β_s 时，材料发生剪切破坏。针对破片带碎裂问题，由于碎片截面内速度场均匀，因此剪应力场也是均匀的。在这种情况下，材料内剪切能量密度只与剪切滑移量成正比，能量密度失效准则退化为[7]

$$S = S_c \tag{11.12}$$

即当剪切滑移量达到某个阈值(不超过梁厚度)时，材料发生宏观剪切破坏。

另外，Jones[8]在进行 Menkes 等[9]试验并研究梁的破坏模式时提出，梁发生冲击剪切破坏的初等失效准则为

$$S = H \tag{11.13}$$

式中，H 为梁的厚度。

式(11.13)的意义为：当某处最大剪切滑移量达到梁的厚度时，梁发生剪切失效。对式(11.12)和式(11.13)进行比较表明，初等失效准则是能量密度失效准则在特定受力状态下的简化。

结构冲击试验结果表明[10]，一般情况下，并不需要剪切滑移量达到整个梁的厚度，而只要达到梁厚度的一部分时，就会发生全截面的剪切破坏。因此，初等失效准则需要修正为

$$S = kH \tag{11.14}$$

式中，k 显然具有剪切应变的物理意义，称为材料冲击剪切破坏应变，其取值为 0~1，具体主要取决于材料的韧脆性质。材料越偏向于韧性，k 越接近于 1；反之，材料越偏向于脆性，k 越趋近于 0。对于一般金属材料，k 取值为 0.3 左右。

需要指出的是，对于当前的研究对象，破片带碎裂只可能发生在某处的剪切

滑移量刚刚达到其最大值的时刻。这可以从两方面来证明：一方面，假设某时刻 l_0 处的剪切滑移量 $S(l_0)$ 还未达到最大值，根据式(11.10)的第二个公式，在任一时刻，剪切滑移量 $S(l_0)$ 是随距离递减的，此时 $S(l_0) < S(l_0 - \Delta l)$，因此剪切破坏不会在 l_0 处发生；另一方面，假设某时刻 l_0 处的剪切滑移量 $S(l_0)$ 已经达到最大值，但是剪切破坏没有发生，根据式(11.10)的第三个公式，$S(l_0)$ 将保持最大值 $l_0 v / D$，说明 $l_0 v / D$ 小于破坏阈值 kH，因此破坏不会在此处发生。综上所述，破片带碎裂只可能发生在某处的剪切滑移量刚好达到最大值的时刻。

将首次发生剪切破坏的位置记为 l_0，则剪切破坏发生的条件为

$$S(l_0)_{\max} = \frac{l_0 v}{D} = kH \tag{11.15}$$

剪切破坏一旦发生，就形成一枚分离碎片。同时，在断口处产生一个幅值为 $-kH$ 的卸载波向前后两个方向传播，对其所经过的位置处的剪切滑移进行卸载。断裂时刻就是 l_0 处的剪切滑移量达到最大值的时刻，同时也是端面处($l=0$)的加载波到达 l_0 的时刻。因此，断点左边(即后方)的所有加载波都已经通过断点，而断点右边(即前方)的滑移量被卸载一个 kH，即滑移积累又从零开始，说明断点处的破坏对断点右边的加载状态没有影响。此时，断点右边经历的力学过程与初始时刻相同，上述过程将重新发生，直至 $2l_0$ 处积累的剪切滑移量 $S(2l_0) = 2l_0 v / D - kH = kH$，剪切破坏再一次发生。假设破片带材料完全均匀且无缺陷，则上述过程将重复出现，剪切破坏将在 $nl_0(n=1,2,3,\cdots)$ 处依次发生。因此，分离碎片的尺寸均为 l_0，且取值为

$$l_0 = \frac{kHD}{v} \tag{11.16}$$

式(11.16)表明，碎片尺寸 l_0 与材料特性参数 k(冲击剪切破坏应变)、结构特征参数 H(梁厚度尺寸)及扰动源移动速度 D(滑移爆轰速度)成正比，与扰动强度 v 成反比。

式(11.16)中，对于特定试验装置，分离板材料参数 k、分离碎片厚度 H 和柔爆索爆轰速度 D 为定值，因此式(11.16)可以简化为

$$l_0 v = 常数 \tag{11.17}$$

常数的值为装置材料参数 k、结构参数 H 和加载参数 D 三者的乘积，即常数=kHD。

11.4 试验及讨论

11.4.1 分离板材料为 ZL205A 的模型试验验证

用分离装置的试验结果验证 11.3 节理论分析的结果。对于分离板材料为 ZL205A 铝合金的模型试验，相关结果如表 11.4 所示。表 11.4 中 l_0 是试验回收碎

片的平均长度，v 是高速摄影观测到的碎片速度。由于装置具有对称性，在材料和结构都均匀的理想情况下，碎片的速度也应相同。在理论推导中，l_0 是任一碎片的长度，也是全部碎片的平均尺寸。因此，试验和理论推导中的 l_0 和 v 均具有相同的含义。试验结果表明，l_0v 接近常数，标准差很小，不到其平均值的 8%，这与式(11.17)的结论完全一致。因此，11.3 节的理论分析得到了相当程度的验证。

表 11.4   ZL205A 材料模型试验碎片尺寸试验验证

试验编号	l_0/mm	v/(m/s)	l_0v/[mm·(m/s)]	H/mm	D/(m/s)	k
EL-1#	40.09	178.6	7160.4	4	7420	0.24
EL-2#	47.34	174.9	8279.2	4	7420	0.28
EL-3#	46.61	142.4	6637.0	4	7420	0.22
EL-4#	35.36	193.4	6839.3	4	7420	0.23
EL-5#	48.47	172	8337.2	4	7420	0.28
EL-6#	57.24	143.4	8208.4	4	7420	0.28
EL-7#	43.75	184	8050.0	4	7420	0.27
EL-8#	46.39	163.1	7566.2	4	7420	0.25
EL-9#	51.04	154.8	7901.3	4	7420	0.27
平均值	46.25	167.4	7664.3			0.258
标准差	5.9	16.8	608.4			0.022

进一步，通过试验结果反推出材料参数 $k[k=l_0v/(HD)]$，得出其平均值为 0.258，标准差为 0.022，离散程度也很小。由式(11.14)可知，k 的意义实际上是临界剪切破坏应变。作为材料特性参数，对于铸造铝合金，$k=0.258\pm0.022$ 是合理的。本书第 3 章对 ZL205 材料进行了复杂加载下材料的动态断裂试验。结果表明，$\eta=0°$ 的条件下对应纯剪加载，这时测得断裂时平均位移 e 为 1.14mm，韧带宽度为 3.75mm，计算得出冲击剪切加载下的破坏应变为 30.4%。由此可见，通过理论推导得到的 k 值与试验测试值很接近，这在一定程度上进一步验证了理论模型的准确性，但仍存在差异。这种差异应该是由材料受力状态不同造成的。

除了剪切破坏机制以外，实际碎裂过程还应该有拉伸应力参与，而不是纯剪状态，因此理论给出的纯剪机制只贡献了破坏发生的绝大部分原因，还有一部分原因将由其他因素贡献。因此，由试验结果回归得到的 k 值会小于基于纯剪机制的理论预测值。可以预计，如果碎裂过程只与剪切有关，那么此回归得到的 k 值与材料试验测试得到的材料剪切破坏应变应该能吻合得更好；或者分离板材料的拉伸强度低，抗拉伸破坏的能力差，则剪切将更是破坏的主导机制，这时 k 值与试验测试结果也会更接近。另外，试验中采用的片状试样接近于平面应力状态，而破片带趋近于平面应变状态，这可能也给材料参数的理解带来了一些差异。

11.4.2　分离板材料为 ZL114A 的模型试验验证

ZL114A 相对于 ZL205A 材料，其力学性能偏脆，拉伸强度更低，也是普遍用于分离板的一种铝合金，11.1 节的 1∶1 原型试验及真实平板试验都采用 ZL114A 作为分离板材料。对进行了 3 次分离板材料为 ZL114A 的模型试验，所有试验结果列于表 11.5。其中，M2-1#～M2-3#为模型试验，Y2-3#和 Y2-4#为平板试验，Y3#为 1∶1 原型试验。

表 11.5　ZL114A 材料碎片尺寸试验验证

试验编号	l_0/mm	v/(m/s)	l_0v/[mm · (m/s)]	H/mm	D/(m/s)	k
M2-1#	30.96	204.5	6330.2	4	7420	0.21
M2-2#	31.05	217.2	6743.3	4	7420	0.23
M2-3#	33.59	209.6	7038.2	4	7420	0.24
平均值	31.87	210.4	6703.9			0.226
标准差	1.22	5.22	290.8			0.012
Y2-3#	53.2	107.2	5703.0	3.9	7300	0.20
Y2-4#	39.4	143.5	5653.9	3.9	7300	0.20
Y3#	37.4	171.3	6406.6	3.9	7300	0.23
平均值	43.33	140.67	5921.2			0.210
标准差	7.02	26.25	343.8			0.014

首先，尽管采用不同的结构参数，但两类不同的试验都得到了 l_0v=常数的规律，这与理论分析的结果是一致的。其次，将试验结果代入(11.17)得到 l_0v 的常数值，再代入式(11.16)，模型试验计算得到的 k 值为 0.226±0.012，原型试验及平板试验计算得到的 k 值为 0.210±0.014。表 3.15 中，ZL114A 在 η=0°加载下的平均位移为 0.83mm，韧带长度为 3.75mm，两者相除得到平均剪切断裂应变为 0.221，分离试验与材料性能试验得到的剪切破坏应变值高度吻合。这进一步证明了本章提出的破片带碎裂剪切破坏机制是正确的。

11.4.3　影响分离性能的材料参数

前面分析提到，如果碎裂过程只与剪切有关，那么由分离试验数据推出的碎裂剪切应变 k 与材料试验测试的剪切破坏应变应该是吻合的；或者分离板材料的拉伸强度低，抗拉伸破坏的能力差，剪切将主导破坏过程。ZL114A 延展性差，由 ZL114A 分离板的分离试验数据推出的碎裂剪切应变 k 十分接近材料性能测试试验得到的纯剪破坏应变，这说明剪切破坏是关键原因。由 ZL205A 分离板的分离试验数据推出的碎裂剪切应变 k 小于材料纯剪破坏应变，说明碎裂机理不排除还有拉伸作用的贡献。对于 ZL205A，其抗拉伸破坏的能力较强，使得拉伸作用对碎裂机理的贡献显现出来;如果假定破片带破碎所需要的总能量恒定,那么拉伸作用的参与将使得结构破坏对剪切作用的需求降低,因此在相对较小的剪切变形下即发生了结构失效。由此分析可以认为,在分离板"断要断得干脆"的指导思想下,ZL114A 分离板对碎片尺寸的可预见性更确定一些。

式(11.16)中,k 是材料特性参数,H 是结构特征参数,D 是扰动源特征参数,因此式(11.16)具有明确的物理意义。ZL205A 比 ZL114A 的剪切破坏应变大,在相近碎片速度条件下,形成的碎片尺寸也较大。此结果说明,对于分离板材料的选择,其剪切破坏应变控制了形成分离碎片的尺寸,是一个重要的材料选型参考指标。因此,在设计时可以通过控制材料的剪切应变来控制最终碎片的尺寸。

通过对破片带碎裂的机理进行分析,可以进一步理解原型(圆柱形结构)试验与平板试验的联系。平板试验是原型试验的前期探索,是分离装置设计的必要环节,也是分离装置地面鉴定试验的一种重要类型。两者相同之处在于,分离板均由于滑移爆轰而受到剪切作用;不同之处在于,由结构形式可知,原型试验应该受到更多的拉伸作用。考虑到拉伸作用的贡献,原型试验应该需要更少的剪切变形即可达到与平板试验相同的碎裂效果。因此,平板试验比原型试验更为保守。这个分析在一定程度上支持了平板试验的科学性。

11.4.4 关于止裂槽止裂机理的分析

11.3 节的机理分析还可以用来研究止裂槽的止裂机理,如图 11.28 和图 11.29 所示。根据试验结果,主削弱槽裂开的传播速度与柔爆索爆轰速度相同。由于变形的传播,止裂槽开裂相对于主削弱槽开裂会存在一定的时间滞后,但其开裂传播速度同样为爆轰速度 D。根据 11.3 节的结论,破片带自然碎裂的裂纹是以剪切波速 c_t 沿着爆轰传播方向依次出现的。只要止裂槽在自然碎裂裂纹到达之前断开,纵向裂纹就无法向止裂槽以外的部分传播,真正实现止裂槽的功能。

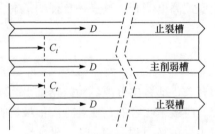

图 11.28 止裂槽止裂机理示意图

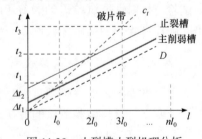

图 11.29 止裂槽止裂机理分析

止裂槽的间距设计可以基于这个分析,即使止裂槽的断开时间早于对应位置处破片带的碎裂时间。图 11.29 中,横坐标为破片带的长度方向,纵坐标为时间,爆轰波的轨迹用虚线表示,两条实线分别表示主削弱槽和止裂槽的裂开轨迹。以爆轰点火为时间零点，主削弱槽断开的时间滞后Δt_1(主要为主削弱槽控制断裂需要的时间)；止裂槽断开的时间又滞后Δt_2(包含应力波传播引起的加载滞后和止裂槽控制断裂需要的时间)，它们一旦发生断裂，便都以爆轰速度 D 传播。破片带上剪切波的轨迹用点划线表示。破片带的受载始于爆轰加载，引起的滑移变形以剪切波速度c_t传播，破片带的碎裂缘于滑移量在破片带上的积累，当某处局部达到材料剪切破坏应变时发生断裂，断裂时间见图中l_0, $2l_0$, $3l_0$, $\cdots$, nl_0竖线对应位置处的时间t_1, t_2, t_3, $\cdots$, t_n, $t_i = il_0/c_t$ ($i=1, 2, \cdots, n$)。要保证第一个碎片形成的时刻大于相同位置处止裂槽的断裂时刻，即$t_1 > \Delta t_1 + \Delta t_2 + l_0/D$，才能达成止裂的作用。

如果将控制断裂和自然碎裂过程解耦，不计控制断裂所需的时间(即取$\Delta t_1=0$)，又假定碎片宽度(即主裂槽和止裂槽之间的间距)为 L，主裂槽和止裂槽之间的纵向加载传播速度至少以 c_t 估算，那么止裂槽断裂滞后时间估算为$\Delta t_2=L/c_t$。根据图 11.29 中的几何关系，得到 L 的设计宽度应遵循下列公式的约束，即

$$\Delta t_1 + \Delta t_2 + \frac{l_0}{D} \approx \Delta t_2 + \frac{l_0}{D} = \frac{L}{c_t} + \frac{l_0}{D} < \frac{l_0}{c_t} = t_1 \tag{11.18}$$

由此解出 L 的最大设计宽度为

$$L_{\max} = l_0 \frac{D - C_t}{D} \tag{11.19}$$

工程实际中的设计宽度应满足 $L < L_{\max}$。

一般而言，c_t 是 D 取值的一半以下，所以可以预计，L 的最大设计宽度约为碎片长度的一半。实际爆炸分离装置中，L 一般在 10mm 以下，如模型试验中$L=9$mm；回收碎片的长度在几十毫米，因此止裂槽的功能都得到了保证。

将式(11.16)代入式(11.19)，得到 L 最大设计宽度的表达式为

$$L_{\max} = kH \frac{D - c_t}{v} \tag{11.20}$$

此式给出了基于装置的材料和结构参数进行止裂槽间距设计的原则，即止裂槽间距应该满足 $0 < L < L_{\max}$。针对本书中的典型材料和结构尺寸，$D=7420$mm，$H=4$mm，$c_t=3058.2$m/s；对于 ZL205A 模型试验，$k=0.304$，$v=167.4$m/s，得到相应的止裂槽间距最大设计宽度为 31.5mm；对于 ZL114A 模型试验，$k=0.221$，$v=210.4$m/s，得到相应最大设计宽度为 18.3mm。这个量化数据与估计结果一致。

11.5　本　章　小　结

本章从试验现象出发,研究破片带的碎裂机理,建立了碎片长度的分析模型,由此揭示了分离碎片尺寸和飞散速度的乘积与材料和结构参数的关系,新发现了影响分离性能的一个关键材料参数：分离板材料的剪切破坏应变。

分析原型和模型试验的结果，发现了分离碎片尺寸和飞散速度的乘积具有定值(l_0v=常数)的规律。通过解耦分析分离碎片的形成过程，认为分离板上除了削弱槽部位的控制断裂外，还存在破片带的自然碎裂现象，正是这种自然碎裂导致了破片带的破碎，最终形成分离碎片。控制断裂主导着削弱槽处结构的破坏，并形成破片带；破片带受柔爆索滑移爆轰加载发生剪切滑移的传播和积累，引起局部断裂，形成分离碎片。

本章将滑移爆轰作用下破片带的自然碎裂简化成移动扰动下自由梁的失效问题，基于剪切滑移积累理论推导出了碎片平均尺寸的解析公式 $l_0 = kHD/v$。此公式表明，碎片尺寸与材料冲击剪切破坏应变、破片带厚度及柔爆索爆轰速度成正比，与碎片飞散速度成反比，由此揭示了分离装置试验结果具有 l_0v=常数规律的原因，常数值为装置材料参数 k、结构参数 H 和加载参数 D 三者的乘积，即常数 $=kHD$。分离板材料为 ZL205A 的模型试验和分离板材料为 ZL114A 的原型试验和模型试验均验证了剪切破坏机理的理论分析结果。由此发现，分离板材料性能即剪切破坏应变是控制分离碎片尺寸的一个关键参数，在设计时应加以考虑。

本章最后，在上述机理分析的基础上，解释了平板试验的科学性，并深入研究了止裂槽的止裂机理，建立了基于分离装置的材料和结构参数进行止裂槽最大间距设计的原则：$L < kH \dfrac{D - c_t}{v}$。

参 考 文 献

[1] 上海交通大学《金属断口分析》编写组. 金属断口分析[M]. 北京: 国防工业出版社, 1979.

[2] 崔约贤, 王长利. 金属断口分析[M]. 哈尔滨: 哈尔滨工业大学出版社, 1998.

[3] Hull D. 断口形貌学: 观察、测量和分析断口表面形貌的科学[M]. 李晓刚, 董超芳, 杜翠薇, 译. 北京: 科学出版社, 2009.

[4] Grady D, Olsen M. A statistics and energy based theory of dynamic fragmentation[J]. International Journal of Impact Engineering, 2003, 29(1): 293-306.

[5] Liang M Z, Li X Y, Qin J G, et al. Improved expanding ring technique for determining dynamic material properties[J]. The Review of Scientific Instruments, 2013, 84(6): 065114.

[6] 王礼立, 王永刚. 应力波在用 SHPB 研究材料动态本构特性中的重要作用[J]. 爆炸与冲击, 2005, 25(1): 17-25.

[7] Shen W, Jones N. A failure criterion for beams under impulsive loading[J]. International Journal of Impact Engineering, 1992, 12: 101-121.

[8] Jones N. Plastic failure of ductile beams loaded dynamically[J]. Journal of Engineering for Industry, 1976, 98(1): 131-136.

[9] Menkes S B, Opat H J. Broken beams[J]. Experimental Mechanics, 1973, 13(11): 480-486.

[10] 余同希, 邱信明. 冲击动力学[M]. 北京: 清华大学出版社, 2011.

第 12 章 爆炸分离碎片安全性分析

对分离装置而言，分离可靠性是基本要求。随着对爆炸分离装置认识和研究的深入，在某些情况下，分离碎片飞散带来的安全隐患也开始引起重视。这里以某头罩分离为例来说明碎片飞散的安全性。头罩爆炸分离后，产生分离碎片，碎片与箭体的相对运动如图 12.1(a)所示。碎片飞出之后，受流体阻力作用将逐渐减速，而火箭主体仍然在继续加速飞行，因此存在分离碎片撞击后续箭体的可能，使飞行器面临潜在的危险。一个比较典型的实例是，2003 年美国"哥伦比亚号"航天飞机在返回地球途中发生爆炸，其原因就是因为有一块脱落的泡沫碎片意外撞击了航天飞机主体，最终造成机毁人亡的惨重后果。为降低这种可能性，有效规避这类危险，首先期望分离碎片的初始飞散速度足够大，其次期望碎片是以一定的角度飞散出去的。因此，分析爆炸分离后碎片的飞散速度特性是研究分离碎片安全性的基础。

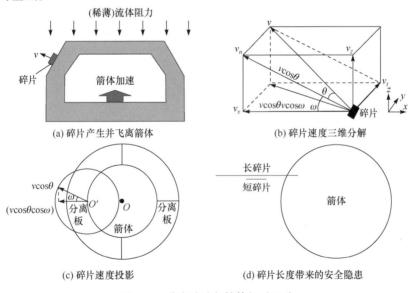

(a) 碎片产生并飞离箭体 (b) 碎片速度三维分解

(c) 碎片速度投影 (d) 碎片长度带来的安全隐患

图 12.1 分离碎片与箭体相对运动

12.1 碎片飞散性能研究

研究碎片飞散的安全性首先需要对其飞散速度特征进行分析，对碎片速度进行三维分解,如图 12.1(b)所示,飞散角 θ 定义为飞散速度与分离板法线之间的夹角,另一个夹角 ω 是由整流罩形状决定的。

分离板法向延长线过箭体中轴线,根据几何原理,在给定的初始速度下,沿法向才是碎片飞离箭体最快的方向,如图 12.1(c)所示,其中 O' 是碎片产生的位置。速度方向与法线之间的夹角 θ 越大,碎片远离箭体越缓慢。因此,碎片飞散角也是影响分离碎片飞散安全性的重要参数。以上分析是以碎片质心的速度和位置为参考,试验结果和第 11 章的理论分析均表明,实际分离碎片呈长条形,平均长度为 l_0,因此存在过长的碎片虽然其质心远离火箭,但其末端却撞到箭体的可能,如图 12.1(d)所示。由此可见,碎片长度也是关系分离安全性的重要参数。

碎片动能决定着碎片速度,而飞散角在对碎片速度进行分解的同时也对碎片动能进行了分配。完整的能量分配如图 12.2 所示。第 8 章和第 9 章揭示了炸药总能量在分离板和保护罩之间的分配规律,分析了关键结构参数对分离板能量的影响。图 12.2 针对分离板做进一步的细化。

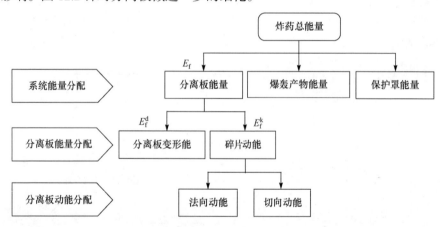

图 12.2　爆炸分离过程中的能量分配

本章首先根据爆炸分离力学作用过程,定量分析关键材料、结构及柔爆索参数对破片飞散的三个性能参数(碎片飞散角、平均长度和飞散速度)的影响。关于碎片平均长度的分析已经在第 11 章详细给出,本章只简要列出关键的分析结果。

12.1.1　碎片飞散角

主削弱槽断开之后,形成的两条破片带以止裂槽为轴心旋转。当转动到某一个角度时,止裂槽失效断开,破片带完整形成;接下来,由于剪切作用,破片带发生了进一步的碎裂,形成分离碎片(见第 11 章机理分析)并飞散出去。忽略破片带碎裂和碎片飞散过程中产物对碎片飞散姿态的影响,则碎片形成之后处于自由飞散状态。从运动本身的特点看，主削弱槽断开之后破片带的运动与单摆运动类似，两者对比如图 12.3 所示。因此，破片带的飞散角即为止裂槽断开时转动的角度。

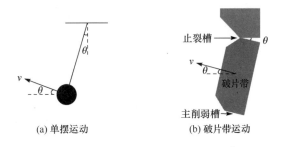

图 12.3　主削弱槽断开之后破片带的运动特点

从能量观点看，止裂槽的旋转过程是一个能量沉积的过程。由于塑性铰驻定在削弱槽处，随着转角的增大，塑性铰处沉积的塑性变形能持续增加，直至达到材料破坏阈值，材料失效。

碎片转角带来的能量沉积可以用能量密度失效准则(energy density failure criterion)来处理[1]。能量密度失效准则的表达式为

$$\vartheta = \int_{A_f} \frac{F_s S}{A_f L_e} \mathrm{d}A = \vartheta_c \tag{12.1}$$

式中，F_s、S 和 A_f 分别表示加载应力、塑性变形量和变形区的面积；L_e 为塑性变形区的等效长度。该准则的物理意义是：当材料中单位体积的变形能(变形能量密度)ϑ 达到其破坏临界值 ϑ_c 时，材料失效。这一准则由 Shen 等[1]提出，其对 Menkes 等的经典试验现象[2]做出过很好的解释。

如果剪切参与破坏作用，那么即使总能量密度没有达到临界值，当剪切作用导致的能量密度达到 $\beta_s \vartheta_c$ 时，材料也将发生剪切破坏：

$$\int_{A_f} \frac{F_s S}{A_f L_e} \mathrm{d}A = \beta_s \vartheta_c \tag{12.2}$$

式中，F_s 表示加载剪应力；文献[1]建议 β_s 取值为 0.45。

这一准则在应用上的困难在于确定塑性区的等效体积 $A_f L_e$，对于梁结构，则在于确定塑性铰的等效长度 L_e。不同的研究者对塑性铰等效长度的取法各异，这一不足限制了能量密度失效准则的实际使用。通常认为 L_e 与梁变形处厚度成正比，即

$$L_e = \kappa h \tag{12.3}$$

式中，κ 为材料性质和具体受力状态的函数，取值为 2~5[3]。一般而言，材料韧性越好，受力状态越复杂，κ 取值越大，即等效塑性区越宽[4]。

对于分离碎片，削弱槽处受到拉伸作用，而且分离板材料为金属材料，可以预见塑性铰等效长度较大。分离板破片带截面上塑性区示意图如图 12.4 所示。由图可将等效塑性区的体积近似为 $\kappa h H b$。其中，b 是梁在另一个方向的厚度(在此可认为是梁的宽度)。

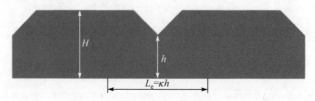

图 12.4　分离板削弱槽处塑性区示意图

对于削弱槽受单一弯曲载荷的理想情况，假设削弱槽破坏时刻的转角为 θ_b，对削弱槽处应用能量密度失效准则,塑性铰处沉积的单位体积能量与转角成正比。当失效发生时，满足

$$\frac{bM_p\theta_b}{\kappa hHb} = \vartheta_c \tag{12.4}$$

式中，$M_p = \sigma_y h^2 / 4$ 为单位长度梁的塑性极限弯矩。

对式(12.4)化简后，可得

$$\theta_b = \frac{4\kappa H\vartheta_c}{h\sigma_y} \tag{12.5}$$

实际爆炸分离过程中,削弱槽处材料受到弯曲拉伸复合加载作用(止裂槽处还承受剪切作用)。相应地，由弯曲变形产生的能量密度并不需要达到 ϑ_c，破坏就已经发生，此时碎片转角并未达到 θ_b。于是，式(12.4)需要修正为

$$\frac{M_p\theta}{\kappa hH} = \vartheta_c' \tag{12.6}$$

式中，ϑ_c' 表示实际情况下破坏时刻弯曲变形能量密度，当由弯曲变形产生的能量密度达到 ϑ_c' 时材料失效，削弱槽断开。ϑ_c' 是一个与分离板具体变形有关的量，由于其他形式的变形能也与分离板变形正相关，因此这里将 ϑ_c' 近似看成材料参数，称为爆炸分离分离板材料弯曲破坏阈值。于是得到实际情况下碎片的飞散角为

$$\theta = \frac{4\kappa H\vartheta_c'}{h\sigma_y} \tag{12.7}$$

式(12.7)表明，碎片飞散角 θ 与分离板材料屈服强度 σ_y 和分离板削弱槽处厚度 h 成反比，与分离板材料塑性区等效宽度系数 κ、分离板材料弯曲破坏阈值 ϑ_c'

及碎片厚度 H 成正比。

由于材料参数 κ 和 ϑ_c 未知,因此不能通过式(12.7)对碎片飞散角 θ 进行直接求解,但可以通过试验结果反向验证。式(12.7)表明,在其他材料和结构参数相同的情况下,h 与 θ 之积为定值,即

$$h\theta = \frac{4\kappa H \vartheta_c'}{\sigma_y} \tag{12.8}$$

针对第 11 章的分离装置模型试验,得到 h 与 θ 的统计结果,如表 12.1 所示。

表 12.1 碎片飞散角试验验证结果

材料	ZL205(σ_y=332.1MPa)									ZL114(σ_y=248.0MPa)		
编号	EL-1#	EL-2#	EL-3#	EL-4#	EL-5#	EL-6#	EL-7#	EL-8#	EL-9#	长 1#	长 2#	长 3#
h / mm	2.21	2.60	3.18	2.06	2.41	3.08	2.14	2.57	2.97	2.45	2.15	2.80
θ /(°)	22.79	19.54	16.81	23.03	20.34	17.64	22.57	18.54	17.65	8.73	10.50	7.53
θ /rad	0.398	0.341	0.293	0.402	0.355	0.308	0.394	0.324	0.308	0.152	0.183	0.131
$h\theta$ / mm	0.879	0.887	0.933	0.828	0.856	0.948	0.843	0.832	0.915	0.373	0.394	0.368
$h\theta$ 平均值	0.88 mm									0.38 mm		
$h\theta$ 标准差	0.042 mm									0.011 mm		

可以看出,对于分离板材料为 ZL205 的模型试验,$h\theta$ 的标准差(0.042)与平均值(0.88)之比仅为 4.77%,说明 $h\theta$=const 得到了较好的验证。对于分离板为 ZL114 的情况,相应的 $h\theta$ 平均值和标准差更小,两者之比仅为 2.89%,进一步证明了 $h\theta$=const 的正确性。表 12.1 也给出了将角度转换为弧度表示的相应值。由此反推得到 ZL205 的材料参数 $\kappa\vartheta_c' = h\theta\sigma_y / (4H) = 18.27$MPa,ZL114 的材料参数 $\kappa\vartheta_c'$ 为 5.89MPa。

12.1.2 破片带碎裂后的碎片尺寸

三个削弱槽断开后,分离板形成两个破片带。破片带的碎裂造就了分离碎片最终的长度。第 11 章已经给出了碎片长度的分析结果,认为破片带碎裂的机理及过程如下。

(1) 破片带上质点在柔爆索滑移爆轰驱动下依次获得径向飞散速度。由于质点开始被扰动的时间有先后,因此相邻质点间存在速度差,进而产生位移差。

(2) 位移差导致剪切滑移,并以剪切加载波在破片带中传播,对它经过的所有位置处的质点都产生一个基本幅值的剪切滑移量。破片带上某处的滑移总量为所有经过该处的剪切波产生的剪切滑移量的叠加。

(3) 滑移量在时间和空间两个层面不断积累,直到破片带上某处滑移量达到剪切破坏的应变值而发生断裂,形成碎片。

(4) 破坏一旦发生,断口处产生幅值为剪切破坏应变的卸载波往两个方向同时传播。断口前方的受力状态归零,与初始时刻一致。

上述过程重复发生,分离碎片依次形成。

将首次发生剪切破坏的位置记为 l_0,则碎片的长度为 l_0,剪切破坏发生的条件为

$$S(l_0)_{max} = \frac{l_0 v}{D} = kH \tag{12.9}$$

剪切破坏一旦发生,便形成了一枚分离碎片。之后,断点前方经历的力学过程与初始时刻相同,上述过程将重复出现,直至 $2l_0$ 处积累的剪切滑移量 $S(2l_0)=2l_0 v/D-kH=kH$,剪切破坏再一次发生。假设破片带材料完全均匀无缺陷,则上述过程将重复出现,剪切破坏将在 $nl_0(n=1, 2, 3, \cdots)$ 处依次发生。因此,分离碎片的尺寸均为 l_0,取值为

$$l_0 = \frac{kHD}{v} \tag{12.10}$$

式(12.10)表明,碎片尺寸 l_0 与材料特性参数 k(冲击剪切破坏应变)、结构特征参数 H(破片带厚度)及扰动源移动速度 D(滑移爆轰传播速度)成正比,与扰动强度 v 成反比。材料参数 k 由现有模型试验结果反推得出,对于 ZL205,k 的平均值为 0.258,标准差为 0.022;对于 ZL114,k 的平均值为 0.226,标准差为 0.012,离散程度很小。式(12.10)得到了很好的验证,其对柔爆索线式爆炸分离装置的碎片尺寸预测具有普适性,且物理意义明确。

12.1.3　碎片飞散速度

1. 分离板能量分析

碎片动能决定碎片飞散速度,因此可以通过能量方法,先确定碎片动能,进而得到碎片飞散速度。根据第9章能量分析的结论,分离板能量主要包含两部分:碎片动能 E_f^k 和分离板变形能 E_f^d。本节的思路是先分别求得爆炸分离过程中分离板获得的总能量 E_f 和塑性变形消耗的变形能,两者之差即碎片动能。

2. 分离板获得的总能量 E_f

第8章研究柔爆索做功机理时将柔爆索爆炸驱动预制碎片过程分成两个阶段。第一阶段为起爆至铅层撞击预制碎片圆筒内表面,在这个过程中,爆轰产物使铅层加速,铅层高速撞击预制碎片使得碎片获得瞬时速度,铅层起到了动量传递介质的作用。第二阶段为铅层破裂之后,产物泄漏,对碎片持续做功,但压力迅速降低至环境压力,在这个过程中碎片获得速度增量。第一个阶段起主要作用。第8章的研究结果表明,第一阶段末碎片获得的瞬时速度占碎片末速度的89%。

第一阶段作用过程示意图如图 12.5 所示。铅层受爆轰产物驱动，高速撞击分离板。根据柔爆索安装槽结构特点，柔爆索四周大部分(270°范围)均被保护罩所环绕，只有开口部分 90°范围朝向分离板。因此，只有 1/4 的铅层直接撞击分离板。认为与分离板直接撞击的铅层将其所携带的动能全部传递给分离板，这部分能量即为第一阶段柔爆索对分离板所做的功：

$$w_1 = \frac{1}{2}\left(\frac{1}{4}m_0'\right)v_0^2 \tag{12.11}$$

式中，m_0' 和 v_0 分别为单位长度铅层的质量和铅层撞击分离板前的末速度。

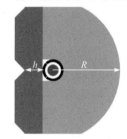

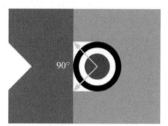

(a) 产物驱动铅层撞击分离板　　　　　(b) 柔爆索部位局部放大图

图 12.5　爆炸分离第一阶段作用过程示意图

在第一阶段，柔爆索对分离板做功是由柔爆索自身特性及安装槽形状决定的。此时铅层刚刚撞击分离板构件，分离板及保护罩形状参数尚未开始对能量分配产生影响。铅层末速度 v_0 从式(8.17)解出，是产物半径的一元函数，爆轰产物推动铅层加速过程中的任一时刻，铅层速度都可以定量求解。对于模型试验的构件，装置长度 $b=55\text{mm}$，对应的柔爆索铅层质量 $m_0=2.79\text{g}$，单位长度铅层质量 $m_0'=50.7\text{g/m}$。柔爆索安装槽宽度为 3.2mm，与柔爆索驱动纯分离板模式的小碎片试验内径一致，因此铅层加速距离相同。根据第 8 章的理论分析结果，铅层撞击速度 $v_0=691.6\text{m/s}$。将以上参数代入式(12.11)得到第一阶段单位长度做功为 $w_1=3.031\text{kJ/m}$。

在第二阶段，主削弱槽断裂，破片带围绕止裂槽转动，爆轰产物从主削弱槽泄漏出去，导致其压力迅速降低。在这一过程中，产物持续推动破片带做功。当破片带转动到某个位置时，止裂槽断裂，破片带分离。之后，破片带碎裂形成碎片，碎片自由飞散。

对于对称结构，假设产物以第一阶段末的速度做恒速均匀膨胀，则可以对碎片加速过程进行定量求解。对于非对称结构，产物的飞散路径不规则，难以延续之前的计算方法。为此，以 S9#工况下(此时 $h_m=3\text{mm}$ 和 $R_m=12\text{mm}$ 均为最大，分离板获得的能量最多)第二阶段分离板获得的单位长度能量 w_m 为基准，其他工况下第二阶段分离板获得的单位长度能量用 w_2 表示：

$$w_2 = f(h,R)w_{\mathrm{m}} \tag{12.12}$$

由于 w_{m} 为定值，因此 w_2 是分离板削弱槽处厚度 h 和保护罩厚度半径 R 的函数。下面根据不同结构参数的相应数值计算结果来确定函数的具体形式。分离板和保护罩作为相对独立的部件共同影响着 w_2，可以将两者分开处理，即将函数 $f(h,R)$ 表示为

$$f(h,R) = f_1(h)f_2(R) \tag{12.13}$$

先从理论上分析 h 对分离板获得能量的影响。随着 h 的增大，分离板抗变形能力逐渐增强，与保护罩之间的不对称性趋弱，因而产物能量分配趋于均匀。于是，分离板总能量随着 h 的增大明显升高，h 直接影响第二阶段爆轰产物输入分离板上的能量。S1#~S9#工况下数值计算得到的总能量 E_{f} 随 h 的变化如图 12.6 所示。可以看出，E_{f} 随着 h 的增大基本呈线性增加。因此，$f_1(h)$ 可取线性函数形式，即

$$f_1(h) = \frac{h}{h_{\mathrm{m}} + C_1} \tag{12.14}$$

R 对分离板能量的影响可以用产物压力解释。理论上，保护罩越厚，爆轰产物推动保护罩膨胀速度越缓慢，从而起到维持产物压力的作用。另外，随着 R 的增大，保护罩与分离板之间的不对称性增强，爆轰产物能量分配趋于不均匀，即分离板获得的能量会减少。前一种因素起主导作用，随着保护罩厚度半径 R 的增大，分离板获得的能量也随之升高。R 对第二阶段分离板上能量的影响是间接的，不如 h 对 w_2 的影响来得直接，而且出现了两种趋势的抵消效应。S1#~S9#工况下分离板总能量与 $R^{1/2}$ 的关系如图 12.7 所示。

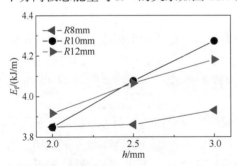
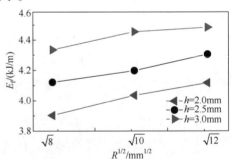

图 12.6　分离板总能量 E_{f} 随 h 的变化　　　　图 12.7　分离板总能量 E_{f} 随 R 的变化

由图 12.7 可以看出，w_2 与 $R^{1/2}$ 的关系基本呈线性，因此 $f_2(R)$ 的函数形式可以采用如下形式：

$$f_2(R) = \sqrt{R/R_{\mathrm{m}}} + C_2 \tag{12.15}$$

式(12.14)和式(12.15)中，C_1、C_2 均为常数。

$f_1(h)$ 和 $f_2(R)$ 的形式确定之后，便可以得出分离板在第二阶段获得的能量 w_2。

于是，分离板获得的总能量即为两个阶段的能量之和：

$$E_f = w_1 + w_2 \tag{12.16}$$

确定 w_2 与 h 和 R 之间的函数形式之后，由于第一阶段柔爆索对分离板做的功为常数 w_1，因此以 w_1 为截距对总能量 E_f 的全部数值仿真结果进行线性拟合，如图 12.8 所示。

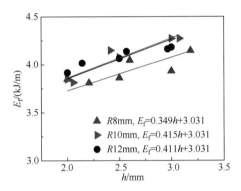

图 12.8　数值计算得到的分离板总能量拟合

从图 12.8 中可以看出，数据点基本上分布在拟合直线附近，可见拟合结果较好，说明两阶段分析方法及相应的做功分析是正确的。三条拟合直线函数表达式的斜率分别为 0.349、0.415 和 0.411。在不考虑 $f_1(h)$ 和 $f_2(R)$ 中常数项的情况下，反推得到相应的 w_m 分别为 1.49kJ/m、1.48kJ/m 和 1.44kJ/m，三个结果很接近，平均值为 1.47kJ/m。S9#工况下实际仿真计算结果为 $w_m = E_f - w_1 = 1.45$kJ/m，与平均值相差仅 1%，考虑到可能存在的误差，认为两者相等。在不考虑常数项的情况下得到的 w_m 反推结果正好等于实际计算的 w_m 值，说明 C_1、C_2 均为 0。由此表明，第二阶段获得的能量 w_2 具有如下简单形式：

$$w_2 = w_m \frac{h}{h_m} \sqrt{\frac{R}{R_m}} \tag{12.17}$$

该式给出了在第二阶段 h 和 R 对分离板获得能量的影响规律。

最终得到分离板获得的总能量表达式为

$$E_f = w_1 + w_m \frac{h}{h_m} \sqrt{\frac{R}{R_m}} \tag{12.18}$$

式中，w_1 由式(12.11)给出。

3. 分离板塑性变形能 E_f^d

根据运动特点，分离板的变形过程也可以分为两个阶段。

在第一阶段，运动由主削弱槽受冲击部位开始往外运动，受剪应力 F_s 的作用带动相邻部位运动,这种作用和运动同时往两边传播,直到抵达止裂槽,如图 12.9(a)所示。分离板破片带部位可以看成两端固支的梁。运动和变形由梁中点向固支点传播的过程为变形的第一阶段,称为瞬态响应(transient phase)阶段。

在第二阶段,运动到达止裂槽之后,由于止裂槽部分厚度明显降低,应力集中使得止裂槽部位材料屈服,形成塑性铰。运动变成以止裂槽为固支点的转动。,同时,两道破片带还绕主削弱槽转动。整个系统绕三个削弱槽处的塑性铰做刚体转动的过程为变形的第二阶段,称为模态响应(modal phase)阶段。

当转动达到一定的角度时,塑性变形能量沉积,材料失效,削弱槽断开。可以证明,主削弱槽一定先于止裂槽断开。如图 12.9(b)所示,将破片带作刚体近似,则主削弱槽部分的塑性变形转角为止裂槽部位的两倍。因此,主削弱槽先于止裂槽达到材料破坏阈值。主削弱槽断开之后,破片带可以看成固支于止裂槽的悬臂梁。

下面结合变形过程对两个阶段的能量消耗进行分析。在瞬态响应阶段,运动从中点向整个截面传播。由于碎片厚度大于削弱槽处的厚度,变形集中在削弱槽处,碎片本身在截面内并无明显变形,回收碎片也说明了这一点。因此,这一阶段破片带的变形能主要是弹性能,即在瞬态响应阶段分离板塑性变形能可以忽略,此时碎片内速度远未达到均匀。

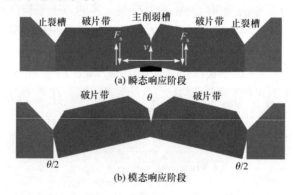

(a) 瞬态响应阶段

(b) 模态响应阶段

图 12.9　分离板变形过程

分离板获得的能量主要消耗在模态响应阶段。在这一阶段,破片带绕三个削弱槽做转动运动。由于质点速度分布不同,因此三个削弱槽处承受的载荷是不同的。又由于破片带转动,三个削弱槽处都受到弯曲加载。破片带往外膨胀,碎片截面长度增加,因此削弱槽还受到拉伸作用。同时,止裂槽两侧的速度不一致,又受到了剪切载荷作用,因此主削弱槽处受弯曲、拉伸复合加载,而止裂槽处受弯曲、拉伸、剪切复合加载。

不同的载荷导致分离板产生相应的变形,进而沉积相应的变形能。因此,分

离板变形能 $E_{\mathrm{f}}^{\mathrm{d}}$ 由三个部分组成：弯曲变形能 $E_{\mathrm{d}}^{\mathrm{b}}$、拉伸变形能 $E_{\mathrm{d}}^{\mathrm{t}}$ 和剪切变形能 $E_{\mathrm{d}}^{\mathrm{s}}$。

1) 弯曲变形能 $E_{\mathrm{d}}^{\mathrm{b}}$

分离板弯曲变形能集中在三道削弱槽(即塑性铰)处，单位长度弯曲变形能表达式为

$$E_{\mathrm{d}}^{\mathrm{b}} = 3M_{\mathrm{p}}\theta \tag{12.19}$$

式中，M_{p} 为单位长度破片带的塑性极限弯矩，表达式为 $M_{\mathrm{p}} = \sigma_{\mathrm{y}}h^2/4$；$\theta$ 为破片带绕止裂槽的最大转角，即碎片飞散角。根据前面对碎片飞散角的理论分析，由式(12.6)可得 $M_{\mathrm{p}}\theta = \kappa h H \vartheta_{\mathrm{c}}'$，将其代入式(12.19)可得单位长度分离板的弯曲变形能为

$$E_{\mathrm{d}}^{\mathrm{b}} = 3\kappa \vartheta_{\mathrm{c}}' H h \tag{12.20}$$

该式表明，分离板弯曲变形能与分离板材料塑性区等效宽度系数 κ、分离板材料弯曲破坏阈值 ϑ_{c}'、碎片厚度 H、削弱槽处厚度 h 成正比。

以分离板材料为 ZL205A 的情况为例，12.1.1 节已推得 $\kappa \vartheta_{\mathrm{c}}' = 18.27\mathrm{MPa}$，同时将碎片厚度 H=4mm 代入式(12.20)，可得：

$$E_{\mathrm{d}}^{\mathrm{b}} = 0.2192h \tag{12.21}$$

该式仅表示数值上的相等，其中 h 以 mm 为单位，能量 $E_{\mathrm{d}}^{\mathrm{b}}$ 以 kJ/m 为单位。

2) 拉伸变形能 $E_{\mathrm{d}}^{\mathrm{t}}$

拉伸变形机制如图 12.10 所示。当主削弱槽处转角达到 θ 时失效断开，此时止裂槽处转角为 $\theta/2$，破片带宽度变为 $L/\cos(\theta/2)$，因此破片带拉伸应变为 $\varepsilon(\theta)=1/\cos(\theta/2)-1$。破片带横截面上与削弱槽相同厚度范围内的材料都参与了拉伸变形，因此单位长度分离板的变形能为

$$E_{\mathrm{d}}^{\mathrm{t}} = 2\sigma_{\mathrm{y}}\varepsilon(\theta)Lh \tag{12.22}$$

这里对材料进行了理想塑性假设。

式(12.22)表明，分离板拉伸变形能与分离板材料屈服强度 σ_{y}、主削弱槽断开时刻碎片截面的拉伸应变 $\varepsilon(\theta)$、相邻削弱槽间跨距 L、削弱槽处厚度 h 成正比。

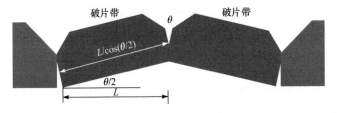

图 12.10 分离板破片带横截面的拉伸变形

仿真模型中，σ_y、L 取给定值，因此拉伸变形能是 h 和 θ 的函数。试验发现，对于同种材料，碎片飞散角 θ 的值比较集中，对于 ZL205，θ 的平均值为 19.9°，对于 ZL114，θ 的平均值为 8.92°。仍以 ZL205 材料的分离板为例，为简化计算，取 $\theta=20°$。拉伸变形能在分离板总变形能中占比较小，这一简化计算对结果影响也很小。由飞散角 $\theta=20°$ 计算得出 $\varepsilon=1.54\%$，同时将 $L=9$mm 代入式(12.22)，得到

$$E_d^t = 0.0921h \tag{12.23}$$

该式也仅表示数值上的相等，其中 h 的单位为 mm，E_d^t 的单位为 kJ/m。

3) 剪切变形能 E_d^s

在削弱槽处承受单一剪切载荷的情况下，其变形至破坏所消耗的变形能为

$$E_d^s = 2Q_s\Delta h \tag{12.24}$$

式中，$Q_s=F_sh$ 表示削弱槽处单位长度的剪力，F_s 为材料剪切强度(第 3 章中实验测得材料纯 Ⅱ 型加载破坏应力)，对于 ZL205，$F_s=\sigma_Ⅱ=236.7$MPa；Δh 表示失效时刻削弱槽处剪切滑移位移。另外，材料冲击剪切破坏位移与材料冲击剪切破坏应变和结构厚度成正比，即 $\Delta h=kh$。将剪力 Q_s 和滑移位移 Δh 的表达式代入式(12.24)，得到

$$E_d^s = 2k\sigma_Ⅱ h^2 \tag{12.25}$$

该式表明，分离板剪切变形能与分离板材料冲击剪切破坏应变 k、材料剪切强度 $\sigma_Ⅱ$、削弱槽处厚度 h 的平方成正比。将 $k=0.258$、$\sigma_Ⅱ=236.7$MPa 代入式(12.25)得到剪切变形能 $E_d^s = 0.1221h^2$。

分离板总变形能为三种变形能之和：

$$E_f^d = E_d^b + E_d^t + E_d^s \tag{12.26}$$

将弯曲、拉伸和剪切变形能的表达式(12.20)、式(12.22)和式(12.25)代入式(12.26)，得到分离板的总变形能表达式为

$$E_f^d = 3\kappa\vartheta_c'Hh + 2\sigma_y\varepsilon(\theta)Lh + 2k\sigma_Ⅱ h^2 \tag{12.27}$$

式(12.27)是关于 h 的二次函数。对于 ZL205 材料的分离板，二次项即为剪切变形能的表达式 $E_d^s = 0.1221h^2$，一次项为 $E_d^b + E_d^t = 0.2192h + 0.0921h = 0.3113h$，且不包含常数项。因此，分离板变形能数值上等于

$$E_f^d = 0.1221h^2 + 0.3113h \tag{12.28}$$

基于已知的一次项对分离板的变形能数值计算结果进行拟合，所得结果如图 12.11 所示。可见，式(12.28)能较好地描述能量随 h 的变化规律。

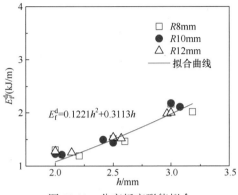

图 12.11　分离板变形能拟合

4. 碎片速度

在分别得到破片带总能量和变形能之后，即可根据 $E_f^k = E_f - E_f^d$ 求出破片带动能，进而得到破片速度。破片带碎裂形成的碎片自由飞散，破片带的最后速度即为碎片的速度。结合式(12.18)和式(12.27)，得到分离板动能和碎片飞散速度的表达式如下：

$$E_f^k = w_1 + w_m \frac{h}{h_m} \sqrt{\frac{R}{R_m}} - (3\kappa \vartheta_c' H h + 2\sigma_y \varepsilon(\theta) L h + 2k\sigma_{\mathrm{II}} h^2)$$

$$v = \sqrt{\frac{E_f^k}{\rho_f L H}} \tag{12.29}$$

分离板动能公式中第一、二项分别为分离板在分离过程的第一阶段和第二阶段获得的能量;第三项为分离板分别通过弯曲、拉伸和剪切变形破坏消耗的能量。式(12.29)同时表明了材料及结构参数对碎片动能的影响规律。式中，w_1=3.031kJ/m，下标 m 对应参考状态，对于 ZL205 材料的分离板，几个参数分别取值为：h_m=3mm，R_m=12mm，w_m=1.45kJ/m。其他参数有：σ_y=332.1MPa，σ_{II}=236.7MPa，$\kappa\vartheta_c'$=18.27MPa，k=0.258。理论计算求得的各参量值及其与相应仿真结果之间的偏差如表 12.2 所示。可以看出，绝大多数结果的偏差不大，除动能以外，相对偏差绝对值的平均值在 3%以下，说明理论分析与数值仿真结果吻合较好。

表 12.2　分离板速度结果验证

编号	E_f/ (kJ/m)	误差 /%	E_f^d /(kJ/m)	误差 /%	E_f^k /(kJ/m)	误差 /%	v/ (m/s)	误差 /%
SE1#	3.902	2.43	1.277	7.25	2.625	0.24	172.19	0.05
SE2#	4.058	0.30	1.634	11.67	2.423	6.14	162.37	1.36
SE3#	4.287	3.42	2.231	10.56	2.056	3.35	146.81	10.88
SE4#	3.938	3.25	1.152	−5.16	2.787	7.17	178.96	0.88

续表

编号	E_f'/(kJ/m)	误差/%	E_f^d/(kJ/m)	误差/%	E_f^k/(kJ/m)	误差/%	v/(m/s)	误差/%
SE5#	4.096	−1.28	1.459	−2.36	2.637	0.68	170.78	1.85
SE6#	4.388	2.71	2.115	0.30	2.273	5.06	154.77	12.97
SE7#	4.066	1.24	1.222	−2.43	2.844	2.90	179.90	5.45
SE8#	4.273	3.26	1.604	5.55	2.669	1.94	170.62	1.32
SE9#	4.464	7.22	1.997	0.78	2.467	13.06	161.73	4.48
S1#	3.820	−0.75	1.106	−15.16	2.714	6.63	177.24	0.08
S2#	4.018	4.08	1.539	1.60	2.479	5.69	164.93	3.55
S3#	4.215	7.23	2.034	−5.99	2.181	23.41	151.92	2.30
S4#	3.913	1.72	1.106	−10.01	2.807	7.23	180.26	0.46
S5#	4.134	1.42	1.539	6.86	2.595	1.56	168.76	2.22
S6#	4.355	1.92	2.034	−6.78	2.321	10.99	156.71	0.06
S7#	3.998	2.08	1.106	−13.59	2.892	9.68	182.94	0.30
S8#	4.239	4.28	1.539	0.04	2.701	6.86	172.15	1.29
S9#	4.481	7.15	2.034	1.70	2.447	12.15	160.92	3.48
平均值		2.87		−0.84		6.93		2.94

将式(12.11)代入式(12.29)，速度的表达式可以写成

$$v = \sqrt{\dfrac{\dfrac{1}{8}m_0'v_0^2 + w_\mathrm{m}\dfrac{h}{h_\mathrm{m}}\sqrt{\dfrac{R}{R_\mathrm{m}}} - (3\kappa\vartheta_\mathrm{c}'Hh + 2\sigma_\mathrm{y}\varepsilon(\theta)Lh + 2k\sigma_\mathrm{II}h^2)}{\rho_\mathrm{f}LH}} \tag{12.30}$$

式(12.30)更具普适性。

由此，本节从柔爆索对分离板所做的总功与分离板总能量相等这一基本原理出发，首先根据柔爆索做功特点，将分离板获得的总能量 E_f 分成两个阶段(w_1 和 w_2)，并分别求解；然后根据分离板中的能量流动，将分离板总能量分成变形能 E_f^d 和动能 E_f^k 两部分；接着根据分离板受力及变形特征将变形能分为三个部分(E_d^b、E_d^t 和 E_d^s)分别求解；最后根据能量守恒由 $E_\mathrm{f}^\mathrm{k} = E_\mathrm{f} - E_\mathrm{f}^\mathrm{d}$ 得出分离碎片动能。理论结果与详细数值模拟结果的误差比较小，这说明分析过程和结果是合理的。

12.2　关键参数对分离性能的影响规律

12.2.1　分离过程影响因素分析

将碎片飞散三个参数的理论公式整理如下：

$$\theta = \frac{4\kappa H \vartheta_c'}{h\sigma_y}$$

$$l_0 = \frac{kHD}{v} \qquad\qquad (12.31)$$

$$v = \sqrt{\frac{\frac{1}{8}m_0' v_0^2 + w_m \frac{h}{h_m} \sqrt{\frac{R}{R_m}} - (3\kappa \vartheta_c' Hh + 2\sigma_y \varepsilon(\theta) Lh + 2k\sigma_{\parallel} h^2)}{\rho_f LH}}$$

由式(12.31)分析可知，分离性能三个参数的影响存在一定的耦合性，更直观的影响规律如表 12.3 所示。可以看出，对分离碎片飞散安全性而言，有利的爆炸分离性能是碎片飞散角减小、碎片平均长度减小及碎片飞散速度增大；反之，则不利于分离安全性。如果一个参数的改变对分离性能的影响是一致的(即要么有利于所有飞散性能参数，要么不利于所有参数)，那么将该参数称为单调影响因素；如果一个参数的改变对分离安全性的影响是不一致的(即有利于某些分离性能参数，同时不利于其他参数)，那么称该参数为非单调影响因素。

表 12.3 关键参数对碎片飞散性能的影响规律

参数类别	参数符号	参数描述	影响规律
材料参数	κ	分离板材料塑性区等效宽度系数表征材料韧脆性质，且与韧性正相关	κ 越大，碎片飞散角越大，而且通过弯曲变形消耗的变形能越大
	ϑ_c'	实际情况分离板材料弯曲破坏阈值表征材料韧脆性质与韧性正相关	ϑ_c' 越大，碎片飞散角越大，而且通过弯曲变形消耗的变形能越大
	k	材料冲击剪切破坏应变表征材料韧脆性质且与韧性正相关	k 越大，碎片平均长度越大，而且通过剪切变形消耗的变形能越大
	σ_y	屈服强度	σ_y 越大，碎片飞散角越小；但同时分离板变形能越大
	$\sigma_{\parallel}$	剪切强度	$\sigma_{\parallel}$ 越大，通过剪切变形消耗的变形能越大
结构参数	h	分离板削弱槽处厚度	h 越大，碎片飞散角越小，而且在爆炸分离第二阶段柔爆索对分离板做功 w_2 越大；与此同时，分离板变形能越大
	H	分离板破片带厚度	H 越大，碎片飞散角越大，且通过弯曲变形消耗的变形能越大，碎片速度越小
	L	分离板相邻削弱槽间跨距	L 越大，碎片通过拉伸变形消耗的变形能越大，而且碎片速度越小
	R	保护罩厚度半径	R 越大，在爆炸分离第二阶段柔爆索对分离板做功 w_2 越大

参数 类别	参数 符号	参数描述	影响规律
柔爆索 参数	w_1	第一阶段柔爆索对分离板做功	取决于柔爆索具体性质,随着装药线密度的增大而增大。可通过本节理论公式具体求解
	w_m	第二阶段柔爆索对分离板做功最大值 (此时 $h_m=3mm$, $R_m=12mm$)	取决于柔爆索具体性质,随着装药线密度的增大而增大

由表 12.3 可知,只有 σ_y 和 h 是非单调的。从有利于提高爆炸分离碎片飞散安全性的角度出发,各参数应该在以下方面进行改进:①需要尽量减小的单调参数为材料参数 κ、ϑ_c'、k、σ_{II},结构参数 H 和 L;②需要尽量增大的单调参数为结构参数 R、柔爆索参数 w_1 和 w_m;③增大 σ_y 能减小碎片飞散角,但同时会增大拉伸变形能,从而降低碎片速度。增大 h 会使得飞散角减小,这对分离安全性是有利的;与此同时,随着 h 的增大,在分离的第二阶段柔爆索对分离板做功 w_2 增大,分离板变形能也相应增大,碎片动能降低,这对分离安全性是不利的。

需要说明的是,对上述有利于分离安全性的参数进行改进,材料参数的改进是最根本的方法,如 κ、ϑ_c'、k 及 σ_{II} 越小越好;而对分离板结构参数的改进,则限制在一定的范围内。结构参数 H 和 L 的减小有利于分离安全性,但当它们减小到一定程度时,结构的静态刚/强度面临挑战。因此,进行实际工程设计时还需考虑运载系统其他方面的要求,如结构静态刚/强度、火箭运载能力、爆炸分离对箭体的冲击损伤、分离同步性及分离系统对太空环境的影响等。

增大装药密度有利于分离安全性,但是同时又会增大爆炸分离对箭体的冲击。特别是当箭体内的部件(如电子设备)对冲击敏感时,需要重点考虑设备的易损性。对于柔爆索爆速,降低柔爆索爆速从公式看能减小分离碎片的平均尺寸。但实际上,碎片速度 v 与爆轰速度 D 正相关,因此碎片长度与 D 不是简单的线性关系。降低爆速,同时会造成碎片速度 v 的下降,因此不一定会显著减少碎片长度,但可能因为爆轰压力下降,分离可靠性受到影响,而且还将增大分离时间,不利于分离同步性。爆炸分离的同步性对运载火箭飞行姿态具有十分重要的影响。

因此,在爆炸分离装置实际设计过程中,需要根据任务约束来确定目标函数,基于关键材料、结构及柔爆索参数对分离系统的影响规律,进行多参数最优设计。

12.2.2 关键影响因素及其影响规律

1. 因子选取

以上基于理论分析得到了一般性的规律认识。但要想分析分离性能对哪些参数更敏感，得到对工程应用更具直接指导意义的设计判据，还需要突出关键影响因素，并运用数学的方法，归纳出更简洁的表达形式。

首先确定响应。从分离安全可靠的角度，碎片动能是关键。因此，采用碎片速度作为分离性能的表征，考察不同因子对碎片动能或碎片速度的影响。

然后明确因子。分析分离板材料性能中的关键影响参数，首先排除材料密度、泊松比等在数值上比较稳定的因子，或者说在工程设计中可选择性小的因子。分离板主要有两个作用：分离前起连接作用，分离时沿削弱槽断开实现分离。由于要起连接作用，分离板材料的强度必须达到一定要求，但是为了保证分离时削弱槽能顺利断开，材料强度也不能过大。因此，选择分离板材料的破坏应变 ε 和屈服应力 σ 作为材料参数因子。

分离板的结构参数包括分离板厚度、削弱槽深度、削弱槽间距、螺孔间距、螺孔直径等。为了完成连接和分离的任务，各结构参数都必须在一定范围内取值。在这里选择如图 12.12 所示的分离板厚度 H 和分离板削弱槽处厚度 h 两个结构参数进行研究，其中 h 决定了分离时削弱槽所消耗的能量，H 对碎片动能或碎片速度具有直接影响。

柔爆索的作用在于点火后发生爆炸而对外做功，实现结构分离。柔爆索装药采用 RDX 炸药，在炸药种类确定的情况下，装药量是柔爆索最重要的指标，它直接决定了整个系统的总能量，因此对碎片动能有直接影响。从式(12.29)也可以看出，影响碎片最终动能的公式中，第一项就是与炸药做功有关的能量 w_1，而 w_1 正比于铅层末速度 v_0 的平方[式(12.11)]，铅层末速度则是产物半径的一元函数[式(8.17)]，所以碎片最终获得的动能与装药直径直接相关。并且，工程实际中为了获得不同强度的爆轰加载，不是通过改变炸药装药的体密度，或改变爆速 D、爆压 P_0 等爆轰参数，而是通过改变装药的线密度，即改变柔爆索装药直径，获得不同的炸药装药量。因此，选择装药直径 d(图 12.13)作为柔爆索的考察因子。

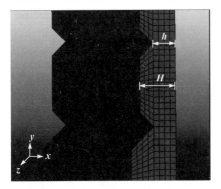

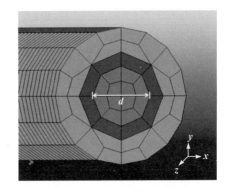

图 12.12　分离板厚度和削弱槽深度示意图　　　　图 12.13　装药直径示意图

装药直径与装药线密度 ρ_L(g/cm)的关系如下：

$$\rho_L = \rho_0 \cdot \pi \left(\frac{d}{2} \right)^2 \tag{12.32}$$

式中，ρ_0 为装药的体密度；d 为装药直径。

在以上选择的 5 个因子中，材料参数为分离板材料的破坏应变 ε 和屈服应力 σ(MPa)，结构参数为装药直径 d(cm)、分离板厚度 H(cm)和削弱槽处厚度 h(cm)，如表 12.4 所示，表中各因子参考值为工程实际中的设计值。

表 12.4 关键影响因子与因子参考值

分类	名称	参考值	单位
材料参数	分离板材料破坏应变(ε)	$\varepsilon_0 = 0.12$	—
	分离板材料屈服应力(σ)	$\sigma_0 = 332.1$	MPa
结构参数	柔爆索装药直径(d)	$d_0 = 0.2$	cm
	分离板厚度(H)	$H_0 = 0.39$	cm
	削弱槽处厚度(h)	$h_0 = 0.24$	cm

接下来针对这 5 个因子，研究各因子对分离板碎片速度的单因素影响规律；将因子分为两类，即正效应因子和负效应因子。定义正效应因子为对碎片速度产生正效应的因子，即随着正效应因子的增大，碎片速度增大。产生相反作用的因子则定义为负效应因子。

2. 单因子影响规律数值模拟

对各影响因子进行不同水平的组合构成计算工况，通过不同工况的数值模拟考察不同因子水平组合下碎片速度的变化规律。

考虑图 12.1(a)所示形式的结构，将分离板分成上下两部分，分别对应图 12.14 中的分离板 6 和分离板 7，两部分之间有 90°+α 的夹角，其中 α=80°。正是这个夹角，使得分离碎片可能撞击后续箭体而成为一个安全隐患。如图 12.15 所示，飞行器在 z 方向上前进，碎片在 x 和 y 方向飞散。如果分离板 7 产生的碎片在 x 方向的速度不够大，那么可能撞到后续跟进的箭体，虚线框内的区域均为有可能发生撞击的区域。由于分离板 6 产生的碎片与飞行器大致平行，一旦这些碎片有 x 和 y 方向的飞散速度，则几乎不会撞到飞行器。因此，可忽略分离板 6 碎片的威胁，而重点考察分离板 7 的碎片飞散情况。

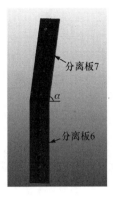

图 12.14　分离板夹角示意图

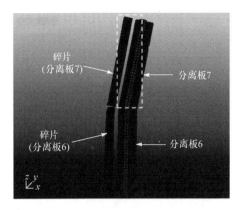

图 12.15　碎片撞击隐患说明图

1) 计算方法

采用LS-DYNA有限元结构动力学计算软件中拉格朗日-欧拉耦合算法计算柔爆索分离装置在爆炸加载下的分离过程，计算总时长为 200μs，计算结束后从计算结果中提取碎片速度数据。在有限元模型中，所有的结构部件，包括分离板、保护罩及螺钉紧固件，均划分成拉格朗日单元，柔爆索爆炸变形区域及填充物设置为欧拉网格区，两种网格单元的结合区域为混合拉格朗日-欧拉网格单元区。各拉格朗日单元部件自身及其相互之间的作用定义为自动面面接触(surface-to-surface contact)。单元的破坏采用瞬时应变准则，当拉格朗日单元的变形达到设定的破坏应变阈值后被自动删除。

有限元计算模型通过前处理专用软件 HYPER-MESH 建立。拉格朗日单元均为六面体实体单元。非结构部件的有限元单元为欧拉单元，初始时刻它们与局部拉格朗日单元网格相耦合。为兼顾计算精度与计算效率，各部分根据计算需要采用了不同的单元尺寸。与柔爆索近邻的保护罩及分离板削弱槽之间的部分网格较小，其各边尺寸为 0.63mm 左右，对于稍远的部分如分离板远离柔爆索的部分，建立的网格尺寸比较大，其各边长为 2.5mm 左右，两部分之间的衔接部分通过横截面为梯形的单元在两个方向均匀过渡。对螺钉紧固件的处理方法是：进行单独建模并将各部分作为一个整体，螺柱与分离板和保护罩的接触部分共节点，如图 12.16 所示。

图12.17 为计算模型的边界条件设置，其中分离板左右两边均采用固定边界；上下两端采用对称边界，这两个断面在柔爆索方向都不会有位移。空气部分采用压力外流边界。

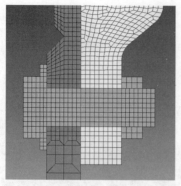

图 12.16　建模过程中螺钉处细节图

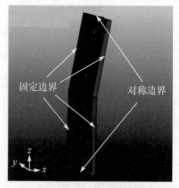

图 12.17　计算模型边界条件

柔爆索装药 RDX 使用 Mat_High_Explosive_ Burn 模型,利用 JWL 状态方程;爆轰产物的影响区采用空物质模型 Mat_null;保护罩和分离板的材料均采用 Mat_Elastic_Plastic_Hydro_Spall 模型和 Gruneisen 状态方程;螺钉紧固件设为钢,采用线弹性模型 Mat_Elastic[5];作为装药包覆物的铅,使用 Mat_null 模型和 Gruneisen 状态方程。所有材料参数见表 5.4 和表 5.5。

2) 典型数值模拟结果

各因子都取参考值(表 12.4)时,计算得到分离过程如图 12.18 所示。图 12.18 表示分离板 7 的分离过程,时间节点取为 59.99μs、75.99μs、89.99μs、93.99μs、131.99μs 和 200μs,图 12.18(a)是主削弱槽已经起裂但尚未完全断开时刻的图像,图 12.18(b)是主削弱槽完全断开时刻的图像,图 12.18(c)是下止裂槽完全断开而上止裂槽尚未完全断开时的图像,图 12.18(d)是上止裂槽完全断开时的图像,图 12.18(e)是碎片飞散开后的图像,图 12.18(f)是 200μs 时碎片和分离板的状态。

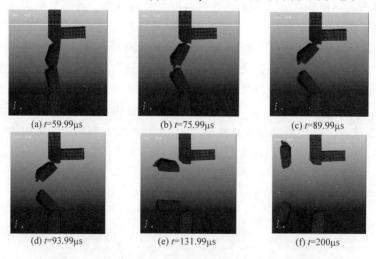

(a) t=59.99μs　　　　　(b) t=75.99μs　　　　　(c) t=89.99μs

(d) t=93.99μs　　　　　(e) t=131.99μs　　　　　(f) t=200μs

图 12.18　分离板 7 的分离过程

3) 响应的提取

由前面的分析可知，分离板 7 上的碎片 1 和碎片 2(图 12.19)存在撞到后续箭

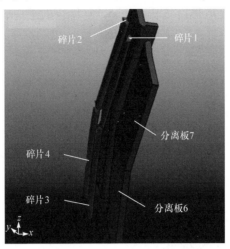

图 12.19　碎片编号示意图

体的可能，因此碎片速度相关的响应设定为分离过程稳定后碎片 1 和碎片 2 分别在 x 方向的速度 v_{1x} 和 v_{2x}(m/s)。

要想提取碎片速度的响应，首先要验证计算总时长是否足够长，以使相关响应的数值在计算后期稳定下来。图 12.20 为部分数据在分离过程中的走势，输出时间间隔为 2μs，图 12.20(a)是分离板 7 的内能、动能及总能走势，图 12.20(b)是分离板 6 和分离板 7 在 x 方向速度的走势。从图中可以明显看出，计算时长为 200μs 时，这些数据在计算后期均趋于稳定。更具体地说，各部分的变形能(E_f^d)、动能(E_f^k)、总能($E_f = E_f^d + E_f^k$)及分离板 6、分离板 7 在 x 方向的速度(即所产生的碎片在 x 方向的速度)在 50μs 后均开始趋于稳定。

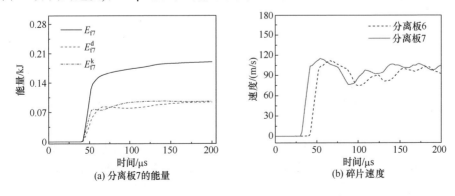

图 12.20　分离过程中部分数据走势图

由于 x 方向速度随时间有较大波动，因此碎片速度响应提取计算最后 50 步(即 100μs)x 方向的速度值求平均作为碎片稳定后 x 方向的速度。能量的波动非常小，因此能量相关响应都是取最后 5 步(10μs)计算结果的平均值作为最终能量响应的数值。

3. 单因子影响规律分析

接下来考察单因子变化对分离过程中分离板 7 所产生碎片的 x 分量速度的影响。本节所用变量均采用归一化表示，标准值取表 12.4 中参考值：ε_0=0.12，σ_0=332.1MPa，d_0=0.2cm，H_0=0.39cm，h_0=0.24cm。

通过改变因子的值获得不同工况，再通过调用 LS-DYNA 仿真计算分离过程，得到分离状态和碎片速度值。每个因子水平对应的碎片速度值都代表因子取当前值时，分离板 7 产生的碎片飞散稳定后的 x 分量速度值。分离板 7 产生的危险碎片有两块，编号为 1 和 2(图 12.19)。

1) 分离板材料破坏应变 ε 的影响

图 12.21 是 ε 取不同值时碎片飞散达到稳定后的速度规律，图中的数据点用直线相连。可见，随着破坏应变 ε 的增大，碎片速度减小，即随着分离板材料破坏应变的增加，分离板中动能减少。

2) 分离板材料屈服应力 σ 的影响

图 12.22 是 σ 取不同值时碎片速度的变化情况，与 ε 作为因子时的情况很相似，即随着屈服应力 σ 的增大，碎片的速度减小。

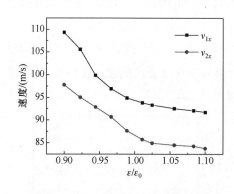

图 12.21　ε 对碎片速度的影响

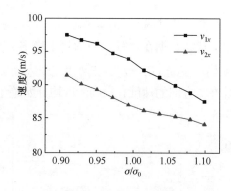

图 12.22　σ 对碎片速度的影响

3) 装药直径 d 的影响

图 12.23 是 d 取不同值时的碎片速度变化情况。与材料因子影响规律相反，随着 d 的增大，碎片速度也明显增大。原因是驱动分离板运动的能量增加，使得两块分离板的动能明显增加。

4) 分离板厚度 H 的影响

图 12.24 是 H 取不同值时碎片速度的情况。从图中可以看出，随着 H 增大，碎片速度明显减小，特别是当 $H/H_0 > 1.05$ 时，减小趋势更加显著。这一现象可以用分离板动能下降的原因来解释。由于随着分离板厚度的增加，分离板所获变形能增加而动能减小，因此碎片的动能随之减小，速度出现了减小的趋势；同时，分离板质量的增加也进一步减小了碎片的飞散速度。

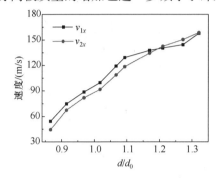
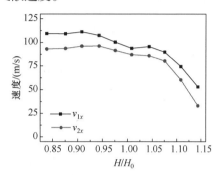

图 12.23　d 对碎片速度的影响　　　　图 12.24　H 对碎片速度的影响

5) 分离板削弱槽处厚度 h 的影响

图 12.25 是 h 取不同值时碎片速度的变化情况。从图中可以看出，随着 h 的增大，碎片速度有减小的趋势。但是值得注意的是，在 $h/h_0 = 0.97$ 附近，碎片速度开始有所增加。图 12.26 为 v_2 三个方向速度分量的变化情况，可以看出，当 $h/h_0 > 0.97$ 时，碎片在 x 方向的速度增加，而在 y 方向的速度却明显下降。由于在 $h/h_0 = 0.97$ 时碎片速度达到区间极小值，因此对于所研究的线式分离结构，应该尽量避免将 h 取在这一特殊值附近，以防止出现不稳定的分离现象。

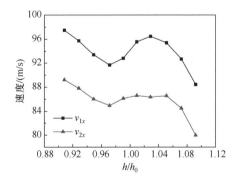
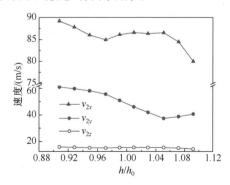

图 12.25　h 对碎片速度的影响　　　　图 12.26　v_2 三个方向速度分量的变化情况

通过以上分析，可得出如下规律。分离板材料破坏应变 ε 和屈服应力 σ、分离板厚度 H 对碎片速度产生负效应，装药直径 d 对碎片速度产生正效应。比较特殊的是削弱槽处厚度 h 这一因子,虽然整体上产生负效应,但碎片速度在 h/h_0=0.97 附近时有所增加。h/h_0=0.97 这个值可能与特定结构有关,在实际设计过程中应尽量绕开这个值,以避免不稳定的速度响应,以上现象与 12.2.1 节所分析的影响规律是一致的。另外,由图 12.21～图 12.25 可以看出,碎片 2 的速度 v_{2x} 均低于碎片 1 的速度 v_{1x},说明碎片 2 更具危险性。因此,后续将重点关注 v_{2x} 的规律。

12.2.3　因子的极限

以保护罩出现破裂和分离板分不开作为分离安全可靠的上下边界,即极限情况。通过修改因子取值获得不同工况,进行大量数值模拟,观察每次计算得到的分离情况,对照分离安全可靠的边界设定,确定对应因子的极限值,作为进行分离安全性分析的边界。

以三个边界划分四个区域:定义 I 区为正常分离区域,I′ 区为过度分离区域,即保护罩出现破裂;II 区为不正常分离区域,II′ 区为不稳定分离区域。分离安全性的上、下极限分别对应 I′ 区与 I 区之间、I 区与 II 区之间的界限。在考虑多因子组合影响和分离概率的情况下,会存在不稳定分离区域 II′,则下边界是 I 区与 II′ 区之间的界限。提取每次模拟结果的碎片速度响应值,以考察极限情况对碎片速度的影响。

图 12.27 为 ε 的极限附近情况。图中 I 区为正常分离区域,II 区为非正常分离区域,临界值为 $\varepsilon/\varepsilon_0$=1.92。可见,$\varepsilon$ 大于极限值后,v_{2x} 不再随 ε 的增加而下降,反而趋于稳定。因为材料破坏应变增加,不能实现分离,所示碎片未能飞散出去。这里 $v_{2x}<0$ 是因为分离板没有断开并且有所回弹,最后 v_{2x} 趋于 0。图 12.28 为 σ 在极限情况附近对碎片速度的影响,图中 I 区为正常分离区域,II 区为非正常分离区域,临界值为 σ/σ_0=1.85。虽然 σ 不如 ε 的影响明显,但现象比较相似,碎片速度在极限情况下也达到了负值且最终趋于 0。

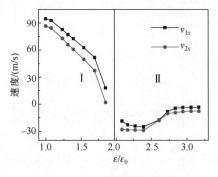
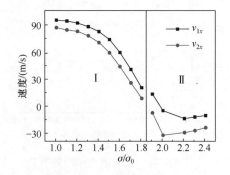

图 12.27　ε 的极限附近情况　　　　　图 12.28　σ 的极限附近情况

图 12.29 为 d 的极限附近情况。当 $d/d_0<0.8$(II 区)时,分离板不能正常断开;

当 $d/d_0 > 1.38(\mathrm{I}'$ 区)时，分离板断裂模式发生变化，产生了除四块碎片以外的多余碎片，但保护罩发生破坏，属于过度分离区。图 12.30 是 d 过大时的分离情况示意图。从图 12.30(a)、(b)和(c)中可见，在两条破片带中间又出现一条更窄的破片带，同时由图 12.30(d)可以看到，保护罩也发生了较大变形和破坏，这些都是分离不安全的现象。在这两个边界之间是分离板正常分离的区域(Ⅰ区)。

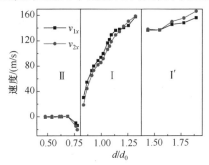

图 12.29　d 的极限附近情况

由图 12.29 可以看出，当分离板正常断开时，碎片速度随着 d 的增大迅速增大(Ⅰ区)，但当 d/d_0 跨入 I' 区时，碎片速度出现了下降现象，这可以理解为，装药量过大导致多条破片带猝然形成，同时保护罩开始破坏，消耗了额外的能量。但随着装药量继续增加，速度有所回升，最后增加到与Ⅰ区速度最高值相当的水平。Ⅱ区中，碎片速度保持为 0，甚至小于 0(因碎片未能断开而产生回弹的情况)。

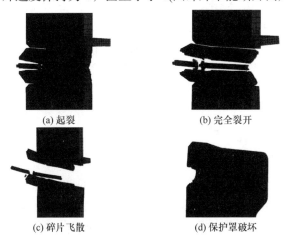

(a) 起裂　　　　　　　　　　　　　　(b) 完全裂开

(c) 碎片飞散　　　　　　　　　　　　(d) 保护罩破坏

图 12.30　d 过大时的分离情况

图 12.31 为 H 在极限情况附近对碎片速度的影响，Ⅰ区为正常分离区域，Ⅱ区为非正常分离区域，临界值是 $H/H_0 = 1.162$。如图 12.31 所示，在 H 达到极限情况之前，v_{2x} 随 h 的增大下降非常剧烈；在 H 达到极限值之后，v_{2x} 出现了从 0m/s

左右平缓上升的趋势，最终稳定在 8m/s 左右。

　　图 12.32 是 h 在极限值前后的碎片速度分布情况，Ⅰ区为正常分离区域，Ⅱ区为非正常分离区域，临界值是 $h/h_0=1.29$。由图 12.32 可知，h 达到极限值后，碎片速度陡降为 0，接着有微弱上升。

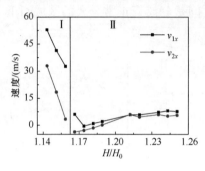
图 12.31　H 的极限附近情况

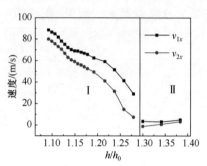
图 12.32　h 的极限附近情况

　　通过考察分离情况及归纳以上计算结果，得到各因子的极限如表 12.5 所示。从图 12.27～图 12.32 中可以看出，对于分离性能的边界，除了柔爆索装药直径 d 存在上下极限外，其余因子只有上限。后者的上限对应了分离不能实现的情况。例如，对于确定的柔爆索装药能量，若分离板材料强度和破坏应变太大，则不能实现分离；分离板太厚和分离厚度太大，也会使分离受阻，这是合理的。对于柔爆索装药直径 d，d 太大会影响到保护罩的承载能力，d 太小则不能实现分离，因此 d 就有了上下限，对应分离性能安全可靠的边界。

表 12.5　极限值统计

极限	ε		σ/MPa		d/cm		H/cm		h/cm	
	数值	波动	数值	波动	数值	波动	数值	波动	数值	波动
下限					0.16	−20%				
上限	0.23	+92%	614.2	+85%	0.276	+38%	0.453	+16.2%	0.309	+29%

　　对于单因子的影响，分离是否安全可靠是确定的，但如果考虑各因子的波动，多因子的组合影响可能会出现界限模糊的情况。例如，因子的某些组合可能对应了一些因子可靠分离的情况，而另外一些因子不可靠分离的情况，这时分离能否可靠实现就存在概率。为此，下面讨论多因子组合的影响和分离概率的相关问题。

12.3 影响因子敏感性分析

12.3.1 多因子联合影响规律

仍以碎片速度作为响应,即碎片 1 和碎片 2(图 12.19)分别在 x 方向的速度 v_{1x}、v_{2x}(m/s)。通过试验设计建立考察工况,基于数值模拟的结果回归多因子联合影响下碎片速度响应面函数,得到多因子联合影响的一般性规律;进一步考察因子波动对碎片速度响应的影响,得到因子敏感性的排序。

1. 因子定义域

针对前述 5 个因子,即分离板材料的破坏应变 ε 和屈服应力 σ(MPa),装药直径 d(cm)、分离板厚度 H(cm)和分离板削弱槽处厚度 h(cm),取因子的参考值(表 12.4)作为因子的标准值,并保证各因子的定义域在极限值(表 12.5)内。定义域分别以各因子的标准值为中值,由标准值上下浮动 10%来确定考察的上下限。表 12.6 为各因子的定义域、标准值及单位。

表 12.6 因子定义域、标准值及单位

分类	名称	定义域	标准值	单位
材料参数	分离板材料破坏应变(ε)	[0.108, 0.132]	ε_0=0.12	—
	分离板材料屈服应力(σ)	[299,365]	σ_0=332.1	MPa
结构参数	柔爆索装药直径(d)	[0.17324, 0.26422]	d_0=0.2	cm
	分离板厚度(H)	[0.32684, 0.44585]	H_0=0.39	cm
	分离板削弱槽处厚度(h)	[0.21792, 0.26208]	h_0=0.24	cm

2. 试验设计方法

为了进行多因子影响规律研究,同时保证以最少的样本获得更真实的规律分析,需要采用试验设计(design of experiments,DOE)方法对因子的组合给出合理的设计。本书采用最优拉丁超立方抽样 (optimal Latin hypercube sampling, Opt LHS)算法进行试验设计。

最优拉丁超立方抽样算法是基于拉丁超立方抽样算法,并针对某一测度进行优化的抽样方法。在拉丁超立方试验设计的基础上运用优化算法,使得采样点尽可能均匀分布在设计空间中。该方法改进了样本的均匀性,使因子和响应的拟合更加精确真实,也提高了空间填充性和均匀性。本章试验设计采用 Jin 等联合开发的最优拉丁超立方抽样算法[6]。抽样规模是 N=10,所得抽样样本(设计矩阵)如

表 12.7 所示。试验设计中参数的传递过程如图 12.33 所示。

表 12.7　抽样样本

样本号	ε	σ/MPa	d/cm	H/cm	h/cm
1	0.1293	338.7	0.2018	0.4098	0.2709
2	0.132	324	0.2220	0.3704	0.2192
3	0.108	346	0.1967	0.4159	0.2671
4	0.1267	365	0.2069	0.4027	0.2441
5	0.1187	353.3	0.1917	0.3640	0.2176
6	0.1107	331.3	0.2169	0.3765	0.2154
7	0.1133	299	0.2119	0.3837	0.2422
8	0.1213	316.7	0.2270	0.4223	0.2687
9	0.124	309.3	0.1866	0.3962	0.2400
10	0.116	360.7	0.2321	0.3901	0.2462

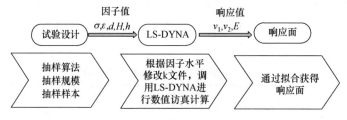

图 12.33　参数传递过程

　　整个流程从试验设计开始,先确定抽样算法、抽样规模,并据此获得抽样样本;随后利用抽样样本的因子值修改 k 文件,调用 LS-DYNA 进行数值仿真计算;最后基于数值计算得到的数据提取响应值,并对计算结果进行数据拟合,得到响应面。

3. 响应面

　　由图 12.21~图 12.25 可以看出,v_{1x} 明显大于 v_{2x},而碎片速度越小对安全分离的威胁越大,因此这里只将 v_{2x} 作为考察碎片飞散情况的指标,以得到更为严格的分离安全性判定。

　　将各因子设置为表 12.7 中 10 个样本点的因子水平进行工况设计,并完成相应的数值模拟,由计算结果得到碎片速度 v_{2x},如表 12.8 所示。

表 12.8　多因子联合影响计算结果

样本号	ε	σ/MPa	d/cm	H/cm	h/cm	v_{2x}/(m/s)
1	0.1293	338.7	0.2018	0.4098	0.2709	75.168
2	0.132	324	0.2220	0.3704	0.2192	123.168
3	0.108	346	0.1967	0.4159	0.2671	83.823

续表

样本号	ε	σ/MPa	d/cm	H/cm	h/cm	v_{2x}/(m/s)
4	0.1267	365	0.2069	0.4027	0.2441	85.121
5	0.1187	353.3	0.1917	0.3640	0.2176	85.710
6	0.1107	331.3	0.2169	0.3765	0.2154	121.834
7	0.1133	299	0.2119	0.3837	0.2422	119.994
8	0.1213	316.7	0.2270	0.4223	0.2687	122.310
9	0.124	309.3	0.1866	0.3962	0.2400	74.756
10	0.116	360.7	0.2321	0.3901	0.2462	134.833

用标准值对各因子进行归一化：$x_1=\varepsilon/\varepsilon_0$、$x_2=\sigma/\sigma_0$、$x_3=d/d_0$、$x_4=H/H_0$、$x_5=h/h_0$，采用多元一次回归模型对表 12.8 的计算数据进行处理。

拟定一次回归模型响应面函数为

$$v_{2x}= a_0 + a_1x_1 + a_2x_2 + a_3x_3 + a_4x_4 + a_5x_5 \tag{12.33}$$

得到的各项系数如表 12.9 所示，图 12.34 给出了一次回归模型结果。

表 12.9　回归模型系数

系数	a_0	a_1	a_2	a_3	a_4	a_5
数值	78.889	−78.499	−68.665	280.75	−113.01	−9.658

图 12.35 为响应面验证图，图中每个点的横轴为数值计算所得真实值，纵轴为其通过响应面计算得到的拟合值，斜线为拟合值等于真实值的情况，三角形为表 12.8 中的样本点，圆点为表 12.10 中为验证响应面采取另外工况进行数值仿真计算得到的数据点。可以看出，新的数据点分散性较小，响应面所反映的碎片速度与各因子的关系比较正确，具有参考价值。

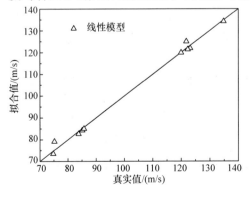

图 12.34　一次回归模型结果

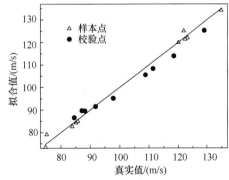

图 12.35　响应面验证图

表 12.10　响应面验证数据点

编号	ε	σ/MPa	d/cm	H/cm	h/cm	v_{2x}/(m/s)
1	0.108	332.1	0.2	0.4	0.25	97.79
2	0.12	323.8	0.2	0.4	0.25	88.10
3	0.12	332.1	0.203	0.4	0.25	91.80
4	0.12	332.1	0.2	0.393	0.24	87.07
5	0.12	332.1	0.2	0.4	0.2672	84.49
6	0.12	332.1	0.213	0.4	0.25	108.75
7	0.12	332.1	0.215	0.4	0.25	111.38
8	0.12	332.1	0.219	0.4	0.25	118.41
9	0.12	332.1	0.227	0.4	0.25	129.04

12.3.2　因子波动对分离性能的影响

实际生产过程中，各材料和结构参数的取值都可能存在一定的差异。例如，材料出厂性能在一定范围内是合格的，结构件加工存在公差，这些差异称为参数的波动或因子的波动。考察因子波动对最终结果造成影响的大小，能更直观地反映所考察对象对因子的敏感性。因此，本节通过因子波动的影响情况来分析分离性能对因子的敏感性。

1. 分析方法

1)　波动水平分析

由于因子波动会给结果带来一定的不确定性，因此需要从概率角度加以分析。从概率论角度，正态分布是自然界真实且普遍存在的一种分布形式，正态分布使绝大多数个体位于均值附近的区段内，只有少量个体偏离均值较远，这也符合工程实际。对于爆炸分离装置，各材料参数和结构参数的数值存在一定的波动，碎片速度受各因子影响，也存在一定的波动。假定各因子服从正态分布，各因子的参考值为正态分布的均值；再假定碎片速度 v_{2x} 也满足正态分布，均值为 μ_v、标准差为 δ_v。

因子波动范围不同时，即概率分布的标准差不同时，得到 v_{2x} 的概率分布是不同的。假设某一因子正态分布的均值为 μ，在实际加工过程中该因子的上下波动可被控制在 n 内，则定义该因子的波动百分比为 $p=n/\mu\times100\%$。由正态分布的"3σ原则"可知，若 $n=3\delta$，即 $\delta=n/3$，则因子在 $[\mu-n, \mu+n]$ 的概率为 99.7%，此时可认为该因子的上下波动被控制在 n 以内，这里 δ 表示标准差。因此，因子的波动百分比与其标准差的关系为

$$\delta = \frac{pm}{3} \tag{12.34}$$

知道波动百分比 p 后，便可求得因子的标准差 δ。波动百分比 p 一般由生产加工中的偏差决定，直接反映了因子的波动情况。

根据因子的均值和波动百分比可确定因子所满足的正态分布。取各因子所满足的正态分布的均值为表 12.6 中的标准值。设定五个因子波动百分比 p_i 的定义域 ($i=\varepsilon$、σ、d、H 和 h)，考察 p_i 的取值不同时对分离情况的影响。分离情况的表征参量为碎片速度 v_{2x} 所服从的正态分布的均值 μ_v 和标准差 δ_v。

2) 试验设计与结果

为了考察波动百分比的不同水平对分离情况表征量的影响，同样采用拉丁超立方采样算法，样本规模为 100。试验设计的计算思路如下(图 12.36)。设计的因子是因子波动百分比，响应为碎片速度及其标准差。

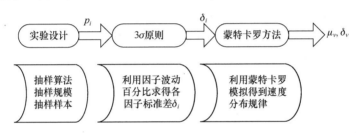

图 12.36　因子波动情况对分离影响的试验设计流程图

(1) 设定试验设计的 5 个因子 ε、σ、d、H 和 h 的波动百分比 $p_i(i=\varepsilon, \sigma, d, H, h)$。根据表 12.5 中各因子使分离进入极限情况的极限值，为保证正常分离，所有因子的波动百分比不能超过极限情况时上/下限的波动百分比，因此 p_H 定义域为(0, 0.16]，其余 p_i 定义域均取为(0, 0.2]。

(2) 设定此次试验设计的响应为 v_{2x} 所服从的正态分布的均值 μ_v 和标准差 δ_v。

(3) 利用 3σ 原则计算得到 ε、σ、d、H 和 h 各自所满足的正态分布的标准差[式(12.34)]，分别为 $\delta_i(i=\varepsilon, \sigma, d, H, h)$。

(4) 通过蒙特卡罗模拟，得到 v_{2x} 所服从的正态分布的均值 μ_v 和标准差 δ_v。

(5) 处理数据，通过多元二次回归模型得到响应和因子之间的函数关系式。

拟定响应面函数为

$$
\begin{aligned}
g = {} & c_0 + c_1 p_\varepsilon + c_2 p_\sigma + c_3 p_d + c_4 p_H + c_5 p_h + c_6 p_\varepsilon^2 + c_7 p_\sigma^2 + c_8 p_d^2 + c_9 p_H^2 \\
& + c_{10} p_h^2 + c_{11} p_\varepsilon p_\sigma + c_{12} p_\varepsilon p_d + c_{13} p_\varepsilon p_H + c_{14} p_\varepsilon p_h + c_{15} p_\sigma p_d \\
& + c_{16} p_\sigma p_H + c_{17} p_\sigma p_h + c_{18} p_d p_H + c_{19} p_d p_h + c_{20} p_H p_h
\end{aligned} \tag{12.35}
$$

经过回归计算结果，得到响应面系数如表 12.11 所示。

表 12.11　响应面函数系数

系数	c_0	c_1	c_2	c_3	c_4	c_5	c_6	c_7	c_8	c_9	c_{10}
μ_v	90.86	3.3	−0.57	−1.88	5.54	−1.58	−39.23	−16.37	39.54	−21.96	−31.99
δ_v	−0.03	13.98	−3.34	68.7	29.91	−0.36	25	20.83	126.32	32.58	5.11

系数	c_{11}	c_{12}	c_{13}	c_{14}	c_{15}	c_{16}	c_{17}	c_{18}	c_{19}	c_{20}
μ_v	11.35	9.87	−9.63	−4.84	6.7	23.71	−13.6	−54.03	14.79	48.31
δ_v	3.15	−83.42	−36.5	2.12	−5.49	−8.13	−5.57	−132.54	3.76	2.59

2. 结果讨论

本小节分析响应随 $p_i(i=\varepsilon, \sigma, d, H, h)$ 变化的走势及变化快慢。

如图 12.37 所示，图 12.37(a)和(c)分别对应速度均值和标准差响应随 $p_i(i=\varepsilon, \sigma, d, H, h)$ 的变化情况，在绘制某一因子时，假设其他因子的水平均为 0.001。例如，在绘制 μ_v-p_ε 时，假设 $p_i=0.001(i=\sigma, d, H, h)$。图 12.37(b)和(d)分别对应速度和标准差响应随 $p_i(i=\varepsilon, \sigma, d, H, h)$ 的变化速率，体现了变化的快慢或变化率，图中水平实线表示变化率为 0 的情况。

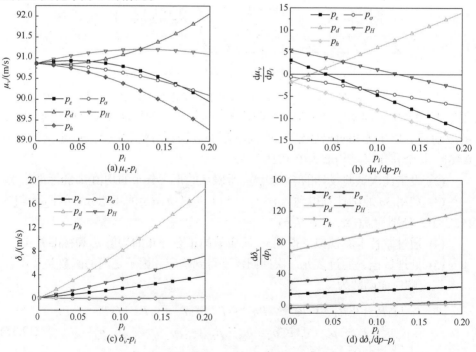

图 12.37　速度响应随不同单因子波动 p_i 的变化情况

由图 12.37(a)和(b)可以看出，对于碎片速度正态分布的均值 μ_v，d 的波动为明显的正效应，在 p_d 曲线上，μ_v 相差 2m/s 左右；H 波动为较弱的正效应，均值增加很小。ε、σ、h 的波动一直为负效应，其中 h 波动的负效应最明显。从速度响应均值变化曲线看，速度均值对装药直径 d 和削弱槽处分离厚度 h 的波动最敏感，对分离板厚度 H 的波动最不敏感。从响应的变化率看，相对于屈服应力，破坏应变的波动对速度均值的影响更大些。

由图 12.37(c)和(d)可以看出，对于碎片速度正态分布的标准差 δ_v，σ、h 的变化对速度分布的标准差影响不大，其余因子均产生正效应，且随着 d 的增大，δ_v 增大最剧烈，其次为 H、ε。

由此可见，从速度响应分布标准差的角度，装药直径的波动是最敏感的因子，其他因子波动的影响敏感性排序依次是分离板厚度、破坏应变、屈服应力和削弱槽处厚度(分离厚度)的波动。因此，从安全分离的角度，装药直径需要严格控制，以减小速度偏差。对于分离板材料选型，控制材料的破坏应变比控制其屈服应力更为重要。

12.4 分离安全性判据

基于前述规律的分析，从更普适的角度考虑影响分离碎片横向速度 v_{2x} 的因子，如果考虑不同的柔爆索装药和不同的分离板材料，那么除了前述材料破坏应变(ε)、屈服应力(σ)、装药直径(d)、分离板厚度(H)和分离厚度(h)以外，还有柔爆索装药的能量(E_0，与装药类型有关)和分离板材料的密度(ρ_0，与材料类型有关)，共 7 个主定量，写成如下函数形式：

$$v_{2x} = f\left(\varepsilon, \sigma, d, H, h, E_0, \rho_0\right) \tag{12.36}$$

根据 π 定理，某一物理问题中若有 n 个自变量和 1 个因变量，而其中 $k(k \leqslant n)$ 个量之间量纲独立，那么该物理问题可以表述为 $n-k$ 个无量纲变量和 1 个无量纲因变量之间的函数关系。式(12.36)中选定 3 个量纲独立的参量 d、ρ_0 和 E_0，则其余量均可以用这 3 个参量进行无量纲化：

$$\overline{v}_{2x} = \frac{v}{\sqrt{E_0 / \rho_0}}$$

$$\overline{h} = \frac{h}{d}$$

$$\overline{H} = \frac{H}{d} \tag{12.37}$$

$$\overline{\sigma} = \frac{\sigma}{E_0}$$

式中，$\bar{v}_{2x}$、$\bar{h}$、$\bar{H}$、$\bar{\sigma}$ 均为无量纲因子，破坏应变 ε 无量纲，不需要无量纲化。由此，式(12.36)可以写成

$$\bar{v}_{2x} = \varphi(\bar{h}, \bar{H}, \bar{\sigma}, \varepsilon) \tag{12.38}$$

图 12.38 给出了分离板正常分离情况下单个无量纲因子与无量纲速度之间的关系。可见，单个无量纲因子对无量纲速度的影响规律基本上均可近似为线性关系：

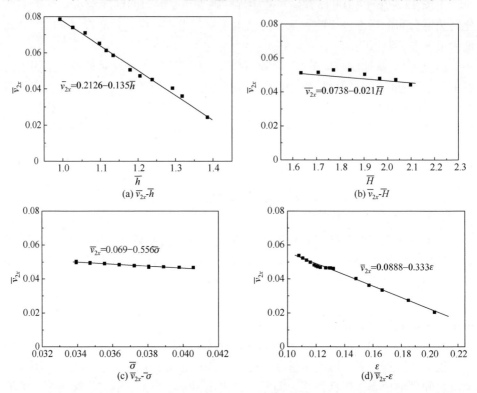

图 12.38　单个无量纲因子与无量纲速度之间的关系

$$
\begin{aligned}
\bar{v}_{2x} &= 0.2126 - 0.135\bar{h} \\
\bar{v}_{2x} &= 0.0738 - 0.021\bar{H} \\
\bar{v}_{2x} &= 0.0069 - 0.556\bar{\sigma} \\
\bar{v}_{2x} &= 0.0888 - 0.333\varepsilon
\end{aligned} \tag{12.39}
$$

结合图 12.37(a)的结论，由图 12.38 进一步分析可知，因子 $\bar{H}$ 对 $\bar{v}_{2x}$ 的影响远小于 $\bar{h}$ 对 $\bar{v}_{2x}$ 的影响，ε 对 $\bar{v}_{2x}$ 的影响也大于 $\bar{\sigma}$。考虑到柔爆索单位长度的释放能量为 $\pi E_0 d^2/4$，同时基于对单个无量纲因子影响规律的认识，构造无量纲组合 Φ 来描述各参数对分离速度的综合影响：

$$\Phi = \overline{h}^2 \overline{\sigma}\varepsilon = \frac{\sigma\varepsilon h^2}{E_0 d^2} \qquad (12.40)$$

根据大量数值计算结果得到 Φ 与碎片速度 $\overline{v}_{2x}$ 之间的规律,如图 12.39 所示。图中实心点对应分离板正常分离情况,空心点对应分离板不能正常分离情况,并将不能正常分离情况的碎片速度统一取作 0m/s。由图可见,随着 Φ 的增大,碎片速度 $\overline{v}_{2x}$ 整体上呈减小的趋势。对照分离情况,可以将 Φ 分为过度分离区、正常分离区、不稳定分离区和非正常分离区四个区段。

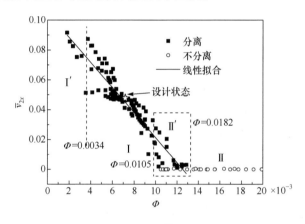

图 12.39 Φ 与 $\overline{v}_{2x}$ 的关系

$\Phi<0.0034$ 为分离板过度分离区,这时保护罩出现破坏,对应图 12.39 中的 I′ 区。$0.0034<\Phi<1.28\times10^{-2}$ 为分离板正常分离区,即 I 区,当所有因子都取标准值时,计算结果在图中五角星的位置。随着 Φ 的继续增大,当 $\leqslant0.0105\Phi\leqslant0.0182$ 时,进入图 12.39 框中所示的不稳定分离区(II′ 区),在这一阶段,正常分离和不正常分离的情况都存在。当 $\Phi>0.0182$ 时,进入不正常分离区(II 区),结构不能分离。

结合图 12.38 和图 12.39 可知,$\overline{v}_{2x}$ 随着 Φ 的增大而逐渐减小,并且两者近似呈线性关系。为此,拟定无量纲速度与无量纲数 Φ 具有如下线性关系:

$$\overline{v}_{2x} = a - b\Phi \qquad (12.41)$$

通过数据点的线性回归得到图 12.39 中直线关系式:

$$\overline{v}_{2x} = 0.1053 - 8.3953\Phi \qquad (12.42)$$

根据 Φ 的形式将因子进行分类:破坏应变(ε)、屈服应力(σ)和分离厚度(h)是负效应因子,柔爆索装药直径(d)和装药性能(E_0)是正效应因子。由式(12.40)可知,所考察的 7 个因子同时对分离性能起着各自的作用,式(12.42)表明,由因子组合而成的无量纲量 Φ 可以体现因子的整体影响。因子之间存在着相互制约，一个安全可靠的分离系统，其正效应因子和负效应因子应该达成一定的平衡。例如，对于分离厚度(h)适中的分离板，当装药直径 d 较大时，分离模式可能发生改变，如造成保护罩变形过大而破坏；对于同样适中的装药直径，当分离厚度较大时，分离板可能不能正常分离。因此，Φ 表征的是正效应因子和负效应因子之间的制约和平衡关系，可以作为评判分离过程安全性的综合参考。实际工程设计中，为了保证分离安全性，各因子的取值应确保分离安全性判据 Φ 的值处于正常分离区，并且要避免分离碎片速度太小而撞击到后面的筒体。

12.5　本 章 小 结

为了研究爆炸分离的安全性，本章分析了关键材料、结构及柔爆索参数对分离安全性的影响规律，建立了碎片飞散参数的解析表达，考察了多因素联合影响的规律，得到了影响因素的敏感性排序，建立了基于安全性分析的无量纲判据。

首先，明确了分离安全性所涉及的关键碎片参数：碎片飞散角度、长度和速度。基于材料能量密度失效准则，推导出了碎片飞散角理论公式，表明飞散角与分离板材料屈服强度和分离板削弱槽处厚度(分离厚度)成反比，与分离板材料塑性区等效宽度系数、分离板材料弯曲破坏阈值及碎片厚度(分离板厚度)成正比。根据分离板受力及变形特征，将分离板变形能分成弯曲、拉伸和剪切三部分并分别推导，在能量守恒的基础上建立了碎片速度的解析公式，明确了分离性能与关键材料、结构及柔爆索参数之间的依赖关系。

其次，综合运用试验设计方法，开展了爆炸分离过程多影响因素敏感性分析。基于大量数值计算结果，得到了单因素影响规律，并回归建立了碎片速度与材料和结构关键影响因素之间的函数关系；基于各关键因子波动对分离性能的影响规律，得出了影响分离性能的因子排序：装药线密度、削弱槽处厚度(分离厚度)、断裂应变、分离板厚度和屈服应力。

运用量纲分析理论，建立了描述分离安全性的无量纲判据，根据实际装置的相关参数计算无量纲量 Φ 的取值，确保 Φ 的值处于正常分离区，可以支撑爆炸分离装置的结构设计。

参 考 文 献

[1] Shen W, Jones N. A failure criterion for beams under impulsive loading[J]. International Journal of Impact Engineering, 1992, 12(1): 101-121.

[2] Menkes S B, Opat H J. Broken beams[J]. Experimental Mechanics, 1973, 13(11): 480-486.

[3] Nonaka T. Some interaction effects in a problem of plastic beams dynamics— Part 2: Analysis of

a structure as a system of one degree of freedom[J]. Journal of Applied Mechanics, 1967, 34:(3) 631-637.

[4] 余同希, 邱信明. 冲击动力学[M]. 北京: 清华大学出版社, 2011.

[5] 王瑞峰. 线式火工分离装置中保护罩结构设计方法研究[D]. 长沙: 国防科学技术大学, 2007.

[6] Jin R, Chen W, Sudjianto A. An efficient algorithm for constructing optimal design of computer experiments[J]. Journal of Statistical Planning and Inference, 2005, 134(1): 268-287.

第 13 章　线式爆炸分离结构的拓展应用

航天分离系统是航天飞行器的重要分系统，特别是在以多级运载火箭为代表的产品中，分离系统往往是决定型号成败的最重要产品之一。随着航天技术的发展，对分离装置的产品化、系列化的需求更加旺盛。本章结合研究成果，考虑材料动态力学性能参数，同时根据柔爆索分离装置的分离特征，编制柔爆索分离装置仿真分析设计软件，以提高设计效率，满足设计自动化、产品化的需求。

另外，本章还将介绍线式爆炸分离装置的其他主流结构类型，以拓展对线式爆炸分离的认识。

13.1　柔爆索分离装置仿真分析设计软件

13.1.1　软件功能

软件主界面如图 13.1 所示。软件内置常用保护罩的结构形式，可以进行二维和三维的自动建模与自动计算，并根据计算结果快速给出分离临界药量，可以指导分离装置设计和地面试验，减少试验数量。

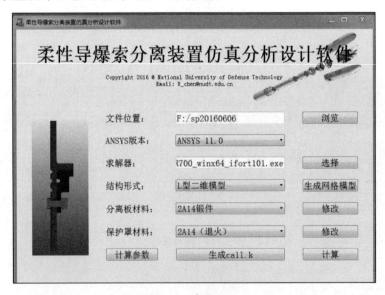

图 13.1　软件主界面

软件提供保护罩和分离板常用的材料参数,其中分离板材料包括2A14锻件、ZL205A 和 ZL114A,保护罩材料包括 2A14(退火)、6061 锻件、2A14 退火状态板材、编织树脂传递塑形(resin transfer molding, RTM)法成型玻璃钢、铺层 RTM 法成型玻璃钢和编织模压法成型玻璃钢等。另外,还支持用户自行修改材料参数,添加材料类型。

13.1.2　软件操作流程

具体操作时,首先在主界面选定计算文件存放位置、所用 ANSYS 版本和 LS-DYNA 求解器版本,然后进行结构建模和材料参数设定。选定所用的结构形式之后,单击生成网格模型进入结构参数设置界面,如图 13.2 和图 13.3 所示,输入结构参数;选择柔爆索装药量,再调用 ANSYS 进行参数化建模,如图 13.4 所

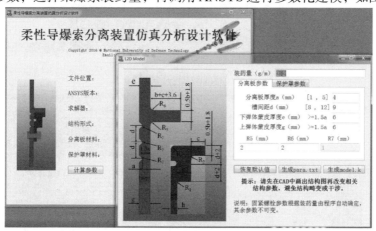

图 13.2　分离板结构参数设置界面

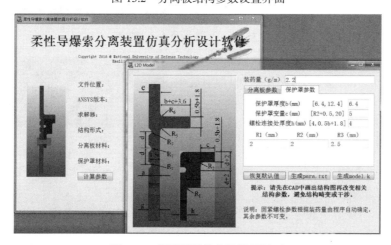

图 13.3　保护罩结构参数设置界面

示。软件提供保护罩和分离板常用的材料参数，并支持自行修改参数，如图 13.5 和图 13.6 所示。

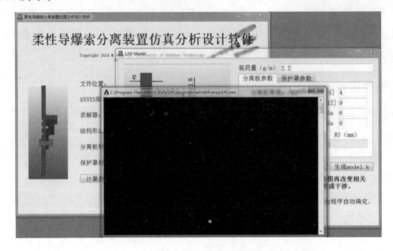

图 13.4　自动建模过程

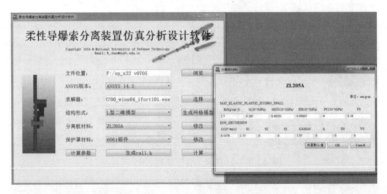

图 13.5　分离板材料参数设置界面

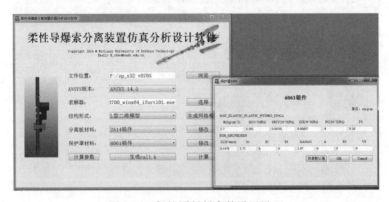

图 13.6　保护罩材料参数设置界面

在完成材料参数设定后，设定关键计算参数，如图 13.7 所示，其余计算参数由程序自动设定，单击"生成 call.k"生成计算文件。然后单击"计算"，调用 LS-DYNA 程序进行爆炸分离过程计算，如图 13.8 所示。计算完成后，通过 Ls-prepost 查看计算结果，分析各部分能量、获得的碎片飞散速度等，或根据破坏情况确定临界分离药量。

图 13.7　计算参数设置界面

图 13.8　自动调用计算程序

13.1.3　应用示例

根据承载要求，计算得到某结构需要分离 2mm 厚的 2A14 铝合金，考虑结构匹配，选择 L 形分离结构，给出各部分结构参数后，计算得到分离情况如图 13.9 所示。从图中可以看出，该工况下临界分离药量为 1.0～1.2g/m。实测临界分离药量为 1.0g/m，与软件结果吻合良好。后续对同类型分离装置进行设计时，可以根据软件计算得到临界分离药量，再通过试验进行验证。

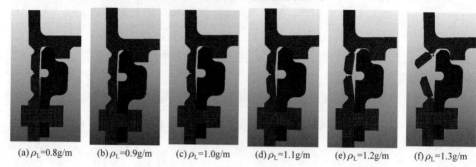

(a) ρ_L=0.8g/m　　(b) ρ_L=0.9g/m　　(c) ρ_L=1.0g/m　　(d) ρ_L=1.1g/m　　(e) ρ_L=1.2g/m　　(f) ρ_L=1.3g/m

图 13.9　程序应用实例

13.2　线式分离装置的发展与应用

由于不同的应用对象甚至不同的应用部位对分离功能的设计约束条件不同，因此实际应用中的分离装置是多种多样的，其中最典型的线式分离装置还包括聚能切割索分离装置、膨胀管式分离装置、气囊式分离装置等。

13.2.1　聚能切割索分离装置

1888 年，美国科学家门罗(Munroe)将炸药块与钢板进行接触爆炸，在炸药装药表面上刻有"U.S.N"(美国海军)字样，炸药爆炸后发现在钢板上也出现了这些字样。门罗进一步观察发现，当在炸药块内形成空穴时，对钢板的侵彻深度增加。这种利用装药一端的空穴结构来提高局部破坏作用的效应，称为聚能效应，也以门罗效应命名，这种现象称为聚能现象。一端有空穴、另一端起爆的炸药药柱，通常称为空心装药。当空穴内衬有一薄层金属或其他固体材料制成的衬套时，将形成更深的孔洞。这种空穴内衬有一薄层固体材料的空心装药，称为成型装药或者聚能装药，空穴内的固体材料衬套称为药型罩。

聚能效应的原理如图 13.10 所示。炸药爆炸后，高温高压的爆轰产物基本沿炸药装药表面的法线方向向外飞散。因此，带凹槽的装药引爆后，在凹槽轴线上会出现一股汇聚的、速度很大、压强很大的爆炸产物流，在一定的范围内使炸药爆炸释放出来的化学能集聚起来，局部达到很高的能量密度，提高了侵彻能力。当锥形凹槽内衬有金属药型罩时，汇聚的爆轰产物压垮药型罩，使其在轴线上闭合并形成能量密度更高的金属射流。相对于聚能气流，金属的可压缩性很小，因此内能增加很少，金属射流获得能量后绝大部分表现为动能形式，避免了高压膨胀引起的能量分散，使聚能作用大为增强，大大提高了对靶板的侵彻能力。

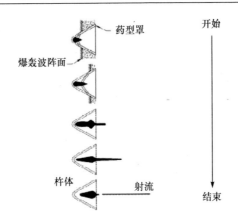

图 13.10 聚能效应的原理

聚能效应具有广泛的应用，如在军事上，用于对付各种装甲目标；在工程爆破中，用于在土层和岩石上打孔(勘探领域)。1894 年，线性切割索诞生，门罗也是早期的发明者之一。线性聚能切割索用于野外切割钢板、钢梁，在水下切割构件(打捞沉船时切割船体)，目前在运载火箭和导弹武器中也有广泛的应用，如图 13.11 所示，可用于宇宙飞船和航天飞机指令舱的分离、火箭及导弹的级间分离等。一些著名的应用包括土星 V 火箭、"双子星座"号飞船、民兵洲际导弹和潘兴导弹等，其中，人马座是美国第一个使用聚能切割索分离技术完成全部主要系统分离的航天飞行器，它共使用了三种聚能切割索分离装置。

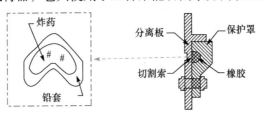

图 13.11 聚能切割索分离装置

聚能切割索分离装置不仅仅用于切割金属材料，美国 Sandia 国家实验室甚至提出将聚能切割索用于"三叉戟"II 型 D5 导弹切割碳-环氧树脂复合材料的壳体结构。为了解决切割复合材料时易发生的分层和撕裂现象，美国不同研究机构开展了大量的改进设计研究，并取得了大量的专利成果。从目前取得的成果来看，聚能切割索分离装置也是唯一具备可靠、可控切割长纤维增强复合材料壳体的可行方案。

国内关于聚能切割索的研究方面，宋保永等[1]针对航天运载器的爆炸分离结构关键部件在爆炸切割作用下的破坏过程进行了机理性研究和分析，从应力波传播和动态断裂力学角度研究了分离板在聚能切割索作用下的破坏过程。研究表明，在分离装置中，分离板的破坏包括聚能射流切割、裂纹扩展和层裂等复合过程。该分析结果对深入研究爆炸分离结构的分离过程、科学确定材料选择标准具有指导意义。

13.2.2　膨胀管式分离装置

膨胀管式分离装置在国外称为 Super-Zip 或 Sure-Sep[2,3]，1969 年和 1987 年，麦克唐纳-道路拉斯公司分别对膨胀管分离系统技术和相关概念注册了美国专利。洛克希德-马丁公司则在 1957 年就开展了膨胀管式分离装置的研制，并以"爆炸作动器"取得美国专利。由于其独特的优越性，这一分离概念一经提出，立即受到各国的欢迎和重视，现已在众多型号飞行器中获得了成功应用，如美国的"三叉戟"导弹和"北极星"的第三级发动机分离装置，"阿金纳"火箭的级间分离，航天飞机和先进航空飞机救生舱的分离，日本 H-Ⅰ、H-Ⅱ运载火箭的卫星整流罩分离，欧洲航天局阿里安-5 火箭的整流罩分离等。

膨胀管式分离装置是一种具有无污染、高可靠、分离冲击较低、承载性能较好等特点的分离装置，关于其机理研究的报道仍然非常少。膨胀管式分离装置的基本组成包括柔爆索、扁平管、分离板等，典型的结构形式如图 13.12～图 13.19 所示。膨胀管式分离装置的核心含能元件仍然是柔爆索，但由于柔爆索工作产生的爆轰压力并不直接作用在分离板或凹口螺栓上，而是通过驱动扁平钢管在变形可控的范围内膨胀做功来实现能量输出，因此其能量分配机理又显著不同于柔爆索分离装置。其工作过程中的能量传递和分配机理更加复杂，涉及应力波通过多层不同阻抗介质的透射、反射问题，高加速运动体的碰撞及响应问题等，属于高动态条件下的复杂冲击动力学范畴。此外，由于结构复杂性带来的工程问题降阶处理难度较大，在相关的参数测量方面也更加困难，因此此类装置的动力学研究仍然是具有高度挑战性的复杂难题，需要继续深入开展相关基础研究。

图 13.12 为两种单侧削弱槽的拉链索分离结构，柔爆索爆炸后驱动钢管膨胀，使得下侧带内削弱槽的分离板弯曲断裂。图 13.13 为弯曲破坏的膨胀管-凹槽板分离装置，削弱槽在分离板的中间位置，充满填充物的扁平钢管在柔爆索的作用下膨胀、扩张，将两侧的凹槽板胀裂。图 13.14 为剪切破坏的膨胀管-剪切板分离装置，削弱槽在 Y 形分离板的上端，扁平管膨胀后削弱槽处发生剪切破坏实现分离。图 13.15 为非结构断裂破坏的膨胀管分离装置，通过卡扣连接，分离时膨胀管使卡扣弯曲变形而解锁分离。

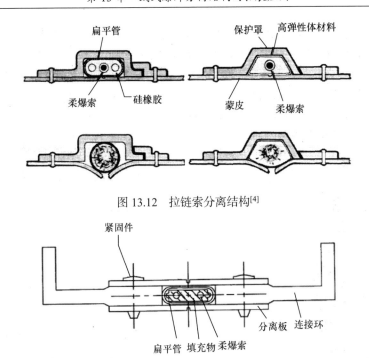

图 13.12　拉链索分离结构[4]

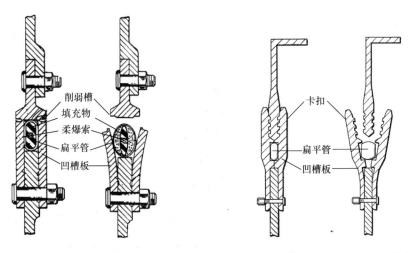

图 13.13　膨胀管-凹槽板分离装置[3]

图 13.14　膨胀管-剪切板分离装置[5]　　　图 13.15　非结构断裂破坏的膨胀管分离装置[6]

　　图 13.16 为双膨胀管-单侧凹槽板冗余分离机构,两个膨胀管-凹槽板分离装置串联连接,只要一个分离装置完成分离即可实现分离功能。也可以在扁平管中放入两根平行的柔爆索实现冗余设计,即图 13.17 所示的双柔爆索单膨胀管-凹槽板冗余分离机构。图 13.18 为膨胀管-凹口螺栓分离装置,分离前左右两块分离板通

过凹口螺栓固定，柔爆索起爆后驱动 T 形桁向左运动，将凹口螺栓拉断，左右两块分离板分离。图 13.19 为三种典型的 H 形冗余分离装置结构，图 13.19(a)中削弱槽在 H 形梁的根部，柔爆索起爆后削弱槽被剪切破坏，实现分离。图 13.19(b)中两个带柔爆索及填充物的扁平管分布于削弱槽的右上和左下位置，柔爆索起爆后，扁平管膨胀将分离板从削弱槽处剪断。图 13.19(c)中两根扁平管横向放置，柔爆索起爆后将凹槽板上的导向键向中间挤压，进而导致削弱槽弯曲断裂实现分离。

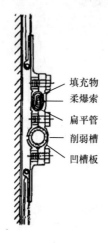

图 13.16　双膨胀管-单侧凹槽板冗余
分离机构[7]

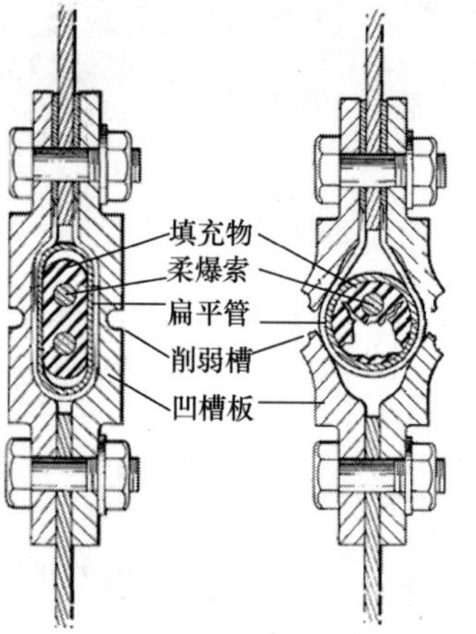

图 13.17　双柔爆索单膨胀管-凹槽板冗余
分离机构[8]

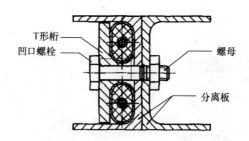

图 13.18　膨胀管-凹口螺栓分离装置[7]

NASA 的报告中有关膨胀管的结构参数设计的报道认为，膨胀管最优的材料参数和炸药选择是膨胀管膨胀到最大时不发生破裂，否则会有碎片和污染物产生，对火箭等飞行器的其他部件造成影响。1984 年 3 月，对航天飞机中采用的膨胀管分离装置进行热性能试验时出现了第二次失败，NASA 于 1984 年 6 月开始进行该分离装置的性能研究，对以下 18 个参数进行了考核：①分离板的结构性能；②分离板的厚度；③分离厚度；④装药量；⑤装药形状；⑥装药位置；⑦螺栓孔位置；

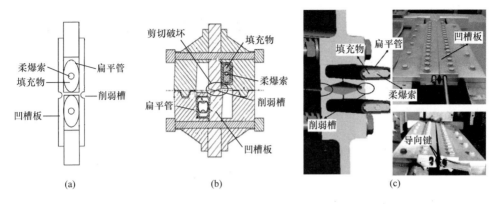

图 13.19　H 形冗余分离装置结构[9-11]

⑧削弱槽到螺栓的距离；⑨钢管壁厚；⑩钢管内自由空间大小；⑪钢管和分离板之间的间隙；⑫削弱槽形状；⑬结构质量和周边刚度；⑭分离板预紧力；⑮真空环境；⑯分离板长度和分离板之间的间隙；⑰螺栓强度；⑱低温条件。对 300 多发平板试验件，使用楔形板(变蒙皮厚度、变分离厚度、固定分离材料)方法，通过合理设计板的尺寸,使板不完全断裂,从而确定每种试验情况下的最大分离量。这种试验方法简单，相对经济(与完全断裂的试验装置比)，并且证明试验结果准确，试验得出最有影响的参数是内外分离板的材料性能(主要是硬度)。基本结论是：硬度越大的材料，相同药量下可以分开更大的分离厚度(如更厚的分离板和分离厚度)；蒙皮厚度和分离厚度是另一个重要影响因素；装药位置也影响着分离性能，将装药位置对准削弱槽中心，对应着获得分离情况下的最大应力应变；改变螺栓接触面积，将影响板的弯曲，同样也影响分离；螺栓的强度对分离没有影响；减小柔爆索与钢管之间的自由体积可以提高分离可靠性；不过，将自由体积最大化，并且采用长方形装药，增大装药量也没有使钢管破裂，使得装药量有了更大的调整范围；内部自由体积越大越不利于分离。表 13.1 给出了一些典型设计参数的敏感性影响汇总。

NASA 还给出了一种标准变截面评估试验平台，可用来比较不同试验参数的性能，如图 13.20 所示。其基本原理是：短距离内，随着分离厚度的增加，抗弯刚度也增加。为了确定分离板的最终断裂部位，将滑石粉撒在试验件的上表面，在试验件的下表面削弱槽位置用压缩空气吹气，分离发生后滑石粉未受影响的地方认为没有断裂，从而可以确定分离板断裂的最终位置。每次试验记录下分离板的厚度和临界分离厚度。合理设计变截面平板试验件厚度及长度，使得试验结果可涵盖各种参数的变化区间。这种试验方法的优点在于，每次试验均可测出该次试验参数组合对应的最大分离厚度。

表 13.1　膨胀管分离装置设计参数敏感性影响汇总[12]

设计参数	敏感性分析	影响说明
柔爆索药量	↑	药量过大会使分离装置在其他部位发生破坏
削弱槽连接处厚度	↓	削弱槽连接处厚度增加,分离装置的承载能力将提高
削弱槽倒圆半径	—	—
分离板与箭体连接处的厚度	↓	①分离板与箭体连接处的厚度增加,分离时间将增加,分离装置重量将增加;②分离板与箭体连接处的厚度过小,分离装置的承载能力将降低
扁平管材料应力-应变关系	—	影响扁平管自身的变形形状
聚氨酯硬度	—	对分离效果有轻微的影响,对扁平管的变形有较大影响
螺栓预紧力	—	

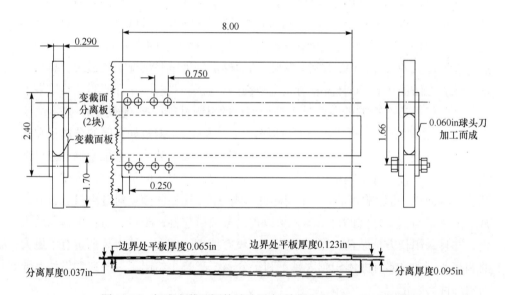

图 13.20　标准变截面评估试验平台(单位：in，1in=2.54cm)[3]

　　从国外膨胀管分离装置设计技术的发展来看，早期主要是采用基于反复试验的迭代式设计方法。20 世纪 90 年代初，人们逐渐认识到这种设计方法的不足，增加了对相关基础科学问题的研究，深化了对装置作用机理和性能裕度及失效问题的理解和量化分析，为此也加大了人力和物力的投入。随着有限元方法和计算机硬件的发展，在设计过程中大幅度引入了数值仿真软件作为辅助设计工具，以减少重复性试验，再通过少量的原理验证性试验，包括材料级别的高应变率动态力学性能实验和装置级别的功能验证试验，对仿真结果进行修正，最终实现在较短的时间内获得满足使用要求的线式分离装置设计方案。

另外，膨胀管式分离装置由于具有无污染、冲击相对较低的优点，往往应用在对污染和冲击载荷条件有严格限制的星箭界面、仪器舱邻近结构等部位的分离。这些部位安装的设备最为密集，因此对冲击环境的限制也最为严格。由大量的工程测量结果发现，虽然膨胀管式分离装置工作带来的冲击环境显著低于同等承载性能的爆炸螺栓、聚能切割索分离装置和柔爆索分离装置等，但其冲击水平与包带解锁等分离装置相比仍然处于相当高的水平。较高的冲击水平可能带来如下四种效应。

(1) 高应力条件下的结构失效：如细长结构或薄壁结构的失稳、脆性器件(陶瓷、晶体、玻璃)等的碎裂。

(2) 高加速度带来的器件功能失效：如继电器抖动、电位计滑移、阀芯误动作或螺栓松动等。

(3) 大位移带来的结构相关关系改变：如焊点脱焊、导线破裂及封装模块内部电路与封装壳体发生短路等。

(4) 器件功能的短时失效：如强冲击过程中电容器、晶体谐振器及混合电路模块等器件发生原因不明的短时失效等。

膨胀管式分离装置设计的关键是解决分离可靠性与可接受的冲击水平之间的平衡，相对而言，其设计的约束条件更多，实现精细化设计的难度更大。

13.2.3　气囊式分离装置

气囊式分离装置实际上是膨胀管式分离装置的一种改型。气囊式分离装置在功能上除了要提供可靠的连接及分离功能外，还可以提供分离后推动两者可控运动的分离能源，降低了分离系统设计的复杂性。气囊式分离装置在美国、欧洲运载火箭整流罩的纵向分离中应用较为广泛，在我国也有类似的应用。但由于气囊式分离装置进行 1∶1 试验需要大型真空罐作为保障，受设备条件的制约，我国的相关试验开展较少，应用也相对落后。

典型的气囊式无污染分离装置结构如图 13.21 所示。它是一种线式分离装置，由槽形接头、U 形接头、阻尼器、柔爆索组件、密封端头和起爆器等组成。工作原理是：当柔爆索被引爆后，燃气通过阻尼器进入气囊，由于阻尼器的衰减阻滞作用，进入气囊的气流流速变得平缓，温度降低，压力峰值降低。压力衰减后的燃气聚集在气囊内腔，并具有足够的压力剪断连接铆钉，燃气在气囊中膨胀推动槽形接头和 U 形接头做功，向两侧推开分离体，同时燃气继续膨胀至气囊达到最大位移，使结构以设定的分离速度和分离姿态分开。

在机理研究方面，气囊式分离装置的动力学问题相对不那么突出。其工作过程大致可分为柔爆索起爆产生爆炸燃气、燃气通过多层阻尼装置流动、气囊充

气膨胀、气囊膨胀推动对接结构剪断连接铆钉等过程。每个过程的等效处理都有

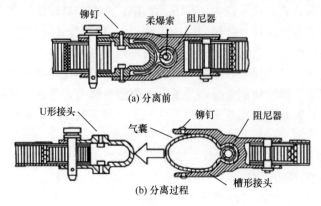

(a) 分离前

(b) 分离过程

图 13.21　典型的气囊式无污染分离装置结构[7]

相对成熟的、工程上可接受的简化方法。与其他分离装置不同的是，气囊式分离
装置设计中装药量的确定，除了要满足分离可靠性的要求之外，还受到相对分离
速度、分离姿态设计条件的约束。

13.3　发展思考

　　分离装置的研制过程无一例外都是在大量试验验证的基础上确定设计状态的。
这是由于在工程实践过程中，往往偏重于孤立地解决某一具体的实际问题，而没
有从理论和规律上开展系统的研究和测试，也就难以对具体工程设计中大量的设
计参数进行定量的综合分析评估。随着各种分离装置在不同型号上的广泛应用，
设计系统已经积累了大量的工程经验和试验数据，也具备了进一步从工程实践提
升到理论和方法的高度来认识设计规律的基础。

　　在柔爆索分离装置能量分配机理、碎片安全性评估等研究过程中，本书采用
的研究思路、测试方法和获得的规律性认识，很大一部分可推广到其他分离装置
的理论研究中。应该说，柔爆索分离装置动力学过程问题的研究，是从常用线式
分离装置系统中相对简单的产品入手，探讨了所涉及的爆炸能量分配、构件抗爆
性能和弹塑性动态断裂等一些关键力学问题，对其中高耦合结构的能量分配、含
缺陷结构在高应变率条件下断裂失效机理和准则判据、分离装置材料选型和结构
设计原则都取得了令人鼓舞的研究成果，为后续进一步解决膨胀管式分离装置、
气囊式分离装置等分离系统产品的相关理论问题提供了很好的基础。相对于柔爆
索分离装置，无论是膨胀管式分离装置还是气囊式分离装置，都涉及爆轰载荷在
多材料叠层式结构中的分配和传递规律，同时还要考虑结构的高速碰撞等，会涉

及更为复杂的冲击动力学过程。

就目前的研究成果而言，有些工作也需要完善。例如，材料断裂性能的测试参数对能量分配的支撑还不够；损伤本构虽然能很好地解释相关机理，但是模型参数尚不完善，还需更准确的量化分析；为了提高成果的普适性，需要积累更多的原型试验信息来修正和验证现有研究得到的规律、判据等结果。另外，为了实现成果的深度转化，有必要密切联系实际应用，通过不断完善设计软件，最终形成对相关设计的直接支撑。

同时还要看到，在分离装置实现可靠解锁过程中，往往会伴随着强烈的冲击效应，这些冲击效应对火箭的仪器舱、星箭界面等部位往往又是关键的设计指标。应该说，对分离装置工作产生的冲击效应进行评估及控制是另一个迫切需要解决的现实问题，相关的研究工作亟待深入。

参 考 文 献

[1] 宋保永, 卢红立, 阳志光, 等. 分离结构在冲击载荷作用下的破坏机理研究[J]. 兵工学报, 2009, (s2): 102-106.

[2] Chang K Y, Kern D L. Super zip(linear separation) shock characteristics[R]. Jet Propulsion Laboratory, SEEW8720602, PaSadena, 1986.

[3] Bement L J, Schimmel M L. Investigation of super zip separation joint[R]. NASA Langley Research Center, Hampton, 1988.

[4] Audley B. Leaman. Noncontaminating separation systems for spacecraft[C]// Proceedings of the First Aerospace Mechanisms Symposium, Santa Clara,1966: 61-72.

[5] Brandt O E, Harris J G. Explosive system[P]. US Patent 3698281,1972.

[6] Noel V R. Van Shoubrouek F B. Separation system[P]. US Patent 4685376,1987.

[7] 刘竹生, 王小军, 朱学昌, 等. 航天火工装置[M]. 北京: 中国宇航出版社, 2012.

[8] Cleveland M A. Low shock separation joint and method therefore[P]. US20050103220 A1,2005.

[9] Kaczynski G P. Dual tube frangible joint[P]. US20130236234 A1, 2013.

[10] Kametz D, Duprey K, Bridge D, et al. Fully-redundant frangible separation system[P]. US Patent 20150246854A1, 2015.

[11] Jacob M F, Andrew L B, Christopher W B, et al. Flat-H redundant frangible joint design evolution 2018: feasibility study conclusions[C]//International Association for the Advancement of Space Safety (lAASS), El Segundo, 2019, 20190025245.

[12] 宋保永. 膨胀管分离装置作用过程关键基础问题研究[D]. 西安：西北工业大学,2016.

符 号 表

A	横截面积	m^2
C	冲击波 $D\text{-}u$ 曲线系数	m/s
c	声速，弹性波速度	m/s
c_t	主裂槽和止裂槽之间的纵向加载传播速度	m/s
D	冲击波速度，爆轰波速度	m/s
d	柔爆索装药直径	cm
E	弹性模量	GPa
E_0	炸药的内能密度	J/m^3
E_h	塑性硬化模量	GPa
E_t	切线模量	GPa
E_{total}	爆轰产物总能量	kJ/m
E_g^f	作用于分离板的能量	kJ/m
E_g^b	作用于保护罩的能量	kJ/m
E_f	分离板吸收的能量	kJ/m
E_b	保护罩吸收的能量	kJ/m
E_g^1	作用于分离板后爆轰产物的余下能量	kJ/m
E_g^2	作用于保护罩后爆轰产物的余下能量	kJ/m
E_f^k	分离碎片动能	kJ/m
E_f^d	分离板塑性变形能	kJ/m

E_{fracture}	预制削弱槽结构断裂表面能	kJ/m
$E_{\mathrm{b}}^{\mathrm{d}}$	保护罩变形能	kJ/m
$E_{\mathrm{d}}^{\mathrm{b}}$	弯曲变形能	kJ/m
$E_{\mathrm{d}}^{\mathrm{t}}$	拉伸变形能	kJ/m
$E_{\mathrm{d}}^{\mathrm{s}}$	剪切变形能	kJ/m
$E_{\mathrm{f}}^{\mathrm{d}}$	分离板总变形能	kJ/m
e	比内能	J/kg
$\boldsymbol{F}$	载荷向量	
F	力	N
f	微孔洞体积分数	
f^{*}	有效微孔洞体积分数	
f_{c}	微孔洞发生汇合的临界体积分数	
f_{F}	材料失效的临界微孔洞体积分数	
$\dot{f}_{\mathrm{g}}$	孔洞增长的速率	
$\dot{f}_{\mathrm{n}}$	孔洞成核的速率	
f_{N}	微孔洞成核的临界体积分数	
g	重力加速度	$\mathrm{m/s^2}$
H	分离板厚度	mm
h	分离板削弱槽处厚度	mm
I_1	应力张量第一不变量	
J_2	偏应力张量第二不变量	
J	雅可比矩阵	
K	体积模量	GPa

K_{Ic}	断裂韧性	$kN/mm^{3/2}$
$\boldsymbol{K}$	刚度矩阵	
k	材料冲击剪切破坏应变	
L	相邻削弱槽间跨距	mm
l	长度	mm
M	质量矩阵	
m	质量	kg
P	压力	MPa
P_0	（爆轰）初始压力	MPa
p	波动百分比	
P_γ	爆轰产物多方指数 γ 下降为 1.4 时对应的压力	MPa
Q	炸药单位质量的爆热	J/kg
r_1	试样内半径	mm
r_2	试样外半径	mm
r	结构半径	mm
r_γ	爆轰产物压力为 P_γ 时的对应产物半径	mm
r_{inf}	环境气压时的爆轰产物半径	mm
S	剪切滑移总量	mm
S_1	冲击波 D-u 曲线系数	
S_n	成核应变的标准差	
T	材料温度	K
T_r	参考温度	K
T_m	材料熔点温度	K
t_f	起裂时间	μs

$\boldsymbol{u}$	位移向量	
u	位移	mm
V	比容	m^3/kg
v	质点速度	m/s
v_f	裂纹扩展速度	m/s
v_γ	爆轰产物压力为 $P\gamma$ 时相应的碎片速度	m/s
α	爆轰产物对分离板的做功效率	
β	爆轰产物对保护罩的做功效率	
γ	多方指数	
g_{ij}	应变张量的偏斜分量	
δ	碎片速度分布标准差	
Δl	两质点对空间间隔	mm
Δs	剪切滑移量	mm
Δt	时间间隔	s
Δv	两质点对之间的速度差	m/s
Δx	两点间的距离	mm
ε	应变	
$\dot{\varepsilon}$	应变率	s^{-1}
$\dot{\varepsilon}_0$	参考应变率	s^{-1}
ε_n	平均成核应变	
ε_y	屈服应变	
ε_k	应变张量的对角线分量	
$\bar{\varepsilon}^p$	等效塑性应变	
ζ	炸药对保护罩的等效质量比	

η	加载角	°
$\bar{\eta}$	保护罩内壁出现裂纹的无量纲数	
θ	碎片飞散角	°
λ	炸药能量转换效率	
μ	压力传播衰减系数	
ξ	积分常系数	
ρ	密度	kg/m³
ρ_L	装药线密度	g/m
σ	应力	MPa
σ_{eq}	von Mises 等效应力	MPa
σ_m	平均应力	MPa
σ_s	流动应力	MPa
σ_y	屈服应力	MPa
σ_I	纯 I 型加载下的试样强度	MPa
σ_{II}	纯 II 型加载下的试样强度	MPa
$\Gamma(V)$	Grüneisen 系数	
φ	模态	
Φ	碎片速度影响因子无量纲组合	
ω	固有频率	
ω_0	梁对称中心处最大挠度	
$[B \quad B]$	动态"加料"裂纹单元的应变矩阵	

彩　　图

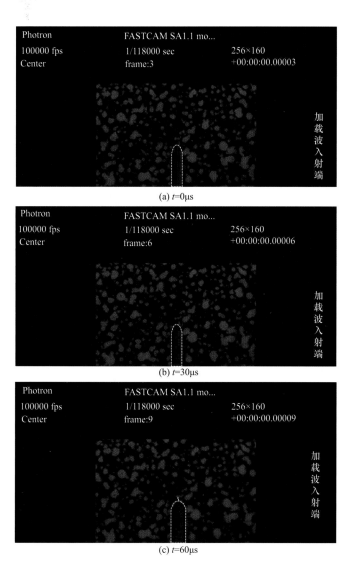

(a) $t=0\mu s$

(b) $t=30\mu s$

(c) $t=60\mu s$

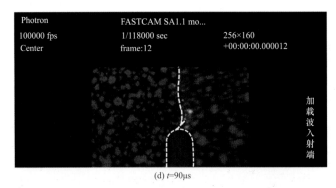

(d) t=90μs

图 3.31 试样变形及断裂过程(ZL205A-I-1#)

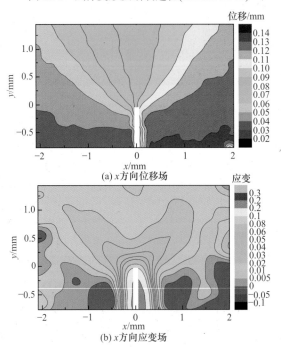

(a) x方向位移场

(b) x方向应变场

图 3.32 试样拍摄区域在 50μs 时刻的位移场和应变场(ZL205A-I-1#)

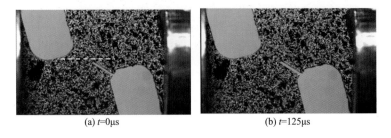

(a) t=0μs   (b) t=125μs

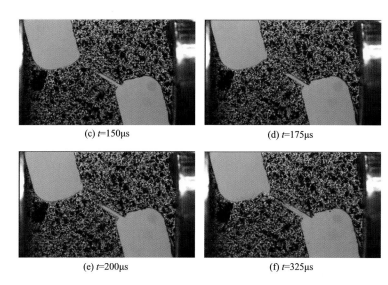

(c) t=150μs   (d) t=175μs

(e) t=200μs   (f) t=325μs

图 3.42　加载过程中几个特征时刻的试样形态(ZL205A-30°-3#)

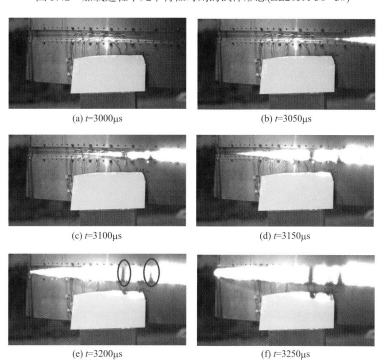

(a) t=3000μs   (b) t=3050μs

(c) t=3100μs   (d) t=3150μs

(e) t=3200μs   (f) t=3250μs

图 4.7　分离板被切割分离的过程(Y1#)

(a) 两个破片带分别向上
和向下斜抛(t=4650μs)

(b) 下破片带空间分布(t=6500μs)

图 4.8　飞散碎片的空间分布(Y1#)

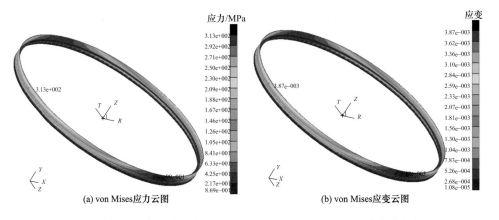

(a) von Mises应力云图

(b) von Mises应变云图

图 7.5　第一种设计工况下分离板的 von Mises 应力/应变云图(传统分析方法)

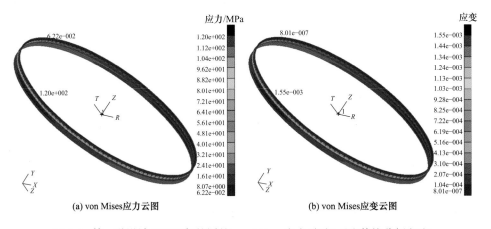

(a) von Mises应力云图

(b) von Mises应变云图

图 7.6　第一种设计工况下保护罩的 von Mises 应力/应变云图(传统分析方法)

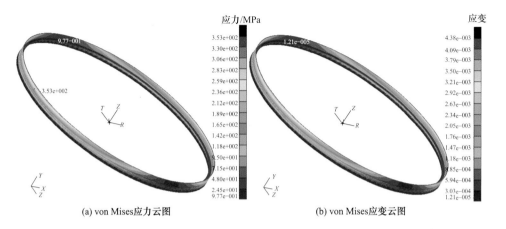

应力/MPa

3.53e+002
3.30e+002
3.06e+002
2.83e+002
2.59e+002
2.36e+002
2.12e+002
1.89e+002
1.65e+002
1.42e+002
1.18e+002
9.50e+001
7.15e+001
4.80e+001
2.45e+001
9.77e−001

应变

4.38e−003
4.09e−003
3.79e−003
3.50e−003
3.21e−003
2.92e−003
2.63e−003
2.34e−003
2.05e−003
1.76e−003
1.47e−003
1.18e−003
8.85e−004
5.94e−004
3.03e−004
1.21e−005

(a) von Mises应力云图　　　　　　　　　(b) von Mises应变云图

图 7.7　第二种设计工况下分离板的 von Mises 应力/应变云图(传统分析方法)

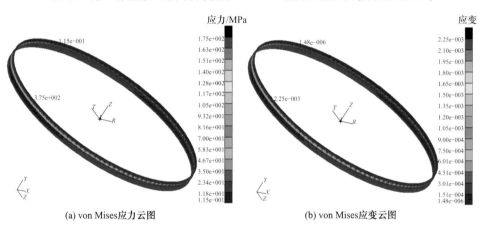

应力/MPa

1.75e+002
1.63e+002
1.51e+002
1.40e+002
1.28e+002
1.17e+002
1.05e+002
9.32e+001
8.16e+001
7.00e+001
5.83e+001
4.67e+001
3.50e+001
2.34e+001
1.18e+001
1.15e−001

应变

2.25e−003
2.10e−003
1.95e−003
1.80e−003
1.65e−003
1.50e−003
1.35e−003
1.20e−003
1.05e−003
9.00e−004
7.50e−004
6.01e−004
4.51e−004
3.01e−004
1.51e−004
1.48e−006

(a) von Mises应力云图　　　　　　　　　(b) von Mises应变云图

图 7.8　第二种设计工况下保护罩的 von Mises 应力/应变云图(传统分析方法)

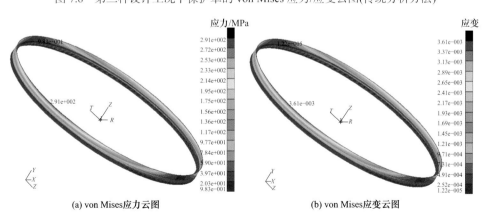

应力/MPa

2.91e+002
2.72e+002
2.53e+002
2.33e+002
2.14e+002
1.95e+002
1.75e+002
1.56e+002
1.36e+002
1.17e+002
9.77e+001
7.84e+001
5.90e+001
3.97e+001
2.03e+001
9.83e−001

应变

3.61e−003
3.37e−003
3.13e−003
2.89e−003
2.65e−003
2.41e−003
2.17e−003
1.93e−003
1.69e−003
1.45e−003
1.21e−003
9.71e−004
7.31e−004
4.91e−004
2.52e−004
1.22e−005

(a) von Mises应力云图　　　　　　　　　(b) von Mises应变云图

图 7.9　第一种设计工况下分离板的 von Mises 应力/应变云图(惯性释放技术)

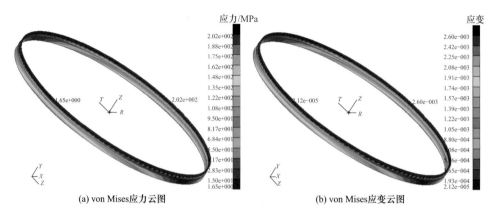

(a) von Mises应力云图　　　　　　　　　　　　(b) von Mises应变云图

图 7.10　第一种设计工况下保护罩的 von Mises 应力/应变云图(惯性释放技术)

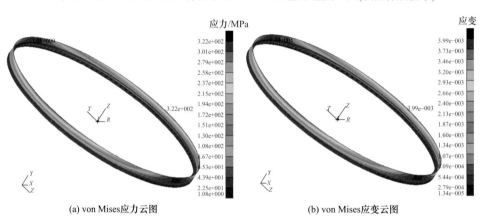

(a) von Mises应力云图　　　　　　　　　　　　(b) von Mises应变云图

图 7.11　第二种设计工况下分离板的 von Mises 应力/应变云图(惯性释放技术)

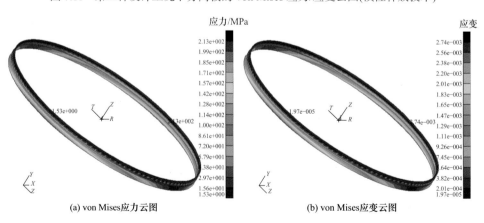

(a) von Mises应力云图　　　　　　　　　　　　(b) von Mises应变云图

图 7.12　第二种设计工况下保护罩的 von Mises 应力/应变云图(惯性释放技术)

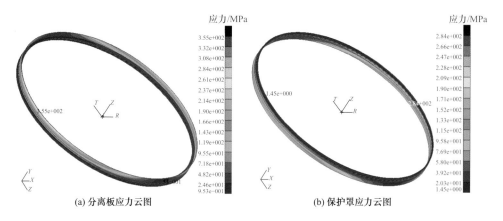

(a) 分离板应力云图　　　　　　　　(b) 保护罩应力云图

图 7.14　第一种设计工况下分离装置的 von Mises 应力云图

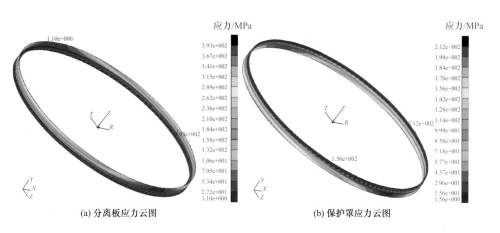

(a) 分离板应力云图　　　　　　　　(b) 保护罩应力云图

图 7.15　第二种设计工况下分离装置的 von Mises 应力云图

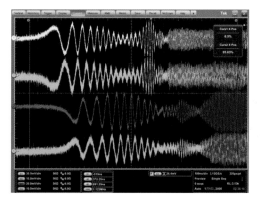

图 8.6　示波器原始波形

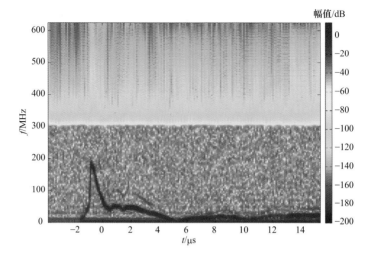

图 8.7 数据处理得到的谱域曲线

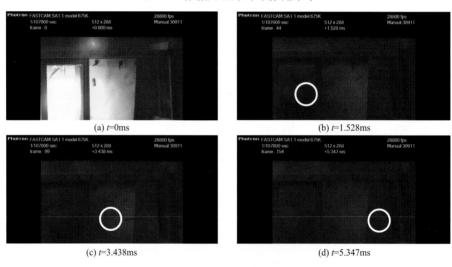

(a) t=0ms

(b) t=1.528ms

(c) t=3.438ms

(d) t=5.347ms

图 8.15 大碎片试验特征时刻图片

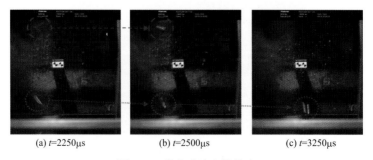

(a) t=2250μs

(b) t=2500μs

(c) t=3250μs

图 9.26 分离碎片飞散轨迹

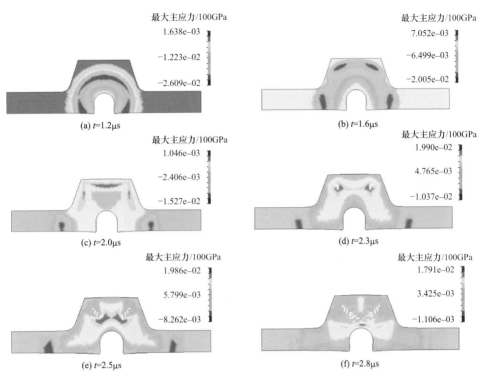

图 10.9　截面梯形保护罩数值模拟的破坏过程及最大主应力分布云图

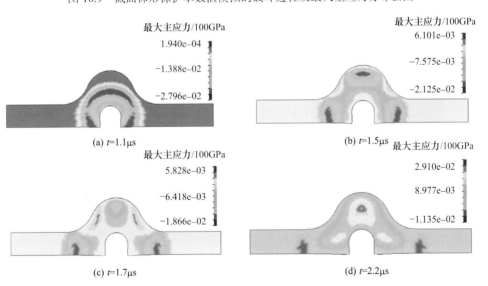

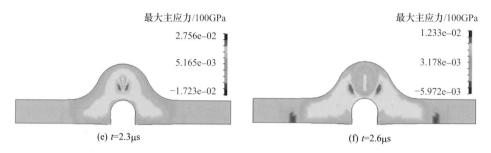

(e) t=2.3μs   (f) t=2.6μs

图 10.10   截面圆弧形保护罩数值模拟的破坏过程及最大主应力分布云图

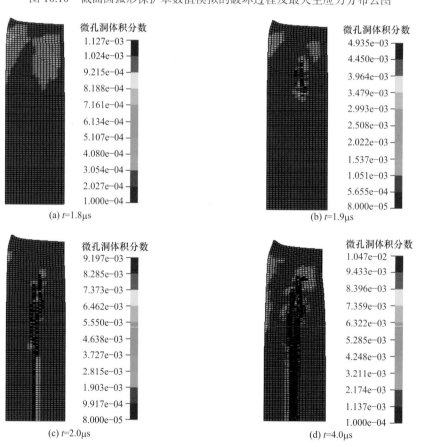

图 10.23   不同时刻靶板中微孔洞体积分数云图

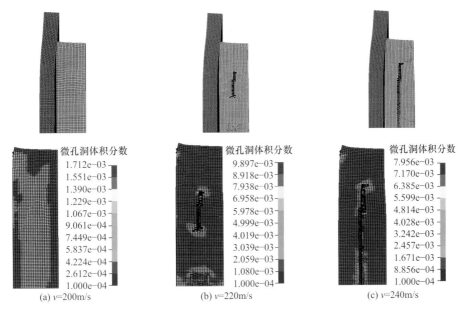

(a) v=200m/s

微孔洞体积分数
1.712e−03
1.551e−03
1.390e−03
1.229e−03
1.067e−03
9.061e−04
7.449e−04
5.837e−04
4.224e−04
2.612e−04
1.000e−04

(b) v=220m/s

微孔洞体积分数
9.897e−03
8.918e−03
7.938e−03
6.958e−03
5.978e−03
4.999e−03
4.019e−03
3.039e−03
2.059e−03
1.080e−03
1.000e−04

(c) v=240m/s

微孔洞体积分数
7.956e−03
7.170e−03
6.385e−03
5.599e−03
4.814e−03
4.028e−03
3.242e−03
2.457e−03
1.671e−03
8.856e−04
1.000e−04

图 10.26　不同撞击速度下靶板内部层裂和微孔洞体积分数云图

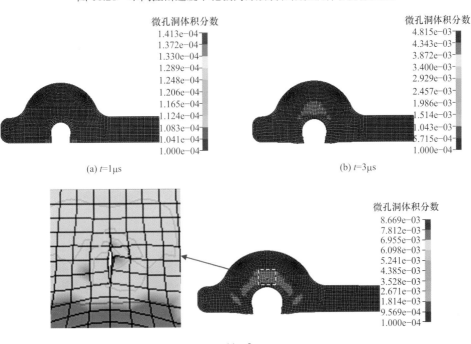

微孔洞体积分数
1.413e−04
1.372e−04
1.330e−04
1.289e−04
1.248e−04
1.206e−04
1.165e−04
1.124e−04
1.083e−04
1.041e−04
1.000e−04

(a) t=1μs

微孔洞体积分数
4.815e−03
4.343e−03
3.872e−03
3.400e−03
2.929e−03
2.457e−03
1.986e−03
1.514e−03
1.043e−03
5.715e−04
1.000e−04

(b) t=3μs

微孔洞体积分数
8.669e−03
7.812e−03
6.955e−03
6.098e−03
5.241e−03
4.385e−03
3.528e−03
2.671e−03
1.814e−03
9.569e−04
1.000e−04

(c) t=5μs

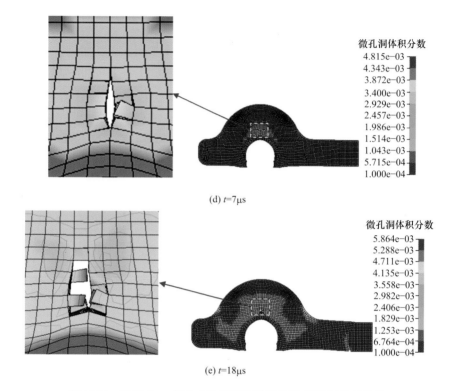

图 10.28　采用 GTN 损伤本构模型的计算结果(微孔洞体积分数)

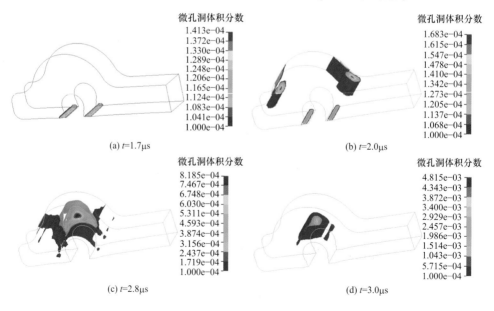

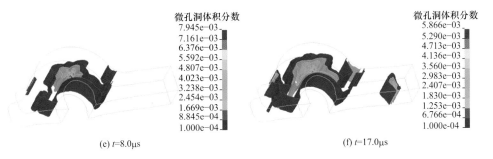

(e) t=8.0μs   (f) t=17.0μs

图 10.30   保护罩内微孔洞体积分数等值面结果

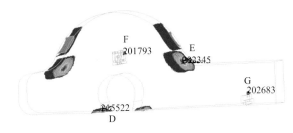

图 10.31   保护罩内峰值位置典型单元

最大主应力/100GPa

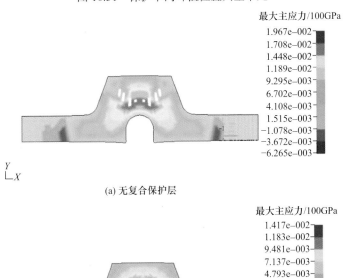

(a) 无复合保护层

(b) 有复合保护层

图 10.45   两种保护罩内最大主应力分布和损伤破坏情况对比

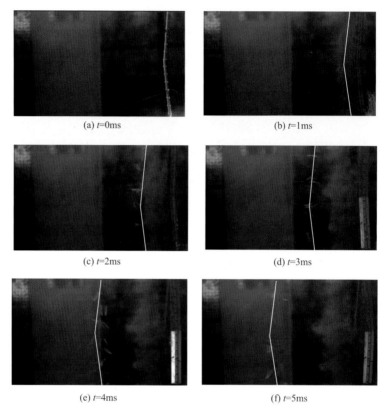

(a) *t*=0ms   (b) *t*=1ms

(c) *t*=2ms   (d) *t*=3ms

(e) *t*=4ms   (f) *t*=5ms

图 11.3　平板分离试验件碎片飞散过程(Y2-3#)

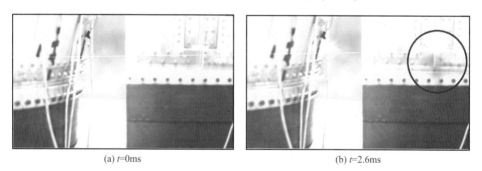

(a) *t*=0ms   (b) *t*=2.6ms

(c) *t*=2.7ms   (d) *t*=3.3ms

图 11.7　头罩分离装置爆炸分离过程(Y3#)